U0206476

本著作为国家社科基金重大项目：“大运河与中国古代社会研究”（17ZDA184）和山东省高等学校“青创科技计划”项目：“山东运河区域乡村社会振兴研究”（2019RWD009）的前期成果

本著作获聊城大学学术著作出版基金和聊城大学运河学研究院出版基金资助

明清山东运河区域社会生态变迁研究

王玉朋 ◎著

中国社会科学出版社

图书在版编目（CIP）数据

明清山东运河区域社会生态变迁研究 / 王玉朋著．—北京：中国社会科学出版社，2022. 8

ISBN 978 - 7 - 5227 - 0376 - 3

Ⅰ. ①明…　Ⅱ. ①王…　Ⅲ. ①大运河—区域生态环境—变迁—研究—山东—明清时代　Ⅳ. ①X321. 252

中国版本图书馆 CIP 数据核字(2022)第 106113 号

出 版 人　赵剑英
责任编辑　安　芳
责任校对　张爱华
责任印制　李寡寡

出　　版　中国社会科学出版社
社　　址　北京鼓楼西大街甲 158 号
邮　　编　100720
网　　址　http://www.csspw.cn
发 行 部　010 - 84083685
门 市 部　010 - 84029450
经　　销　新华书店及其他书店

印　　刷　北京明恒达印务有限公司
装　　订　廊坊市广阳区广增装订厂
版　　次　2022 年 8 月第 1 版
印　　次　2022 年 8 月第 1 次印刷

开　　本　710 × 1000　1/16
印　　张　20. 75
字　　数　330 千字
定　　价　118. 00 元

凡购买中国社会科学出版社图书，如有质量问题请与本社营销中心联系调换
电话：010 - 84083683

目　　录

绪　论

一　研究的区域和时段

20 世纪 80 年代以来，以特定空间范畴为研究取径的区域社会史成为学界开展研究的一个潮流，甚至出现“关中模式”“华南模式”“江南模式”等具有代表性的理论分析框架。有学者指出，学术意义上的区域史研究，是指在一定时空内具有同质性或共趋性的区域历史进程的研究。①只有具备一定内聚力的地表空间，才能称之为区域。这种观点已成为学界共识。② 吴欣在这种观点基础上强调指出，运河区域是一个以运河为规定性建立起来的区域。③

将“山东运河区域”这一地理概念用于学术研究，较早见于陈冬生。④ 此后，王云在其著作《明清山东运河区域社会变迁》中对“山东运河区域”这一地理概念进行界定。她指出，山东运河区域是指明清时期京杭大运河在山东境内流经的州县及辐射州县，大体包括今枣庄、济宁、聊城三市及德州市的德州、陵县、武城、夏津、平原，菏泽东部的单县、巨野、郓城，泰安市的东平，济南的平阴等近 40 个县市。⑤

吴欣将运河区域分为运河流经区域和辐射区域，强调不能以距离运河的远近作为划分是否是运河区域的标准。她以距运河仅 20 里的阳谷县

---

① 王先明：《“区域化”取向与近代史研究》，《学术月刊》2006 年第 3 期。

② 徐国利：《关于区域史研究中的理论问题——区域史的界定及其区域的界定和选择》，《学术月刊》2007 年第 3 期。

③ 吴欣：《运河学研究的理论、方法与知识体系》，《人文杂志》2019 年第 6 期。

④ 陈冬生：《明清山东运河地区经济作物种植发展述论》，《东岳论丛》1998 年第 1 期。

⑤ 王云：《明清山东运河区域社会变迁》绪论，人民出版社 2006 年版，第 24 页。

和距运河较远的济南泺口镇为例，指出前者虽距运河近，但经济发展并未太多受到大运河的刺激影响；相反，后者虽距运河远，但此地的海盐经大清河向运河贩运，深受大运河的影响。因此，她认为距离难以成为界定运河区域的标准，地理空间意义上的运河区域难以有明确的标准。[①]

山东运河区域是一个弹性的地理概念，主要由大运河流经的核心区域以及辐射区域构成。本书的"山东运河区域"，以清代雍正、乾隆年间行政区划为准，主要包括兖州、东昌、曹州、泰安、济南 5 府以及济宁、临清 2 直隶州。具体来说，运河区域各州县包括兖州府的滋阳、宁阳、邹县、泗水、滕县、峄县、汶上、阳谷、寿张 9 县；东昌府的聊城、堂邑、博平、茌平、莘县、冠县、馆陶、恩县 9 县及高唐 1 州；曹州府的郓城、巨野、单县、范县、朝城、观城等县；泰安府的东阿、平阴等县及东平 1 州；济南府的德州等州县；济宁直隶州的济宁州及金乡、嘉祥、鱼台 3 县；临清直隶州的临清州及武城、夏津、邱县 3 县。[②] 嘉庆二十五年（1820），上述各府人口数目、田地数目以及人均田地数如表 1。

表 1　　清嘉庆年间山东运河区域各府州人口、田亩数目表

府州	人口数	田地（亩）	人均田地（亩）
济南府	4014819	10995903	2.74
兖州府	2617871	9046949	3.46
东昌府	1696656	9327580	5.49
泰安府	2473415	4137682	1.67
曹州府	3177027	14459073	4.55
济宁州	889350	3327586	3.74
临清州	1083743	3071323	2.83

资料来源：梁方仲编著《中国历代户口、田地、田赋统计》，第 558 页。

在讨论运河与区域社会互动的具体问题时，我们不能单纯以距运河

① 吴欣：《运河学研究的理论、方法与知识体系》，《人文杂志》2019 年第 6 期。

② 傅林祥、林涓、王卫平：《中国行政区划通史・清代卷》第五章"山东省"，复旦大学出版社 2007 年版，第 199—209 页。

的远近为标准，有些距运河距离远，看似与运河“无关”的辐射州县也应当纳入“运河区域”这一具有弹性的地理概念中去。譬如在讨论运河泉源管控与开发对区域社会影响时，距运河较远的莱芜、肥城等州县理应纳入考察研究的范畴。而在讨论运河交通与商业发展时，距运河较远的济南泺口镇自然要纳入考察研究的范围。

20世纪60年代，美国学者施坚雅（G. W. Skinner）将德国地理学家克里斯塔勒（Walter Christaller）中心地理论应用于中国区域史研究，将清代的帝国版图分为华北、西北、长江上游、长江中游、长江下游、东南沿海、岭南、云贵、满洲九大区域。施坚雅对各大区的人口密度做了估算，其中1893年的华北大区人口密度每平方公里163人，仅次于长江下游的233人，而各大区人口密度为100人。[①] 周锡瑞在借鉴施坚雅研究基础上对华北大区的经济发展概况做了描述，除大运河附近地区外，“和中国的其他任何地区相比，华北大区都更是一个城市稀少、人口稠密、贫穷落后和完全自给自足的乡村内地”[②]。

本书研究的山东运河区域就地处华北大区的中心地带。民国十九年（1930），山东省实业厅根据各县建设局呈报的县境土地面积、耕地面积、全县人口以及农民人口数据绘制了全省103县的各项数据比较表。我们撷取运河沿线24县的数据列表如下。由表2可见，山东运河区域各县农民人口普遍占到全部人口的70%以上，宁阳、邹县、泗水、汶上、金乡等9县甚至达90%以上，其中泗水、冠县农民人口更是占全部人口的99%！

表2　　民国十九年山东运河区域各县耕地面积、人口及农民统计表

县别	全县面积（方里）	耕地面积（顷）	百分率（%）	全县人口	农民数	百分率（%）
滋阳	1250	5940	71	188759	148600	79
宁阳	690	3200	90	303461	284410	93

① ［美］施坚雅：《中国封建社会晚期城市研究》，王旭等译，吉林教育出版社1991年版，第54—61页。

② 周锡瑞：《义和团运动的起源》，张俊义、王栋译，江苏人民出版社2010年版，第4页。

续表

县别	全县面积（方里）	耕地面积（顷）	百分率（%）	全县人口	农民数	百分率（%）
邹县	7370	11848	28	368966	336700	91
滕县	12825	13084	10	559200	493700	88
泗水	4800	4507	17	187236	186500	99
汶上	10500	18600	33	401925	381800	93
峄县	2533	不详	80	273908	204719	75
济宁	5600	11008	39	568907	443747	78
金乡	5645	9393	30	362348	331576	92
嘉祥	2215	3041	48	157614	138700	88
鱼台	1750	7068	72	185073	135474	74
聊城	3480	9568	58	220000	176000	80
堂邑	3870	9015	45	221400	198000	89
博平	1201	4886	80	168654	146048	87
茌平	3173	8595	40	251904	188800	74
清平	1570	6048	71	163913	146809	90
冠县	3185	10519	68	204928	203230	99
馆陶	3200	10500	64	228174	217865	95
恩县	2537	13390	91	268187	143400	53
武城	1400	6189	80	180700	176960	98
夏津	4400	7269	30	209375	198450	95
德县	不详	不详	33	247550	208080	84
东平	不详	不详	不详	403154	360584	89
东阿	4000	7700	40	355477	312111	80

资料来源：山东省实业厅编《山东农林报告》，《民国史料丛刊》第506册，第161—162页。

本书研究时段从明永乐九年（1411）工部尚书宋礼重开会通河至晚清光绪二十七年（1901）清廷正式裁撤河东河道总督为止。元代曾在山东境内开通济州河、会通河等河段，但由于施工仓促，南北分水点选位不当，闸座分布不合理等因素，山东运河并未充分发挥出漕运的重要功能。[1] 因此，本书主要对明清时段（1411—1901）山东运河的开挖、维持以及运河与区域社会互动博弈关系展开研究。

二　学术史回顾

关于明清山东运河区域社会经济发展动力的讨论，学术界普遍认为运河及漕运的畅通是整合区域社会，刺激城镇经济发展的关键因素。王云认为，明清山东运河区域剧烈的社会变革来自外力，动力来自客观地理条件的改善和国家政策的调控。[2] 虽有学者提出一些质疑，但不可否认的是，运河作为地理环境因素是影响运河区域社会变迁的重要因素。[3] 彭慕兰（Kenneth Pomerranz）的研究将视线聚焦漕运衰落的晚清时期，从另外一个侧面验证了国家政策对于山东运河区域经济发展的关键作用。他指出，晚清时期伴随着中央政府国策从“自强”到“现代化”的转变，广大的黄运地区（含山东运河区域）由此前的华北核心地区沦为从属于天津、青岛以及其他新兴城市的腹地地区，政治经济地位一落千丈，百姓生计也更加艰难。[4]

在运河畅通刺激地方经济发展的问题上，以运河城镇与商业发展的讨论最为热烈。有学者直言：“运河漕运体系在中国早期城市的发展，都城和行政中心城市体系的形成，中国南北城市系统的整合和运河城市类型的产生中发挥重要作用。”[5] 伴随着运河畅通，山东沿运的临清、

---

① 高荣盛：《元初运河琐议》，《元史及北方民族史研究辑刊》1984 年第 8 期。

② 王云：《明清山东运河区域社会变迁的历史趋势及特点》，《东岳论丛》2008 年第 3 期。

③ 孙洪升：《京杭运河：影响明清山东区域社会变迁的重要因素——评〈明清山东运河区域社会变迁〉》，《古今农业》2010 年第 3 期。

④ ［美］彭慕兰：《腹地的构建——华北内地的国家、社会和经济（1853—1937）》，马俊亚译，上海人民出版社 2017 年版。马俊亚在其研究基础上，总结了国家政策转型对不同地区社会生态演变的影响。参见马俊亚《国家服务调配与地区性社会生态的演变》，《历史研究》2005 年第 3 期。

⑤ 王瑞成：《运河和中国古代城市的发展》，《西南交通大学学报》（社会科学版）2003 年第 1 期。有关京杭大运河对于城市发展的强大辐射带动作用，可参见张强《京杭大运河中心城市的形成与辐射》，《淮阴师范学院学报》2008 年第 1 期。

聊城、济宁以及张秋、七级等典型的运河城镇成为学界普遍关注的焦点。20世纪80年代，傅崇兰、张熙惟等人强调明清时期南北大运河畅通以及沿运商品经济的发展刺激了运河城市的繁荣。[①] 王云指出，运河贯通后，山东运河区域一改往日偏僻闭塞之弊，对外交流扩大，并形成临清、济宁、聊城、张秋镇、夏镇等不同层级城镇串联起来的工商业城镇带。[②]

京杭运河的畅通直接带动运河城市（如临清、聊城、济宁等）由政治性、军事性城市向发达的商业城市转变。[③] 临清是汶卫交汇的重要城市。许檀指出，临清借助优越地理位置、交通条件，成为一座以转运贸易闻名的商业中心型城市。[④] 毛佩奇指出，临清的兴盛受益于大运河的开通和明代的漕运政策，其繁盛完全由于外部条件所促成。一旦这个外部条件消失，临清的繁盛便迅即消失。[⑤] 郑克晟、冯尔康指出，明末清军的洗劫导致了临清元气大伤，工商业长期处于凋敝状态，到乾隆时期才逐渐恢复发展。[⑥]

聊城是运河沿线的重要转运码头。许檀利用山陕会馆的碑刻资料对清中期活跃于聊城的山陕商人经营规模作了推算：乾隆初年，其经营总额还只有数十万两，嘉庆年间增至一百数十万两，道光年间即便以1‰的

---

① 傅崇兰：《中国运河城市发展史》，四川人民出版社1985年版；张熙惟：《运河开发与山东区域经济的发展》，《山东水利史汇刊》1986年第9期。

② 王云：《明清山东运河区域社会变迁》上篇“运河的贯通和鲁西区位优势的形成”，第79—105页。

③ 这方面发表成果有刘永：《京杭大运河与聊城的兴衰》，《南通大学学报》（社会科学版）2008年第1期；季桂起：《运河及运河文化开发与德州城市发展》，《德州学院学报》2008年第1期；邢淑芳：《古代运河与临清经济》，《聊城师范学院学报》（哲学社会科学版）1994年第2期；郑民德：《明清德州商品经济的发展及其历史变迁》，《聊城大学学报》（社会科学版）2011年第5期；郑民德：《明清小说中运河城市临清与淮安的比较研究》，《明清小说研究》2021年第2期。

④ 许檀：《明清时期的临清商业》，《中国经济史研究》1986年第2期；杨轶男：《明清时期山东运河城镇的服务业——以临清为中心的考察》，《齐鲁学刊》2010年第4期；黑广菊：《明清时期临清钞关及其功能》，《清史研究》2006年第3期。

⑤ 毛佩奇：《明代临清钩沉》，《北京大学学报》（哲学社会科学版）1988年第5期。

⑥ 郑克晟、冯尔康：《〈金瓶梅〉与〈红楼梦〉研究初议——兼论明末清初山东临清经济衰落的原因》，载叶显恩主编《清代社会区域经济研究》，中华书局1992年版。

抽厘率从低折算，山陕商人的年经营额也达210万两。[①] 在讨论明前期济宁崛起的历史背景时，孙竞昊以形象笔端描绘道："在明清时期运河区域的特定时期内，济宁的运河故事，也即自然与处在各种群落和社会结构中的人们相互作用的故事，便紧紧围绕着大运河展开。"[②]

在研究明后期泇河开凿直接导致地方城镇徐州、台儿庄的截然不同的发展命运时，李德楠指出："运河兴则城镇兴，运河衰则城镇衰。"[③] 运河变迁与城镇发展命运密切相关。受益于运河交通的便利条件，沿运州县涌现出数目可观的商业城镇。台儿庄因泇河开通的历史机遇完成了"由庄到城"的历史蜕变。[④] 地处黄河、运河交汇要地的张秋镇借助优越地理位置发展成为繁华城镇。官美蝶论述该镇的商业繁华之状。[⑤] 李德楠从历史地理学角度研究张秋镇水环境变迁与行政区域调整的关系。[⑥] 张程娟从漕运制度的变革出发，分析明中期张秋镇的发展问题。[⑦] 郑民德、朱年志等对七级、阿城等代表性的商业城镇的发展作了研究。[⑧]

随着城镇商业的繁荣，大量的外地商人涌入山东运河区域经商获利，以徽商、山陕商人、江西商人等商帮力量最大雄厚。王云对这些客籍商

---

① 许檀：《清代中叶聊城商业规模的估算——以山陕会馆碑刻资料为中心的考察》，《清华大学学报》2015年第2期。

② 孙竞昊：《明朝前期济宁崛起的历史背景和区域环境述略》，《明史研究论丛》（第十辑），故宫出版社2011年版；《明清北方运河地区城市化途径与城市形态探析：以济宁为个案的研究》，《中国史研究》2016年第3期。

③ 李德楠：《国家运道与地方城镇：明代泇河的开凿及其影响》，《东岳论丛》2009年12期。

④ 崔新明：《枣庄段运河的发展变迁及其历史定位》，《枣庄学院学报》2008年第3期；杨传珍：《泇运河的通航与台儿庄的繁盛》，《枣庄学院学报》2013年第1期。

⑤ 官美蝶：《明清时期的张秋镇》，《山东大学学报》（哲学社会科学版）1996年第2期；杨丽平：《明清时期张秋的商业》，《信阳农业高等专科学校学报》2011年第3期；郑民德：《明清京杭运河城镇的历史变迁——基于张秋镇为视角的历史考察》，《中国名城》2012年第3期。

⑥ 李德楠：《水环境变化与张秋镇行政建置的关系》，《历史地理》第二十八辑，上海人民出版社2013年版。

⑦ 张程娟：《明代运河沿线的水次仓与城镇的发展——以山东张秋镇为例》，《中山大学研究生学刊》（社会科学版）2014年第1期。

⑧ 郑民德、李永乐：《明清山东运河城镇的历史变迁——以阿城、七级为视角的历史考察》，《中国名城》2013年第9期；朱年志：《明清山东运河小城镇的历史考察——以七级镇为中心》，《华北水利水电大学学报》（社会科学版）2017年第6期；朱年志：《明清德州运河小城镇的历史考察》，《德州学院学报》2020年第3期。

人的分布区域、经营特点、经营行业、组织规模等作了详尽研究。[①] 张礼恒、吴欣、李德楠则对本土鲁商的商业活动作了研究。[②]

许檀、李令福对明清山东农业生产结构调整、两年三熟制的形成、土壤盐碱化及改良等农业问题做了全面研究。[③] 成淑君、程方分别讨论明代、清代山东的农业的开发状况。[④] 陈冬生对山东运河区域的棉花、烟草、果木等经济作物种植做了研究。[⑤] 李明珠对清代以降华北地区市场与粮食价格进行了量化研究，并以灾荒为切入点思考国家、社会、经济和环境之间的联系。[⑥] 袁长极、李德楠等人对运河开发与旱潦、土地盐碱化以及农业发展的关系做了研究。[⑦] 人工运河改变了区域水文环境。高元杰、郑民德对会通河北段运西地区的排水问题作了研究。[⑧] 李德楠对黄运地区的河工建设与生态环境变迁问题作了研究。[⑨]

士绅阶层是中国古代精英集团的一个特殊性群体。张仲礼、费孝通、周荣德等学者为士绅研究奠定了坚实基础。[⑩] 周锡瑞、韩书瑞等学者对山

---

① 王云：《明清时期山东的山陕商人》，《东岳论丛》2003 年第 2 期；《明清时期山东运河区域的徽商》，《安徽史学》2004 年第 3 期；《明清时期活跃于京杭运河区域的商人商帮》，《光明日报》2009 年 2 月 3 日。

② 张礼恒、吴欣、李德楠：《鲁商与运河商业文化》，山东人民出版社 2010 年版。

③ 许檀：《明清时期山东商品经济的发展》，中国社会科学出版社 1998 年版；李令福：《明清山东农业地理》，五南图书出版公司 2000 年版。

④ 成淑君：《明代山东农业开发研究》，齐鲁书社 2006 年版。

⑤ 陈冬生：《明清山东运河地区经济作物种植发展述论》，《东岳论丛》1998 年第 1 期。

⑥ ［美］李明珠：《华北的饥荒：国家、市场与环境退化（1690—1949）》，石涛、李军等译，人民出版社 2016 年版。

⑦ 袁长极：《山东南北运河开发对鲁西北平原旱涝碱状况的影响》，《中国农史》1987 年第 4 期；李德楠：《明清京杭运河引水工程及其对农业的影响》，《农业考古》2013 年第 4 期。

⑧ 高元杰、郑民德：《清代会通河北段运西地区排涝暨水事纠纷问题探析——以会通河护堤保运为中心》，《中国农史》2015 年第 6 期。

⑨ 李德楠：《明清黄运地区的河工建设与生态环境变迁研究》，中国社会科学出版社 2018 年版。

⑩ 张仲礼的代表作有：《中国绅士——关于其在 19 世纪中国社会中作用的研究》，上海社会科学出版社 1991 年版；《中国绅士的收入——〈中国绅士〉续编》，上海社会科学院出版社 2001 年版。周荣德：《中国社会的阶层与流动——一个社区中士绅身份的研究》，学林出版社 2000 年版；费孝通、吴晗等：《皇权与绅权》，天津人民出版社 1988 年版。关于 20 世纪士绅研究的情况，可参见谢俊贵《中国绅士研究述评》，《史学月刊》2002 年第 7 期；尤育号：《近代士绅研究的回顾与展望》，《史学理论研究》2011 年第 4 期。

东运河区域不同州县的士绅（主要是举人）不同时段的分布情况做了细致统计，指出鲁西地区士绅阶层的软弱导致异端活动盛行。[①] 孙竞昊研究“以地方为取向”的济宁士绅社会，尤其聚焦特殊时期（明清鼎革、清末）地方士绅精英发起的挽救城市命运的各种活动。[②] 李明珠认为，由于士绅阶层软弱，在救荒等社会福利开展上，中国北方地区显著呈现出一种中央强、地方弱的国家中心主义模式，与南方地区盛行的地方领导模式形成明显对比。[③] 作为士绅阶层中所包括的世族、世家阶层，长期以来受到学界的关注。郭学信认为，簪缨相继的仕宦家族既是古代中国社会的政治主体，也是文化上的主体。作为社会的基本细胞，仕宦家族中的仕宦者无论是在中央还是在地方社会中皆发挥着重要的影响和作用，是一个值得深入研究的社会群体。[④]

秦晖将河南、山东等省地主阶层分为权贵地主和平民地主两个集团，认为在明清鼎革之际平民地主对政局演进起着关键作用。[⑤] 程啸在研究鲁西义和团地方动员时指出，村镇精英的角色、身份和权力资源相当复杂，不能仅考虑受教育程度、法权等标准，还要考虑中国基层社会的组织和权力的多元性。[⑥] 罗仑、景甦对山东（含运河区域）“从农民分化中游离出来的经营地主”的经营状况做了研究。[⑦]

马俊亚对淮北（含鲁南部分地区）底层百姓生计、民风民性等问题

---

① 周锡瑞：《义和团运河的起源》，张俊义等译，第27—35页；韩书瑞：《山东叛乱：1774年王伦起义》，刘平、唐雁超译，第39—42页。

② 孙竞昊：《清末济宁阻滞边缘化的现代转型》，《清华大学学报》（哲学社会科学版）2010年第1期；《经营地方：明清之际的济宁士绅社会》，《历史研究》2011年第3期。

③ 李明珠：《华北的饥荒：国家、市场与环境退化（1690—1949）》，石涛、李军等译，第474页。

④ 郭学信：《中古乐安孙氏家族研究——以唐代为中心》，中国社会科学出版社2020年版，第17页。

⑤ 秦晖：《甲申前后北方平民地主阶层的政治动向》，《陕西师范大学学报》1986年第3期。

⑥ 程啸：《社区精英群的联合和行动——对梨园屯一段口述史料的解说》，《历史研究》2001年第1期。

⑦ 罗仑、景甦：《清代山东经营地主经济研究》，齐鲁书社1985年版。

作了细致研究。[①] 王云研究山东运河区域盛行的嗜酒、尚武之风。[②] 孙竞昊等认为，明清时期大运河推动的城市化塑造了济宁开放、包容的城市环境，既促进了当时精神文化和正规宗教的繁荣，又排拒了极端或偏狭的异端教门和秘密会社。[③]

综上，现有研究呈现出不平衡性。首先，在研究内容上来讲，运河本体（运道变迁、闸坝设施之类）[④]、城镇商业等内容的研究成果丰硕，而山东运河区域社会生态变迁中的关键问题（如水环境变迁，漕运兴衰与各类社会群体的互动等）研究尚显薄弱；其次，在研究地域上讲，目前研究主要集中在济宁、临清、聊城以及张秋等商业繁荣的城镇地区，广大腹地州县的社会生态变迁研究相对薄弱。

三 研究的问题与基本思路

本书讨论的一个基本问题就是：大运河的贯通带给鲁西地区何种变化？京杭大运河的贯通和明清时期国家倚为命脉的漕运政策彻底改变了鲁西地区的发展命运。王云指出，地处华北平原的山东运河区域在明清时期社会变革动力不是源自区域经济自身发展的推动，而是得力于客观地理条件的改善和国家政策的调控。[⑤] 孙竞昊也将明清时期的济宁及其他北方运河城市视作外在“植入型”的城市化城市。[⑥] 本书主要从以下三个方面探讨政治性的大运河影响之下的山东运河区域社会生态变迁问题。

---

① 马俊亚：《被牺牲的“局部”：淮北社会生态变迁研究（1680—1949）》，北京大学出版社2011年版。

② 王云：《明清以来山东运河区域的嗜酒与尚武之风》，《东岳论丛》2009年第3期。

③ 孙竞昊、汤声涛：《明清至民国时期济宁宗教文化探析》，《史林》2021年第3期。

④ 王玉朋的《清代山东运河河工经费研究》（中国社会科学出版社2021年版）对清代山东运河河工的运作机制以及河工经费筹销机制做了研究。胡梦飞的《山东运河文化遗产保护、传承与利用研究》（中国社会科学出版社2021年版）对山东运河文化遗产的保护、传承与利用做了研究。

⑤ 王云：《明清山东运河区域社会变迁》“结语”，人民出版社2006年版，第351页。

⑥ 孙竞昊：《明清北方运河地区城市化途径与城市形态探析：以济宁为个案的研究》，《中国史研究》2016年第3期。

其一，通过环境史的研究视角讨论大运河的贯通引发的鲁西地区自然环境的连锁反应。按环境史学家的界定，环境史研究人与自然环境的关系史，将自然和社会的历史勾连起来。[①] 从环境变迁视角解释华北基层社会变迁是北美汉学界的重要手段。[②] 横贯中国东部数省（市）的京杭大运河，堪称人类改造、利用自然的典范。那么，大运河的开通引发鲁西地区何种自然环境的变化？本书以明清时期会通河南段以及运河城市的水环境剧变引发的严峻水涝等为例来回答这个问题。

其二，关于明清时期山东运河区域社会经济发展的动力问题。关于这个问题的讨论，学术界普遍认为运河及漕运的畅通是整合区域社会，刺激城镇经济发展的关键因素（详见本书学术史综述）。学界已在山东运河区域的城镇经济发展、外来客商势力经营等商业方面的研究取得丰硕成果，本书着重讨论大运河贯通时期的农作物种植结构的演变、农业灌溉水源与运河用水的矛盾以及土壤肥力变化等内容。

其三，明清时期山东运河区域内生力量演变形态的探讨。首先，对明清山东运河区域以士绅阶层为代表的上层精英的时空分布以及内敛保守的性格做了研究。其次，通过和平时代开展的社区福利以及动荡年代组织武装护卫桑梓的情况为例，对明清山东运河区域精英阶层的势力演变，与国家权力的关系等问题展开研究。在社会结构构成上，下层农民占据了绝大多数的比例。在分析以士绅为代表的精英集团的构成形态后，我们对广大的下层农民生存状态、生活水平以及民风民性特征进行研究，侧重于探讨大运河贯通背景之下普通百姓的日常生活。

概言之，在皇权至上的帝制时代，大运河最基本的功能是政治性的。历代修浚大运河的直接出发点是将南方富庶地区的漕粮转运京城，进而促进了中国的南北统一。正如冀朝鼎所言："在唐、宋、元、明、清各个朝代中，大运河竟成了连接北方政治权力所在地与南方新基本经济区之

---

① 梅雪芹：《从环境的历史到环境史——关于环境史研究的一种认识》，《学术研究》2006 年第 9 期。

② 潘明涛：《环境的"复魅"：近四十年来美国汉学界的华北研究》，《史学月刊》2021 年第 9 期。

间的生命线。”[1] 在明清山东运河区域经济社会运作中，权力高度集中的帝制国家将保漕济运作为首要任务来抓，水利灌溉、地方经济、文化教育等民生工程被刻意忽略。保漕至上的国策成为影响明清山东运河区域社会生态变迁的核心因素。

---

① 冀朝鼎：《中国历史上的基本经济区与水利事业的发展》，朱诗鳌译，中国社会科学出版社1981年版，第91页。

第 一 章

水环境变迁与区域社会

作为一条人工开挖的河道，会通河贯通鲁西地区，改变了原本稳定的自然水环境，区域社会发生一系列连锁反应。受水环境剧烈变动影响，水涝问题变得愈益突出。[①] 围绕排涝问题，山东运河区域各州县间的水利冲突更为尖锐。城市洪涝问题也变得更加突出。本章即围绕以上几个问题展开论述，集中探讨运河贯通与地域水环境变迁、地方水涝、城市洪涝以及由此产生的水利冲突等问题。

第一节　会通河南段水涝及水事纠纷问题研究

历经元、明两朝的多次改道完善，贯穿鲁西地区的会通河至清代，河道已经成型。为确保这条人工运河的水量充足，帝国政权引汶、泗、卫等自然河道以及周边泉源入运，将沿运湖泊辟水柜蓄水，并实行了严密的闸坝启闭制度。这条人工开挖的河道剧烈地改变了鲁西地区的水文环境，引发了自然、社会等方面的连锁反应。本节探讨的会通河南段大体上相当于山东东平以南、江苏徐州以北运河河段，大致以清代济宁直

---

① 高元杰、郑民德对清代会通河北段的水文形势及排水问题作了研究。参见高元杰、郑民德《清代会通河北段运西地区排涝暨水事纠纷问题探析——以会通河护堤保运为中心》，《中国农史》2015 年第 6 期。李德楠、胡克诚对南四湖区因蓄水济运政策而出现的沉粮地作了研究。参见李德楠、胡克诚《从良田到泽薮：南四湖“沉粮地”的历史考察》，《中国历史地理论丛》2014 年第 4 期。

隶州[1]河段为中心。

一 会通河开通后水文形势的变化

本区西面是古黄河冲积扇前沿，东面是鲁中山地丘陵，乃两个相向倾斜面的交接地带。自西来的济、菏、汴诸水和自东来的汶、泗、沂汇注于此，明清时期演变为北五湖和南四湖。[2] 本区水量丰富，会通河开通后，沿运的自然河流、泉源、湖泊均被人为改造后向运河提供水源，水文环境发生剧烈的变化。

古汶水源出山东莱芜县北，西流经东平县南，至梁山东南入济水。元代筑堽城坝、明初筑戴村坝，汶水被改道至济宁、南旺两处分别济运。汶水由济水支流变为运河支流，“一线渠河岂能容受汶河异涨之水?”运河沿岸水患频发，“横溃四溢，势所必然，是不以海为壑，而以滨河之民田为壑也”[3]。

泗水原本经泗水（县）、曲阜、兖州折南至济宁，南经昭阳湖西，至江苏徐州循淤黄河流至淮安入淮河。会通河贯通后，泗水自泗水（县），经曲阜、滋阳入济宁境，至鲁桥济运。泗水上游在泗水、曲阜县境东西安流，河道平直，旁有丘陵为障，无泛溢之患。入兖州府境，水流方向自东西改南北，“出险就夷，众流交汇”。运河如一个巨大屏障顶阻水势，泗水“曲屈不得伸，怒而湍激”，遇夏秋汛期，水势盛涨，泛溢为患。[4]

汶、泗二水的支流[5]也被人为改造后直接济运或入水柜蓄水济运。元代，筑堽城坝逼汶水入洸河至济宁济运，洸河遂成为汶水支流。汶水发源莱芜原山，含沙量大，夏汛时，汶水“洪涛汹涌，泥沙溷奔，径入于洸”，导致洸河淤积严重。[6] 为发挥济运效果，洸河却被刻意放弃挑挖，

① 济宁州初隶兖州府，雍正二年升直隶州，后降为州并隶属兖州府。乾隆四十一年，复升直隶州，下辖金乡、嘉祥、鱼台三县。

② 邹逸麟：《山东运河开发史研究》，载《椿庐史地论稿续编》，上海人民出版社 2014 年版，第 91 页。

③ 袁绍昂等：民国《济宁县志》卷 1《疆域略》，《中华方志丛书》，第 30 页。

④ 李兆霖等：光绪《滋阳县志》卷 1《疆域志》，《中国地方志集成》山东府县志辑第 72 册，第 27 页。

⑤ 泗水水系的洙水、府河、沂河、万福河、荆河、漷河等，汶水水系的洸河。

⑥ 丁昭编注：《明清宁阳县志汇释》卷 22《艺文》收刘承《重修洸河记》，第 910 页。

后患无穷。弘治十七年（1504），山东都御史徐源指出，若将洸河疏浚深通，则汶水沿洸河畅流徐州，导致会通河运道缺水，漕船梗阻。因此，这90余里的洸河“不必挑浚”，致使洸河长期淤塞，遇汛期水涨，无法下泄，进而引发济宁以东地区的严峻水患。①

明永乐年间，宋礼重开会通河，将沿运湖泊辟为水柜蓄水济运。运河水涨即减水入湖，水涸即放水济运。② 入清，山东沿运湖泊的分布及功用已成型。按位置分布界分，沿运湖泊群包括北五湖（安山、南旺、蜀山、马踏、马场）和南四湖（南阳、独山、昭阳、微山）。按功用界分，可分水柜、水壑。这些湖泊存蓄了大量水源，却多位于并不缺水的会通河南段，加剧了该地区的严峻水患。为确保水柜蓄水充裕，清廷采取了各种措施，却未将百姓民生考虑在内。雍正元年（1723），河道总督高其倬于南阳湖以下运河西岸增建前明所设减水闸14座至19座。漕船过境后，启闸引运道余水入湖蓄水。此举使鱼台等沿运州县水量大增，水患愈发严重。③ 清朝对水柜蓄水制定了明确的尺寸。蜀山湖蓄水初定在一丈以内，后增至一丈一尺。④ 湖泊存蓄大水直接危及湖堤安危，“迎风受敌，土随水卸，旋筑旋坍”，也波及周边州县的安危。⑤

微山湖是汶、泗诸河归宿，蓄水济运的地位极为重要，“（运河）在济宁南者，全资微山湖蓄水济运”⑥。乾隆七年（1742），清廷议定微山湖收水以一丈为准。乾隆五十二年（1787），该湖收水尺寸增至一丈二尺。嘉庆二十一年（1816），收水尺寸增至一丈四尺。⑦ 微山湖济运及泄水通道主要有两条：“在东省则有韩庄湖口闸坝引渠并伊家河以入运，在江省

---

① 徐宗幹等：道光《济宁直隶州志》卷2《山川二》，《中国地方志集成》山东府县志辑第76册，第84页。

② 凌滟研究指出，四大水柜并非宋礼恢复运河之初所设，而是嘉靖时期河臣的有意塑造。参见《从湖泊到水柜：南旺湖的变迁历程》，《史林》2018年第6期。

③ 冯振鸿等：乾隆《鱼台县志》卷2《山水》，哈佛大学汉和图书馆藏乾隆二十九年刻本，13b。

④ 康基田：《河渠纪闻》卷27，《四库未收书辑刊》一辑第29册，第706页。

⑤ 康基田：《河渠纪闻》卷27，《四库未收书辑刊》一辑第29册，第706页。

⑥ 黎世序等：《续行水金鉴》卷110《运河水》，《四库未收书辑刊》七辑第8册，第35页。

⑦ 黎世序等：《续行水金鉴》卷130《运河水》，《四库未收书辑刊》七辑第8册，第356页。

则有蔺家山等河以达荆山桥入运。”[①] 一条为荆山河。微山湖下泄余水的茶城、丙化山、小梁山诸支河过张谷山后合流汇为荆山河，最终汇入江南运河。荆山河上接微山湖，下通江苏境内运河，乃济宁、鱼台、滕县、沛县诸州县及南四湖所蓄余水的泄水通道。[②] 乾隆二十二年（1757），乾隆帝下旨山东巡抚鹤年等解决微山湖泄水问题，委派侍郎梦麟会同江苏巡抚尹继善疏通荆山河下游彭家河。[③]

伊家河是微山湖南部的另外一条济运及泄水引河。此河上起微山湖，下至江南邳州黄林庄入运河。此河的挑挖契机是疏泄孙家集黄河漫水。运河道李清时奏请挑挖伊家河以分泄水势，堵截下游邳州境庐口入运之水，使运河水势不致顶阻，同时微山湖多余之水得以宣泄。乾隆二十二年（1757），挑挖此河，长12463丈，口宽8丈，底宽4丈，深1丈2尺不等。[④] 乾隆二十八年（1763），山东巡抚崔应阶疏浚伊家河，增建滚水坝数十丈；疏浚荆山口等处，上起湖尾茶城、内华山、小梁山三河后，合注荆山桥，续由荆山桥开浚王母山、倪家沟二岔河入运，费帑七万余两。[⑤] 此次疏浚，成效显著。河道疏浚前，湖水淹浸济宁、鱼台地亩3000余顷，疏浚伊家、荆山二河后，被淹地亩“已涸出十之七八”[⑥]。其中鱼台县水沉地1304顷余地亩全部涸出，“鱼民死而复苏”[⑦]。

会通河西岸各支、干河流为微山湖区的上游，无固定水源，夏汛坡水入河，“一遇大雨时行，沟浍皆由该河归南阳、昭阳二湖，下达微湖收蓄”。夏汛坡水骤发，两岸农田淤泥随之入河，导致各河河道停淤严重，

---

① 《清高宗实录》卷895，乾隆三十六年十月丙申。

② 徐宗幹等：道光《济宁直隶州志》卷2《山川二》，《中国地方志集成》山东府县志辑第76册，第96页。

③ 《清高宗实录》卷545，乾隆二十二年八月甲子。

④ 觉罗普尔泰等：乾隆《兖州府志》卷18《河渠志》，《中国地方志集成》山东府县志辑第71册，第370页。

⑤ 冯振鸿等：乾隆《鱼台县志》卷2《山水》，哈佛大学汉和图书馆藏乾隆二十九年刻本，13b。

⑥ 《清高宗实录》卷715，乾隆二十九年七月己卯。

⑦ 冯振鸿等：乾隆《鱼台县志》卷2《山水》，哈佛大学汉和图书馆藏乾隆二十九年刻本，13b。

必需周期性疏挑。[①] 康熙年间，兖州知府祖允图言："每年伏秋，遇风雨连绵，或霪雨二三昼夜不息，水即陡发，从开州、濮州、曹县、定陶，由巨野境一漫而来，入城、单、金、鱼等县，浸淫灌注，悉成泽国。"[②] 然而，这些与百姓民生密切相关的河道却并未纳入官方疏挑的范畴，"例应民修"。在百姓生计艰难的情况下，地方州县很难做到常规性地疏挑，导致各州县面临严重水涝。[③]

二　水涝问题的严峻性

元代开通济州河、会通河，将泗、汶等河引入运河，设各种闸坝调蓄水量，改变了区域水环境，导致水患频发。至元二十年（1283），济州河开通后，毕辅国等人筑堽城坝，阻汶水至济宁济运，改变了汶水原本经大清河入海的路线。后堽城堰被汶水冲坏，乱石堆积河道，河底增高，河水漫溢为害。后至元四年（1338），汶水溃决堽城坝东闸，洸河河道淤塞，岁岁漫溢，为害周边。[④]

入明，工部尚书宋礼重开会通河，筑戴村坝，逼汶水至南旺入运河，"一线渠河岂能容受汶河异涨之水?"运河沿岸水患更频，"横溃四溢，势所必然，是不以海为壑，而以滨河之民田为壑也"[⑤]。运河支流河道疏浚不及时，漫溢为灾。兹以金口坝及周边河道为例。兖州府东五里的金口坝，坝西有金口闸，俗称黑风口。金口坝遏沂、泗二水，入黑风口，抵兖州府城东门，绕城南，折北经西门，会阙党、蒋诩诸泉，西流 70 余里，抵济宁东城外，绕城与洸、汶水合流。明初，金口坝为土质，每年兴工，随筑随毁。成化六年（1470），工部员外郎张盛督夫采石，将金口土堰改建石坝。此后九十余年未加修筑，多年山水频发，坝石倾圮，河道淤垫，河水漫溢，"弥原淹野，禾尽腐败，不可收拾，盖非一日矣!"

① 黎世序等:《续行水金鉴》卷 104《运河水》,《四库未收书辑刊》七辑第 7 册，第 766 页。

② 鱼台县地方志编纂委员会整理：康熙《鱼台县志》卷 6《河渠》，第 120 页。

③ 黎世序等:《续行水金鉴》卷 104《运河水》,《四库未收书辑刊》七辑第 7 册，第 766 页。

④ 丁昭编注:《明清宁阳县志汇释》卷 22《艺文》收李惟明《改作东大闸记》，第 906 页。

⑤ 袁绍昂等：民国《济宁县志》卷 1《疆域略》,《中华方志丛书》，第 30 页。

金口坝损坏严重，“是为利于漕河者仅什一，而贻患于小民者，恒千百也”。嘉靖三十七年（1558），总理河道王廷加高金口坝身一尺七寸。次年春，王廷抽调拽筏夫役、南旺大挑夫役，疏浚金口坝周边河道，效果显著，“水由河渠行，不为害田，乃有秋，而泗水之出亦数倍于昔，商贩懋迁，舟楫利焉”①。

入清，会通河南段各州县水患问题愈加突出。济宁州地势洼下，河湖环绕，汶、泗、洸诸河西绕州城后直入运河，或入马场湖蓄水济运，“每夏秋霖雨，连作横汙弥漫望无涯际”②。在1736—1911年的176年间有81年发生洪涝灾害，差不多每两年就会发生严重洪涝灾害（见表1—1）。乾隆二十三年（1758），清廷开挖伊家河泄水后，济宁州仅涸出被淹村庄久多达492处，尚有未涸出村庄868处；涸出农田4684顷有奇，未涸出农田9985顷有奇。③

表1—1　　1736—1911年汶泗水系州县洪涝所占年次表

州县	年次	州县	年次	州县	年次
济宁	81	金乡	52	巨野	44
鱼台	72	滕县	48	嘉祥	42
东平	55	汶上	46	峄县	33

资料来源：《清代淮河流域洪涝档案史料》《清代黄河流域洪涝档案史料》。

注：年次，每年以一次计。一年中出现两次或多次，均以一年次计。

康熙三十二年（1693），济宁知州吴柽指出，济宁地势最洼，河湖环绕，“水患更甚于他邑”，济宁水患严重，原因有二：一是州境泄水河道梗塞之处甚多，工费浩繁，未能尽为疏通；二是周边州县以邻为壑，无

① 觉罗普尔泰等：乾隆《兖州府志》卷27《艺文志三》收王廷《浚府河记》，《中国地方志集成》山东府县志辑第71册，第580页。

② 胡德琳等：乾隆《济宁直隶州志》卷4《舆地》收刘概《广惠桥记》，哈佛大学汉和图书馆藏乾隆五十年刻本，17b。

③ 《清高宗实录》卷557，乾隆二十三年二月丙戌。

法通力疏通淤塞河道。[①] 吴桱认为，济宁“惟东乡之泗河、南乡之牛头河为患”。对此，吴桱对泗河、牛头河的河道进行了大力疏浚。[②] 经吴桱疏浚州境河道后，济宁地区的周边河道仍未形成完善的疏通制度，水患依旧严重。

运河东岸的汶、泗、洸诸河河堤失修。泗河两岸民埝多不牢固，“一遇大雨时行，四面山水骤至，旁溢冲突”，年年水患，附近村庄田庐淹没，年甚一年，“大粮地亩皆成不毛之土”[③]。运河西岸的支河众多，“长、澹、蔡、清、涞、柳、顺堤等河会曹属丰、沛之水以归湖”。汛期，河湖水势并涨，支河下泄为运道所阻，泄水不畅，水患严重。[④] 西岸诸县面临严峻的水涝问题。嘉祥县河渠众多，“雨集辄溢，有纳无宣，走而害稼，且东泄则妨漕渠，南委则引黄流，畚锸难施，疏通非易”[⑤]。鱼台县，地势洼下，原与滕县微山、赤山、吕孟诸湖本相互灌输，泄水较为畅达。南阳新河开通后，水文形势变化剧烈，泄水愈益困难：“自夏镇开，而运河斜贯其中，截分东西，不复交相输灌，事与南旺、蜀山诸湖等。但漕堤浅薄，水涨辄溃。当其溢溢，一望汪洋，无复涯畔，民被灾伤，岁劳修筑。”[⑥] 在1736—1911年的176年间，鱼台有72年发生洪涝灾害。万历年间，知县杨之翰赋诗描述鱼台大水：“茅屋两三百姓家，排空银浪遍天涯。垅连湖镜悬明月，楼倒波心横草芽。渔往樵来多贩鬻，碑沉径断少桑麻。城中四面池塘里，不异晋阳产灶蛙。”[⑦]

会通河南部的湖泊水柜蓄积的大水成为一个随时威胁周边百姓安危的梦魇。乾隆二十二年（1757）夏汛，微山湖涨漫无处宣泄，将鱼台在

---

① 胡德琳等：乾隆《济宁直隶州志》卷3《舆地》收吴桱《牧济录》，哈佛大学汉和图书馆藏乾隆五十年刻本，16b。

② 徐宗幹等：道光《济宁直隶州志》卷2《山川二》，《中国地方志集成》山东府县志辑第76册，第90页。

③ 徐宗幹等：道光《济宁直隶州志》卷2《山川二》，《中国地方志集成》山东府县志辑第76册，第80页。

④ 水利水电部水管司等编：《清代淮河流域洪涝档案史料》，中华书局1988年版，第296页。

⑤ 倭什布等：乾隆《嘉祥县志》卷1《方舆》，哈佛大学汉和图书馆藏乾隆四十三年刻本，6b。

⑥ 鱼台县地方志编纂委员会整理：康熙《鱼台县志》卷5《山川》，第103页。

⑦ 鱼台县地方志编纂委员会整理：康熙《鱼台县志》卷18《艺文》，第851页。

内的五州县村庄淹没多达1000处。[①] 乾隆二十九年（1764），上游诸县重要泄水通道的荆山桥河道淤塞，南阳湖水无法下注，济宁、鱼台等州县“民间有粮地亩被淹浸三千余顷”[②]。嘉庆二十一年（1816）夏汛，鱼台刘家集、杨家楼等425个村庄被淹。[③] 道光二年（1822）夏汛，运道西岸各县被淹惨重，被淹村庄数量：菏泽县895处，武城县206处，巨野县582处，郓城县1012处，金乡县1006处，嘉祥县63处，鱼台县802处。[④]

概言之，会通河犹如一座大坝横亘鲁西地区，极大改变地域水文环境，汶、泗诸河泄水困难，加之漕运运转中的人为失误更加剧南段水患问题。济宁道张伯行直言：“夫汶河之水，原由坎河口入盐河以达于海，是以海为壑者也。自石坝（戴村坝）既筑，而于石坝之北又高筑土坝，遂使水不得归海，而尽趋南旺。夫以运河一线之渠，岂能容汶河泛涨之水，漫决横溃，洋溢民田，势所必至。是水不以海为壑，而直以山东运河两岸之州县为壑也！”[⑤]

三 “与漕运大有关系”：第一种类型的水利纠纷

这种类型的水利纠纷与保漕济运的国计密切相关。为确保漕运畅通，国家权力会强力干预地方水利事业，加剧了水利纠纷的复杂性。兹以牛头河的挑浚以及杨家坝工程的存废为例。

牛头河，“上源为马踏、蜀山、南旺诸湖水，在济宁州西南流，合赵王河、北渠河、蔡河、万福河，注微山湖，接江苏界”[⑥]。此河是济宁地区一条重要的泄水河，“济宁以南洼地之水由之泄入南阳、昭阳二湖，实济宁以南行水之要道”[⑦]。明代，漕渠水盛，牛头河水量充裕，牛头河可行漕船。后开南阳新河，牛头河与旧运河同时淤塞。牛头河淤塞后，巨

---

① 水利水电部水管司等编：《清代淮河流域洪涝档案史料》，第244页。

② 水利水电部水管司等编：《清代淮河流域洪涝档案史料》，第300页。

③ 水利水电部水管司等编：《清代淮河流域洪涝档案史料》，第514页。

④ 水利水电部水管司等编：《清代淮河流域洪涝档案史料》，第567页。

⑤ 张伯行：《居济一得》卷6“治河议”，《中国水利史典·运河卷二》，第803页。

⑥ 魏源全集编辑委员会编：《魏源全集·皇朝经世文编》卷115《各省水利二》收《山东水道图说》，第414页。

⑦ 袁绍昂等：民国《济宁县志》卷1《疆域略》，《中华方志丛书》，第37页。

野、郓城、嘉祥、定陶、金乡、城武等县坡水，“下流塞阻，汇为巨浸”①。

入清，济宁道叶方恒建议疏浚牛头河，但未付诸实践。② 康熙年间，减泄运河涨水入牛头河的永通闸废弃失修，运河大水无法泄入牛头河，天井闸一带运道水势急湍，粮船难行。济宁道张伯行建议修复永通闸，以减泄运河余水入牛头河。③ 永通闸废弃，牛头河淤塞，遇伏秋汛期，运河水涨无法容纳，河水漫溢为害。

康雍乾时期，牛头河河道淤塞，运河决溢后水无归宿，地方官府并没有去疏浚容纳运河涨水的牛头河，而是采取不断加高运堤。康熙四十年（1701）济宁道张伯行，乾隆四年（1739）济宁知州张纶先后增修运堤。代表地方利益的济宁本土精英的倡议起到关键作用。两次增修牛头河河堤的倡议人为济宁籍的张为经（康熙三十年进士）、张琬、徐秉衡等。④ 牛头河下游入湖处有马公桥，长518丈，宽23丈，横亘南阳、昭阳两湖之间，乃济宁、鱼台等州县入湖泄水的咽喉。乾隆三十七年（1772），东河总督姚立德、山东巡抚徐绩将马公桥多添桥洞，加宽10丈，广运庄以下河湖淤浅抽沟导引，使运西州县积水捷趋昭阳湖。⑤ 这次由地方大员加宽马公桥，与乾隆帝南巡考察运河有密切关系。

围绕河道疏浚问题，牛头河上下游各州县存在着复杂的利益纠葛，“各徇利害之私，聚讼纷争”，挑浚工作迟迟未能付诸行动。⑥ 上游的汶上县境内有宋家洼，紧邻南旺湖，形如釜底，“一遇雨水，辄终岁望洋而叹”。汶上县希望挑挖引河泄南旺湖及宋家洼水入牛头河。⑦ 此举引起下

---

① 鱼台县地方志编纂委员会整理：康熙《鱼台县志》卷6《河渠》，第115页。

② 叶方恒：《山东全河备考》卷2上，《四库全书存目丛书》史部第224册，第409页。

③ 张伯行：《居济一得》卷2“复永通闸”，《中国水利史典·运河卷二》，第759页。

④ 胡德琳等：乾隆《济宁直隶州志》卷4《舆地》收汤天诚《重修古运河南岸分工保固碑记》，哈佛大学汉和图书馆藏乾隆五十年刻本，41b。

⑤ 《钦定南巡盛典》卷44《河防》，《景印文渊阁四库全书》史部第658册，第670页。

⑥ 卢朝安等：咸丰《济宁直隶州续志》卷1《大政》，《中国地方志集成》第77册，第163页；济宁市政协文史资料委员会：《济宁运河诗文集粹》，济宁市新闻出版局2001年版，第475页。

⑦ 觉罗普尔泰等：乾隆《兖州府志》卷26《艺文志二》收《皇姑寺建闸碑记》，《中国地方志集成》山东府县志辑第71册，第562页。

游济宁州的强烈反对。知州吴柽斥责汶上县："未悉南北水势高下情形，不顾利害，屡屡条陈请开上源，岂非以邻为壑？"若将南旺湖及宋家洼水引入牛头河，牛头河无法容纳，河堤"立见崩溃"，"（济宁）民其鱼矣"。欲将南旺湖水泄入牛头河，须将牛头河下游河道梗塞之处疏浚深通。如下游河道不通，上源之水断断不可泄入牛头河。[①]

地方实权官员参与协调是化解上下游各州县矛盾的主要途径。乾隆二十九年（1764），汶上知县彭绍谦向兖州知府觉罗普尔泰求助，疏浚一条旧河泄宋家洼水，经嘉祥后入济宁牛头河，最终抵鱼台县钓钩嘴泄入微山湖区。[②] 兖州知府觉罗普尔泰出面协调了下辖济宁、汶上、嘉祥、鱼台诸州县间的矛盾，成为此次挑河成功的关键。挑浚宋家洼引河极大改善了上游汶上县泄水条件。然而，待负责官员卸任后，中下游各州县根本不想继续去疏浚这条无关自身利益的泄水河道，牛头河很快再次淤塞不通。道光三年（1823），汶上县呼吁挑河，但中下游各州县没有响应，疏浚工作被迫搁置。[③]

然而，牛头河中游的济宁、嘉祥等县又因下游鱼台不挑河道，水无去路，农田积潦严重，均指责鱼台以邻为壑，屡请疏浚牛头河。鱼台县却以"地处下游，恐成泽国控阻"[④]。嘉庆九年（1804），山东巡抚铁保奏请疏挑此河。此议却遭到鱼台百姓的反对。鱼台士民给出了充足理由："牛头河下游安、李二口及微（山）湖下游伊家河、荆山桥、蔺家山等河，间段淤塞，牛头河开通，上有来源，下无去路，又以汶上县属南旺湖心较高五六丈，势如建瓴，难免泛溢。"在鱼台县的反对之下，山东巡抚铁保的提议未获实施。[⑤] 下游鱼台等县的强力反对，是牛头河疏浚工作

① 胡德琳等：乾隆《济宁直隶州志》卷4《舆地》收吴柽《牧济录》，哈佛大学汉和图书馆藏乾隆五十年刻本，21b。

② 觉罗普尔泰等：乾隆《兖州府志》卷26《艺文志二》收《皇姑寺建闸碑记》，《中国地方志集成》山东府县志辑第71册，第562页。

③ 徐宗幹等：道光《济宁直隶州志》卷2《山川二》，《中国地方志集成》山东府县志辑第76册，第88页。

④ 黎世序等：《续行水金鉴》卷110《运河水》，《四库未收书辑刊》七辑第8册，第32页。

⑤ 黎世序等：《续行水金鉴》卷110《运河水》，《四库未收书辑刊》七辑第8册，第36页。

迟迟未能付诸实践的一个关键原因。

在保漕济运的国策影响下，淤塞已久的牛头河终于迎来大规模挑浚。牛头河所受各州县坡水是微山湖的重要水源。微山湖又是向泇河、邳宿运河供水的关键水柜。牛头河浚通后，上游各州县坡水可顺畅汇入微山湖蓄水，对于保障运河用水极为关键。河东总河吴璥直言："牛头河淤塞不通，此系微湖受病之由。"①

嘉庆十一年（1806），微山湖收水仅一丈，未符水志一丈二尺。总河吴璥勘察发现，牛头河淤塞后，鱼台百姓可垦殖湖滩。而牛头河疏浚后，"湖滩不能耕种，遂以该邑地处下游，恐成泽国控阻"。嘉庆帝告诫吴璥等大员，"岂得因刁民控阻，因循不办"，催督挑浚牛头河。② 在蓄水保漕的国策名义下，下游鱼台县利益被牺牲。嘉庆十二年（1807）九月，吴璥兴挑牛头河。③ 此次挑浚河道，修建涵洞，帮筑土堤等费52120余两，动拨藩库、运河道库银兴工。④

河东总河吴璥挑浚牛头河的出发点是为了让牛头河将更多水源汇入微山湖，微山湖蓄水"必有增益"，"如不能收符定志，再将牛头河上游赵王河疏浚，又可收曹州府菏泽、定陶、郓城、巨野，直隶东明、长垣等县坡水"⑤。可见，清廷出面组织挑浚牛头河的目的就是为了确保微山湖蓄水济漕，沿运州县的水涝问题并没有纳入考虑。为确保微山湖蓄水充裕，道光十八年（1838），河东河道总督栗毓美、山东巡抚经额布对牛头河再次组织过一次大规模挑浚。⑥

在此次大规模挑浚后，不断有人提出挑浚牛头河。然而，在缺少国

---

① 《清仁宗实录》卷185，嘉庆十二年九月己未。

② 《清仁宗实录》卷185，嘉庆十二年九月己未。

③ 赵英祚等：光绪《鱼台县志》卷1《山川志》，《中国地方志集成》山东府县志辑第79册，第40页。

④ 黎世序等：《续行水金鉴》卷110《运河水》，《四库未收书辑刊》七辑第8册，第35页。嘉庆十二年挑浚牛头河的具体工程以及耗费河银的详细数目，请见黎世序等《续行水金鉴》卷110《运河水》，《四库未收书辑刊》七辑第8册，第37—39页

⑤ 黎世序等：《续行水金鉴》卷110《运河水》，《四库未收书辑刊》七辑第8册，第33页。

⑥ 徐宗幹等：道光《济宁直隶州志》卷2《山川二》，《中国地方志集成》山东府县志辑第76册，第88页。

家权力主动介入的背景下，围绕牛头河河道挑浚问题，上下游各州县均站在各自立场，争讼不断，导致此河一直未被疏浚。至咸丰年间，此河再次淤塞不通。咸丰九年（1859）十一月，捻军马队长驱直入济宁。为阻挡捻军进击，知州卢朝安与团练总办阎克显等发动绅民筹款，重挑牛头河河道83里余。此次挑浚出发点是为了阻挡捻军马队的进攻，并未考虑沿运州县的水涝问题。①

再看杨家坝的存废问题。杨家坝工程与济宁一带的水患形势密切相关。泗水经兖州府西流与洸河交汇，经济宁城东杨家坝西流入马场湖。济宁南门外为漕运咽喉，本设天井、任城二闸，“天井地势高亢，全赖洸、泗二水以济之”。明中前期，洸水由城北越城西至城西南入运，泗水由城东转城南入运。洸、泗二水绕济宁城“环抱如玉带”，“二水时有分合，大要旱则令合，潦则令分”。②

正德年间，刘六、刘七起义爆发。为加强防御，地方官筑杨家坝引水绕城护卫城市，杨家口始有坝基。起义平定后，坝基被拆除。崇祯年间，地方动乱不断，“因城西北无险可守”，济宁卫指挥张世臣于杨家口筑坝拦截洸、泗二水，全汇城市西北一带，汪洋一片，使敌人不得直抵城下。可见，筑杨家坝出发点是为了加强城市防御，“非为漕运计长久也”。顺治初年，总河杨方兴见济宁城西积水汗漫无归，于状元墓往南开小河一道，引水入马场湖蓄水济运。然而，济宁城地势北部高，东、西、南三面俱低。洸水自城东北西流，地势相等，尚不为害地方。泗水自城正东，筑杨家坝逼泗水北上，“若登山然”，夏秋间泗水上源小店上下一带，河水泛溢，淹没民田，“有用之水反成无穷之害”③。

修筑杨家坝极大地改变周边水文环境，加剧了济宁东乡的水患问题。府河、洸河原本合流南出天井闸入运。筑杨家坝后，府、洸二水改入马场湖济运。为缓解东乡水患，济宁人呼吁拆除杨家坝，以恢复明前期泗、

---

① 卢朝安等：咸丰《济宁直隶州续志》卷1《大政》收李联堉《挑浚牛头河记》，《中国地方志集成》第77册，第163页。

② 胡德琳等：乾隆《济宁直隶州志》卷4《舆地》收郑与侨《开杨家坝议》，哈佛大学汉和图书馆藏乾隆五十年刻本，10b。

③ 胡德琳等：乾隆《济宁直隶州志》卷4《舆地》收郑与侨《开杨家坝议》，哈佛大学汉和图书馆藏乾隆五十年刻本，10b。

洸二水环抱城市通流入运的旧况。清初，士绅郑与侨建议拆除此坝，“两水皆有益于漕，而民间淹没之患亦免”[①]。康熙年间，济宁知州吴柽呼吁拆除此坝。他评价杨家坝：

> 府河原极浅狭，自杨家水口筑坝之后，全河之水皆西入马场湖。伏秋涨发奔流，湖不能容，旁溢四漫，而各处出水之道又复淤阻，新店之减水二闸更废无存。诸水无宣泄之路。此东乡之水患所以不免也。[②]

与济宁地方要求拆除杨家坝的呼声不同，治河官却站在保漕济运的立场上反对拆除杨家坝。康熙年间，济宁道张伯行直言，济宁人拆除杨家坝的动机，“潜谋马场湖湖地肥美，尽皆占种”。一旦拆除杨家坝，则马场湖水干涸。张伯行反对开杨家坝，“如有盗开者，即以盗决论”[③]。

尽管地方上要求拆除杨家坝的呼声不断，但为了蓄水保漕的国家大计，杨家坝被保留并经多次修缮。清初，济宁道叶方恒建议将杨家坝改为闸，按时启闭，“急则借以济运，缓则储以待用”[④]。康熙三十四年（1695），杨家坝改建减水闸，按时启闭，规制愈益严密。乾隆二十二年（1757），建双槽石闸，“平时常闭，收水入湖，水涨，启板泄入运河”[⑤]。伏秋水涨，杨家坝启板宣泄，由韦驮棚、通心桥、观澜桥等五股分泄。[⑥]嘉庆六年（1801），知州金湘奏请修杨家闸上下石翅。嘉庆十年（1805），

---

① 胡德琳等：乾隆《济宁直隶州志》卷4《舆地》收郑与侨《开杨家坝议》，哈佛大学汉和图书馆藏乾隆五十年刻本，10b。

② 胡德琳等：乾隆《济宁直隶州志》卷4《舆地》收吴柽《牧济录》，哈佛大学汉和图书馆藏乾隆五十年刻本，9b。

③ 胡德琳等：乾隆《济宁直隶州志》卷4《舆地》，哈佛大学汉和图书馆藏乾隆五十年刻本，12a。

④ 叶方恒：《山东全河备考》卷2下，《四库全书存目丛书》史部第224册，第419页。

⑤ 黎世序等：《续行水金鉴》卷129《运河水》，《四库未收书辑刊》七辑第8册，第331页。

⑥ 徐宗幹等：道光《济宁直隶州志》卷2《山川二》，《中国地方志集成》山东府县志辑第76册，第82页。此方志明言：此议“实始于《备考》一书，盖阅四十年而成其策”（第82页）。

巡抚全保、总河李亨特奏准动项重修。[①]

杨家坝的存在，使洸、泗等水停积济宁城东，修缮稍不如意，极易造成严重水患。至嘉、道时期，因常年未修缮，杨家坝墙石酥损，金门墙身及转角雁翅渗水严重，闸上坝岸32丈被水冲损。济宁东南乡至运河周遭，水势漫衍，常年不消。杨家坝逼近城关，民居稠密，庐舍甚多，“每遇汛涨风雨，居民纷纷迁徙，彻夜号救之声，惨不忍闻”。道光二十一年（1841）秋大水，城市受淹严重，“东门用土屯堵，街巷水深四五尺，扎筏往来”。杨家坝周遭受灾百姓被迫迁至城内庙宇、店铺避险。[②]杨家坝的存在将大水停积济宁城外，“不但东南乡依旧淹没，东关一带亦成泽国”，也导致了济宁城内外严峻水患。然而，这个不利于地方民生的关键工程始终未被拆除。在保漕济运的国家大政面前，地方民生被统治者刻意忽视。

四　“疏河者，他邑之利”：第二种类型的水利纠纷

这种类型的水利纠纷与保漕济运关系并不密切，往往会被国家所忽视。上下游各州县立足自身利益互不相让，导致纠纷不断。以鱼台、金乡两县的水利纠纷为例。

鱼台地处低洼，为诸邑下游，“西接曹、濮、嘉、巨、曹、单、城、金、郓沥水，东有汶、泗、洙、洸及蒙山等泉”，为众水宣泄之处。[③] 与鱼台接壤的金乡，“地势卑下”，上承曹州、濮州、郓城等八州县之水，经鱼台县泄入湖泊。[④] 鱼台、金乡二县地势较周边州县低，却较江苏沛县又高，处起承之处，在河道疏浚问题上涉及与上下游州县纷繁复杂的利益纠葛。对于上游各县提议的疏河之举，鱼台百姓持审慎态度，筑堤浚河，“鱼民不得已之务也”。康熙年间，鱼台知县马得祯指出，周边诸县若疏浚河道，积水迅下，若无堤防夹束，下游鱼台势必汪洋，“疏河者，

---

① 徐宗幹等：道光《济宁直隶州志》卷2《山川二》，《中国地方志集成》山东府县志辑第76册，第82页。

② 徐宗幹等：道光《济宁直隶州志》卷2《山川二》，《中国地方志集成》山东府县志辑第76册，第83页。

③ 鱼台县地方志编纂委员会整理：康熙《鱼台县志》卷18《艺文》，第799—800页。

④ 沈渊等：康熙《金乡县志》卷1《山川》，中国国家图书馆藏康熙五十一年刻本，9b。

他邑之利”[1]。

明万历二十三年（1595），上游的曹县、嘉祥、巨野、金乡等九州县合辞上书，要求鱼台配合挑挖泄水新河以宣泄运河西岸潦水入微山湖区。对于这种诉求，鱼台百姓持配合姿态。然而，下游的沛县却反对开河，坚称此举乃“以沛为壑”。鱼台百姓顾虑重重——若上游众水泄至鱼台，将于下游沛县梗阻难下，鱼台将成泽国。署篆州判杨之翰诉于上官，云：“邑居洼下，素为众水必趋之区，今议挑浚，又系众水经流之处，若下流有泄，岂敢中梗？奈沛邑壅塞，宣泄无从。”于是，鱼台转而反对挑河，将挑浚工程概行停止。[2]

此后百余年间再无挑河之举。康熙二十九年（1690）正月，鱼台知县马得祯决定召集士民挑浚县境河道。此议一出，上游各县闻风响应，联合上诉河道总督王新命，要求疏浚一条上自单县，经金乡、鱼台入昭阳湖的泄水河道。对于上游各县的诉求，鱼台知县马得祯采取了配合态度，并派夫2000名疏浚了一条自北田寺起至宋家庄以东柳沟止20余里的河道。工竣后，鱼台县开始面临一个尴尬问题：鱼台配合上游各县对境内河道作了疏浚，但下游的沛县却未疏浚河道，鱼台积水仍无法有效下泄。当年冬月，知县马得祯召集士民商议此事。鱼台跟沛县积怨已久，百姓群情义愤，攘臂而呼：

> 沛之不欲有鱼也久矣。在昔明时，阻塞下口，致河停浚。然鱼犹历受水患，于兹百年，今诸邑上流既浚，而沛复下阻，是不欲鱼民有生也。沛恃越省，敢恣强暴，事必有属愿得其主者，而甘心焉？

在马得祯动员下，绅衿樊生珠、百姓孙文运等先后向济宁道韩栋、总河王新命等地方要员上诉要求沛县配合挑浚河道。总河王新命令兖州知府祖允图、鱼台知县马得祯前去查议此事。

康熙三十年（1691）正月，兖州知府祖允图、鱼台知县马得祯、沛县县令勘察沛县安家口一带河道后，召集沛县百姓希望能支持安家口疏

---

① 鱼台县地方志编纂委员会整理：康熙《鱼台县志》卷6《河渠》，第116页。

② 鱼台县地方志编纂委员会整理：康熙《鱼台县志》卷18《艺文》，第799—800页。

浚工程。由于有河道总督、兖州知府等地方要员出面，现场数千百名沛县百姓皆“踌躇莫敢对”。在国家权力的压力下，沛县生员阎文焕等人不得不表态支持浚河。兖州知府祖允图设计了一条疏浚沛县安家口淤堵河道的方案。安家口在江苏沛县辖境，非兖州府管辖，祖允图担心呼应不灵，请河道总督王新命檄饬江南淮徐地方官速为疏浚。

河道总督王新命檄饬济宁、淮徐二道督催各县士民出夫挑浚。在河道总督等地方要员斡旋下，下游沛县的安家口河道挑浚最终得以施行。鱼台县境河段接续昭阳湖长108里，应挑口宽10丈，底宽8丈，深5尺，征劳夫2000名，月余工竣。在国家权力支持下，鱼台县终于在这次涉及上下游各县挑河的较量中赢得胜利。鱼台知县马得祯对这场牵涉山东、江苏两省数县的挑河感慨颇多，道出其中不易：

> 事机之不可失也如此！夫非值恩诏蠲租，则士民恐无余力；非上台肫挚救民，则沛口必不能开。自此以往，鱼台百年不能下泄之水，一朝可以宣泄无虞，曹、定、城、巨、单、金众县会放之流，或可不为鱼患，祸福转移，不容发间矣。则是河隄疏筑与湖口之浚也，岂非各上台鼎彝必勒之勋，而县令所藉皇恩以力民务者哉？[①]

为了让下游沛县配合挑河以疏泄积水，鱼台知县马得祯调动县民支持，向河道总督王新命等实权大臣求助，在获取国家权力支持下，最终逼迫下游的沛县支持挑河。工竣，鱼台百姓将县境这条自金乡界北田寺起，至柳沟村，横贯牛头河后东注南阳湖，过马公桥入昭阳湖，达东南沛县安家口的108里河道称为“马公河”，后因马得祯反对，改名“新开河”[②]。

这条由鱼台知县马得祯倡议并调集各方力量参与挑挖的新河很好解决了鱼台县的泄水问题。然而，这条新河却影响到周边各县的泄水，招来各种不满，以邻县金乡为最。金乡与鱼台的泄水纠葛，渊源已久。明嘉靖年间，金乡试图于县境南部挑河泄水，下游的鱼台却不配合。这导

---

① 鱼台县地方志编纂委员会整理：康熙《鱼台县志》卷6《河渠》，第115—123页。

② 鱼台县地方志编纂委员会整理：康熙《鱼台县志》卷6《河渠》，第129—131页。

致金乡下泄之水为鱼台埂阻，流缓淤浅，县境常有淤水之患，百姓困苦不堪。金乡泄水河道主要有城南新挑河、城北石家桥河等河。这些泄水河道必经下游鱼台后泄入南四湖区。

鱼台知县马得祯未挑新河前，鱼台张家庄有一道大河，可泄金乡积水入南阳湖。康熙三十年（1691），开挑新河后，鱼台于张家庄前横筑大坝，截断了上游金乡县的下泄水流，导致金乡泄水问题愈益尖锐。对此，金乡知县沈渊对鱼台开挖的新河评价颇低："河益隘折而泄益迟，迄今金（乡）、鱼（台）之民，并受其害。"开河后，金乡仅靠一道柳沟河入河，该河桥梁众多，泄水更难。他指责马得祯筑张家庄坝，堵塞了上游的泄水通道，"金乡独受腹满之患也"①。他强调应拆除张家庄大坝以泄金乡余水。此议遭下游鱼台等方面反对。

拆除张家庄坝的方案遭下游鱼台等县抵制后，金乡知县沈渊只好寻找其他泄水方式。康熙四十八年（1709）春，沈渊将金乡城南河由苏家桥北上赴道沟，与北河合流，过周家桥后，连通距苏家桥里许的旧河道。他率农户开挑一道十里余河道，分流经北天寺至孙家桥。沈渊还试图将金乡积水引至江苏丰县。城东渠家桥接丰县西北之水，旧有河道北流，经北天寺至孙家桥，河道淤塞，但行迹仍存。他还于四十八年春率民疏浚河道八里许宣泄积水。

疏河泄水往往涉及上下游各州县间的复杂利益关系。在没有强势外力介入下，作为利益一方的州县很难取得挑河的胜利。由于下游鱼台县不拆除阻碍泄水的张家庄坝，沈渊不得不费尽周折挑挖路途遥远的泄水通道。在挑河泄水失败后，金乡知县沈渊对挑河各方不配合极为无奈："呼应难通，徒使数州县民频罹狂涝之苦。"②

至乾隆年间，由于下游的江苏沛县阻绝河道，运河西岸的牛头河、新开河等泄水河只能以南阳、昭阳二湖为归宿，无法下泄沛县后入运河。鱼台、金乡等县泄水的侧重点由此前的疏河改为治湖。鱼台知县冯振鸿言："夫河赖湖以消纳，则治河必先治湖，通其尾闾，使湖能受水，河流

① 沈渊等：康熙《金乡县志》卷1《山川》，中国国家图书馆藏康熙五十一年刻本，10a。
② 沈渊等：康熙《金乡县志》卷1《山川》，中国国家图书馆藏康熙五十一年刻本，12a。

不疏而自下。”乾隆年间，疏浚河道已非鱼台诸县的急务。[①] 鱼台县境牛头河入昭阳湖的旧河道，长 60 里，“路远而势亦逆”。乾隆二十九年(1764)，鱼台知县冯振鸿自牛头河广运闸起开挖一道岔河入南阳湖，将西北诸县坡水由此河汇入南阳湖，不再由牛头河入昭阳湖。南阳岔河开通后，鱼台、金乡等县积水改入南阳湖，鱼台百姓“疏河之力可以稍舒矣”[②]。诸县泄水不再经牛头河旧河道入沛县昭阳湖，改入南阳湖，更便于泄水，与江苏沛县的水利纠纷也大大减少。

金乡县水文地理形势也发生着变化。金乡县境的陂河水源多为田间泄水，“河故无岸，汩汩而来，亦滔滔而往”。至乾隆年间，该县陂河开始加修堤岸。未筑岸前，田间野水入河易，消涸易，水易宣泄。筑岸后，田间野水不得入河，“散漫于田而不能束”。同时，金乡人继续呼吁下游鱼台拆除阻碍泄水的张家庄坝，认为保留此坝乃双败局面，“鱼邑筑（张家庄）坝以后，有金邑受水患而鱼邑庆丰年者乎?”金乡县的提议依旧未得到鱼台县的呼应，只能在县境内“扫除河岸，以仍旧制”[③]。嘉庆二十五年（1820），金乡县“大起徒役挑河”，与周边各县“讼阋繁兴”，水患问题始终未得到妥善解决。至咸丰年间，战乱兴起，康熙年间马得祯所挑新开河等泄水河道阻塞严重，泄水功能逐渐丧失，军事防御功能却被强化，甚至有人建议引黄河水东入金乡以加强防御。[④]

运河东岸的水利纠纷同样突出。以济宁与邹县的纠纷为例。济宁东乡诸河中以泗河水势为最大。泗河上游河身宽数十丈，至下游横河集河身变窄，“出口之处，阔止三四丈，全赖董家口支河以分其流而杀其势”。泗河东岸地势较西岸为高，每有决溢，均淹及西岸土地。康熙年间，邹县车家桥、阎家口一带河道淤垫不通，泗水分杀无路，“泗水一发，即至

---

① 冯振鸿等：乾隆《鱼台县志》卷 2《山水》，哈佛大学汉和图书馆藏乾隆二十九年刻本，11b。

② 冯振鸿等：乾隆《鱼台县志》卷 13《艺文》收《请开南阳岔河议禀》，哈佛大学汉和图书馆藏乾隆二十九年刻本，6b。

③ 王天秀等：乾隆《金乡县志》卷 3《山川》，哈佛大学汉和图书馆藏乾隆三十三年刻本，3b—6a。

④ 李垒等：咸丰《金乡县志》卷 1《舆地》，《中国地方志集成》山东府县志辑第 79 册，第 393 页。

漫溢，而堤防未有不冲决者也”[①]。康熙三十六年（1697），济宁知州吴柽高筑泗河西堤，设鸡嘴坝，浚姜家桥河段淤浅处。他召集济宁士民，“照按依亩分工之法，产主助食，佃户出力，借常平仓谷以济之”。当年闰三月二十一日开工，五月十三日完工。[②]

吴柽修筑泗河西堤后，“水势障而之东，东边邹、济之界又不免被淹”，有效防止了泗河涨水淹及西岸地势低的济宁地区。然而，修筑西堤后，泗河东岸的邹县受淹的风险大增，引起邹县人的抗议，提议修筑东堤。济宁知州吴柽反对修筑东堤，指出泗水西决，水无归泄之路，汪洋一片，经冬不消，有误播种；泗河东岸情形有所不同，南有独山湖为归宿，“不至如西决之久积为患也”。他希望邹县疏浚支河以泄水，可免被淹之患，“议筑东堤恐难保固亦属末务耳”[③]。至乾隆年间，邹县筑泗河东堤，济宁人对此也颇为不满。乾隆《济宁直隶州志》言：“今已筑东堤矣，徒截归湖之路，水发仍不免冲决，此论实中肯。”[④]

泗河西堤能防止泗水漫溢危及西岸的济宁地区。因此，济宁州不断对西堤完善巩固。道光十八年（1838），知州徐宗幹捐修泗河西岸姚家庄民埝。十九年（1839），徐宗幹继续捐修泗河西岸吴家湾、齐家营等处民埝。[⑤] 二十二年（1842），鉴于李家河口近堤村庄地少民贫，“大半逃徙，核计频年灾缓粮赋”，徐宗幹决定借帑兴修横河口及李家河口两处河堤。[⑥] 围绕修筑泗河东西堤问题，济宁、邹县始终未能说服对方，各自加固对本方有利的河堤，最终陷入以邻为壑的双输局面。

---

① 胡德琳等：乾隆《济宁直隶州志》卷 4《舆地》，哈佛大学汉和图书馆藏乾隆五十年刻本，4b。

② 胡德琳等：乾隆《济宁直隶州志》卷 4《舆地》，哈佛大学汉和图书馆藏乾隆五十年刻本，4b。

③ 胡德琳等：乾隆《济宁直隶州志》卷 4《舆地》，哈佛大学汉和图书馆藏乾隆五十年刻本，4b。

④ 胡德琳等：乾隆《济宁直隶州志》卷 4《舆地》，哈佛大学汉和图书馆藏乾隆五十年刻本，4b。

⑤ 徐宗幹等：道光《济宁直隶州志》卷 2《山川二》，《中国地方志集成》山东府县志辑第 76 册，第 80 页。

⑥ 徐宗幹等：道光《济宁直隶州志》卷 2《山川二》，《中国地方志集成》山东府县志辑第 76 册，第 80 页。

第二节　水环境变迁与城市洪涝

一　洪涝严重的运河城市

（一）汶泗水系

济宁州。洸河、府河在济宁州城北东关合流，绕城入马场湖。为蓄水济运，两河沿途设置闸座，调剂水量。每年秋汛来临，减水闸存在坏损，河道多淤塞不通，河水无法正常入湖。即便洪水泄入马场湖，却经常出现“湖不能容，旁溢四出”，“诸水既无行道，又无出路”的局面①，洪水困在济宁州一带，洪涝灾害相当严重。在1736—1911年的176年间有81年发生洪涝灾害，基本每两年就会发生严重洪涝灾害（见表1—2）。济宁州城洪灾也是相当严重（见表1—3），尤其是在洸、府河交汇的城关地区，几乎年年为灾。东关一带民居稠密，房舍甚多，“每遇汛涨风雨，居民纷纷迁徙，彻夜号救之声，惨不忍闻”②。

表1—2　　1736—1911年山东运河区主要州县洪涝所占年次表

水系	州县	年次	州县	年次	州县	年次
汶泗水系	济宁州	81	金乡	52	巨野	44
	鱼台	72	滕县	48	嘉祥	42
	东平州	55	汶上	46	峄县	33
马颊徒骇水系	聊城	58	朝城	38	观城	22
	寿张	55	莘县	35	清平	20
	阳谷	54	堂邑	31		

① 徐宗幹等：道光《济宁直隶州志》卷2《山川二》，《中国地方志集成》山东府县志辑第76册，第81页。

② 徐宗幹等：道光《济宁直隶州志》卷2《山川二》，《中国地方志集成》山东府县志辑第76册，第82页。

续表

水系	州县	年次	州县	年次	州县	年次
漳卫水系	临清	59	武城	36	冠县	19
	德州	52	夏津	32		
	恩县	43	馆陶	32		

资料来源：《清代淮河流域洪涝档案史料》《清代黄河流域洪涝档案史料》《清代海河流域洪涝档案史料》。

注：年次，每年以一次计。一年中出现两次或多次，均以一次计。

表1—3　　清代济宁州城洪涝灾害一览表

年份	洪水灾情	资料来源
1745年	城关居民及衙署多有倒塌	《清代淮河流域洪涝档案史料》第163页
1747年	城外被水围绕	《清代淮河流域洪涝档案史料》第186页
1799年	县城久淹坍塌	《清代淮河流域洪涝档案史料》第425页
1839年	街巷水深四五尺，扎筏往来	道光《济宁直隶州志》卷2《山川二》

鱼台。邻境丰县、沛县、金乡、单县，地势高仰，而鱼台地势卑下，遂为周边各县众壑所归之所，“素号泽国”①。鱼台在1766—1911年的176年间，就有72年发生洪涝灾害，频率相当高。鱼台城市洪涝也相当严重。嘉靖十三年（1534），黄河决口，洪流直趋鱼台，县城几乎不保。②万历三十二年（1604），汶河于南旺决口，“由丰、沛入境，为城郭患”③。乾隆二十一年（1756）水患也惊心动魄，时任山东巡抚杨锡绂奏称：“鱼台县城本年九月被水淹浸……该县土城一座，周围约四里余，地势低洼，形如釜底……此番被水，茅房土屋多已倾倒，其衙署、祠宇、

① 赵英祚等：光绪《鱼台县志》卷1《山川志》，《中国地方志集成》山东府县志辑第79册，第37页。

② 赵英祚等：光绪《鱼台县志》卷4《艺文志》，《中国地方志集成》山东府县志辑第79册，第176页。

③ 徐宗幹等：道光《济宁直隶州志》卷4《建置一》，《中国地方志集成》山东府县志辑第76册，第177页。

仓廒及居民瓦屋虽尚无恙，亦恐不能经久。先经该县知县将城门堵住，用水车数十辆日夜车水，使水出城外，少停即仍渗泄城内。”[①]

金乡。金乡的洪涝灾害也相当严重，1760 年、1761 年、1766 年、1796 年、1799 年均发生严重城市内涝[②]，以 1761 年最为惨烈，记载最为详细：

> 城外居民扶老携幼，相率入城者，络绎不绝。未几又有走而呼者，四门尽屯矣。无何犬声起于西关，怒号砰湃，万窍俱鸣，盖已溃堤抵城，而没其半。当是时，城外漂荡，城内惊扰，继之夜犬狂吠，与汹涌之声相杂，不知所措。而北门出水沟口涌溢街巷，倏成巨浸。……老幼妇女，奔集战内，依庵就庙，昏夜哀泣。丁壮营护室家，不忍舍去。有乘筏者，有骑屋背者，有叹息于□□。[③]

东平州。东平州地处汶河下游，每年夏秋汛期经临，汶河水涨，携沙直下，排山倒海，冲堤溢岸，直趋州城而来，而城内地势又低于城外六七尺，因此州城“恒为泽国”[④]。1747 年、1749 年、1769 年、1810 年均有严重城市洪涝的记载。乾隆年间，知州沈维基对州城所受洪涝之惨烈，有刻骨铭心的描述：

> （州城）东、南两面当来水之冲，西、北两面成赴壑之势。水一进城，不能复出，阖城民命、庐舍、仓廒、库储，并有累卵之危。当大雨之时，即多拨人夫，各门防范，而汹涌之势，已难捍御，始堵以土，继下以埽，更急则用棉被褥袄等物堵塞，昼夜防护，犹虑

---

① 水利水电部水管司等编：《清代淮河流域洪涝档案史料》，中华书局 1988 年版，第 238 页。

② 徐宗幹等：道光《济宁直隶州志》卷 2《山川二》，《中国地方志集成》山东府县志辑第 76 册，第 82 页。

③ 徐宗幹等：道光《济宁直隶州志》卷 2《山川二》，《中国地方志集成》山东府县志辑第 76 册，第 92 页。

④ 左宜似等：光绪《东平州志》卷 3《山川》，《中国地方志集成》山东府县志辑第 70 册，第 98 页。

不测。自五月至八月，官民几无安枕之时。每一念及，辄为心悸。[1]

（二）马颊、徒骇河水系

对比而言，本区洪涝程度，要低于汶河水系。表1—2可见，1736—1911年本区受涝次数最频繁的聊城（58年次），也要大大少于南四湖区的济宁州（81年次）、鱼台（72年次），仅比汶河水系的东平州多3年次。

聊城。聊城地势平旷，境内无高山为屏障，城外有徒骇河经行。自濮州、范县、朝城、堂邑、莘县、阳谷所来坡水，对城市造成很大威胁。1736—1911年的176年间中58年发生洪涝灾害，平均每3年就有1次洪涝。城市附近的金家洼，地势最低，“西逼运河堤，东逼徒骇河堤”，“一遇淫潦，坡水骤集，宅地漂流”[2]。雍正五年（1727）夏汛，大水冲毁城北护城堤，泄入城内，导致1400多口贫困百姓流离失所，等待救济。[3]雍正八年（1730）夏，连降大雨，连同西来坡水，一起围城，“水遂渺漫，城不浸者，仅三四版”[4]。乾隆二十六年（1761）夏，洪水汇入徒骇河，涵洞冲决，威胁城市，“六七夜抢护堵筑，始得安”[5]。乾隆五十五年（1790）夏，西来坡水骤涨，突至城根，事前虽将“西南北三门堵筑坚实”，洪水还是冲破西城门，漾入城市，声势颇大。[6]

阳谷。阳谷亦为平坦地势，“四无冈阜，沃野千里”，境内有沙河（即马颊河）、清水等河东流汇入东境的会通河。[7] 1736—1911年间，阳

---

① 左宜似等：光绪《东平州志》卷19《艺文》，《中国地方志集成》山东府县志辑第70册，第519页。

② 陈庆蕃等：宣统《聊城县志》卷1《方域志》，《中国地方志集成》山东府县志辑第82册，第16页。

③ 中国第一历史档案馆编：《雍正朝汉文朱批奏折汇编》第10册282号，江苏古籍出版社1991年影印本，第395页。

④ 陈庆蕃等：宣统《聊城县志》卷13《艺文志》，《中国地方志集成》山东府县志辑第82册，第204页。

⑤ 陈庆蕃等：宣统《聊城县志》卷1《方域志》，《中国地方志集成》山东府县志辑第70册，第19页。

⑥ 水利电力部水管司编：《清代黄河流域洪涝档案史料》，中华书局1993年版，第347页。

⑦ 王时来等：康熙《阳谷县志》卷1《形势》，《中国地方志集成》山东府县志辑第93册，第22页。

谷有载的洪涝有54年次。光绪年间所修县志记载的阳谷大水，就达22年次之多。[①] 造成阳谷洪涝灾害的主要原因，也是上游莘县、朝城诸县所泄坡水。方志、档案中所载阳谷县城洪涝就有1493年、1653年、1768年三次，差不多每次均发生城垣坍塌、房舍摧毁、出行乘筏的记载。[②]

除聊城、阳谷外，会通河西岸地区的莘县、朝城、观城诸县城市发生内涝的罪魁主要是西来坡水导致。当然，也有特例，除西来坡水引发洪涝外，黄河决口泛滥，也是引发寿张县城内涝的另一罪魁（见表1—4）。

表1—4　　清代寿张县城洪涝灾害一览表

年份	洪水灾情	资料来源
1552年	平地水深三尺，往来必行舟	光绪《寿张县志》卷10《杂志》
1594年	坡水大泛，绵亘三百余里，漫于城下	光绪《寿张县志》卷8《艺文》
1602年	道路街市，可通舟楫	光绪《寿张县志》卷10《杂志》
1607年	坡水大涨，绕城	光绪《寿张县志》卷10《杂志》
1650年	荆隆口水决，城淹	光绪《寿张县志》卷2《建置》

（三）漳卫河水系

临清。临清是漳河、卫河交汇之地。每年夏季七八月间，汛期经临，卫河水流湍悍，同时，汶河进入汛期，“益以汶七八月间洪涛峻泄，水势冲击”，两股激流汇聚临清，带来严重洪涝。1736—1911年间发生59年次洪涝，位于本区所有州县之首。民国《临清县志》中记载的有清一朝发生的与卫河决口相关的洪涝就有25次之多。[③] 同书谈及卫河决口，更是直言：“至康熙四十七年（1708），全漳入卫以后，河之决口，更为频数。雍乾至同光，为时仅百余年，河决不下数十次。”尤以道光三年（1823）河决10余处，县城居民出行乘舟。道光二十年（1840），卫河决

① 孔广海等：光绪《阳谷县志》卷9《灾异》，《中国地方志集成》山东府县志辑第93册，第270—272页。

② 光绪《阳谷县志》《清代黄河流域洪涝档案史料》。

③ 张自清等：民国《临清县志》卷5《大事记》，《中国地方志集成》山东府县志辑第95册，第56—62页。

口，县境大水，沿卫河24州县一片汪洋，“向来未有之奇灾”①。

武城。武城“地卑土淖，又当卫河下流之冲，三面受害”。武城所受大水“自漳河、沁河、滹沱河而来，自西南五百余里，至临清州，卫河并而北行”，之后运河河道无法承受如此大的水量，于是河水冲出运河河道，“泛涨汹涌”，酿成大祸。② 更致命的是，武城县城就坐落运河南岸。城垣“东北一带，坐当顶冲，城根日渐坍塌”，而且城垣地基多系虚松流沙，加上汛期汶河、漳河、卫河，汹涌水势，冲击汕刷，城垣动辄蛰裂塌陷。③ 每逢大水之年，水涝严重，直接威胁县城，室庐荡没，“浮舟入坊肆矣”④。正德、嘉靖以来，“凡两遇流寇，三遇大水”⑤。隆庆三年（1569）夏，武城洪涝最为惊心动魄：

> （洪水）将武城西南毛家庄新筑护水长堤冲过，直灌运河，至武城城下。……洪波滔天，无处非水，莫辨境界。城堞崩裂，四关并二十一里乡屯，淹没民田六千四百七十五顷五十二亩有余，坏房屋三万二千三十四间，男妇死者共二百六十一口，牛驴马诸畜八千八百五蹄。其中虽有高埠可避，然庐舍尽倾。木栖者有之，坐卧无地，烟火无炊，赤身暴风淫雨之中，居食两空，已经半月有余。而水势，至今未退。⑥

德州。德州地势平坦，也是洪涝重灾区。1736—1911年间发生洪涝52年次，平均每3年就有一次洪涝。德州城垣也紧邻运河。为保护城垣，先后四次西移运河河道，减少洪水对城市破坏（见下文）。万历三十五年

① 张自清等：民国《临清县志》卷6《疆域志》，《中国地方志集成》山东府县志辑第95册，第81页。

② 骆大俊等：乾隆《武城县志》卷13《艺文志上》，《中国地方志集成》山东府县志辑第18册，第339页。

③ 康基田：《河渠纪闻》卷20，《四库未收书辑刊》一辑29册，第482页。

④ 尤麟等：嘉靖《武城县志》卷1《形胜》，《天一阁藏明代方志选刊》第63册，上海古籍书店1963年影印本，38a。

⑤ 尤麟等：嘉靖《武城县志》卷2《城池》，《天一阁藏明代方志选刊》第63册，19a。

⑥ 骆大俊等：乾隆《武城县志》卷13《艺文志上》，《中国地方志集成》山东府县志辑第18册，第339页。

(1607)，运河决口，大水围城，赖护城堤阻挡，城垣方保无恙。[①] 万历三十六、七连续两年，卫河水涨，"河浸啮堤，逼城仅数武，势将无城"[②]。乾隆二十六年（1761）八月，运河东岸草坝漫口，洪水溢入护城河，灌入城市。而城市东、南、北三方均有护城大堤，洪水困在城市，无法泄出，对城垣造成很严重威胁。[③] 嘉庆二十五年（1820）三月，运河满溢，而城北哨马营减河河道淤塞，尽为民田，洪水无法畅泄，遂四面围城，城垣坍塌六七处，南北大路水深丈余，"会试公车往往顺堤绕道而行"[④]。

与之类似，本区其他州县洪涝主要也是受上游漳、卫诸河汛期决口泛溢引发。民国《冠县志·祲祥》中收录的明清洪涝有22年次，其中多数与卫河决口有关。如万历二十年（1592）夏，卫河发水，冠县"当卫水之冲，城垣颓者十七八，往来可通牛马"[⑤]。再如乾隆二十二年（1757）卫河于元城县小滩镇决口，洪水满入冠县，很快将县城围困，声势浩大。[⑥]

二　城市洪灾探原

1. 运河的开凿，导致鲁西地区水文地理条件发生极大改变，河流排水问题日益突出，成为本区城市洪涝不断的重要原因。

汶泗水系地处黄淮海平原和鲁中南山地的交接地带。运河开凿前，西来的济、菏、汴诸水，东来的汶、泗、沂等河汇注于此，大都有比较畅达的排水通道，洪涝问题尚未突出。[⑦] 运河开凿后，为蓄水济运，大量

---

① 王道亨等：乾隆《德州志》卷2《纪事》，《中国地方志集成》山东府县志辑第10册，第67页。

② 王道亨等：乾隆《德州志》卷12《艺文》，《中国地方志集成》山东府县志辑第10册，第351页。

③ 水利水电科学研究室编：《清代海河滦河洪涝档案史料》，中华书局1981年版，第155页。

④ 水利水电科学研究室编：《清代海河滦河洪涝档案史料》，第363页。

⑤ 侯光陆等：民国《冠县志》卷9《艺文志》，《中国地方志集成》山东府县志辑第91册，第314页。

⑥ 侯光陆等：民国《冠县志》卷10《杂录志》，《中国地方志集成》山东府县志辑第91册，第385—387页。

⑦ 邹逸麟：《山东运河开发史研究》，载《椿庐史地论稿续编》，上海人民出版社2014年版。

河水滞留此区，泄入沿运水柜。此举虽旨在保障漕运畅通，但也成为本区成为洪涝灾害重灾区的原因。与济宁城关系密切的洸河，因要实现漕运顺畅的战略，人为将其河道淤塞，河流不畅，大水汇聚济宁城上游。原来，洸河是汶水支流，河源是“泰山郡莱芜县原山之阳”，每临汛期，“泰岱万壑沟渎之间，合注而之”，“泥沙混奔径入”，波涛汹涌。洪水过后，泥沙淤积，河道淤塞严重，理应疏浚河道，尽快宣泄洪流才是。然而，“若将洸河浚深，则汶水尽出济宁，南流徐吕”，济宁以北至临清四百余里运道，势必缺水干涸，梗塞漕运。所以，尽管洸河河道淤塞严重，但为确保漕运畅通，明清两朝人为减少对河道挑浚，从而加剧了下游济宁州城的洪涝。[①]

马颊、徒骇河水系处鲁北平原西部临清卫河和今黄河之间运河沿线地区，“位于黄河下游巨大冲积扇的东北斜面，地势平坦，从西南向东北缓缓倾斜”[②]。本区曾是上古、中古黄河漫流的重要区域，岔流旧道纷繁复杂。在会通河开凿前，夏秋雨季形成的洪水（又称坡水），可通过马颊、徒骇、大清等河畅流入海，不致造成严重水患。会通河开通后，犹如一天然土坝横亘其中，阻挡了夏秋西来的坡水，引发运西地区严重水患。[③] 简言之，运西地区排水不畅，既是导致本区农业排水不畅，也是引发城市内涝的主要原因。

漳卫河水系的南运河，在临清以上称卫河。卫河发源山西境内太行山东麓，沿程主要有漳河、滹沱河、子牙河等河汇入。本区降水主要集中在夏季，河道丰枯水量变化很大。[④] 每年汛期，上游河道水量大增，含沙量较大的滹沱河、漳河汇入卫河，直灌下游南运河，运河河道淤高，洪水冲堤毁坝，引发下游城镇严重洪涝。

2. 黄河下游的决溢泛滥，依旧是造成鲁西南地区水灾不可忽视的

---

① 徐宗幹等：道光《济宁直隶州志》卷2《山川二》，《中国地方志集成》山东府县志辑第76册，第84页。

② 邹逸麟：《椿庐史地论稿续编》，上海人民出版社2014年版，第91页。

③ 高元杰、郑民德：《清代会通河北段运西地区排涝暨水事纠纷问题探析——以会通河护堤保运为中心》，《中国农史》2015年第6期。

④ 谭徐明等：《中国大运河遗产构成及价值评估》，中国水利水电出版社2012年版，第57页。

因素。

黄河历来以善淤善决著称。据初步统计，在1949年前的约3000年里，黄河下游发生的漫、溢、决口和改道有1500余次。[①] 弘治六年（1493），刘大夏堵塞黄陵冈、金龙口（今荆隆口）决口，于黄河正流北岸筑360里长太行堤一道。黄河下游北决地点移至鲁西南，金乡、鱼台、徐州一带，不断受到黄河冲溃，洪涝不断。[②] 为避免黄河对运道干扰，明中后期朝廷先后开凿南阳新河和泇运河。汶泗水系的南阳、昭阳诸湖西部地区，原本地势低洼，加之运河改道，国家关注度下降，俨然成为黄河泄洪区。《黄河大事记》记载明清两朝（铜瓦厢决口前）黄河决口，经曹州府曹县等地，注金乡、鱼台一带，甚至漾入昭阳、微山诸湖，就达25次之多。[③]

文献中关于州县被黄河灌淹的记载比比皆是。万历三十二年（1604），黄河决于丰县，穿昭阳湖灌入南阳，不久单县决口，鱼台、济宁地区平地成湖。[④] 顺治七年（1650）九月，黄河荆隆口决，直冲张秋，淹及寿张县城，境内大水至九年二月才慢慢退去。[⑤] 顺治十年（1653），黄河荆隆口再决，莘县、朝城、寿张、阳谷、聊城一带受灾，往来需乘舟。[⑥] 乾隆二十六年（1761）七月，黄河在曹县满溢，洪水奔腾直下，围困金乡县城。金乡人“将城门用土堵塞，水势尚在未定，惟有竭力防护城垣仓库民居”[⑦]。乾隆四十六年（1781）十月，黄河仪封漫口，洪水下注，经菏泽、单县、曹县，直下金乡、鱼台。[⑧] 咸丰元年（1851）七月，黄河丰北厅蟠龙集漫溢，“水势倒漾东省微山湖，以致河湖融成一片”，

---

① 邹逸麟：《千古黄河》，上海远东出版社2012年版，第58页。

② 邹逸麟：《千古黄河》，第58页。

③ 黄河水利委员会黄河志总编辑室编：《黄河大事记》，黄河水利出版社2001年版。

④ 黄河水利委员会黄河志总编辑室编：《黄河大事记》，第78页。

⑤ 王守谦等：光绪《寿张县志》卷10《杂志》，《中国地方志集成》山东府县志辑第93册，第532页。

⑥ 张朝玮等：光绪《莘县志》卷4《祥异志》，《中国地方志集成》山东府县志辑第95册，第482页。

⑦ 水利水电部水管司等编：《清代淮河流域洪涝档案史料》，第282页。

⑧ 水利水电部水管司等编：《清代淮河流域洪涝档案史料》，第375页。

济宁州一带被淹严重。[①]

3. 一些人为不当因素，进一步加剧了洪涝问题。

汶泗水系的湖区百姓侵占湖滩，垦种湖田，比较普遍。地方官为提升政绩，趁机升科征税，扩充财源，多放纵占田行为，“水柜尽变为民田，以致潦则水无所归，泛滥为灾”[②]。由于水源减少，安山湖在明后期起，就被朝廷视为鸡肋，湖田不断被垦殖，到乾隆年间被政府允许百姓垦田升科。南四湖区亦是如此，在明中后期被百姓竞相垦殖。除湖田外，就连入湖支河也难逃垦殖。牛头河是微山湖上游河道，向来受湖西上游各县坡水泄入水柜，但该河淤地土殖肥沃，被鱼台百姓垦殖，导致济宁、嘉祥、金乡、汶上等县，“每遇潦水无去路，往往被淹”[③]。

情况类似的，还有会通河西部地区。此区排水困难，理应挑浚河道，促进排水，但乡民却占河道垦殖成风。乾隆二十三年（1758）六月，朝廷会议称：“沙、魏、清、赵、马颊、徒骇、老黄等河”，“一至水涸，各图近便，垫作路梗，易致水塞沙积，更有贪利愚民，于河心私植芦苇，尤易壅塞，迟之数年，必致间段梗阻”[④]。方志中更明确记载了大量河滩地。徒骇河博平境内有11顷59亩多的成熟并自首河滩籽粒地，聊城、堂邑、馆陶、阳谷、寿张等县均有河滩地10余顷。[⑤]

除以上列举的主要原因外，闸坝疏于修治，防洪调水功能不能发挥，以及州县间缺乏配合，各自为战，甚至以邻为壑（见下文），也是造成沿运城市洪涝的重要原因。

---

① 水利水电部水管司等编：《清代淮河流域洪涝档案史料》，第768页。

② 魏源全集编辑委员会编：《魏源全集·皇朝经世文编》卷104《工政十·运河上》收郑元庆《民田侵占水柜议》，第581页。

③ 赵英祚等：光绪《鱼台县志》卷1《山水》，《中国地方志集成》山东府县志辑第79册，第40页。

④ 黎世序等：《续行水金鉴》卷90《运河水》，《四库未收书辑刊》七辑第7册，第553页。

⑤ 高元杰、郑民德：《清代会通河北段运西地区排涝暨水事纠纷问题探析——以会通河护堤保运为中心》，《中国农史》2015年第6期。

三 防洪举措

（一）疏泄

在泄洪问题日益凸显的背景下，依照各自然区不同的水文、地理地貌，明清两朝逐渐在山东运河沿线规划了相应的泄洪河道。

会通河南线湖区“水柜”，因地势高低不同，在蓄泄沿线河水上，发挥的作用各有不同。运河东岸蜀山、马踏、马场、独山诸湖，地势高于运河，适宜作为蓄水湖进行济运。而西岸的南旺西湖、昭阳、南阳诸湖，地势低于运河，虽名为水柜，实则一般作为泄水湖，以承受来自运河以及上游河道所来多余洪水。[①] 此外，运河以西的安山湖，在明初承上游黄河决溢以及济水分流之水，可作提供运河水源的水柜。但在刘大夏建筑太行堤后，安山湖无固定河水注入，又无泉源灌注，因此乾隆七年开始，正式被当作为泄水湖，承受周边泛滥无归的坡水，同时准许百姓占湖田垦种。[②]

马颊、徒骇河流域的泄洪通道主要有三条：张秋镇以北至阳谷、聊城一带，将洪水引至龙湾一带泄入徒骇河，至沾化县久山口入海；聊城以北至堂邑、博平、清平一带，洪水引至魏家湾一带泄入马颊河，至无棣北入海；最后一条入海通道是，将运河西岸各闸洞全部开放，将上游坡水泄入运河后，泄入大清河入海。[③]

漳卫河流域的泄洪，主要通过恩县四女寺减河和德州哨马营减河，将上游的馆陶、临清、夏津、武城等处多余洪水泄入钩盘河归海。四女寺减水闸，建于嘉靖十四年（1535）。雍正三年（1725），内阁学士何国宗奏请改建为滚水坝，坝宽八丈，坝身高出河底一丈七尺。哨马营减水坝建于雍正十一年（1733）。是年，卫河涨发漫溢，在德州哨马营、老虎仓等处决口，洪水继续北上冲进北境直隶吴桥、东光、沧州一带。山东

① 黎世序等：《续行水金鉴》卷79《运河水》，《四库未收书辑刊》七辑第7册，第403页。

② 岳濬等：雍正《山东通志》卷35《请停设安山湖水柜疏》，《景印文渊阁四库全书》史部第541册，第355页。

③ 水利电力部水管司编：《清代黄河流域洪涝档案史料》，第347页、第496页。

巡抚岳濬因势利导，开哨马营减河，与四女寺减河合流后入海。[①]

尽管朝廷规划了相应的泄洪通道，然而在实际操作中，沿线州县则采取了不尽一致的泄洪方式。

疏浚城壕，将洪水引离城市，是降低城市洪涝程度，采取的一种常见措施。如道光十九年（1839），济宁城发生的严重水灾，广大绅民在事先已挑浚城壕，洪水来临，经城壕入玉带河，很大程度上缓解了洪涝带来的严重灾害。[②] 汛期洸河、府河水大为患，极易引发济宁州城严重水涝。为防水患的措施是，在两河入城前，就建减水闸坝（府河入城前有3座减水闸），缓冲上游水势，并将洪水引至他处，减少对城市冲击。同时，“令洸水不与府河并行入运，亦分杀之一策”[③]。

表1—5　　山东运河区域州县城壕举隅

州县	规格	资料来源
武城	阔三丈，深一丈	乾隆《武城县志》卷2《疆域》
恩县	阔三丈，深一丈五尺	宣统《恩县志》卷3《营建志》
寿张	阔三丈，深二丈	光绪《寿张县志》卷2《建置》
莘县	阔三丈，深一丈	光绪《莘县志》卷2《建置志》
夏津	阔八尺，深八尺	乾隆《夏津县志》卷2《建置志》
德州	阔五尺，深一丈	乾隆《德州志》卷5《建置》
鱼台	阔三丈，深二丈	光绪《鱼台县志》卷1《建置志》
金乡	阔四丈六尺，深一丈一尺	咸丰《金乡县志》卷2《建置》

济宁州城毗邻马场湖和会通河，在疏泄洪水保卫城市上，只需将多余洪水直接泄入下游湖河即可，不必牵涉过多纠葛。然而运河区域的很多州县却因泄水问题，相互之间产生了严重的水事纠纷。这些因泄水问

① 陆耀：《山东运河备览》卷7，《中华山水志丛刊》水志第25册，第316页；谭徐明等：《中国大运河遗产构成及价值评估》，第66页。

② 徐宗幹等：道光《济宁直隶州志》卷2《山川二》，《中国地方志集成》山东府县志辑第76册，第82页。

③ 徐宗幹等：道光《济宁直隶州志》卷2《山川二》，《中国地方志集成》山东府县志辑第76册，第82页。

题，引发的州县纠纷，在山东运河区域极为普遍，限于篇幅，本书仅以水涝严重的南四湖区为例。①

南四湖区各县水涝频繁，各县之间更应协调配合，共同治理洪涝才是，现实却是每临水涝，各县之间互相指责，推卸责任，甚至以邻为壑。如乾隆二十六年（1761）夏，金乡县城被淹惨重，大水灌城，漂没田宅，溺毙百姓。金乡人“痛定思痛，何日忘之”，反省之后，将水涝原因推给下游的鱼台县。原来金乡县人疏浚河道，水流下注进入鱼台境内后，鱼台人用尽各种方法阻碍河流下注，试图将大水阻挡在鱼台境外，“会围如带，更桥以束之，坝以拦之，砌石路以迂回之”，致使上游金乡洪水势如建瓴，却得不到正常宣泄，最终导致严重洪涝。② 对于上游金乡人的指责，鱼台人则摆出一副受害者的姿态。鱼台人认为，鱼台地势低洼，是上游各县泄水归宿，如若上游疏浚河道愈勤，则鱼台受到洪水侵害愈多，“苟非提防夹束，势必汪洋浸漫，禾黍庐舍，安有存遗?”因此，鱼台人对上游发动的河道疏浚多不感兴趣，“疏河者，他邑之利”③。

深受洪涝灾害的各县，多从地方利益出发，维护本县利益，致使严峻的洪涝问题，长久得不到解决。此种困局，往往需官府出面，才能解决这些纷繁复杂的水事纠纷。康熙二十七年（1688）夏，鱼台知县马得祯上任伊始，以疏浚河道解除水患为重任，本县绅民踊跃响应，同时还一起联合上游的城武、单县、金乡诸县一起浚河筑堤。结果由于下游沛县未能参与，致使效果有限，“是水至归湖，不得迅下，病在沛阻下口”。马得祯继续努力，上书兖宁道后，通过总河王新命出面，告知兖州知府祖允图，最后沛县知县出面，做通沛县百姓思想工作，选择在县境安家口疏浚河道，上承鱼台诸县宣泄洪水，最终泄入微山湖。④ 在此案例中，

---

① 高元杰、郑民德：《清代会通河北段运西地区排涝暨水事纠纷问题探析》，（《中国农史》2015 年第 6 期）一文，列举了马颊河、徒骇河流域阳谷和莘县，开州和濮州的排水纠纷。其实，山东运河区域州县的排涝是个普遍问题，漳卫河流域的排水纠纷也相当严重。

② 徐宗幹等：道光《济宁直隶州志》卷 2《山川二》，《中国地方志集成》山东府县志辑第 76 册，第 92 页。

③ 赵英祚等：光绪《鱼台县志》卷 4《艺文志》，《中国地方志集成》山东府县志辑第 79 册，第 187 页。

④ 赵英祚等：光绪《鱼台县志》卷 1《河》，《中国地方志集成》山东府县志辑第 79 册，第 41 页。

疏浚河道，牵涉各方利益，需要各县官员的参与，要不是河道总督的出面亲自协调，这样一个成功的疏浚，要顺利完成，简直是无法想象的。

（二）堵截

巩固堤防，捍御洪水，是运河区域州县城市堵截洪水的常见方式。从堤防所处位置上，可大致分为防河（湖）堤和护城堤两种类型。防河（湖）堤主要是指为防止河道（湖泊）决口充溢，形成洪涝，进而威胁城市、乡村，而人为修筑的堤坝。这是防御洪水的第一道防线。

在这些河（湖）堤中，以漳卫河流域州县修建的抵御上游漳、沁、滹沱等河而建的防河堤引发的争议最大。武城在县境修筑毛家堤一道，"延袤三十里，广三丈，高丈许"，就引发周边各县强烈反应。该堤起自毛家庄，至西李庄止，嘉靖三十六年（1557）知县谢梦显修筑。[①] 毛家堤在很大程度上能堵御上游所来的汹涌大水，免于武城"一城池之患"[②]。武城筑堤防护，免于水涝的做法，引发上游清河县的强烈不满。武城人给出的解释，毛家堤不仅仅是为了防护武城一县，更是为了保卫运河不受上游急流冲击，拿出漕运这个国家大计作为挡箭牌，谴责清河县要求掘毁毛家堤的做法，"是徒适一己之便，不顾漕运之重也"[③]。此外，武城县还于龙王嘴（今杨庄乡军营村附近）修筑的大堤，"立窝铺昼夜防守"，严防上游夏津县人偷偷掘堤，引起夏津县强烈反对。夏津县城西条河一带，位于运河、沙河之间，地势低洼，每年夏秋雨季，此地一片汪洋，只能从东北方泄水至夹马营（今武城县甲马营乡）牛蹄窝入沙河。然而，武城县修筑此堤后，直接导致此处积水无法正常宣泄。对此，夏津人指责武城人擅自修筑此堤，"私立石碑，雅称古堤"。雍正八年（1730），夏津绅民向上申诉，经县、府、道层层上递，最终由河东总督田文镜做出裁决，将此堤掘开，并按现存沟道形状，掘出宽三丈，深五六尺不等的泄水河道，以使夏津莲花池等处积水得以直达沙河入海。同时，还废去

---

① 骆大俊等：乾隆《武城县志》卷2《山川形势》，《中国地方志集成》山东府县志辑第18册，第254页。

② 骆大俊等：乾隆《武城县志》卷13《艺文上》，《中国地方志集成》山东府县志辑第18册，第339页。

③ 骆大俊等：乾隆《武城县志》卷13《艺文上》，《中国地方志集成》山东府县志辑第18册，第343页。

武城私立石碑，另立一块石碑，以垂永久。①

山东运河城市抵御洪涝的第二道防线，就是护城堤（表1—6）。山东运河区域乃黄淮海平原中的冲积平原地带②，地势平旷，沿运城市无高山峻岭为屏障，因此护城堤对于城市防洪所起到的防御作用是不言而喻的。如嘉庆元年（1796）秋，南四湖区突发洪水，金乡县城地势低洼，有随时被灌城的危险。该县上下三昼夜不停加固护城堤，终使城市得以保护，居民安然无恙。③ 护城堤最常见的加固措施，就是采取在堤根广植柳树。万历二十五年（1597），阳谷新筑土堤后，"植柳护之"，之后八年，知县范宗文又"补植千株"④。雍正八年（1730）秋，山东巡抚岳濬亲临聊城，检视刚重修的护城堤，一再叮嘱聊城知县要多植柳护堤。⑤

表1—6　　山东运河区域州县护城堤举隅

州县	修筑时间	规格	资料来源
旧鱼台	万历年间	长10余里，高处与城相等	《清代淮河流域洪涝档案史料》第238页
新鱼台	乾隆三十七年	周5里，高7尺，厚7尺	道光《济宁直隶州志》卷4《建置一》
观城	明代	高1丈，阔1丈	道光《观城县志》卷2《舆地志》
寿张	嘉靖三十八年	高2丈，广1丈	光绪《寿张县志》卷2《建置》
郓城	不详	周围十里	光绪《郓城县志》卷2《建置》
聊城	不详	长2023丈，高1丈，阔2丈	光绪《聊城县志》卷13《艺文志》
冠县	嘉靖二十一年	延亘10里	民国《冠县志》卷2《建置志》
阳谷	万历二十五年	土堤二重，高丈余	康熙《阳谷县志》卷1《城池》

① 方学成等：乾隆《夏津县志》卷9《杂志·灾祥》，《中国地方志集成》山东府县志辑第19册，第162页。该石碑名作《龙王嘴水道碑记》，至今仍立于武城县杨庄乡军营村大街东段。

② 邹逸麟主编：《黄淮海平原历史地理》前言，安徽教育出版社1997年版，第1页。

③ 水利水电部水管司等编：《清代淮河流域洪涝档案史料》，第415页。

④ 孔广海等：光绪《阳谷县志》卷1《城池》，《中国地方志集成》山东府县志辑第93册，第178页。

⑤ 陈庆蕃等：宣统《聊城县志》卷13《艺文志》，《中国地方志集成》山东府县志辑第82册，第204页。

坚固的城垣是运河区域城市防御洪水的最后一道防线。这些州县城市的城垣大多建于明初洪武年间，后来历经多次修缮加固，包括城墙的加高巩固，城壕挑挖，以及相关配套设施（月城、角楼、城垛等）的完善。其中特别指出的是，这些城垣最初多为夯土结构，在连遭洪水侵蚀下，墙体很容易发生破坏，“易成而难久”[①]。到明中后期，特别是万历年间，很多城市开始从土城向部分砖城，以至砖城的转变（表1—7）。在此一过程中，最初只在城垣的关键部位，使用烧砖，来替代夯土。主要目的是节省经费，爱惜民力。[②]

在城垣重修中，有些城市特别注重城垣排水防洪功能的设计。如乾隆五十五年（1790），寿张知县孙立方在重修城垣时，特意在城垣底部安设水簸箕44道，出水涵洞4道，将城内积水引入城壕。[③] 府河、洸河在济宁州城东北汇合，遇水涨之年，直冲城垣，危及城市。济宁州城垣东北隅外墙，特意筑排桩碎石，保护城垣，减少洪水对城垣的破坏。[④]

表1—7　　明代中后期山东运河区域州县城垣用砖一览

州县	动工时间	兴工方式	工程规格
阳谷	万历五年	每亩捐一砖	砖砌雉堞
恩县	万历二十五年	官员捐资	砖砌城垛、女墙
寿张	万历十年	不详	砖砌城垛
冠县	万历二十二年	不详	砖砌城垣外墙
金乡	万历六年	计地输柴烧砖	砖砌门楼、女墙、城垛

资料来源：康熙《阳谷县志》卷一《城池》；宣统《恩县志》卷九《艺文志》；光绪《寿张县志》卷二《建置》；民国《冠县志》卷二《建置志》；咸丰《金乡县志》卷二《建置》。

① 左宜似等：光绪《东平州志》卷19《艺文》，《中国地方志集成》山东府县志辑第70册，第518页。

② 在古代，修筑城垣是相当费财力的活动。乾隆《武城县志》（卷14《艺文下》）直言修城，“其劳民伤财，亦莫甚于此。况当布缕之征，而又加以力役，则民有弗堪焉”。

③ 王守谦等：光绪《寿张县志》卷2《建置志》，《中国地方志集成》山东府县志辑第93册，第369页。

④ 《清高宗实录》卷673，乾隆二十七年十一月戊午。

乾隆三十四年（1769）起，东平州将土城全部改筑砖城，工程持续将近4年。这座全新的砖城，在设计上，特别在北门大券台、月城券台下各安设明沟一道，“深三尺，口宽六寸，沟两旁甃以大石”，夏秋汛期，大水来临，即填土堵塞明沟，防止大水入城，水退，则去掉填土，宣泄城内积水。[①] 同时，为避免洪水直接冲击城门，东平州特意在改建砖城时，在五个城门，各建拦水闸一座。每门设立闸夫十名，遇有洪水来临，即逐层下板，洪水退去，则启板去土。拦水闸主要规格如下：

> 每闸高一丈一尺。小东门为水顶冲，又加高二尺。金门各宽一丈三尺，进深六尺，两旁各前阔四尺，后阔八尺，若燕翅然。下筑大式灰土三步，以资永久。闸底满砌海漫石，并砌牙子石。一路闸墙，用厚一尺宽二尺大料石叠砌，每层俱江米灰浆灌足。安银锭扣凿板槽二道，以水势骤涨，非一重枋板，所能捍御，须内外两重板，并下中筑以土，则水无泄漏，斯万无一失矣。[②]

（三）迁河

一些城市紧邻运河，每年汛期，水势大涨，对城垣形成很大压力，进而威胁城市。常见做法就是开挑引河，迁移河道，降低河水对城市的冲击。此法在德州城垣保护上最具代表性。为保护城垣，德州先后四次挑挖引河，西迁运河河道。洪武三十年（1397），德州于运河东岸“截河湾”，兴筑城垣，第一次西移河道。万历四十年（1612），重修城垣，“自大西门外至廻龙坝，另开挑新引河”，第二次西移河道。此次西移运河河道后，运河仍靠近州城西门振河阁，对城市仍有很多冲击。作为补救，遂“建有护城砖工，抵御水势”，但时间一长，“砖工坍塌”，为避运河顶冲，雍正十三年（1735），继续改挑一道长265丈的引河，此为第三次西移运道。但此次西移河道，并不彻底，州城西方庵一带“形势偏趋，入

① 左宜似等：光绪《东平州志》卷19《艺文》，《中国地方志集成》山东府县志辑第70册，第519页。

② 左宜似等：光绪《东平州志》卷19《艺文》，《中国地方志集成》山东府县志辑第70册，第520页。

成兜湾顶冲”，危及城垣。为降低汛期压力，每年修筑埽坝，进行防护，费功费力。乾隆二十八年（1763），第四次西移运道，将旧运河河道筑坝断流，于运河西岸挑挖“上自魏家庄起，下至新河头止，长四百九十五丈”的引河一道，运河水走新河。①

情况类似的还有武城。该县城垣地处运河南岸，东北一隅正为运河河道顶冲，城根坍塌，水逼城市。雍正四年（1726）正月，内阁学士何国宗建议，于运河北岸开挑引河，分泄水势，减轻对城垣压力。山东巡抚朱藻认为，开挑引河，水势缓和，势必泥沙淤积，阻碍漕运。他建议，于运河南岸修筑砖工，保护城垣底部。最终朝廷采纳了朱藻的建议。但此法亦有不周之处。原来，武城县城乃沙质地基，底部虚松，加上每年汛期，运河水势冲射城垣，时间一久，修筑的砖工早已蛰陷。于是，乾隆二年（1737）九月，户部左侍郎赵殿最建议，仿效德州御洪之策，于运河筑坝断流，将运河水引入引河，改行新河。这样，武城城垣既能避免急流直冲，也不会出现水势减低泥沙淤积的状况，从而提高城市防洪能力。这条建议最终才被采纳。② 这条新挖运河河道，被武城人称为新河。之前运河河道被废弃，后成为淤地，由官府租给百姓种植芦苇，提供治河物料。③

（四）迁城

以鱼台县为代表。鱼台县地势低洼，是多涝之区，“历世堪悲，书史所传，十一而已”④。每逢大水，县城多一片汪洋，受涝严重，逐渐出现迁城之议。明朝最大的一次讨论出现在嘉靖十三年（1534）黄河决口后。此次决口，黄河洪涛，顺流直下，鱼台县城几乎不保。一些大臣开始上疏，请求另择址建城。但此议遭到鱼台人的反对，以邑人武翰为代表。

---

① 黎世序等纂：《续行水金鉴》卷92《运河水》，《四库未收书辑刊》七辑第7册，第581页。

② 《清高宗实录》卷51，乾隆二年九月庚戌；董恂：《江北运程》卷1，《中华山水志丛刊》水志第29册，线装书局2004年影印本，第9页；黎世序等：《续行水金鉴》卷79《运河水》，《四库未收书辑刊》七辑第7册，第402页。

③ 骆大俊等：乾隆《武城县志》卷2《山川形胜》，《中国地方志集成》山东府县志辑第18册，第254页。

④ 赵英祚等：光绪《鱼台县志》卷4《艺文志》，《中国地方志集成》山东府县志辑第79册，第189页。

反对观点主要有：其一，危险已除，没必要。从成化年间起，以至万历年间，鱼台县城，“数遭大患”，但最终均安然无恙。现在洪水已除，“大患已撤”，没必要再兴师动众。其二，代价太高，“尽伤元气”。经多年经营，县城各类配套设施完善，强迫百姓“弃久宅之城市，依新刈之蓬蒿，哀鸣嗷嗷”，“其不堪甚矣”。[①] 在鱼台人反对下，迁城之议，暂时搁置。

乾隆二十年（1755），迁城之议再起。当年，鱼台县城被淹严重，至严寒腊月，城内仍有积水未退。署山东巡抚杨锡绂认为，县城地势太洼，且逼近微山湖，若不及早迁城，“难保不再被淹”。他上书乾隆帝，建议于高阜之地，择址重建。经一番讨论，朝廷终于决定鱼台县城迁徙重建。[②]

鱼台新城，原名董家店，地处县境西南部，距旧县城 18 里。此地山环水绕，有“莱河左环，菏河右抱”，又有“凫、绎诸峰环列拱峙”，“为县境最高之处”。新城建设，惊动中央，声势浩大，不仅本县参与，周边金乡、滕县也参与其中。乾隆二十二年（1757）三月兴工，次年六月竣工，前后持续一年多，鱼台县负责修筑新城东区及东、南城垣部分，金乡县负责西区及西、南城垣部分，滕县负责北城垣部分。新城的城垣规格如下：

> 外为砖垒，内筑土附之。周长六百四十八丈，四门各置瓮城，建楼其上。

新城规模，虽比旧城小不少（旧城周长七里余，新城四里余），但新城“地处高原，砖垒完固”，城市防洪能力大为改观。[③]

---

① 赵英祚等：光绪《鱼台县志》卷 4《艺文志》，《中国地方志集成》山东府县志辑第 79 册，第 176 页。

② 黎世序等：《续行水金鉴》卷 88《运河水》，《四库未收书辑刊》七辑第 7 册，第 513 页。

③ 赵英祚等：光绪《鱼台县志》卷 1《城池》，《中国地方志集成》山东府县志辑第 79 册，第 44 页。

小　结

为确保运道畅通，山东运河沿线的自然河流、泉源、湖泊均被人为改造后向运河提供水源。会通河犹如一道大坝横断鲁西地区，改变了本区域自然河道流向，水文形势剧烈变动，并引发严峻的泄水问题。会通河的设计施工存在不合理之处。康熙年间，济宁道张伯行指出，明工部尚书宋礼建戴村坝遏汶水至南旺分流济运，只引汶水至南旺分水，未通盘考量运河南北的分水量，造成南旺南北分水量的严重失衡："南旺以南鱼、沛之间，因泗水全注于南，一派汪洋，甚至济宁以南，尽被淹没；而南旺以北东昌一带，仍苦于水小，每有胶舟之患。"他建议将汶河分水口改于南旺以北十里，开河闸以南分流。于冯家坝以西挑河入运，将挑河之土筑蜀山湖湖堤，则蜀山湖既不至于南泄，又可使泗水接济北运。戴村坝效仿堽城闸坝之制，则南旺岁挑可省，鱼台、沛县之间不致淹没，东昌一带又不致胶舟难行。[①]

会通河南旺分水存在的分水比例失衡，进一步加剧了会通河南段的水患问题。宋礼重开会通河，将分水口由济宁改至南旺，分水比例以三分往南，七分往北。南旺以南有府、泗、洸诸河，马场、独山、南阳、昭阳、微山诸湖以及彭家口、大泛口二河，以及充沛泉源接济，"三分往南而不患其少"；南旺以北仅安山一湖接济，"七分往北而不患其水多"。入清，安山湖招租起科，南旺以北已无水接济。后来，分水比例却成三分往北，七分往南。遇天旱之年，七级、土桥一带，船只在在浅阻；雨水潦之年，济宁、鱼台一带，皆成巨浸，田禾淹没一空。[②]

在运河畅通的明清时代，会通河沿线区域的水利事业的开展遵循"漕运为上"的基本逻辑。为确保运道畅通，帝制国家在这一区域倾注巨大精力，引数百泉眼济运，修筑维持戴村坝、堽城坝、金口坝等关键闸坝引汶、泗诸水入运，并将沿线蜀山、安山、南阳诸湖辟为水柜蓄水。在维持漕运畅通的政治前提下，漕运至上的治水逻辑阻遏了本区域水利

① 张伯行：《居济一得》卷1"运河源委"，《中国水利史典·运河卷二》，第756页。

② 张伯行：《居济一得》卷3"分水口上建闸"，《中国水利史典·运河卷二》，第772页。

事业的正常开展。沿运州县的泄水活动必须在不妨漕阻运的思路下开展，导致地方水利活动陷入进退失据的尴尬处境。如运河西岸的嘉祥境内河渠众多，地势西高东低，“雨集辄溢，有纳无宣，走而害稼，且东泄则妨漕渠，南委则引黄流，畚锸难施，疏通非易”[①]。

国家把更多精力投注在与漕运密切相关的水工上，对于那些与民生相关的水利工程，往往弃之不顾。康熙四十一年（1702）、四十二年（1703），宁阳、汶上、济宁、滋阳、鱼台、滕县、峄县及江南沛县、徐州、邳州连遭水患，“皆由汶河堤岸不修治故也”。宁阳县境汶河南岸的石梁口最称险要，河堤残损严重，“历来各州县被水，皆由于此”。济宁道张伯行建议于汶河石梁口内添筑越堤，并加帮高厚沿河河堤。泗河河堤残损亦严重，每逢水涨，不能捍御，泛滥淹没民田，泗河河堤也应修筑高厚。[②] 由于运河改变了水文环境，山东运河区域城市洪涝问题也非常突出。不同的运河城市大致采取了疏泄、堵截、迁河和迁城四种应对城市洪涝的措施。

围绕泄水问题，各州县间尖锐的水利冲突也随之而来。在没有国家权力介入的情况下，上下游各州县的水利冲突很难得到正常解决，陷入彼此纷争的处境。运河西岸的金乡、鱼台等州县围绕泄水问题引发的数百年的冲突就充分说明这个问题。

咸丰五年（1855）黄河改道后，会通河被黄河截断，运道渐趋淤塞。伴随漕运被火车、轮船等近代运输工具所替代，运河的运输功能日渐式微。作为国家核心地带的会通河沿线地区逐渐边缘化，国家将精力转移至视作核心的沿海地区。曾被朝廷高度重视的会通河南段区域被沿海地区关乎国家主权独立的现代化事业所取代。原本设计周密的运河闸坝近乎荒废，水柜蓄水功能严重退化，牛头河、伊家河等泄水河道淤塞不通，水利建设严重荒弃。在放弃保漕济运的国策后，会通河南段区域的内部纠纷争斗以及河工经费的匮乏成为制约地方水利建设的关键因素，会通

---

① 倭什布等：乾隆《嘉祥县志》卷1《方舆》，哈佛大学汉和图书馆藏乾隆四十三年刻本，6b。

② 张伯行：《居济一得》卷3《筑汶河堤岸》，《中国水利史典·运河卷二》，第771页。

河南段水涝问题依然严峻。[①]

明清时期，横亘鲁西地区的大运河对本区自然环境、社会经济、文化风俗都产生系统性深远影响。沿运区域经济，因运河而繁荣，涌现出临清、济宁、德州这样的运河城市，是明清时期华北的重要商业区。[②] 然而正如周锡瑞（Joseph W. Esherick）所言："除对几个大城市外，大运河的影响恐怕一直是消极的。"[③] 的确，大运河带给鲁西光鲜表面的背后，其所带来的不利面，亦不容小觑。运河的开凿直接导致本区水文地理条件发生改变，河流排水问题日益突出。由于护运济漕上升到国家战略，本区地方官府、士民采取的疏浚河道、堵塞洪水的任何举措，只要跟此战略发生冲突，都会被中央严令禁止。在很大程度上，正是因为中央政府的强力干预，才使明清时期的鲁西地区断无形成所谓"水利社会"的可能。

---

① 以汶河泄水为例。铜瓦厢黄河改道，黄河夺大清河入海，截断汶水入海归路。汶水北流之路被阻断，"汶水南流者竟居十分之七八，嫁祸于南，无岁不灾"（民国《济宁县志》卷1《山川》，《中华方志丛书》，第32页）。至民国初年，济宁有识人士才开始筹划治理南运湖河事务。他们认为，黄河改道后，汶河至南旺入运河容易，再入盐河归海甚难。汶河入海水量大减，又不可使其全入运河为患地方。汛期水势暴涨，必须筹划分泄之法。他们提出挑挖湖泊引渠，恢复蜀山、南旺诸湖蓄水，减泄汶河异涨水势。再将余水引入牛头河，递达南阳、昭阳、微山诸湖。要对疏浚早已淤塞的牛头河，使其上下通畅，以资宣泄。汶河支流洸河、泗河支流府河更是年久失挑，河道淤塞，"河宽约两米，河深不过一米余"（民国《济宁县志》，《中华方志丛书》，第36页）。限于篇幅，后漕运时代山东运河区域地方水利事业，本书不再展开，留待进一步的研究。

② 许檀：《明清时期山东商品经济的发展》（中国社会科学出版社1998年版）第四章相关论述。

③ ［美］周锡瑞：《义和团运动的起源》，张俊义等译，第38页。

第二章

湖泊水柜之设与区域社会

分布于山东运河两岸的各个湖泊，按其是否发挥蓄水济运的功用，大致可分为两类——东岸的马踏、蜀山、马场、独山诸湖，地势高于运河，蓄水以济运道，可作水柜之用；西岸安山、南旺西湖、昭阳等湖，地势低于运河，仅可泄运河水入湖，无法接济运河，充作水壑之用。[①] 按地理位置界分，以济宁为界，北面安山、南旺、蜀山、马踏、马场五湖，习惯合称北五湖；南面独山、南阳、昭阳、微山四湖，习惯合称南四湖。

第一节　水柜之设

一　北五湖的历史演变

北五湖与鲁西南平原上的巨野泽和梁山泊关系密切。巨野泽，又名大野泽，历史上与黄河变迁关系密切。巨野泽地处山东丘陵西侧，黄河冲积平原的前缘。古时为济、濮二水所汇。汉武帝时，河决于瓠子，东南注入巨野泽。至唐代后期，巨野泽水域南北三百里，东西百余里。此后，巨野泽因主要水源济水的枯断，南面水岸线内缩。10 世纪以来，河水多次从浚、滑一带决入鲁西南的曹、濮、单、郓州地区，巨野泽的西南部因受黄河泥沙淤高，湖面向北面相对低洼处推移。后晋开运元年(944)，黄河于滑州决口，侵入汴、曹、濮、单、郓五州之地，洪水环梁

① 运河西岸的微山湖为一例外。此湖上承南阳、昭阳、独山诸湖之水，为运河泄水和黄河泛流之区，并通过湖口闸、滚坝、伊家河及蔺家坝等与运河相连，是清中后期的一个重要水柜。凌滟《从湖泊到水柜：南旺湖的变迁历程》（载《史林》2018 年第 6 期）指出，水柜是明代河臣建构形成的一个概念，并以此名义排斥湖田，以最大限度保证运河水源。

山合于汶水。梁山原在巨野泽北岸陆地上，因巨野泽南部淤高，梁山周围相对低洼，洪水蓄积于此，形成历史上有名的梁山泊。金代黄河逐渐南流，梁山泊水少，淤出滩地逐渐被百姓开垦。至明前期，梁山泊还是一大片浅水洼地，曾被作黄河北决的滞洪区。自弘治年间（1488—1505）刘大夏筑太行堤后，黄河夺南决入淮，梁山泊来水短缺。至康熙年间，梁山泊周围已成平陆。①

北五湖中的南旺三湖，包括运河东岸的蜀山、马踏二湖以及西岸的南旺湖组成。南旺三湖因地处运河水脊——南旺镇，又被统称为南旺湖。关于南旺三湖的起源，学界代表性观点主要有两种。一种观点认为，南旺湖是永乐九年（1411）宋礼重开会通河，听从汶上老人白英建议，引汶水注南旺高地，围地束水成湖。因运河中贯，将湖分为东西二部分，西湖称南旺湖或者南旺西湖，东湖又被汶水划分为南北二部，北部称马踏湖，南湖称蜀山湖。持这种观点的代表学者是邹逸麟。② 另外一种观点认为，南旺湖由元末明初黄河在济宁路南北漫流汇聚成的马常泊发展而来。这种观点代表学者有姚汉源。③ 明永乐九年（1411）八月，宋礼开会通河后上言，会通河以汶、泗为源，夏秋霖潦泛溢，马常泊之水也流入，“（会通河）河流浅深，舟楫通塞，系乎（马常）泊水之消长。”马常泊水势夏秋有余，冬春不足，若不经理河源或引他水接济，必有浅涩之患。汶水上游已由堽城坝引水入新河。东平州境有汶河支流沙河一道，至十路口通马常泊。沙河河口淤塞严重，应疏浚河口 3 里余，河中应筑堰 180 丈，引水入马常泊。这段沙河就是戴村坝逼水入南旺的河道，也就是后来所称的小汶河。④ 结合这段史料，笔者认为姚汉源的观点似更为可信。

南旺三湖周围 150 余里，本受汶水支流之水，自永乐年间筑戴村坝，“全受汶水矣”⑤。运道纵贯南旺湖，汶水又自东向西南流，于南旺分水口

---

① 邹逸麟：《历史时期华北大平原湖沼变迁述略》，载《历史地理》第 5 辑，上海人民出版社 1987 年版。

② 邹逸麟：《历史时期华北大平原湖沼变迁述略》，载《历史地理》第 5 辑。

③ 姚汉源：《京杭运河史》第十八章“明代会通河上水柜、泉源及沿运设施的变化”，第 186 页。

④ 《明太宗实录》卷 118，万历九年八月戊午。

⑤ 徐宗幹等：道光《济宁直隶州志》卷 2《山川二》，《中国地方志集成》山东府县志辑第 76 册，第 97 页。

入运河，因此南旺湖分为三，即蜀山湖、马踏湖和南旺西湖。明礼部侍郎王道对南旺三湖济运作用评价很高：“向非南旺，则会通河虽开亦枯渎耳，乌能转万里舳舻以供亿万年之国计哉!”① 成化四年（1468），山东按察司佥事陈善因旧土堤易于崩坏，始用石修砌西堤，又负土增筑东堤。②嘉靖二十年（1541），定立界石，以杜侵占，周围植柳以防盗种。③

运道西岸的南旺西湖，周围 93 里，“多菱芰鱼鳖茭荻蔬蒲，居人食其利”。在陈善修砌石堤基础上，嘉靖二十二年（1543），主事李梦祥续筑湖堤 15600 余丈，通过挖渠来强化西湖的济运功能。④ 嘉靖三十八年（1559），主事陈南金修复湖堤缺口，设铺舍十铺，由浅夫、巡堤老人等负责。万历十七年（1589），加筑旧堤 12000 余丈，添筑东西子堤 1200 余丈。⑤ 西湖临运处有十座水闸，自北向南为：关家口、常家口、邢家口、孔家口、彭秀口、刘玄口、张全口、焦栾口、李泰口和田家口。每逢汶水泛涨，运河无法容纳，泄放运道多余河水，开启关家、彭秀等斗门，纳水入湖。入清，西湖已无法再作水柜，仅作泄水水壑，但发挥的作用不容小觑：“（运河余水）泄入南旺湖中，以减运河之势，俾南北闸河上下一带堤工运道藉保无虞，则是南旺一湖泄涨保堤，于漕运民生，大有关系。”⑥ 雍正四年（1726），加修湖堤，增设斗门闸座，将关家坝、五里坝改建石闸。嘉庆五年（1800），总河王秉韬修南旺湖堤，增碎石坦坡，重修芒生泄水闸。⑦

---

① 叶方恒：《山东全河备考》卷 2《河渠志上》，《四库全书存目丛书》史部第 224 册，第 405 页。

② 王琼：《漕河图志》卷 1，《中国水利史典·运河卷一》，中国水利水电出版社 2015 年版，第 26 页。

③ 徐宗幹等：道光《济宁直隶州志》卷 2《山川二》，《中国地方志集成》山东府县志辑第 76 册，第 97 页。

④ 闻元炅等：康熙《汶上县志》卷 1《方域》，《中国地方志集成》山东府县志辑第 78 册，第 245 页。

⑤ 胡瓒：《泉河史》卷 4《河渠志》，《四库全书存目丛书》史部第 222 册，第 580 页。

⑥ 中国第一历史档案馆藏档案：《为核议东河总督题请东省运河西岸南旺湖地给民垦种事》，乾隆十四年十月初八日，大学士兼工部事务史贻直，档案号：02－01－008－000780－0018。

⑦ 徐宗幹等：道光《济宁直隶州志》卷 2《山川二》，《中国地方志集成》山东府县志辑第 76 册，第 98 页。

运道东岸的蜀山湖，又名南旺东湖，周围65里，位于南旺分水口南侧，“坐落汶河之南，运河之东，素名水柜，助济南北运行，实为东省诸湖中最关紧要之区”[①]。湖中央有一座山，“望之若螺髻焉，曰蜀山”[②]。嘉靖二十年（1541），主事李梦祥筑东堤，始蓄水济运。此湖北侧，临近汶河南岸，有田家楼口、邢家林口两座水闸以收蓄汶水。湖西侧，临运道东岸，有金线、利运两座水闸，放水济运，尤以利运闸为湖之门户。蜀山湖一年两次蓄水，一次是在冬季南旺挑浚时，在南旺分水口筑水坝，遏汶水入运，引汶水由田家楼口、邢家林口入蜀山湖，至次年春初开坝，约蓄水二尺；一次是伏秋汛期，汶水大涨，由田家楼等水闸纳入蜀山湖，凑足九尺八寸的蓄水量。蜀山湖放水济运时，关闭南端的金线、利运二闸，开放北端田家楼等二水口出汶河，南经南旺分水口北流。入清，此湖中间设一道隔堤，设永泰、永定、永安三闸。隔堤以北湖面为清水湖，以南为浑水湖。[③] 通过永定、永安、永泰三座斗门收水入湖，通过金线、利运两座单闸出水济运。清前期此湖收水尺寸为九尺七八寸。乾隆四十年（1775），议定收水一丈一尺为准。[④] 蜀山湖帮堤属嘉祥县的自冯家坝至孙村2344丈；属汶上县的自孙村至南旺分水口南1500丈。自冯家坝至苏鲁桥止的湖堤长3510丈，负责蓄水济运，历年收蓄汶水，有南月河口、林家村口、田家楼口及胡家楼口，并无子堤。遇有水大难容，泄水出长沟滚水坝入马场湖。该湖石坝自明末以来多破损，清初改从苏鲁桥陈蔡口注入马场湖。长沟滚水坝以北每年修筑一道草坝，接连湖堤。草坝东北种植柳树，防止百姓侵占湖田。

运道东岸的马踏湖，位于分水口北侧，周围34里，湖面面积140余顷。湖南侧临汶水北岸，有徐俭口、王土宜口二水闸收蓄汶水。湖西侧临运道东岸，有弘仁桥，为放水济运处。此湖未修子堤，原因在于此湖地势较高，无须防遏，只于官民界分处种植柳树，竖石碑，防止百姓侵占。马踏湖全蓄汶水，方法与蜀山湖同，专供北运。马踏湖上源为钓台

① 陆耀：《山东运河备览》卷5，《中华山水志丛刊》水志第25册，第265页。

② 谢肇淛：《北河纪余》卷2，《中国水利史典·运河卷一》，第388页。

③ 中国第一历史档案馆藏档案：《奏为蜀山湖地系济运潴蓄要区圣朝应另行拨补事》，档案号：04－01－01－0515－039，山东巡抚吉纶，嘉庆十四年十一月初十日。

④ 康基田：《河渠纪闻》卷27，《四库未收书辑刊》一辑第29册，第711页。

泊，水涨汇入马踏湖，出开河闸以北，由弘仁桥流入运河。帮湖运堤自禹王庙起，至弘仁桥止，2663 丈；湖堤 3300 余丈。[①]

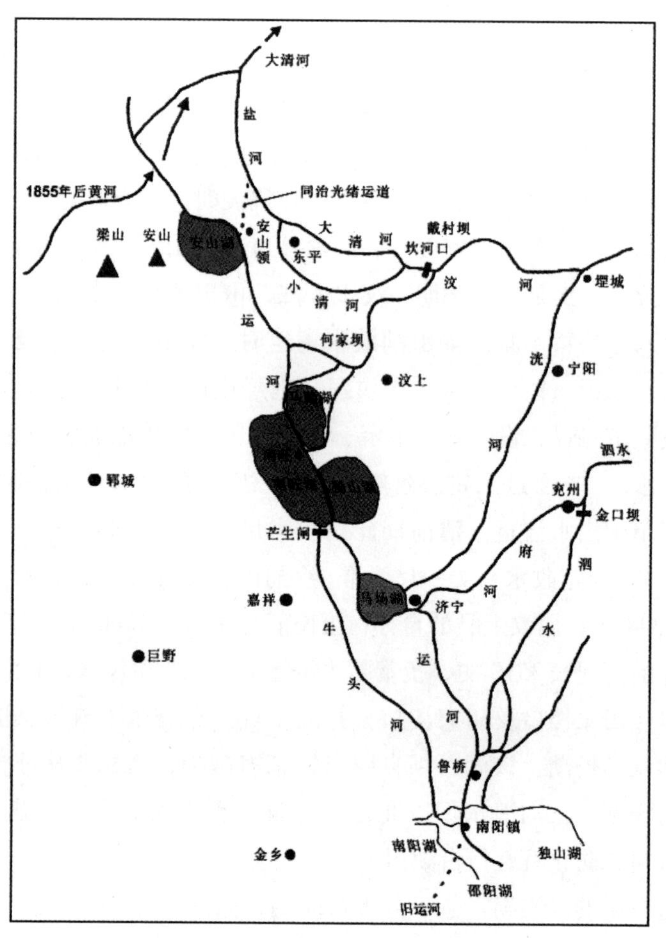

图 2—1 明前期会通河上的水柜②

安山湖在东平州，位于运道西岸，为元末梁山泊水下移至安山以东洼地而形成的湖泊。[③] 此湖原本在元代旧运道以东。洪武二十四年

① 胡德琳等：乾隆《济宁直隶州志》卷 10《舆地》，哈佛大学汉和图书馆藏乾隆五十年刻本，44b。

② 据姚汉源：《京杭运河史》第十八章“明代会通河上的水柜、泉源及沿运设施的变化”，第 185 页插图改绘。

③ 邹逸麟：《历史时期华北大平原湖泊变迁述略》，《历史地理》第 5 辑。

（1391），黄河决阳武黑洋山，北流一股冲断运河，淤安山湖。永乐九年（1411），宋礼重开运河，运道改于湖东。明初，安山湖“萦回百余里而不详其界”。弘治十三年（1500），通政使韩鼎勘察安山湖四界：东至马家湖，西至旧东河，南至安山，北至运河。十里铺在湖中界。自十里铺至安山湖广十五里，四围东自马家口，西至戴家庙，长22里6分，自戴家庙北至寿张集长24里3分，自寿张集东至赵家庄长24里7分，自赵家庄南至马家口长8里8分，周围共80里4分。韩鼎在勘察湖四至，置立界牌，栽植柳株。[①]

明前期，黄河尚有一支流北流入安山湖蓄水济运。“时荆隆口支流未塞，引由济渎入柳长河为湖原，蓄水最盛，北至临清三百余里资为灌输，称水柜第一。”[②] 正统三年（1438），知州傅霖始于湖口建闸蓄水。[③] 临运处有八里湾和似蛇沟二水闸。此湖功能与南旺西湖类似，用于收蓄运河多余之水接济运道不足。运道水盛，从湖南端的八里湾闸收蓄湖内，下板堵闭。此湖专备北运，待运道浅涩，可由似蛇沟闸放水济运。弘治八年（1495）刘大夏筑太行堤前，黄河北流河道并未切断，安山湖可纳汶河、黄河二水。大堤筑成，安山湖水源大减，渐失水柜蓄水之作用，充作运河泄水湖。明代中后期起，安山湖不断涸出湖田并被垦殖。

马场湖在济宁州西10里，周围40里，位于运道东岸，洸河北侧，又名马常泊、任湖、西湖、莲池陂等。明代马场湖水源主要有二：一是自蜀山湖南流汶水，因马场湖地势低洼，当蜀山湖蓄水充盈时，多余蓄水通过冯家坝南泄入马场湖；二是泗、洸二河水，马场湖东南临洸河，有水口收蓄河水。入清，蜀山湖水涓滴不入马场湖，专蓄府、洸二河之水。泗水经金口坝分支入府河，西北流与洸河交汇后经夏家桥流入此湖。[④] 湖北岸设减水闸三座，即五里营、十里铺、安居镇三闸。湖东岸有一条长1600余丈的湖堤，湖西口有长达10余丈的冯家坝宣泄余水。

---

① 刘天和著，卢勇校注：《问水集》卷2《闸河诸湖》，第39页。

② 蒋作锦：《东原考古录·安山湖考》，《梁山文史资料》第4辑，第122页。

③ 王琼：《漕河图志》卷2，《中国水利史典·运河卷一》，第39页。

④ 胡德琳等：乾隆《济宁直隶州志》卷4《舆地》，哈佛大学汉和图书馆藏乾隆五十年刻本，33a。

此外，此湖湖口上修造一座称为陂石的桥梁，可蓄泄湖水。[①]

永乐九年（1410）八月，工部尚书宋礼浚东平州境沙河（汶河支流），于河中筑堰180丈，引水入马常泊，以为运河蓄水。[②] 嘉靖十四年（1535）冬，总河刘天和率役夫筑堤60里，湖堤内外植柳，置减水闸5座。[③] 万历十七年（1589），常居敬于大长沟筑冯家石坝，阻蜀山湖湖水南泄。此后，马场湖专蓄汶、泗二水。马场湖西岸临运处自北而南有白嘴、安居、十里铺、五里营等四座水闸。马场湖专济南下运道，济运方法随万历十七年（1589）水源变化而前后不同。在此之前，此湖主要水源来自北部的蜀山湖，由于入水口位于此湖之北端，放水济运处位于此湖南端的五里营闸。万历十七年（1589）后，马场湖专蓄汶、泗二水，入水口位于湖之东南端，因此放水济运处，主要在此湖北端的白嘴闸。济运水闸若与进水口太近，或居于湖心，一旦启板放水，将泄水太甚，湖水一泄无余。雍正九年（1731），修筑堤岸。乾隆四年（1739），自田宗智起至火头湾北运堤止，增筑圈堤2579丈。[④] 嘉庆二十二年（1817），山东巡抚陈预、东河总督叶观潮借项修筑湖堤，长2738丈。道光二十年（1840），东河总督栗毓美、运河道徐经捐修马场湖堤，重建涵洞。[⑤]

马场湖是接济运道的重要水柜。每年冬挑，在鲁桥泗水口内横筑土坝，将金口坝严闭闸板，遏泗水注黑风口入府河收蓄湖内。春夏之交，运道缺水，将此湖安居、十里铺两斗门开启放水济运。[⑥]

二　南四湖的历史演变

南四湖中的昭阳湖地处南阳新河下游，周围180里。元代名刁阳湖或山阳湖，在南四湖中出现最早，“它是由历史上黄河长期夺泗水下游的洪

---

① 陆耀：《山东运河备览》卷5，《中华山水志丛刊》水志第25册，第264页。

② 《明太祖实录》卷118，万历九年八月戊午。

③ 刘天和著，卢勇校注：《问水集》卷2《闸河诸湖》，第39页。

④ 胡德琳等：乾隆《济宁直隶州志》卷4《舆地》，哈佛大学汉和图书馆藏乾隆五十年刻本，33b。

⑤ 徐宗幹等：道光《济宁直隶州志》卷2《山川二》，《中国地方志集成》山东府县志辑第76册，第97页。

⑥ 觉罗普尔泰等：乾隆《兖州府志》卷18《河渠志》，《中国地方志集成》山东府县志辑第71册，第381页。

水，在古泗水以东、山东丘陵西侧之间洼地聚集而成湖”①。昭阳湖最初位于运道东侧，可接济运道。明前期，此湖南端有二水闸启闭，出金沟口“济沽头诸闸”。嘉靖七年（1528），黄河冲决东堤入昭阳湖，泥沙淤漫渐高，南端二闸没入泥底不复见，“湖益狭，而金沟口之流亦微，浚湖则淤深费广”。嘉靖年间，总河刘天和认为，昭阳湖水北流通鸡鸣台小河，高仰之地筑横堤，遏湖水由鸡鸣台入运，则鸡鸣台以至沽头70里运道皆能接济。嘉靖十四年（1535）夏秋，刘天和率众浚鸡鸣台出水入运口，修筑下口湖堤，将湖东新河隔绝的泉横河筑坝引水入湖，昭阳湖蓄水量大增。② 嘉靖末年，黄河东决，由运道冲入昭阳湖，阻断漕运。工部尚书朱衡于昭阳湖东开新河以避黄河之险。隆庆六年（1572），于昭阳湖南筑土堤250余丈，后又筑东西决口二堤，以防河患。自新河开通，“运道东徙，汶、泗、沂、滕载之高地而行，西岸诸湖，止以减水而不以进水”③，昭阳湖从最初的济运水柜转变为容纳运河泄水的水壑，“上接南阳湖西北数十州县之坡水”④。此湖与北部的南阳湖以马公桥为界。“总体而言，受运河东移，昭阳湖来水条件的改变、黄河泥沙淤积及人工围垦的作用，昭阳湖演变的过程是逐渐缩小的”⑤。

关于南阳湖、独山湖的形成，学界主要有两种代表观点：一为邹逸麟所言：“成化年间开永通河将南旺西湖的水引往东南流，至鱼台县东北南阳闸北入运，积水成南阳湖。开始时并不大，以后由于泗水下游三角洲的延伸，南阳湖水不能顺利排入昭阳湖，遂使湖面不断向北扩展。隆庆元年（1567）开南阳新河成，运道改经南阳湖东出，阻截了来自东面

① 邹逸麟：《历史时期华北大平原湖泊变迁述略》，《历史地理》第5辑。

② 刘天河著，卢勇整理：《问水集》卷2《闸河诸湖》，第39页。

③ 觉罗普尔泰等：乾隆《兖州府志》卷18《河渠志》，《中国地方志集成》山东府县志辑第71册，第381页。

④ 徐宗幹等：道光《济宁直隶州志》卷2《山川二》，《中国地方志集成》山东府县志辑第76册，第102页。

⑤ 韩昭庆：《南四湖演变过程及其背景分析》，《地理科学》2000年第2期。

的诸山水而形成独山湖。”[1] 一为韩昭庆所言：“在明末清初，南阳湖与独山湖却是一地多名，共指一湖，即现在的独山湖”；又据雍正元年河督齐苏勒及张大有列举山东运河旁蓄水济运的湖泊无南阳之名，“现代意义的南阳湖此时并未形成”。又据乾隆《鱼台县志》注文：“按南阳湖旧志所无，今已汇为巨浸，故续入焉”的记载，认为南阳湖大致出现在乾隆初期。[2] 高元杰以王琼《漕河图志》、叶方恒《山东全河备考》、靳辅《治河方略》、张鹏翮《治河全书》等书所绘地图验证并支持韩昭庆观点，指出独山湖在隆庆元年南阳新河开成为标志而迅速成型，南阳湖的形成应当在乾隆早期左右。[3]

运河东岸的独山湖，周围 196 里。南阳镇东部有座独山，山下有坡地，地势平衍低洼。邹县、滕县沙河以及鱼台各泉水 19 处汇入此地。南阳新河开通后，这处低洼坡地始有水蓄积逐渐演变为湖，并向运河济水。每年伏秋汛期，湖水涨发，水势浩大，冲毁湖堤。隆庆二年（1568），始于独山湖修建长 30 余里的坚固石堤，并留水口引水流入运，宽不过 10 余丈。此湖设有 14 座减水闸，2 座大减水闸各设 3 个流水洞。雍正元年（1723），建束湖土堤一道，留水口 19 处，各筑草坝，以时蓄泄。[4] 乾隆二十四年（1759），加修水口 18 处，涵洞 4 座。[5] 后来，运河受汶泗泥沙淤高，河底高于湖底，独山湖济运越发困难。

在明万历以前，微山湖湖区就存在枣庄、李家、郗山、微山、吕孟、张庄、韩庄等诸多小湖。万历三十二年（1604），泇河修成，运道东移至微山湖区以东，这些小湖被隔离在新道之西。运东山洪暴发后，通过沿运闸门宣泄于此；黄河东决，洪水以此为壑；南四湖北高南低，独山等湖涨水

---

① 邹逸麟：《历史时期华北大平原湖泊变迁述略》，《历史地理》第 5 辑。明张纯《南阳减水石闸记》指出，南阳东有独山，山下有地“平衍卑洼”，为“滕鱼诸泉所汇”。自朱衡开新河，坡地汇水成湖，即南阳湖。（乾隆《济宁直隶州志》卷 4《舆地》，哈佛大学汉和图书馆藏乾隆五十年刻本，58a）

② 韩昭庆：《南四湖演变过程及其背景分析》，《地理科学》2000 年第 2 期。

③ 高元杰：《明清山东运河区域水环境变迁及其对农业影响研究》第二章“山东运河对区域湖泊的影响”，聊城大学 2013 年硕士学位论文，第 88 页。

④ 觉罗普尔泰等：乾隆《兖州府志》卷 18《河渠志》，《中国地方志集成》山东府县志辑第 71 册，第 371 页。

⑤ 和珅等：《大清一统志》卷 129，《景印文渊阁四库全书本》史部第 476 册，第 551 页。

也下泄至此。这三股水源汇聚至此，很快将这些零星分布小湖连成一片，总称微山湖。[①] 此湖上承嘉祥、济宁、金乡等九州县坡水及鱼台、滕县等州县泉水，自北而南分别为南阳、昭阳、枣庄、李家、郗山、微山、吕孟、张庄、韩庄诸湖，汇聚而成大潴。[②] 此湖“南则挹注江境，北则擎托汶流”，“东境八闸及江南邳宿运河全赖微湖挹注”[③]，“为东省最大水柜”[④]。

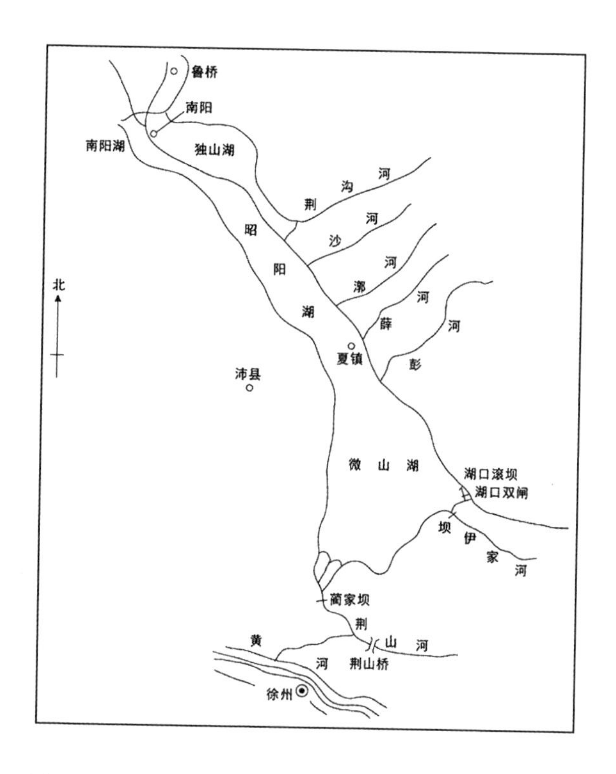

图 2—2　乾隆间南阳、独山、昭阳、微山四湖示意图[⑤]

---

① 邹逸麟：《历史时期华北大平原湖泊变迁述略》，《历史地理》第 5 辑。

② 觉罗普尔泰等：乾隆《兖州府志》卷 18《河渠志》，《中国地方志集成》山东府县志辑第 71 册，第 380 页。

③ 文煜等：光绪《钦定工部则例》卷 44《河工十四·漕河》，《故宫珍本丛刊》第 297 册，第 348 页。

④ 黎世序等：《续行水金鉴》卷 123《运河水》，《四库未收书辑刊》七辑第 8 册，第 238 页、第 303 页。

⑤ 据姚汉源《京杭运河史》第二十六章“运河治理完善盛极将衰期的北河”，第 411 页插图改绘。

微山湖西南距黄河较近，“每虑漫泄之患”，需坚筑堤防抵御黄河浊流。黄水一旦溢入，不仅滕县、峄县沦为巨浸，而且造成运道梗阻。康熙年间，济宁道张伯行建议于微山湖南修拦黄坝一道，上接沛县太行堤，下至徐州荆山口。黄河泛涨可使洪水由拦黄坝以南东行入彭家河至猫儿窝。微山湖清水可由旧河道出荆山口，与彭家河一道至猫儿窝。张伯行认为，埕头湖已被黄河水淤平，微山湖已受淤严重，南岸若不筑堤，不数十年黄河屡屡倒灌微山湖，微山湖不但无法蓄水济运，泇河也将被黄河泥沙淤积。[①]

第二节　明代湖田开发与政策调适

一　明前期的放任政策

明前期，黄河等自然河流是山东运河重要的补给水源。永乐九年（1411），工部尚书宋礼重开会通河时利用黄河水来补给运道，并派金纯等兴民夫十万人挑浚黄河金龙口、贾鲁故道等河段，引黄河水于鱼台塌场口入闸河济运。[②] 由于有充足的水源补给，运河缺水问题尚不突出。“借黄济运”是明前期处理黄运关系的指导思想。此举在为运河带来充足水源的同时，也存在着一个隐患，即黄河水势汹涌，容易决溢危及运道。据统计，从洪武至弘治（1368—1505）138 年间，黄河决溢年份多达 59 年。[③]

为防止黄河北决危及运道，弘治八年（1495）刘大夏于黄河北岸修筑数百里长的太行堤。在修太行堤前，山东运河乏水时，主要采取引黄河水北流入运道灌注济运，湖泊济运作用尚不突出。修堤后，太行堤隔断了黄河北流接济运道的途径。沿运湖泊蓄水济运的作用开始凸显。刘大夏等大臣开始对豪强侵占湖田之举加以清理，并重申弘治二年制定的严禁侵占湖田的法律。为更好发挥水柜蓄水济运的功效，明廷出台了保护水柜的严厉措施：“凡故决山东南旺湖、沛县昭阳湖堤岸及阻绝山东泰

① 张伯行：《居济一得》卷 1《微山湖》，《中国水利史典·运河卷二》，第 750 页。
② 蔡泰彬：《明代漕河之整治与管理》第三章“二洪运道之整治及其影响”，第 69 页。
③ 王玉朋：《清代山东运河河工经费研究》第一章“河道工程”，第 45 页。

山等处泉源者，为首之人并遣从军；军人犯者，徙于边卫。”[①] 至成化初年，地方豪强侵占湖田的现象已比较普遍。总体而言，嘉靖以前，明廷对百姓占垦湖田持默许态度，并未采取严厉禁止的措施。如昭阳湖，“设漕之初，导引接济运道，四面隙地，听民播种”[②]。

在刘大夏筑太行堤导致黄河无法向运河正常补水后，山东运河的水源补给大减。明廷开始重视发挥沿运湖泊的蓄水济运功能，并不断派出大臣去清理百姓私自占垦的湖田。弘治十三年（1500），通政使韩鼎勘定安山湖四界时，发现该湖“四围多侵占”[③]。对于明前期百姓私占湖田的盛行现象，总理河道都御史王廷形象描述道：“国初，运河之旁，原有积水之湖，谓之水柜。盖河水干涸，则放水入河；河水泛溢，则泄水入湖。后来，湖堤渐废，湖地渐高，临居百姓遂从而占种之，父子相传为业，民固不知其为官地，有司摊派税粮，虽官亦将以民地视之。”[④] 百姓占垦湖田后，地方官摊派税粮，将这些垦殖的湖田“以民地视之”。这也说明在明前期地方政府对百姓垦殖湖田持放纵态度，并且能从百姓占垦的湖田征税，成为开拓地方财源的一种途径。

正德三年（1508）至嘉靖十二年（1533）间，黄运关系发生一些变化，黄河正流东北行于沛县飞云桥至鱼台谷亭一带入运。此一时期，会通河南段运道及徐州二洪运道无缺水之虞，弘治朝以来对水柜的整治力度有所放松。[⑤] 有学者指出，明前期大运河山东段尚以泉水为重，直到正德时人的认识依旧是山东诸泉乃运河命脉，沿运湖泊作用仅限于蓄水防洪。[⑥] 嘉靖六年（1527）十一月，光禄少卿黄绾上奏指出：“或谓黄河虽为丰、沛、徐、淮患，亦为漕河之助。殊不知漕河之源皆发于山东，不必资于黄河。夫南旺、马场、樊村、安山诸湖，本山东诸泉钟聚于此，

---

① 王宠：《东泉志》卷1，第783页。至明代中后期，水柜湖泊的保护从南旺、昭阳两湖外，明确增加昭阳湖、安山湖。（见谢肇淛《北河纪》卷7，第695页）

② 郑晓：《郑端简公奏议》卷6《佃种昭阳湖柜外余田疏》，《续修四库全书》史部第476册，上海古籍出版社1996年影印本，第621页。

③ 刘天河著，卢勇校注：《问水集》卷二《闸河诸湖》，第39页。

④ 杨宏、谢纯：《漕运通志》卷8《乞留积水湖柜疏》，《中国水利史典·运河卷二》，第134页。

⑤ 蔡泰彬：《明代漕河之整治与管理》第三章“二洪运道之整治及其影响”，第75页。

⑥ 凌滟：《从湖泊到水柜：南旺湖的变迁过程》，《史林》2018年第6期。

然后分为漕河。今为漕者，惟知浚泉源为急，而不知南旺、马肠诸湖，积沙淤塞，堤岸颓废，蓄水不多之为害也。若能疏浚南旺诸湖，修辑堤岸，更引它泉别流者，而总蓄之漕河，不患其竭矣。"[①]

明代前期，黄河流经沛县，浊流灌注昭阳湖，"淤密湖形"，整个湖泊"高下俱堪耕种"，百姓占垦，以为恒业。正德三年（1508）后，由于地方豪右占垦湖田，以及湖堤年久倾颓，地方官府召民垦殖，办纳子粒。[②] 嘉靖七年（1528），明廷开始讨论向占湖百姓征租，逐渐承认百姓占田的合法性，其中沛县昭阳湖坐派湖田 718 顷 37 亩余，358 户，每年亩收租银 1 分，共银 718 两 3 钱余，悉数用于运河闸座修理。[③]

二　明中期的政策摇摆时期

嘉靖十二年（1533）、十三年（1534），黄河河道南徙，徐州、吕梁二洪河道乏水浅涩，"在朝诸臣讲海运则迷失其故道，修胶莱运河又徒费而不成"。嘉靖十三年，总河刘天和奉旨巡视运河，至济宁不久，就遇运河水涸，漕船浅阻。勘察发现，南旺湖湖堤尽皆颓废。刘天和委派同知刘纯等督率河道夫役，画地分工，修筑南旺湖堤 51 里 135 丈，修浚运河临湖堤 60 里，修复减水闸座等设施，以恢复南旺三湖的蓄水济运功能。[④]

嘉靖二十年（1541），"漕河涸竭"[⑤]。运河缺水问题愈益尖锐，朝廷不断派出大臣查办解决。同年八月[⑥]，兵部侍郎王以旗奉命勘察沿运的湖泊、泉源等运河水源补给。王以旗以此前图牒规定的湖界为准，重新划定南旺湖疆界，惩治那些随意圈占湖田的不法豪强。王以旗整治百姓私占湖田最突出的贡献就是通过筑堤、植柳的方式明确划定水柜疆界以防

---

① 黄训编：《名臣经济录》卷 50《论治河理漕疏》，《景印文渊阁四库全书》史部第 444 册，第 432 页。

② 阎廷谟：《北河续纪》卷 4《河政纪》，《中国水利史典 · 运河卷一》，第 462 页。

③ 郑晓：《郑端简公奏议》卷 6《佃种昭阳湖柜外余田疏》，《续修四库全书》史部第 476 册，第 621 页。

④ 刘天和著，卢勇校注：《问水集》卷 6《已经挑浚修筑施行八条》，第 116 页。

⑤ 郑晓：《郑端简公奏议》卷 6《佃种昭阳湖柜外余田疏》，《续修四库全书》史部第 476 册，第 621 页。

⑥ 左宜似等：光绪《东平州志》卷 4《漕渠志》，《中国地方志集成》山东府县志辑第 70 册，第 102 页。该志认为是嘉靖十九年王以旗巡视漕河，整治水柜侵占问题。

止百姓越界侵占湖田。总河潘季驯介绍了王以旗给各湖泊水柜的划界情况：

> 南旺湖周围堤长一万九千七百八十八丈三尺；蜀山湖堤自冯家坝起至苏鲁桥止长三千五百八十丈，自苏鲁桥西至田家楼止，原系收水门户，栽植封界高柳；马场湖堤东面长一千六百二十丈，北面原留入水渠道，栽植封界高柳；马踏湖堤自弘仁桥起至禹王庙止，长三千三百一十三丈；安山湖堤长四千三百二十丈，而斗门闸坝悉已完备，可收济漕永利。①

王以旗仔细勘察了南旺湖一带的地形地势，并疏浚泉源以扩充湖泊水源。他将南旺三湖疏浚改良为水柜，对南旺西湖治理用力最多，并于西湖环筑堤岸15600余丈，环堤开凿水渠，湖内纵横20余道小水渠，使四湖联络相通，引水流入运河。② 王以旗通过修筑湖堤的方式，划定官产民产的界限，遏制了民间继续圈占湖田的倾向。

然而，王以旗此举矫枉过正，湖界外的余田也被封禁，导致数目可观的闲置肥田被抛荒废弃。江苏沛县昭阳湖田718顷37亩余，被归复为水柜的湖田面积218顷44亩余，界外499顷92亩余的肥田以及毗邻山东滕县的湖田72顷36亩余俱被封禁，严禁耕种。③ 针对湖界外田地大量闲置的问题，不少朝中大臣颇觉可惜。嘉靖三十二年（1553）七月，刑部右侍郎郑晓上奏指出："柜外四面闲余田地壅淤尤为高阜，悉皆旷废，遂至抛荒，然以有用之地，而置之无用，又减数百两租银，以损修河之费。"对此，郑晓建议将昭阳湖界外闲田仍由旱年失业的百姓承种，每亩计240步，加征租银3分，每年可得银1700余两，存储河道公用。通过开发闲置湖田，既可为国家增加财源，又可接济穷困百姓，官民两便，

---

① 阎廷谟：《北河续纪》卷5《河议纪》，《中国水利史典·运河卷二》，第466页。

② 叶方恒：《山东全河备考》卷2上《河渠志上》，《四库全书存目丛书》史部第224册，第405页。

③ 郑晓：《郑端简公奏议》卷6《佃种昭阳湖柜外余田疏》，《续修四库全书》史部第476册，第621页。

一举两得。[①]

奏上，朝廷派兵备副使刘天授等人勘察昭阳、南旺、安山、马场等湖的湖田开发问题。马场、安山、南旺三湖恢复水柜蓄水济运的功能后，湖面高运河六七尺，仍可接济运道。这些湖泊内外高阜地亩可给百姓佃种。然而，他们担心一旦允许百姓垦殖这些高阜地后，地方豪强将渐次侵种低洼地亩，甚至盗决堤防。因此，他们反对将此三湖的闲田召垦收租。与马场、安山、南旺三湖不同，昭阳湖自黄河冲坏飞云桥后，淤成平地。虽名水柜，昭阳湖已无济运功能。他们建议将昭阳湖的闲置田地（含滕县地 72 顷 36 亩余，沛县地 499 顷 92 亩余）召民垦种，每亩征银 3 分。刑部右侍郎郑晓强调，沿湖失业游民，“千百为群，剽掠官运船只，几酿大患”，如不妥善安置，“其揭竿负戈，去而为盗者，又不知有几矣”。他建议将昭阳湖界外湖田听百姓垦种，“居有常业，以存恒心”，于国家、百姓均有裨益。最终，朝廷决定自嘉靖三十四年（1555）为始，将昭阳湖湖界外余田，每亩征租银 3 分存储国库，以作河道修缮之费。在湖田分配上，“每户以五十亩为则，不得多给，以启豪强觊觎之端，给帖执照”。如日后昭阳湖可接济漕渠，这些湖田仍照旧退出还官。马场、南旺、安山三湖仍蓄水济运，界外闲置湖田不准放开召垦，如有豪民盗决侵种，仍按律例惩办。[②]

嘉靖四十四年（1565），黄河于江苏沛县飞云桥决口，经运道冲入昭阳湖，漕渠阻塞百余里。工部尚书朱衡于湖东沿此前御史盛应期所开新河旧迹另开南阳新河，以避黄河侵扰。因被漕堤阻隔，滕县诸泉不再流入湖内，而改流入运河。昭阳湖淤填日积，百姓占垦耕植，谓之淤地。[③]总之，南阳新河开通后，昭阳湖新淤湖田获较大占垦。

在昭阳湖界外湖田准许召佃后数年，“以边饷缺乏”，安山、南旺二湖湖田召佃征租很快被提上日程。山东布、按二司派公正老人、书手、算手等对南旺、安山二湖逐一丈量，“置簿登某湖该地若干顷亩”，并造

① 郑晓：《郑端简公奏议》卷 6《佃种昭阳湖柜外余田疏》，《续修四库全书》史部第 476 册，第 621 页。

② 郑晓：《郑端简公奏议》卷 7《申明三湖禁例疏》，《续修四库全书》史部第 476 册，第 706 页。

③ 鱼台县地方志编纂委员会整理：康熙《鱼台县志》卷 5《山川》，第 103 页。

册画图呈报总理河道等官查阅。经勘丈，安山、南旺的各项数据见表2—1。

表2—1 嘉靖后期安山、南旺湖各项指标对比表

	湖面周长	水面面积	无水高阜地	易淹地
安山湖	73余里	210余顷	385顷12亩	500顷63亩
南旺湖	150里	7333顷42亩	58顷21亩余	38顷76亩余

资料来源：《漕运通志》卷8《乞留积水湖柜疏》。

到嘉靖后期，安山湖湖堤损毁缺口已达55处，长394丈；南旺湖湖堤损毁缺口20处，长75丈8尺。安山湖的无水高阜地385顷12亩，南旺西湖的高阜地58顷21亩余。两大水柜，尤其是安山湖，已出现面积可观的无水高阜地。分守东兖道右参政王应钟、管河副使谢彬以及东平、邹县、单县等地方官员建议将闲置土地，“可听民佃种”，并提出召佃耕种湖田的详细方案：

> 惟是各湖旁边，原有高阜去处，水所不到者，今查前项数目，合无暂令居民承佃办纳子粒。及查前地肥饶，又无别差，比民地不同，相应每二百四十步为一亩，每亩纳银一钱，以后每年每亩纳子粒五分解部，仍将旧堤缺口逐一补筑完备。新佃地土之外，或再筑一小堤，或深挑一大壕，以为界限，旧堤照旧存留。旧堤之内为召佃之地，新立堤壕之内，照旧为水柜，栽以柳树，立以石界，四面沿堤，每三里设铺一座，每铺编夫一名，仍设巡湖老人一名，令其督率各夫昼夜看守，但有盗决堤防，走泄水利者，照例问遣。万一河患莫测，照旧查复旧制，不许占为世业，久假不归。①

嘉靖三十六年（1557），总理河道御史王廷奉命巡视南旺、安山等水柜蓄水情况，督促属官补修两湖损毁湖堤，将盗种盗决的为首人犯南海

① 杨宏、谢纯：《漕运通志》卷8《乞留积水湖柜疏》，《中国水利史典·运河卷二》，第134页。

等人拿获按例究办。他指出，漕河主要水源是泰山诸泉，汶河“虽以河名，而实诸泉之委汇也”。山东诸泉若得不到及时疏浚，汶河至南旺分流南北的水势益少，“非有闸座以时蓄泄，则其涸可立而待也”。每年春夏之交，天旱少雨，“阿城、七级之间，如置水堂坳之上，舟胶而不可行”，须借助水柜接济，船只纤挽才能前行。[①] 单纯倚赖沿运泉水及汶水等河道补给水源，已无法满足济运行漕的要求，水柜蓄水济运的重要性日益显著。王廷指出，此前兵部侍郎王以旗巡视漕河并严禁百姓私占湖田，但东平、汶上百姓“垂涎湖地，何尝一日？”因百姓垦种严重，四大水柜已无法正常蓄水济运，直接影响漕运的正常开展。王廷直言：“今四湖俱在，而昭阳湖因先年黄河水淤平漫如掌，已议召佃，而安山、南旺二湖，不知何时被人盗决盗种，认纳子粒，以至湖干水少。民又于安山湖内复置小水柜，以免淹漫，遂致运道枯涩，漕挽不通。”[②]

当时，湖泊水柜缺水后露出的高阜地达443顷之多。有人提议召百姓佃种。王廷反对这种提议，认为此举一开，“小民奸顽日甚，惟欲利己，罔知国法”。他警告：“若再奉例召令佃种办子粒，则将一家开报，数名占种，不计顷亩，遇水发入湖，恐伤禾稼，必尽决堤防，以满其望，是所名水柜者，将来为一望禾黍之场耳！”王廷详述反对湖田佃种招租的理由：

第一，逃避各种粮差是百姓垦种湖田的直接动因。邹县、滕县、沂水、费县、泰安、东平、汶上等州县无人垦种的抛荒地，“不知几千百万顷”，仅安山湖外荒地就多达数千顷。为何东平、汶上百姓不占那些抛荒地，反而争抢佃种湖田？推其缘故，占垦抛荒地需承担纳粮、养马等杂差，负担沉重。而占垦湖田只需纳子粒银，别无其他杂差，负担更轻。

第二，湖田垦租影响国家的漕运大计。若将湖田高阜地悉数召垦，每亩按银5分计算，获湖租银2200余两。这笔收益与国家漕运大计相较，不值一提：“每年河漕转输四百万石之外，输将京师者，又不知几千百万焉，则其利孰多孰寡？”

第三，水柜之设不但利于漕运，于百姓生计也有裨益。泰山以西地

① 谢肇淛：《北河纪》卷7《河议纪》，《中国水利史典·运河卷一》，第321页。

② 谢肇淛：《北河纪》卷7《河议纪》，《中国水利史典·运河卷一》，第322页。

区地势渐洼，夏秋汛发，洪水奔注。宋末，嘉祥、巨野、曹州、寿张之间形成巨浸，宋江据之，有梁山泊之乱。东平距旧梁山泊不远，夏秋汛期洪水入安山湖，湖外为纳粮民田，两不相害。若安山湖湖堤废坏，洪水满衍，嘉祥、巨野、曹州、濮州、寿张之间，“又成巨浸矣”。

总理河道王廷从国家漕运大计的考虑出发明确反对开发湖田。召垦湖田，“是所利者止数百家，而所害者将几千百万家及数州县也”。召垦湖田将危及水柜之设，“若湖废河干，漕运不通，其所关系尤重且大，又不可不深虑也”①。

然而，从开拓财源出发，地方官员却多主张适当放开对水柜高阜地开发的限制，适度开发湖田。兖州府通判陈嘉道的提议具有一定的代表性。隆庆六年（1572），陈嘉道上奏指出，安山湖无法蓄水的高阜地达770顷90亩，可召民佃种，每亩纳租银4分，以备河工之用。可蓄水济运的洼下地，计416顷26亩，可令民挑浚深阔。他建议将佃种高阜地的佃户设为湖夫，并提出一套详细方案——佃种湖田百亩，派夫2名；每10顷湖田，设1小甲，百顷设1总甲。设管湖老人2名，并统辖于管河官。管湖老人于农闲时催湖夫分工挑浚，确保水柜蓄水。设立合理的运作制度后，安山湖的洼下地不至淤平，泄水的河道也不会阻滞。他主张新设闸座，合理调节湖泊水量。遇漕河水涨，启闸板泄水于湖储蓄；漕河水涸，启闸板放湖水于运道济运。他强调要强化安山湖湖界。安山湖湖堤最初周围百里，现今仅余83里，应委官与东平知州于湖堤外，踏丈湖地，恢复该湖百里旧制，设立界石，另刻碑文，栽植界柳。再于府、州衙署刻碑，垂之永久。②

与大多数中央朝臣不同，地方官员大多认为，招民佃种高阜湖田乃“河得湖以济运，民得湖以养生”双赢之选。他们建议对各湖苇草、鱼虾、菱芡等自然之利，量加征收课税，并上解户部，充作边饷之用。③ 在这一轮博弈中，地方官员占了上风，他们的提议最终获得支持。兖州府

① 谢肇淛：《北河纪》卷7《河议纪》，《中国水利史典·运河卷一》，第322页。

② 朱泰等：万历《兖州府志》卷20《漕河》，《天一阁藏明代方志选续编》第54册，第386页。

③ 杨宏、谢纯：《漕运通志》卷8《乞留积水湖柜疏》，《中国水利史典·运河卷二》，第134页。

东平、汶上等州县百姓蒋恩、孙自成等 1010 户认租湖田 124 顷 72 亩余。①

三 晚明时期湖界的再次强化

将湖田召垦征租后，地方官府可从中获利，并成为扩充地方财源的一个新渠道。因此，地方官府对民间占垦湖田多持较为宽容的态度。万历初年，地方官府普遍开放占垦湖田的限制，“召人垦种征租取息，以补鱼、滕两县之赋”，并承认百姓垦殖湖田的合法性。此举直接危及水柜安危，“诸湖之地，半为禾黍之场，甚至奸民壅水自利，私塞斗门”②。

在地方官府纵容下，民间占垦湖田的问题变得更加突出。隆庆末年，明廷调整湖田占垦政策，允许地方官招百姓垦殖湖田，加快了湖田开发的进程。万历六年（1578），地方官府清丈安山湖湖田。此时的安山湖，水源大减，地势卑洼，适宜水柜的面积 416 顷余，而高阜地已开发湖田 77 顷余。清丈过后，地方官建议于安山湖高下相接处，修筑束湖小堤，将此湖划为两个区域——堤内为水柜，蓄水济运；堤外可开发湖田，听任百姓租佃征收税粮。至万历十七年（1589），修筑安山湖土堤 4320 丈，于似蛇沟、八里湾增建二闸，以蓄泄湖水。③

万历十六年（1588）四月④，工科都给事中常居敬巡视漕河，向朝廷汇报各水柜蓄水及占垦情况，并提出治理水柜的详细方案。勘察发现的沿运各湖的闸坝设施及湖田开发详请如下：

南旺湖，周围 93 里，已垦殖湖田 2700 顷，原有斗门 14 座，现存关家大闸、常明口 2 处，其余邢通口、孙强口等 12 处俱已淹塞。除修复淹塞斗门外，湖东南高阜地 162 顷留一里长的护岸，湖南北地 116 顷留半里长护岸，令原主佃种纳课税。其余地方仍为水柜蓄水，并筑一道子堤，

---

① 杨宏、谢纯：《漕运通志》卷 8《乞留积水湖柜疏》，《中国水利史典・运河卷二》，第 134 页。

② 付庆芬整理：《潘季驯集・河防一览》卷 14《钦奉敕谕查理漕河疏》，第 563 页。

③ 颜希深等：乾隆《泰安府志》卷 3《山水》，《中国地方志集成》山东府县志辑第 63 册，第 260 页；张鹏翮《治河全书》卷 4《附余》，《续修四库全书》史部第 847 册，第 403 页。

④ 常居敬巡视山东漕河时间，可见《潘季驯集・河防一览》卷 11《河工告成疏》，第 433 页。

作为封界。湖内地势北高南低，应于湖中央筑一长堤，自吴家巷起至黄家寺止，长14里，堤根阔1丈5尺，顶阔8尺，高8尺，将湖界为二区，并于寺前铺、张住口修建斗门一座，以便上下接济。

马踏湖，周围34里，已垦殖湖田410余顷，俱应退出还官，复为水柜。湖东北空缺处长10里余，应筑一道土堤，约束湖水，不使湖水外泄。湖西岸原有王岩口滚水石坝，年久淹没，应以修复。

蜀山湖，周围65里，已垦殖湖田1890余顷，除宋尚书香火地6顷及高亢地8顷53亩照旧令民佃种外，其余1875顷余亩湖田复归水柜。湖东岸李泰口闸下15里原有冯家滚水坝应予修复。

马场湖，周围40里，已占垦高阜地93顷余，早年召垦纳租抵补鱼台、滕县赋役，责令占田百姓退业还官。低洼地640顷余，俱筑堤蓄水，内有安居斗门3座，应予修复。

常居敬指出，各湖被占种麦田，理应追夺，但考虑年荒民贫，承种已久，待百姓收获熟麦后，照例退还湖田。以上工料、人夫等项通共银4717两余，于兖州府库河道银内动支。工竣，于各湖口立大石，注明各湖界址、斗门，以杜绝侵占。他主张于南旺等湖高下相承之地建束湖堤，“堤以内永为水柜，堤以外作为湖田，听民耕种，庶界限分明，内外有辨，小民难于侵占，官司易于稽查”①。

安山湖是常居敬重点勘察的对象。至明后期，随着水源补给的减少，安山湖可作水柜蓄水济运的面积由此前的100里降至38里。此湖形如盆碟，高下并不悬殊，所蓄水源无堤岸约束，东南风急则流至西北干燥地带，西北风急则流至东南干燥地带，尚未济运就已消耗过半。自明中期起，地方官允许百姓佃种，百里湖田尽成麦田。安山湖湖田每年可征租银2653两，抵鱼台、滕县二县秋粮。安山湖低洼处，被封为水柜，无明显界标，禁例要求不严，百姓私占问题突出。至万历年间，安山湖已无闲置土地。常居敬指出，要严格防护此湖仅剩的38里水柜，并筑一高堤，堤外允许百姓佃种收租，堤内挑深蓄水，管河通判等官不时巡历督察。明确的界标能在很大程度上阻止百姓私占湖田。他还建议于此湖八里湾、似蛇沟两处建新闸，以便湖水蓄泄济运。常居敬建议将安山湖现

① 付庆芬整理：《潘季驯集·河防一览》卷14《钦奉敕谕查理漕河疏》，第563页。

存38里洼地筑堤封为水柜，树立石碑，建立文册，严厉盗决湖堤的禁例，制定官员巡视制度，“水柜之良规，庶几可复矣”①。

总河潘季驯赞同常居敬的提议，很快将其提议付诸实践，将应修闸坝、斗门等工程加紧如法修砌。潘季驯委派北河郎中吴之龙查复马踏湖，建永通闸筑子堤，修王岩口滚水石坝；南旺主事萧雍查复蜀山湖，建坎河坝筑束水堤，修滚水大坝；济宁道按察使曹子朝查复马场湖，建通济闸，筑子堤，修安居斗门三座；分守东兖道参政赫维乔查复南旺湖，修邢通等斗门十三座，筑封界子堤，中亘长堤；分巡兖州道佥事刘弘道查复安山湖，筑封界堤，建八里湾、似蛇沟两闸。②

然而，在实际修复湖堤过程中出现新的困难。万历十七年（1589），常居敬巡视山东河漕时，正值天旱，“湖身龟裂”，百姓占种湖田面积很广。于是，常居敬提出加紧修筑湖堤，限制百姓侵占。次年，潘季驯派属官修筑湖堤时，“天雨频仍，湖水盈溢”，不但湖田难以耕种，就连百姓农田也到处汪洋，修堤难度很大。对此，潘季驯调整策略，不再强修湖堤，而是改为利用兵部侍郎王以旗此前修筑土堤的残损堤根，将堤身加帮高厚，堤内为湖，堤外为地，不便筑堤处，密栽水柳为界。③

在潘季驯直接过问下，山东水柜湖堤修筑进展顺利，官修马场、马踏、蜀山、南旺、安山五湖土堤32551丈3尺，修建火头湾通济闸、梭堤以南永通闸、八里湾似蛇沟闸4座，坎河口、何家口、冯家口、五里铺各滚水石坝共4座，安居、五里营、十里铺、关家大闸等各斗门11座，修砌石坝4座，栽植护堤卧柳16150株，封界高柳6071株。④

整体看来，明后期朝廷对湖田开发持异常谨慎的态度。常居敬警告道：“湖地肥沃，奸民之窥伺已久，安山一湖，既有听民开垦之令，势将竞起告佃。若轻给耕种，必且废为平陆，一遇旱潦，缓急无恃，所关不小，非安山湖无碍运河者比。此尤经理河漕者，所宜留意也。”⑤ 礼部侍

① 付庆芬整理：《潘季驯集·河防一览》卷14《清复湖地疏》，第603—607页。

② 付庆芬整理：《潘季驯集·河防一览》卷14《修复湖堤疏》，第421页。

③ 付庆芬整理：《潘季驯集·河防一览》卷11《修复湖堤疏》，第421—423页。

④ 付庆芬整理：《潘季驯集·河防一览》卷11《河工告成疏》，第432页。

⑤ 叶方恒：《山东全河备考》卷2上《河渠志上》，《四库全书存目丛书》史部第224册，第407页。

郎王道指出，南旺湖存在的诸种问题："迩年以来，河沙壅而吏职旷，于是有塞之患；水土平而利孔开，于是有冒耕之患；私艺成而官妨碍，于是有盗决之患。三患生而湖渐废，湖废而运道遂失其常。"①

强化湖界是阻止百姓私占湖田的主要方式。总河潘季驯认为，百姓侵占湖田"因旧堤浸废，界址不明，民乘干旱越界私种，尽为禾黍之场"②。潘季驯上任后首先就修缮前兵部侍郎王以旗所建水柜湖堤，强调要严厉盗掘湖堤的禁令，让近湖射利之徒有所顾忌。他要求管河官在冬春巡视水柜，责令守护人役投递甘结，强化对基层人员管控，"庶河防饬而水利无渗漏之患"③。万历年间，经常居敬、潘季驯等大臣先后整顿，百姓侵占湖田的现象得到很大程度上的遏制，其中"安山湖已复五十五里"。泰昌元年（1620），大臣王佐建议将"水柜之废兴"作为河官升迁考核的标准。④

随着政局的动荡，明末民间侵占水柜湖田问题更为突出。天启年间，应天巡抚毛一鹭上奏指出，地方官府贪图湖田租税，放任豪猾之徒"与水争土，与漕争利，潴蓄之处竟作耕艺之场"。他建议朝廷委派任劳任怨的官员，负以事权，破格优迁，专事清理湖田。⑤ 崇祯十四年（1641），总督河道张国维上疏建议修复安山湖水柜功能，以接济南旺以北运道，未见施行。⑥ 明末战乱不断，百姓占湖田行为已无法阻挡。昭阳湖"乃蓄水济运者也"，明末人多地少，滨湖百姓乘湖水稍涸，种植麦禾，每亩输租2分以为河工之用。⑦

---

① 叶方恒：《山东全河备考》卷2上《河渠志上》，《四库全书存目丛书》史部第224册，第405页。

② 阎廷谟：《北河续纪》卷5《河议纪》，《中国水利史典·运河卷二》，第466页。

③ 阎廷谟：《北河续纪》卷5《河议纪》，《中国水利史典·运河卷二》，第467页。

④ 左宜似等：光绪《东平州志》卷4《漕渠志》，《中国地方志集成》山东府县志辑第70册，第103页。

⑤ 陈学孔等：康熙《遂安县志》卷10《艺文志》毛一鹭《条议漕政疏》，康熙二十二年刻本，61a。

⑥ 张国维：《忠敏公集》首卷《漕河》，《四库未收书辑刊》六辑第29册，第621页。

⑦ 中国第一历史档案馆藏档案：《为恳申湖河异灾事》，河道总督杨方兴，顺治九年八月初一日，档案号：02-01-02-1964-003。

第三节 清代前中期湖田开发与政策调适

一 清初放开安山湖湖田开垦

明清鼎革，战乱频繁。运河沿线百姓为逃避战乱，被迫流离四方，土地撂荒严重，其中大量垦殖成熟的湖田也被废弃。如昭阳湖田："迄今鼎革之后，地广人稀矣，额田尚且抛荒，安有余力以种水乡之地？加以连年水灾，湖贼猖獗，间有一二复业者，未几而为盗贼掠矣，未几而被水淹矣，年复一年，民皆绝望。"[①] 为尽快从战乱中恢复经济，休养生息，清廷对百姓占垦湖田基本持放纵政策，其中尤以安山湖开发最为典型。

安山湖位于东平州西北，地处运河西岸，周围100余里。明代中叶以后，明廷就默许百姓佃种安山湖田，"百里湖地，尽为麦田"。工部尚书朱衡曾试图筑堤蓄水，但安山湖地理形势已不适合蓄水济运，"湖形如盆碟，高下不甚相悬，湖水随风荡漾，西北风则流入东南燥地，未及济运，消耗过半"。顺治年间，黄河荆隆口决口，洪水冲击张秋，运道淤塞，安山湖淤成平陆，百姓随即占垦，清廷"听民垦种"[②]。河道总督卢崇俊建议挑挖湖心淤土，但预估需银20余万两，经费浩繁，挑挖之议被迫中止。[③] 此湖地势低下，无法为运河供水，仅作运河泄水区，"兴废无关漕河"。为筹集浩繁军饷，清廷遂放任百姓侵占湖田以征湖租。垂涎肥沃湖田的百姓更是"乘兵饷紧急，名为助饷"将安山湖湖田大肆侵占。[④]

济宁道叶方恒建议将安山湖膏腴湖田听百姓开垦，官府从中收税，充作治河银两。他批评那些坚持不能放开安山湖招垦的想法，"若执禁湖

---

① 中国第一历史档案馆藏档案：《为恳申湖河异灾事》，河道总督杨方兴，顺治九年八月初一日，档案号：02－01－02－1964－003。

② 陆耀：《山东运河备览》卷6《捕河厅河道》，《中华山水志丛刊》水志第25册，第279页。

③ 颜希深等：乾隆《泰安府志》卷3《山水》，《中国地方志集成》山东府县志辑第63册，第260页。

④ 张伯行：《居济一得》卷4《复安山湖》，《中国水利史典·运河卷二》，第784页。

之名，与蜀山、马踏等湖同视，则又为胶柱之见矣”[①]。康熙中期，河道总督张鹏翮也支持开发湖田。他指出，安山湖自顺治年间被黄河水冲淤后，已淹塞二十余年，“安山湖之兴废无关漕河之利病”[②]。

也有大臣反对放任百姓垦种湖田。康熙五年（1666）四月，总漕林起龙巡视河漕，发现山东水柜湖泊多被势豪土棍兼并耕种，“或旁阻水渠而不容忍，或暗决河岸而使之出，或阴壅水埂不济漕而灌田”，水柜面积日益减少，无水接济漕运。山东运道在雨水旺盛之年已出现粮船难行的问题。他指出，京师满汉官民对东南漕粮依赖性强，漕运能否畅通关系重大，清理湖田是刻不容缓的大事。[③] 济宁道张伯行指出，安山湖蓄水济运对于确保东昌府一带运道水量充盈关系重大。他建议恢复安山湖蓄水功能，认为：“（安山湖）似蛇沟闸地势甚洼，可以蓄水，故此湖之地，仍宜除粮，用以蓄水，庶于漕运大有裨益。”[④]《行水金鉴》编纂者郑元庆也对地方官私自将湖田招佃认垦提出严厉批评：“滨水之民，贪利占佃，庸吏概令升科，水柜尽变为民田，以致潦则水无所归，泛滥为灾；旱则水无所积，运河龟坼，大为公私之害。”他不仅反对将济运水柜招佃垦种湖田，而且反对将黄河淤滩召垦升科。[⑤]

部分大臣的反对也未能阻止垦殖安山湖湖田合法化进程。康熙十八年（1679），百姓垦种安山湖湖田做法得到朝廷认可。这年官府正式丈量百姓垦种安山湖田面积925顷38亩9分，并起科征税，将湖租收入载入《赋役全书》。湖田收入银两起解邳睢厅河库，作为治河银两。此后百姓占垦安山湖进程加快，“向之所谓安山湖者，今一望皆禾黍之场矣”[⑥]。

---

① 叶方恒：《山东全河备考》卷2《河渠志上》，《四库全书存目丛书》史部第224册，第408页。

② 张鹏翮：《治河全书》卷4《张秋河图说》，《续修四库全书》史部第847册，第400页。

③ 郑端：《政学录》卷1，《丛书集成初编》第889册，上海商务印书馆1936年，第37页。

④ 陆耀：《山东运河备览》卷6《捕河厅河道》，《中华山水志丛刊》水志第25册，第280页。

⑤ 魏源全集编辑委员会编：《魏源全集·皇朝经世文编》卷104《工政十·运河上》收郑元庆《民田侵占水柜议》，第581页。

⑥ 陆耀：《山东运河备览》卷6《捕河厅河道》，《中华山水志丛刊》水志第25册，第280—281页。

二　雍正年间湖田垦殖的舆论收紧与复设水柜

雍正年间，湖田垦殖的舆论收紧始于户部左侍郎蒋廷锡的上奏。雍正三年（1725）初，他提议恢复水柜功能。他指出，济运诸湖在明中后期起不断遭盗决占种，百姓壅水自利，堵塞斗门，各湖闸座废弃，至万历年间诸湖积成平陆。此后，山东巡抚李戴开挑湖地力加修复，蓄水功能得很大恢复。自此百余年，安山、南旺、独山、昭阳等湖大半为人占种，斗门闸座多堙塞坍废。诸湖低洼之地菱草密布，高处积沙与漕河堤岸持平。水潦年份，各湖不但不能蓄水，反而向运河大量溢水。他建议敕下河道总督、山东巡抚巡视诸湖，将低洼菱草处悉行挑深，以挑出之土筑为高堤约束水柜。同时，每湖开挑支流数道，引泉源之水入湖，并于支河口建减水闸坝以时蓄泄。①

蒋廷锡的上奏引起雍正帝高度重视。雍正三年（1725）七月，雍正帝下旨令内阁学士何国宗阅视河道，将蒋廷锡所奏条款逐条查对是否可行。② 何国宗携带测量仪器查勘运河。事后，他建议将安山湖复设水柜，重修临河及圈湖堤，修通湖、似蛇沟二闸，并于八里湾、十里铺两座废弃闸座之间修建一座新闸，名曰安济闸。闸下挖一支河通入湖心，并于湖南侧六堤口建六闸，挑挖河道以容纳周边坡水。开挖柳长湖，引鱼营坡、宋家洼两处积水引入湖中。奏上，获朝廷允准并动帑兴修。何国宗设计好湖水蓄泄机制："伏秋水大则由通湖闸及六口纳水入湖，春夏水小则由安济、似蛇沟二闸放水入运。"③ 不久却发现柳长河介于鱼营坡、宋家洼之间，内隔一道金线岭，水流不能相通。山东巡抚塞楞额建议从金线岭以北鱼营坡开挖一条支河下注柳长河入湖，再从金线岭以南宋家洼开挖河道出兼济闸入运河。④ 与何国宗齐赴测量的山东巡抚陈世倌也支持

---

① 黎世序等：《续行水金鉴》卷74《运河水》，《四库未收书辑刊》七辑第7册，第318页。

② 黎世序等：《续行水金鉴》卷74《运河水》，《四库未收书辑刊》七辑第7册，第316页。

③ 岳濬等：雍正《山东通志》卷19《漕运》，《文渊阁四库全书》史部第540册，第342页。

④ 陆耀：《山东运河备览》卷6《捕河厅河道》，《中华山水志丛刊》水志第25册，第281页。

恢复安山、南旺等湖水柜的提议。[1]

河道总督齐苏勒也支持何国宗恢复湖田的提议。他上奏指出，昭阳、南旺、蜀山、安山等水柜湖泊，“因土人占种，渐至狭小”，建议乘旱季湖水消落时，清丈湖田，设立湖界，设法蓄水济运，恢复水柜蓄泄功能：“遇运河水涨，引注湖中，相平筑堰截堵；遇运河水浅，则引之从高下注其诸湖中，或宜筑堤栽树，或应建闸启闭，令各州县循例办理，则湖水深广，蓄泄有资。”他特意指出，在筹划山东运河各项事务中，恢复湖泊水柜功能，“此条最为关键”[2]。

复设安山湖水柜期间，清廷开始清理占垦安山湖田的民户，并推出相应的安置措施。雍正四年（1726），圈筑安山湖湖堤蓄水济运，山东巡抚塞楞格查明：“堤内无地穷民共四百五十九户，于堤旁搭盖房屋七百九十八户间，湖民捕鱼为业者七十五名，制船二十五只，动支耗羡银两盖造分给，使民得以栖息糊口。”经户部、工部议准，雍正四年山东巡抚共圈过安山湖滩鹅鸭厂等地共 947 顷 17 亩 8 分零，应征课银 3530 两 4 钱 2 分。[3]

实践很快证明安山湖已不适合充作水柜蓄水济运。雍正十一年（1733），山东巡抚岳濬主张停设安山湖作为水柜。他详尽分析弃用安山湖作为水柜的原因：

首先，安山湖已无固定水源接济。荆隆口、黄陵冈等河堤未被堵塞前，仍有黄河水分流，经由巨野、郓城汇入安山湖。弘治六年（1493），刘大夏筑太行堤，荆隆口被堵塞，济水不再通流。安山湖更无泉源灌注，仅靠朱家口等六口门以及柳长河坡水入湖，水量消长不定。只有运河余水经通湖闸收入湖内，所收水量极为有限。

其次，安山湖土质不适宜用作水柜。安山湖湖身在安民山之前，是济水北入大清河的故道，水流虽已断绝，但伏脉犹存，土质疏松，坡水流经很快消耗渗漏。

---

① 《世宗宪皇帝朱批谕旨》卷 24 中，《景印文渊阁四库全书》史部第 417 册，第 462 页。

② 李祖陶：《迈堂文略》卷 4《读大学士高斌事录》，《清代诗文集汇编》第 519 册，上海古籍出版社 2010 年影印本，第 629 页。

③ 中国第一历史档案馆藏档案：《奏办安山湖田事》，乾隆七年六月二十五日，工部尚书哈达哈，档案号：04－01－22－0013－035。

最后，安山湖地势低于漕河运道，不能输水济运。湖南侧的通河闸，用于纳水入湖；北侧的安济、似蛇二闸，用于放水济运。查勘测量后，湖堤低于运道，安济、似蛇二闸与通河闸只能用作漕河泄洪闸。以安山湖作为水柜，是用无源之水存蓄于有漏之湖，安山湖进水易而出水难，即便周围修筑高堤，济运效果也微乎其微。

总之，岳濬认为安山湖无固定水源，土质疏松，储水易漏，不适合用作水柜，仅可留此湖作为泄水处，随时宣导。若遇漕河水势骤涨，分泄入湖以保全运道；若遇坡水暴发，汇注入湖以保护农田。此湖通河、安济、似蛇沟三闸以及临运河堤岸需加谨修防，其他圈湖缺堤一概停止补筑，以免虚靡帑项。① 山东巡抚岳濬的主张很快获同僚支持。河东总督王士俊明确支持山东巡抚岳濬主张，并上奏朝廷力主开垦安山湖湖田。

岳濬指出的安山湖不宜作水柜的主张并未获雍正帝认同。为确保水柜蓄水济运，雍正帝对于湖田开发持慎重态度。即位之初，他就下谕旨与河道总督齐苏勒、漕运总督张大有、山东巡抚黄炳，明确指出山东段运道漕船迟滞，与附近居民侵占湖田，导致水柜不能济运，并明确告诫地方官员：

> 凡沿河近地已经成田者，不必追究。其未经耕种者，当湖水稍落，速宜严禁，不可仍令侵占。至诸湖堤防务须修筑坚固，引河闸座务须启闭得宜，则湖水深广，运道流通，将来漕艘更无阻滞之虞矣。②

在王士俊、岳濬力主开垦安山湖湖田的主张奏上以后，雍正帝对湖田开发表示反对。他专下谕旨指出，山东运河水源全赖诸湖水柜停蓄灌注，诸湖被百姓占垦为田，导致水少不能济运。他批评王士俊为开垦起见，贪图田土利益，“不计湖水之不足，将来田多水少，漕运稽迟，则顾

---

① 岳濬等：雍正《山东通志》卷35之4《艺文志四·疏》收岳濬《请停设安山湖水柜疏》，第355页。

② 黎世序等：《续行水金鉴》卷73《运河水》，《四库未收书辑刊》七辑第7册，第304页。

此失彼，未免轻重倒置，不可不慎之于始”，警告王士俊开发湖田，“此乃必不可行之事”，严命阻止开发湖田的计划。①

三　乾隆年间湖田垦殖的讨论与实践

至乾隆年间，国内人口数目的快速增长，现有土地无法满足快速增长的人口生存所需。乾隆四年（1739），乾隆帝下谕旨鼓励百姓垦殖荒地：“各省生齿日繁，穷民资生无策，令山头地角不成丘段者，听民垦种，免其升科。”②

（一）安山湖招垦付诸实施

乾隆五年（1740）冬，巡漕都御史都隆额巡视南漕。他与河东总河白钟山、山东巡抚朱定元合议将安山湖湖田拨给沿湖贫民垦种，“每岁可收麦数万石，足以全活数千家”。都隆额强调应将湖田分给失业贫民。但查勘发现豪衿劣绅“假复业之名”，纷纷具呈求领早先圈占的湖田，“多或数十顷，少亦八九顷”，甚至以奉部文承领为词，肆行强占。他认为，安山湖田属于官田，从前各户垦种湖田输租，并非祖宗世袭产业。因此，分配湖田，“只论其是否穷民，无论其有无原业”。他明确指出，穷困百姓即便原先未占湖田，也应分配湖田；豪强地主即便为原先圈占湖田的业主，也不得侵占尺寸。他提出分配湖田的方案：

> 伏祈敕下河臣、山东抚臣委强干之同知、通判一员，协同该州清查，先将该州实在穷民查出，造其户口清册，加具印结申送，每户分地不得过三四十亩。如附近州县有查送穷民，亦造册加结关送。倘有豪强指称业户，肆行强占，并影射捏冒等弊，即行查参。如此则豪强敛迹，而贫民均沾实惠矣。③

东河总督白钟山、山东巡抚朱定元支持都隆额开发安山湖田的方案，

---

① 《清世宗实录》卷155，雍正十三年闰四月乙未。

② 陈法：《犹存集》不分卷《详请南旺湖给民垦种》，《黔南丛书》，贵州人民出版社2009年版，第24页。

③ 陈法：《定斋河工书牍》不分卷《代都侍御奏安山湖情形》，《丛书集成续编》第62册，上海书店出版社1994年版，第462—463页。

一致认为安山湖“实与运河无碍，与穷民有益”。最终朝廷决定查明原先圈占湖田业主，让他们首先领垦，余剩原无业主湖田令附近穷困百姓承种。

至乾隆七年（1742）六月，都隆额发现提案存在漏洞。他的提案虽令原圈湖地业户具呈认垦，无主湖地方准令附近居民认垦，没有将不准给与原业富户、穷民分配湖田的数目开载清晰。此举必会使“本处豪强恃部文为凭，欲将圈过地亩，悉行认领”。都隆额调查发现豪强占地猖獗：

> 本处豪强恃部文为凭，欲将圈过地亩悉行认领，致有侵占数十顷者，即少者亦有七八顷不等。更有甚者，衍圣公孔广棨效法众民，此地内称有伊原圈养蓄鸭鹅田地三百一十九顷等因亦行文认领。

都隆额直斥衍圣公孔广棨“世受国家宠育之恩，乃与小民争利”。他指出，安山湖田是官田，业主占垦的湖田并非世受田亩，雍正三年（1725）已禁止垦种。同时，朝廷已按亩赏给银两，“已给钱官买，不可仍称原业”。地方官并不将前后案件详察，“惟遵现行部文，拘泥办理，实不能仰体圣主体恤穷黎之至意”。他建议命河东总河、山东巡抚遴选贤能官员会同地方官等造具清册加结，查明原先占垦湖田的富足业主不必再给湖田外，“原业户内现在穷困以及并无原业之穷民”，或给予三四十亩，或给予五六十亩，酌定数目，令其承垦。如有豪强侵占冒名等弊，“官员则指名题参，民则按律治罪”。奏上，中央同意都隆额所提方案，强调分配湖田务须查明承垦者均为穷民，详造册结上报户部、工部，“如有豪强侵占，捏称穷民冒领等弊，即行据实参处；倘奉行不力，或被人告发，或别经发觉，并将不行详查之该地方官照例参处”[①]。

至此，朝廷对湖田分配政策做了调整——分配湖田时，原富足业户不再分配湖田，将湖田分给穷困业户及无业贫民。据此，湖田分配方案如下：

---

① 中国第一历史档案馆藏档案：《奏办安山湖田事》，乾隆七年六月二十五日，工部尚书哈达哈，档案号：04－01－22－0013－035。

> 原圈湖地九百四十七顷一十七亩八分，内除苇草、柳园并堤压、宅基、坟墓、盐壤、最洼地外，实在可耕地六百二顷八十亩。其高阜地一百六十五顷四十三亩三分五厘二毫，每亩照湖租中则例征银三分，共征银四百九十六两三钱五毫六丝；次高地四百三十七顷三十六亩六分四厘八毫，每亩照湖租下则例征银二分，共征银八百七十四两七钱三分二厘九毫六丝，俱于乾隆九年奉文拨给贫民张元礼等三千一十四户，每户给地二十亩，于乾隆十四年起租。
>
> 又奉部文以盐搡地一百六十二顷六十亩三分五厘二毫，即在原圈地九百四十七顷之内，若分给小民，令其承垦，自可化瘠为肥，未便废弃，应查丈明确，量为分拨。巡抚准泰题请拨给贫民王万兴等人八百一十三户，每户给地二十亩，每亩征银一分，共征银一百六十二两六钱三厘五毫二丝，于乾隆十五年奉文分拨，乾隆二十年起租。①

在湖田分配过程中，东平百姓呈控安山湖湖田被富强户强占。朝廷获悉此事，户部决定剥夺衍圣公所占湖田，其余湖田均由原占业主承领。户部认为，衍圣公为至圣后裔，“受五等之崇封”，不应与百姓争利。经查衍圣公在安山湖有鹅鸭厂地204顷余，全厂地115顷，总计319顷，应悉数收回，分给穷民耕种。

此举以来衍圣公孔广棨抗议。衍圣公上奏指出，其所占湖田为穷困百姓张惟周等人承种，反对将其所占湖田收回。乾隆十年（1745）二月，江南道监察御史沈廷芳奉命巡视运河，途经东平安山湖时，有数百贫民呈状控诉衍圣公等豪强地主侵占湖田。沈廷芳颇愤愤不平，指出衍圣公借口以贫困百姓佃种，不肯交出所占湖田。沈廷芳发现孔府佃户张惟周等人历年俱在衍圣公处租地按亩输租，并未赴东平州升科，州册既无姓名登记，地券也无印信。沈廷芳强调收回衍圣公所占湖田，将湖田悉数

---

① 颜希深等：乾隆《泰安府志》卷3《山水》，《中国地方志集成》山东府县志辑第63册，第260页。

分给穷民。[1] 沈廷芳提出剥夺衍圣公所占湖田全部分给无业穷民的建议，直接威胁衍圣公的利益，引起同僚官员的强烈反对。某内阁大学士在军机处扬言攻击沈廷芳："读圣人之书，薄待圣人之后者，前有陶某，后有沈某。"沈廷芳不为所动，坚持认为，"衍圣公之地必宜全给"，同僚抨击他薄待圣门之语，断不接受。[2]

乾隆十二年（1747）正月，署山东巡抚方观承就安山湖拨民认垦升科一案指出，安山湖召垦布种麦禾"于水已涸之后，收获于水未发之前"，且多沃壤，布种麦收"足已抵秋禾每亩征银二三分"，百姓情愿召垦纳租。对此，他继续提出安山湖召垦的详细方案：

> （安山湖）将升科改为征租，并照直隶淀泊河滩地亩分季征收之法，其专种一季夏麦者，于麦后征收，兼种秋禾者，分麦禾两季征收。地方官解交运河道库存贮，为河工之用。每年将动用数目，造报工部查核。如遇水淹，由厅印官查明，出结免其输租，不得请赈贫民。每户领地二十亩，禁私相典卖。如有逃绝之户，将地收回，另给贫民认种。如此则租额毫无减于升科，而除去升科名色，官地民种，应征应免，可以随宜办理，且富户无从兼并，贫民永沾圣泽矣。

在这里，方观承主张将湖田升科改为征租。如此一来，官府在处置湖田上有更大主动权，避免富户兼并，以及百姓间私相买卖。乾隆帝颇为认同方观承所提方案，朱批直言："所见颇是"[3]。

与此同时，工部会审提出：第一，162 顷零盐碱地在原圈地 940 余顷之内，给民垦种后，可化贫瘠为沃壤。盐碱地不可废弃，应查丈明确，量为分拨。待盐碱地成熟后，定限升科。第二，孔府佃户如实系无业穷

---

① 颜希深等：乾隆《泰安府志》卷 24《艺文五》收沈廷芳《请安山湖地分给贫民状》，《中国地方志集成》山东府县志辑第 63 册，第 36 页。

② 沈廷芳：《隐拙斋集》卷 35《上宰执书》，《清代诗文集汇编》第 298 册，上海古籍出版社 2010 年影印本，第 493—494 页。

③ 方观承：《方恪敏公奏议》卷 1《安山湖地分给贫民认垦升科》，《近代中国史料丛刊》第 104 册，台北文海出版社 1966 年影印本，第 117—122 页。

民，应归入穷民内一体分拨。倘有借名影射，希图侵占，即剥夺领垦资格。第三，安山湖地已被百姓垦殖多年，“其中亩数多寡不齐”，如今一体分拨，“恐民情未能相安，致有另启争端之处”。工部要求山东巡抚等官悉心筹划，详加体访，务使舆情贴服，承垦百姓“取具地方官并无偏枯永无争端印结”。

不久，署山东巡抚方观承继续指出，安山湖在水大年份，通湖皆水，倘逢夏秋雨多，各处坡水积聚，兼有运河水涨泄入湖内，百姓所垦湖地难免被淹，甚至高处湖地也在所难免。乾隆十一年（1746）夏秋雨水颇多，不仅最洼的盐碱地162顷零全遭淹没，高处成熟湖地602顷80亩也四面皆水。若请升科，一经定额，此后每遇水大年份，朝廷必须委员查勘，请蠲免赈济，甚至请求豁免，纷繁滋事。同时，湖田升科后，民间据为己业，势必转向售卖，既影响运河泄水妨碍河防水道，也会数年之间为富户豪强兼并，于贫民无所帮助。他指出必须酌定章程，以防弊端发生。他继续提出措施如下：

> 原议高阜地一百六十五顷四十三亩零，照湖地中则升科，每亩征收租银三分；次高地四百三十顷，并查出可耕地七顷零三十六亩零，均照湖地下则升科，每亩征收租银二分。其专种一季夏麦者，于麦后征收；兼种秋禾者，分作麦禾两季各半征收。如遇水大之年，地亩被淹，该地方官会同该管河员勘明出结，免其输租，不得请赈。设遇地方大势灾歉，仍照定例办理。每岁租银由地方官征收，分别一季两季所收数目，解交运河道库存贮，以充河工之用。
>
> 运河道交动存数目，造报工部核销。其穷民所领地亩，仍取具各户并非己业，不敢私行典卖认状存案。如有违反，查出将私卖私买之人，一并严加究治。如有逃绝之户，即将领种地亩收回，另给贫民领种，庶愚民不敢私相授受，而富豪亦不敢妄生觊觎。①

乾隆十三年（1748）五月，山东巡抚阿里衮以“湖水尚未消涸，即有一二涸出之处，亦甚泥泞不堪”，丈量湖田工作暂时延缓。乾隆十四年

① 方观承：《方恪敏公奏议》卷1《安山湖应分给贫民认垦升科》，第122页。

（1749）六月，山东巡抚准泰上奏同意此前方观承所提方案，于本年秋后起，东平州设柜征收湖租，每年分作两季解交运河道库充公报销。他强调，山东正杂钱粮，“每银一两应完耗银四分，原为各官养廉而设”。如今领垦湖地百姓均为实在贫民，且湖租征解充公，应请免于完纳耗羡银两。[①]

乾隆十四年（1749）八月，朝廷正式允许安山湖升科纳粮，将湖田分给3014户百姓垦殖，分季收租。按地势高低，安山湖湖田分为高阜地、次高可耕地两类——高阜地165顷有奇，照中则例，每亩征租3分；次高可耕地437顷有奇，照下则例，每亩征租2分；盐碱地162顷有奇，领垦成熟后，每亩征租1分。专种一季夏麦的百姓，于麦收后交租；除种夏麦外，另种秋禾的百姓，分作两季，各半交租。安山湖湖田正式于乾隆十四年（1749）起租，免征耗羡，所征湖租解交运河道库，充作河工之用。[②] 自此安山湖“湖内遂无隙地矣”[③]。安山湖统共开发湖田765顷40亩三分余，每年可征湖租银1533两6钱余。[④] 延至乾隆二十年（1755），安山湖田垦殖面积扩大，湖租每年可达5200余两，仍解交运河道库，作为岁修、抢修以及额设夫役工食银等之用。[⑤] 值得注意的是，安山湖田分配中倾向照顾穷民，但穷民缺少充裕资金置办农耕工具，地方政府曾发动富人捐助解决这一问题。东平监生孟叔壮寡妻宋氏，生平好义乐施，

---

① 中国第一历史档案馆藏档案：《为敬陈东平州安山湖地亩分给民垦种分季收租事宜事》，乾隆十四年六月初九日，山东巡抚准泰，档案号：02－01－008－000775－0003。准泰还规定了严格的湖租催征程序：“征租虽与升科不同，要亦每户须给领种完租，印单一张，应领该州印成两联空白单编，定安山湖地字号，自一号起至三千一十四号止，详委干练人员分定湖地东西南北。该委员各携原拨花名印册并两联印单，前赴该处同该户查明邱形弓口四至并高阜、次高及每亩征租数目一一填入印单之内，截给该户收执，当时即取具该户认状。事竣，将单根同认状送州。该州即照单根造具鱼鳞细册存案，并于查填印单之时，即令该户于领种二十亩之四围，各种柳树四株，以定疆界，可杜日后纷争。”

② 《清高宗实录》卷347，乾隆十四年八月己巳。

③ 陆耀：《山东运河备览》卷6《捕河厅河道》，《中华山水志丛刊》水志第25册，第281页。

④ 颜希深等：乾隆《泰安府志》卷3《山水》，《中国地方志集成》山东府县志辑第63册，第260页。

⑤ 《清高宗实录》卷564，乾隆二十三年六月丁巳。

在东平安山湖招垦期间，就捐百金资助无钱贫民购买耕牛。[①]

在明代阻断百姓侵占湖田的主要方式就是修筑坚实可靠的湖堤来阻断百姓垦种。至此，在中央朝廷允许百姓垦殖后，安山湖湖堤内“垦种如鱼鳞，无隙地矣”。对此，清代东平人对安山湖湖田在明清两朝之不同有详细介绍：

> （安山湖）堤外地少，堤内地多。明时堤外听民佃种，而堤内之为水柜如故也。今尽给民耕，堤内地租谓之内湖租，堤外谓之外湖租，水柜之名随隐。[②]

（二）南旺湖湖田招垦实践与波折

南旺湖在明代曾被视作重要水柜。嘉靖二十二年（1544），主事李梦祥续筑湖堤15600余丈，并通过挖渠的方式强化西湖济运功能。至明末，南旺湖多被淤平。康熙十七年（1678），济宁道叶方恒清除子堤，划界湖田，规定除高亢地及宋礼、白英香火地280顷外，其余2400余顷湖地均为湖田，不准占垦。地方知县曾筑长堤，防止百姓侵占湖田。[③]

至乾隆初年，在安山湖分配湖田的同时，南旺湖的开发逐渐提上日程。乾隆二年（1737）九月，户部侍郎赵殿最奉旨勘察运河水柜，勘察发现：

> 近年安山一湖，常形浅涸，业经奏明，不为水柜。而南旺、南阳、昭阳等湖，不知何时，疏于修治，遂致仅堪泄水，不能复用。[④]

他指出，南旺湖地势低于运河，湖面广阔，水势散漫，只能泄运河

---

① 左宜似等：光绪《东平州志》卷16《人物传》，《中国地方志集成》山东府县志辑第70册，第319页。

② 左宜似等：光绪《东平州志》卷4《漕渠志》，《中国地方志集成》山东府县志辑第70册，第103页。

③ 闻元炅等：康熙《汶上县志》卷1《方域》，《中国地方志集成》山东府县志辑第78册，第245页。

④ 中国第一历史档案馆藏档案：《为题报查勘山东南旺湖地筹划给民垦种事》，东河总督完颜伟，乾隆八年十月十八日，档案号：02－01－008－000420－0013。

盛涨之水，无法济运。他建议于南旺湖采取筑堤逼水之法将其重新变作水柜蓄水济运。方案如下：

> 于寺前闸迤北嘉祥县汛元帝庙前起，至开河闸迤南汶上县关家闸北止，近在河边，地势较湖心稍高，筑堤蓄水。靠运堤西加筑圈堤一道，长五千余丈，与堤相接，堤内为内湖，堤外为外湖。河高湖三尺，筑堤八尺，堤高出河面五尺，束平川漫流之水。盛涨时，收入内湖，以济春运。再于圈堤建斗门二，如遇水大，内湖不能容纳，开放斗门泄入外湖，仍于内湖南首圈堤建斗门二，一由十字河口归河以济寺前闸迤南之运，一由太平庄归河以济寺前闸迤北之运。十字河、太平庄两处均建闸，以便启闭。①

接到赵殿最奏折后，东河总督白钟山对山东运河沿线各湖职能定位做了认真考量。白钟山指出，南旺西湖湖面广阔，水势散漫，地势低于运河，应设法“使湖水高于河水，即可输河而济运”。他赞同赵殿最所提筑堤逼水之法，并提出更细致的设计思路：

> 假如河高于湖三尺，而湖中筑堤高至八尺，则堤高出河面五尺，蓄水盈至五六尺，则湖水转高于河水二三尺矣。今若于湖中相近运河地势稍高之处，截筑一堤，周围环绕，分为内外两湖，则东起平川，水不漫流，自然盈满，易于畅出。伏秋运河水涨之时，收入内湖。次年春夏，运河水弱之候，放出济运，既可泄运河之有余，兼可济运河之不足，似为蓄水利运之一策。

为更好实施筑堤逼水之法，白钟山同管河道王鸿勋反复讨论，并令王鸿勋带厅汛官及地方官悉心查勘测量，将湖内何处可以筑堤蓄水，运河水应从何处放入归湖，湖水又应从何处放出济运，遇大水年份圈堤内湖水如何泄水等问题，逐一详细勘明。最终提出筑堤方案如下：

---

① 康基田：《河渠纪闻》卷20，《四库未收书辑刊》一辑第29册，第492页。

> 寺前闸以北嘉祥县汛元帝庙前起，至开河闸以南汶上县汛关家闸北止，近在河边，地势较湖心稍高，可以筑堤蓄水。东面即靠运堤，西面加筑圈堤一道，长五千余丈，两头与运堤相接，周遭绕匝，内可蓄水，圈堤以内为内湖，圈堤以外为外湖。再于圈堤内建斗门二座，相机启闭，河水进内湖收蓄。如遇水大，内湖不能容纳，开放斗门，泄入外湖。其河水收入内湖，止须将运堤内旧有之常鸣等斗门、单闸略为修葺坚固，即可资宣泄。斗门内进水引渠挑浚深通，俾引水下注至湖水放出济运。

白钟山指出，运堤原设常鸣等单闸，地势高亢，南旺湖不能出水济运，应另由新筑圈堤内南首建二座斗门开放湖水：一由十字河口入运河接济寺前闸以南运道，一由太平庄入运河接济寺前闸以北运道。十字河口、太平庄两处，均应各建出水单闸一座。十字河口有废弃石桥，可以拆料添用，节省钱粮。他强调，自内湖高阜处挑浚引渠使水畅流出闸，是运河水入湖以及湖水济运的关键。白钟山对于所提措施颇为乐观，"如此修治，则可使河水放入湖内收蓄，亦可使湖水放出河内济运，向来壑水之区，转而为蓄水之柜，实于运道有益"①。

乾隆七年（1742），东河总督白钟山委派运河道陈法勘察南旺湖。陈法仍建议采取筑堤逼水之法，于湖中截筑一堤，将南旺湖分为内外两湖，以束水济运。圈堤以内接近运河一边，留作蓄水区济运；圈堤以外，仅作为泄水区。他指出，南旺湖每年汛期多在六、七月之间，到九、十月间湖水干涸，可趁水消涨之际，随时播种禾稼。南旺湖圈堤以外湖田不下千顷，若以岁收一季春麦算，所收不下数万石；若春秋两季并收，则所获籽粒更多。陈法向白钟山提出开发南旺湖圈堤以外湖田的详细方案：（1）设立湖界。委派实心办事人员，协同该管州县，将圈堤基址照此前封墩，垒土为界，界内湖地不得圈占；圈堤以外之地，悉心查丈，除河工柳园苇地外，查清余剩闲置湖田顷亩数目，立定界址，便于下一步召垦。（2）照顾沿湖穷民。查明该州县内实在无业穷民姓名户口，加具印

---

① 中国第一历史档案馆藏档案：《奏为遵旨勘明南旺西湖可以蓄水利运事》，东河总督白钟山，乾隆四年正月二十日，档案号：04-01-01-0043-001。

结，将认垦各户姓名、垦地亩数，造册送部查核。每户授田，不过40亩，确保湖田分配给真正无地少地的穷民。不准富豪地棍包揽捏冒，诡名多领。一旦查出，将本人治罪，开具印结官员参处。（3）征收湖租。所授湖田，概不升科，以避将来豪强争夺湖田之端，应照汶上县湖租之例，每亩输银4分，作为河工之用。① 陈法所提方案被总河白钟山接受，并向朝廷上奏施行。②

白钟山开发南旺湖的方案上达中央后，工部会审认为，山东运河蓄水济运水柜既有马踏、蜀山、马场、独山、昭阳等湖，运河水源蓄济有资，至泄水之区仅此南旺一湖，“倘遇河水暴涨，恒虑其宣泄不及，漫溢为患”。工部对开发南旺湖田持审慎态度，“此湖必应留为泄水以疏运道，以保堤岸，未便给民认垦”③。

乾隆八年（1743）十月，东河总督完颜伟奉旨勘察南旺湖形势。他指出，南旺湖地势平衍，运河所泄之水，易于消涸，“仅能泄运河水之有余，不能济运河水之不足”。前任总河白钟山提议将湖田分给贫民垦殖，“种麦在九月水涸之后，刈麦在四五月水长之前”。此举若遇汶水骤涨，运河水大，仍需借此湖为泄水区。若将湖田作为民业，“恐其多方拦截，以御泄水”。同时，百姓麦禾被淹，必会请蠲免赈济，滋生纷扰。完颜伟主张除按此前计划修筑圈堤，以封堆垒土为界外，“其河工柳园苇地及鲁诸公墓道、先贤祠产、书院膳田等地，俱令地方官查明酌量存留造报”。其余湖地，概令沿湖贫民认种输租，照白钟山原奏每亩输银4分，解贮河库。如遇水潦伤损麦禾，查勘确实，免百姓输租，以抚恤穷民。④

白钟山提出将圈堤外湖田拨给贫民耕种的提议得到很好实施。乾隆九年（1744）三月，巡漕御史李敏第巡视期间发现南旺湖“湖内种有麦

---

① 陈法：《犹存集》不分卷《详请南旺湖给民垦种》，《黔南丛书》，第24—26页。

② 中国第一历史档案馆藏档案：《奏请开垦无碍漕运之湖地事》，东河总督白钟山，乾隆七年三月十七日，档案号：04-01-22-0012-043。

③ 中国第一历史档案馆藏档案：《为核议东河总督题请东省运河西岸南旺湖地给民垦种事》，乾隆十四年十月初八日，档案号：02-01-008-00780-0018。

④ 中国第一历史档案馆藏档案：《为题报查勘山东南旺湖地筹划给民垦种事》，东河总督完颜伟，乾隆八年十月十八日，档案号：02-01-008-000420-0013。

苗，弥望青葱”。他也支持开发南旺湖田，“无水之岁令民租种，水大之年免其纳租，仍以受水，则有用之沃壤不致旷闲，无业之穷黎均蒙乐利”①。乾隆九年（1744）六月，吏部尚书讷亲至济宁，会同东河总督完颜伟勘察南旺湖。讷亲支持将涸出之地令民租种。他还对南旺湖田开发提出三点建议：第一，查清南旺湖田地亩数目。南旺湖田此前称2700顷，但在查丈后只有1500余顷。除留拨河工柳苇、先贤祠产地380余顷外，还有千余顷湖田不知所踪。此外，湖田每亩地租2分至4分不等，粮则一斗二升至三斗不等，也没确定征收标准。应委员逐一查丈确实，勘明地亩肥瘠，分别征租，造册报部。第二，分田照顾无业贫民。此前湖田多被绅宦富户及豪强胥役捏名隐占，贫民无从认垦。应由山东巡抚饬令地方官确查，“实在无业贫民，始行拨给，并酌定每户应给若干亩数”，所收地租解贮运河道库，留为河工经费。第三，水潦年份，承租湖田歉收，官府查勘确实后，“免其输租，不得请赈”。②

白钟山提议于南旺西湖筑堤逼水并于堤外招垦的提议也有群臣反对。乾隆七年（1742）二月，工部尚书哈达哈上奏指出，于南旺湖圈堤逼水济运，“筑堤挑渠并修建涵洞单闸”，估需银41280余两，会加重濒河百姓负担，“虽有益于漕运，而无裨于小民”。运河东岸蜀山、马踏各湖圈堤增修完固，数年以来蓄水充裕，重运漕船过后，“涓滴不令漏泄，广积寡用，运河水已充足，漕船往来迅速”。若照此收蓄水源，以时宣泄，漕船已无阻滞之患。因此，他反对白钟山圈堤逼水，“兴此工亦非目前急务必”。乾隆帝朱批：依议。③

吏部尚书讷亲虽然支持开发南旺湖田，但反对于南旺湖截筑圈堤，

---

① 中国第一历史档案馆藏档案：《奏请将南旺湖地听民承租事》，巡漕御史李敏第，乾隆九年三月初四日，档案号：04－01－22－0018－027。

② 中国第一历史档案馆藏档案：《奏为遵旨会议巡查山东漕运御史李敏第奏南旺湖地准给贫民租种一折事》，吏部尚书讷亲，乾隆九年七月二十五日，档案号：04－01－30－0486－002。

③ 中国第一历史档案馆藏档案：《为核议东河总督题请停缓南旺西湖筑堤蓄水济运工程事》，工部尚书哈达哈，乾隆七年二月初六日，档案号：02－01－008－000353－0006。后来东河河道总督康基田评价指出，南旺湖筑堤逼水之法，于春夏汛期，汶水盛涨，所筑单堤，内外皆水，“蓄高八尺之水，风浪涌激，势难屹立”，且于湖心筑堤，工长费多，施工难度过大。此举于靳辅于下河地区筑堤束水之法类似，“法虽善而难行”（康基田：《河渠纪闻》卷20，《四库未收书辑刊》一辑第29册，第492页）。

分内外两湖，逼水济运的做法。讷亲勘察全湖情形，“湖心既不可圈筑长堤，而议圈之内湖更多高阜，即使截筑成堤，亦不能蓄水济运”。他表示白钟山圈筑的湖堤以内湖田也应分给濒湖贫民租种，“原以圈堤之处，应请停工，以省縻费”①。八月，讷亲提议获乾隆下旨依议施行。

讷亲上奏获准后，朝廷要求“将顷亩实数，分别银则，并每户拨给若干以及起租年份，作速清丈，造册妥议”。未料此后数年雨水过多，汶河涨发，宣泄入湖，南旺湖积水未消，清丈工作难以开展，给穷民分配湖地工作亦被迫搁置。

乾隆十四年（1749）七月，东河总督顾琮上奏，现届伏秋，大雨连绵，湖水水势增长，深至四五尺不等，南旺湖垦种地亩难以清丈。顾琮指出，山东运河沿线蓄水济运的水柜有马踏、蜀山、独山、昭阳、微山诸湖，安山湖已经给民垦种纳租外，“仅此南旺一湖赖以收纳吞暴杀涨，可减道河之势，第一吃紧”。倘遇运河水势暴涨，宣泄不及，漫溢为患。南旺湖留作泄水区，疏泄运河涨水，保障河堤稳固，分湖田给民垦殖务必慎重：

> 若亦给民垦种，则人视为恒产，汶水骤发，仍以宣泄，认垦小民势必纷争拦截，掘堤盗放，以希播种，致生事端。若不藉以宣泄，则东省运河并无消暴泄涨之地，甚于运道堤防，均属有碍。

顾琮批评讷亲勘察南旺湖过于粗疏，“不曾遍看全湖，并未尽悉亲勘，并未尽悉前后情形，止以湖内洼下之区可容减下之水，诚非灼见之论”。他认为，南旺湖原系泄水之区，不适宜大规模给民垦种。他强调自讷亲勘察南旺湖六年以来，并非年年水大，南旺湖水却不能消涸，南旺湖显然不适合招垦湖田，“毋论低洼处所为耕种所不及，即高阜地亩十年九淹，亦断不便给民耕种”。他主张应保留此湖以备运河宣泄，“俾汶运两河涨水有归”。他建议除旧有河工柳园苇地及鲁诸公墓道、先贤祠产、书院膳田等地仍旧存留外，余令地方官照旧封禁，禁止开发南旺湖湖田。乾隆

---

① 中国第一历史档案馆藏档案：《奏为遵旨会议巡查山东漕运御史李敏第奏南旺湖地准给贫民租种一折事》，吏部尚书讷亲，乾隆九年七月二十五日，档案号：04－01－30－0486－002。

十四年（1749）十月，大学士史贻直会审顾琮提议，认为南旺湖乃运河泄水要区，不宜招民认垦，有妨运道。自乾隆九年（1744）八月讷亲上奏获准并委员清丈湖田面积后，至今五载有余，“屡经咨报湖水盈满，难以查丈”。工部同意顾琮提议，查明南旺湖内旧有河工柳园苇地及先贤祠产墓道等项照旧存留外，其余地亩饬令地方官悉行封禁，毋许私行占垦，致妨运河蓄泄。[①] 至此，经过诸多波折后，南旺湖最终还是作为宣泄汶水的水壑保留下来，南旺湖田开发也未获朝廷允准。

为确保运河有充足水量补给，清廷对湖田开发持异常慎重的态度，只有安山、南旺两座失去补水功能的水壑湖田被纳入召垦。其他济运的关键水柜——蜀山、独山、马场等湖新涸湖田的开发，清廷持严格禁止的态度。例如，作为“运河第一紧要水柜”的蜀山湖有湖田1890余顷，除宋礼祭田20顷及高地8顷53亩令百姓垦殖外，其余1869顷46亩湖田均被清廷明令严禁开垦。[②] 乾隆年间，河道总督姚立德派运河道章辂会同州县官清查水柜湖田，“除湖中旧有额地之外，将近年民间种过之地逐一查明，标示界址，照例悉行禁止”。百姓违规种植的苇草，尽数采割归公，用于河工。[③] 道光年间，雨水较少，微山湖涸露大片湖滩，沿湖百姓趁机耕垦，均被朝廷严行禁止。[④]

明清山东运河沿线地区是国家权力高度介入的区域。与漕运密切相关的水柜更是朝廷高度重视的水利工程，即便衍圣公这样的权贵地主也不能随意染指湖田。此后，衍圣公数次以归复祭田的名义占垦水柜新涸湖田均被朝廷禁止。因此，在通运保漕大背景下，清廷对于湖田垦殖的开放程度是极为有限的。

---

① 中国第一历史档案馆藏档案：《为核议东河总督题请东省运河西岸南旺湖地给民垦种事》，乾隆十四年十月初八日，档案号：02－01－008－00780－0018。

② 徐宗幹等：道光《济宁直隶州志》卷2《山川二》，《中国地方志集成》山东府县志辑第76册，第98页。

③ 中国第一历史档案馆藏档案：《奏为湖水济运畅通拟禁种湖地并捞浚彭口山河等事》，乾隆四十一年八月十九日，东河总督姚立德，档案号：04－01－01－0358－013。

④ 中国第一历史档案馆藏档案：《奏为遵旨订期会同核勘微山湖滩私垦并俟勘明后会定章程事》，道光十九年八月十七日，东河总督栗毓美，档案号：03－3551－046。

四 晚清苏鲁交界微山湖湖田之争

咸丰元年（1851）夏，黄河于丰县潘龙集决口，沛县遭灭顶之灾，就连地势偏高的沛县县城也全被泥沙淤没。洪水汇集到微山湖引发湖水漫溢，波及鱼台、铜山一带，沿湖一片汪洋。咸丰五年（1855）夏，黄河在河南兰考铜瓦厢决口，夺大清河入海。黄河改道带给河南、河北，尤其是山东许多地区巨大灾难，饱受水灾流离失所的灾民被迫迁至微山湖西岸。同年九月，首批曹州难民在原平阳屯官唐守忠的率领下抵达沛属微山湖西岸，结棚为屋，持器械自卫，设首领以自雄，垦殖涸出的湖滩。山东灾民占垦湖田之初，徐州官府基于恢复当地社会秩序和安定灾民的双重考虑，采取务实姿态，准许山东灾民按地亩缴租，承认了移民垦殖湖滩的合法性。

此后，徐州官府清丈出铜沛境内微山湖西岸湖滩荒地2000余顷，设湖田局，公开招募灾民有偿垦种。在当地官府接纳下，曹州各县及济宁州部分乡民蜂拥而至，积聚至数万人。移居外地的山东客民自发围绕组织者，以原居地乡村集市圈为中心，结成组织严密的自卫组织。是时适逢捻军起事，各地响应朝廷呼吁组织团练乡勇保卫桑梓，这些移民组织遂被呼作“湖团”[①]。这些抢占湖田的山东湖团与江苏土著发生纠纷不断。于江苏有可观数目祭田的孔府也卷入错综复杂的湖田纠纷。

这场发生于咸丰、同治年间苏北铜山、沛县与鲁西南移民组织即湖团之间冲突的“湖团案”，已被学界关注。池子华率先从流民与近代中国社会关系的视角进行研究，将冲突归纳为淮北流民与江南土著之“文化冲突”相对应的“田产纠纷”[②]。张福运以“意识共同体”作为分析框架，对冲突的诱因和本源做出解释，认为湖团案虽由田产纠纷而起来，但症结是土著“心怀不平”的嫉恨心态与排外意识，根源于两种基于差异性地域文化的意识共同体的冲突。[③] 宣统二年（1910），山东巡抚孙宝

---

① 张福运：《意识共同体与土客冲突——晚清湖团案再诠释》，《中国农史》2007年第2期。

② 池子华：《近代中国流民》，浙江人民出版社1996年版。

③ 张福运：《意识共同体与土客冲突——晚清湖团案再诠释》，《中国农史》2007年第2期。

琦对咸、同年间的湖田纠纷有高度概括：

> 咸丰、同治年间，黄河屡决，横串运渠，湖日渐淤垫，平漫如掌，始有湖黄地段。附近居民私自垦种，因争成讼。经地方官判断，有拨作学田及书院或者善堂公产者。①

咸丰黄河改道后，铜山、沛县新淤湖田地处微山、昭阳两湖西岸，“南讫铜山，北跨鱼台，绵亘二百余里，广三四十里或二三十里”②。历经客居团民与江苏土著百姓多次激烈冲突后，同治五年（1866），两江总督曾国藩驱逐“通匪”的王、刁二团民百姓返回山东原籍，“王、刁二团水退涸出之地，量充公田，为建学造士在官之费”。

咸丰七年（1857），总河庚长委员勘察新淤湖田，“南自铜山境荣家沟起，北至鱼台界止；东至湖边，西至丰界止”，统共湖地2000余顷，分为上、中、下三等——“上则地价每顷三十千，年租每亩钱八十；中则地价每顷二十七千，年租每亩七十；下则地价每顷二十四千，年租每亩六十”。客居湖团以首事为团长，总共七团。昭阳湖新淤湖田分配格局固定下来后，清丈后招佃垦殖的湖田，铜山县境有：刁团所属湖田58顷58亩余，均为下则地；睢团所属湖田75顷27亩余，中则地40顷52亩余，同治四年（1865）又新丈出地34顷75亩余；南赵团所属湖田31顷90亩余，下则地11顷，同治四年又丈出地20顷90亩余；于团所属湖田294顷3亩，上则地212顷54亩余，中则地81顷49亩余；王团所属湖田618顷43亩，上则地577顷30亩余，中则地41顷13亩余。③

沛县县境湖田有：

（1）唐团最初清丈所属湖田820顷15亩余，光绪二十八年（1902）升科。后于界外占垦湖田237顷91亩余，内10顷拨给巡检、典史、及守

---

① 刘锦藻：《皇朝续文献通考》卷18《田赋考·官田》，《续修四库全书》史部第815册，第598页。

② 朱忻等：同治《徐州府志》卷12《田赋考》，《中国地方志集成》江苏府县志辑第61册，江苏古籍出版社1991年影印本，第414页。

③ 朱忻等：同治《徐州府志》卷12《田赋考》，《中国地方志集成》江苏府县志辑第61册，第415页。

备千总作缉捕经费，其余227顷81亩余，每亩征麦秋两租，分上、中、下三则，“由县征收，批解徐道，拨充饷需”。唐团新增界外续涸湖田170顷，每亩征麦秋两租200文，“归沛局委员征租，批解徐道拨充饷需”。

（2）北王团。咸丰七年（1857）四月，山东拔贡生王孚呈领唐团界外续出荒地205顷81亩余。此后清丈所属湖田增至250顷81亩余，光绪二十八年（1902）升科。

（3）赵团最初清丈所属湖田125顷45亩余，光绪二十八年升科。赵团界外新涸湖田22段，共地751顷89亩余，每亩征麦秋租钱200文，“归沛局委员征租，批解徐道拨充饷需”。

（4）新团。咸丰七年（1857）五月，山东举人李凌霄呈领北王团以西新淤湖田400余顷。此后，新团河东西民田及河荒余田增至586顷69亩余，内除河东西拨出沙废地1顷3亩余外，实地583顷66亩余，每亩征麦秋两租分上、中、下三则，“归道委收租，批解徐道拨充饷需”。

同治五年（1866），两江总督曾国藩驱逐“通匪”刁、王团民返回山东原籍，所遗湖田重新清丈，刁团得123顷，王团得618顷。刁、王二团遗留湖田均用作沛县、铜山修理衙署、城垣、书院以及地方善举之费。其中沛县所得湖田101顷66亩余，每亩征麦秋租200文，归沛县收租，作为修理衙署、城垣等项之用；学校公田所属湖田398顷7亩余，每亩征麦秋租200文，归沛县公正董事收租，抵支书院膏火、宾兴之费及修缮文庙之用。①

至光绪二十七年（1901），清廷停罢漕运，裁撤河员，运河水源壅塞，湖地淤涸，“纵横数十里，尽为禾黍之场”。光绪二十九年（1903），山东巡抚周馥派道员与兖沂道设湖田局，勘丈湖田，招佃认垦，其中南旺湖成熟开垦地就多达800多顷。② 关于徐州府境湖团处置，至光绪三十一年（1905），署两江总督周馥查明徐州府属微山湖淤滩地亩长100余里，宽10里上下，分隶铜山、沛县两县管辖，被山东曹州府客民缴价领

---

① 于书云等：民国《沛县志》卷11《田赋志》，《中国地方志集成》江苏府县志辑第63册，第134页。

② 刘锦藻：《皇朝续文献通考》卷18《田赋考·官田》，《续修四库全书》史部第815册，第598页。

种，分别为南赵团、睢团、于团、唐团等八团，共占地2000余顷，由徐州道岁征租钱一万五六千串，除拨补衍圣公迷失祭田租钱1420千外，其余拨充徐防兵饷，归江苏留防军需案内报销。光绪二十八年（1902），由征租改为升科，设湖田局查办，议分湖田上、中、下三则，饬令湖田补缴地价四成并发给藩司印结，照旧征租。其中南赵等七团补缴地价田亩1655顷51亩余，收四成地价钱16700余千文，自光绪三十二年（1906）起由铜山、沛县查明米科入额升科。新团地亩480余顷，同治年间土客争斗不断，屡酿巨案，经军队剿平，拨给沛县土民耕种，有老契可凭。此湖田淹涸不定，难以升科，仍由徐州道征租，每年约收租钱3800余千，除拨补衍圣公祭田租钱1400余千外，余钱2400余千不足支给徐防兵饷。周馥建议将所收南赵等七团地价钱16700余千，以7厘发商生息，每年可得息钱7460余千，以及铜沛土著湖田升科钱亦发典生息，拨补徐州防饷。此外，因“通匪”被驱回原籍客民湖团地710余顷，拨充铜沛两县学校、修建城垣、善堂等田产，仍照旧征租，免于升科。[1]

山东鱼台县境也有湖团分布。在鱼台人看来，县境湖团是因濒湖各村遭受捻军蹂躏，又屡受水灾，土著逃亡四方，遗留湖田被曹县乡团数十百人占据耕种。[2] 同治五年（1866），朝廷清丈鱼台县境湖田，除湖田北部洼地被水淤不能清丈外，丈得王团、任团、魏团三团共地266顷84亩零，又有大孙家庄、城子庙等村垦殖湖荒11顷3亩零，两项共地277顷87亩零。至同治五年，“均已垦种成熟”。山东巡抚阎敬铭建议一律升科，建议“比照该县旧有藕渗地每亩征银四分，不征漕米，将前项湖地，即以同治四年为始，仍照上下两忙征收，并据送到该藩司库造册”。此项湖荒随同地丁银一律征收，每年共征银1111两零。[3] 至光绪十三年（1887），鱼台县在垦种湖田277顷87亩余基础上，新增垦熟湖田244顷23亩余。新增湖田也按同治年间旧例，“每亩征地丁银四分，随征耗羡，

---

① 中国第一历史档案馆藏档案：《奏报查办徐州府属微山湖滩地缴价升科等事》，署两江总督周馥，光绪三十一年六月初七日，档案号：04－01－35－0614－052。

② 赵英祚等：光绪《鱼台县志》卷1《户口》，《中国地方志集成》山东府县志辑第79册，第65页。

③ 中国第一历史档案馆藏档案：《题为遵议山东省鱼台县湖田垦熟地亩请援案自同治四年升科等事》，户部尚书宝鋆，同治八年六月初二日，档案号：02－01－04－21861－017。

不征漕米，系按鱼邑藕渗地粮定赋”[①]。至晚清，朝廷逐渐放开湖田垦殖政策，大规模的湖田被垦殖升科。

第四节 明清时期衍圣公的湖田占垦

自宋以降，孔子嫡长子孙衍圣公备受统治者优待，享受各种政治和经济特权，通过获得帝王大量赏赐以及孔府本身购置等方式，迄于清朝已累计祭田数千顷。关于孔府庄园的研究，最早起于1962年开放孔府档案后，杨向奎、何龄修人讨论孔府高利贷剥削行为。[②] 1970年代，有庞朴、普红等人集中讨论孔府侵占土地及剥削佃户等问题。[③] 1980年代初，何龄修、齐武等分别出版关于孔府地主庄园的专著，内容涉及孔府土地来源、地租剥削、高利贷、土地买卖以及农民抗租等问题。[④] 1980年代，李三谋对孔府土地经济形态做了研究。杨国桢利用孔府档案契约资料，对孔府祭田和私田买卖及契约形制、内容及反映的社会关系做了研究。[⑤] 台湾学者赖慧敏利用孔府档案等史料，对比中国各区域租佃制，认为孔府虽存在较高租佃率，但还不应以剥削称之。[⑥]

明清时期，按照发挥的蓄水或泄水功能区分，山东运河沿线的湖泊被称为“水柜”或“水壑”。随着水文地理形势变化，这些湖泊不断有湖

---

① 中国第一历史档案馆藏档案：《题为查报鱼台县开垦湖地自光绪十二年起升科纳赋事》，山东巡抚张曜，光绪十三年四月十六日，档案号：02－01－04－22374－010。

② 杨向奎：《明清两代曲阜孔家——贵族地主研究小结》，《光明日报》1962年9月5日；何龄修：《请看“圣人家的道德”——清代曲阜“衍圣公府”的高利贷剥削》，《光明日报》1964年9月11—13日。

③ 庞朴：《孔府地租剥削的内幕》，《文史哲》1974年第1期；普红：《恶霸地主庄园——曲阜“孔府”》，《考古》1974年第4期；林永匡：《曲阜贵族地主孔氏地主的反动寄生性消费》，《文史哲》1978年第1期。

④ 何龄修、刘重日等：《封建贵族大地主的典型——孔府研究》，中国社会科学出版社1981年版；齐武：《孔府地主庄园》，中国社会科学出版社1982年版。

⑤ 杨国桢：《明清孔府佃户的认退与顶推》，《厦门大学学报》（社会科学版）1986年第3期。

⑥ 赖慧敏：《清代山东孔府庄田的研究》，《“中央研究院”近代史研究所近代中国农村经济史论文集》，1989年12月，后收入《清代的皇权与世家》，北京大学出版社2010年版，第112—154页。

田涸出，是各方觊觎的对象。本节主要利用孔府档案[①]、中国第一历史档案馆藏档案、文集奏疏等史料，考察清代孔府对运河沿线安山、独山、蜀山、昭阳等湖湖田的争夺、经营史等，进而揭示湖田之争背后的国家与地方社会的博弈等内容。

一　民生：孔府占垦安山湖田的丧失

安山湖在东平州，位于运道西岸，为元末梁山泊湖水下移至安山以东洼地而形成的湖泊。[②] 明前期，黄河尚有一支流北流入安山湖蓄水济运。弘治八年（1495），刘大夏筑成太行堤，安山湖水源大减，渐失水柜蓄水功用，仅作运河泄水湖。明代中后期起，安山湖不断涸出湖田并被垦殖。官府默许百姓佃种安山湖湖田，“百里湖地，尽为麦田”。当时，安山湖低洼处尚有部分湖形。工部尚书朱衡于四围筑堤蓄水，但效果不显著，安山湖已不适合蓄水济运，“湖形如盆碟，高下不甚相悬，湖水随风荡漾，西北风则流入东南燥地，未及济运，消耗过半”[③]。

清顺治年间，黄河荆隆口决口，洪水直冲张秋，安山湖淤成平陆，百姓占垦，朝廷“听民垦种”[④]。河道总督卢崇俊建议挑挖湖心淤土，估需耗金20余万两，代价高昂，挑挖之议被迫搁置。[⑤] 安山湖地势低于运河，无法供水济运，仅充作运河泄水区，“湖之兴废，无关漕河”。清初战乱，军饷浩繁，清廷放任侵占湖田，以抽取湖租以作军费。百姓“乘兵饷紧急，名为助饷”，侵占安山湖湖田。[⑥]

康熙十八年（1679），官府丈量百姓垦种湖田面积925顷有余，开始

---

① 已整理出版的孔府档案主要有中国社科院近代史研究所编《孔府档案选编》，中华书局1982年版；骆承烈等编：《曲阜孔府档案史料选编》，齐鲁书社1983年版；孔令仁等编：《孔府档案史料选》，山东友谊书社1988年版；《孔子博物馆藏孔府档案汇编》编纂委员会编：《孔子博物馆藏孔府档案汇编·明代卷》，国家图书馆出版社2018年影印本。

② 邹逸麟：《历史时期华北大平原湖泊变迁述略》，《历史地理》第5辑，上海人民出版社1987年版。

③ 陆耀：《山东运河备览》卷6，《中华山水志丛刊》水志第25册，第279页。

④ 陆耀：《山东运河备览》卷6，《中华山水志丛刊》水志第25册，第279页。

⑤ 颜希深等：乾隆《泰安府志》卷3《山水》，《中国地方志集成·山东府县志辑》第63册，第260页。

⑥ 张伯行：《居济一得》卷4《复安山湖》，《中国水利史典·运河卷二》，第784页。

起科征税，将田赋数据载入《赋役全书》。此举意义重大，标志着清廷正式承认民间垦殖安山湖田的合法性。所得湖田收入起解邳睢厅河库充作治河银两。康熙二十三年（1684）分征安山湖租银 3715 两零。[①] 此后，民间占垦安山湖进程加快，“向之所谓安山湖者，今一望皆禾黍之场矣”[②]。

在此期间，孔府占垦了面积可观的安山湖田。康熙十七年（1678）十二月，孔府向兖州府自首占垦安山湖鹅鸭厂湖田 160 顷。兖州府决定孔府上交布政司藩库的湖银应于康熙十六年起解，每年上缴布政司藩库银 480 两。在自首占垦、上缴湖银后，孔府占垦安山湖的行为也获得了来自官方的正式承认，并获兖州府开具湖田“并无违碍”印结三本。孔府将湖银 480 两、“并无违碍”印结、安山湖佃户花名册经东平州转交布政司审核。[③] 康熙十八年，安山湖鹅鸭厂自首湖田租银由 480 两增至 612.57 两。[④]

孔府档案存康熙十六年鹅鸭厂地段数目册。康熙十六年，孔府垦殖鹅鸭厂湖田 14 段，面积大者 20 顷，小者 1 顷 88 亩，统共 160 顷。[⑤] 康熙十八年（1679），朝廷放开垦殖后，孔府继续扩大垦殖面积，续垦殖湖田 8 段，面积大者 8 顷 55 亩，小者 1 顷 80 亩，统共 44 顷 19 亩余，于康熙十七年起课，照湖租例，每亩租银 3 分。新垦湖田租银 132.57 两。[⑥] 占垦后，孔府通过收租获利，由庄头、总甲等征收租户地租。康熙十七年五月，鹅鸭厂认垦地 160 顷外，多出地 2 顷 52 亩，其中 2 顷地充作总甲 2 名，庄头 6 名的粮饭地，余剩 160 顷 52 亩地全部租与佃户耕种，每亩收租银 6 分，共征银 963.12 两。[⑦]

此后，孔府在安山湖区进一步扩大湖田认垦面积。湖租不再经东平州转交布政司，而由孔府庄头收齐后，赴山东布政司藩库缴纳。[⑧] 康熙二

---

① 骆承烈等编：《曲阜孔府档案史料选编》第三编第九册，第 12 页。
② 陆耀：《山东运河备览》卷 6，《中华山水志丛刊》水志第 25 册，第 280 页。
③ 骆承烈等编：《曲阜孔府档案史料选编》第三编第九册，第 5—8 页。
④ 骆承烈等编：《曲阜孔府档案史料选编》第三编第九册，第 10 页。
⑤ 骆承烈等编：《曲阜孔府档案史料选编》第三编第十二册，第 31—34 页。
⑥ 骆承烈等编：《曲阜孔府档案史料选编》第三编第十二册，第 35—38 页。
⑦ 骆承烈等编：《曲阜孔府档案史料选编》第三编第十二册，第 189 页。
⑧ 骆承烈等编：《曲阜孔府档案史料选编》第三编第九册，第 10 页。

十年（1681）后，包括孔府在内占垦的安山湖田租银统一交付东平州后，转交邳睢厅河库充作治河经费。[①]

然而，形势很快风云突变。雍正三年（1725），内阁学士何国宗奉旨查勘运河，建议安山湖复设水柜，重修湖堤，修通湖、似蛇沟二闸，开挖柳长湖，引鱼营坡、宋家洼两处积水入湖。奏上，获朝廷允准并动帑兴修。[②] 何国宗的提议受到地方要员的支持。山东巡抚陈世倌就支持恢复安山、南旺等湖水柜的提议。[③]

雍正初年，清廷剥夺已被占垦的湖田，复设安山湖水柜，孔府安山湖田经营很快受到波及。衍圣公孔传铎与地方官府交涉时指出，雍正初年重建圈堤，恢复水柜，佃户“星散”，地租无法征收，“无凭催追”，安山湖租拖欠严重。[④]

针对恢复水柜引发的佃户弃租问题，清廷规定：圈堤复设水柜后导致湖租欠缴，可予蠲免；未圈堤以前的湖租，“应照数催征，不便准其豁免”。雍正三年（1725）建圈堤前，孔府经营的安山湖田欠缴官府湖租——康熙六十一年（1722）欠银280余两，雍正三年欠银426两零，“系在未圈地亩以前，自应照数完解，相应移催，责令庄头携带赴东平州完纳”[⑤]。

至乾隆年间，中国人口数目快速增长。乾隆四年，乾隆帝下旨鼓励垦荒以解决日益严峻的生存压力。与此同时，何国宗复设安山湖水柜未及数年，就有人质疑。雍正十一年（1733），山东巡抚岳浚上奏，安山湖地势低于运河，无固定水源，土质疏松，不适合作济运水柜。岳浚的提议很快获河东总督王士俊等人支持。

乾隆五年（1740）冬，巡漕都御史都隆阿与河东总河白钟山、山东巡抚朱定元合议，建议将安山湖田拨给贫民垦种，“每岁可收麦数万石，

① 骆承烈等编：《曲阜孔府档案史料选编》第三编第九册，第11页。

② 岳濬等：雍正《山东通志》卷19《漕运》，《景印文渊阁四库全书》史部第540册，第342页。

③ 《世宗宪皇帝朱批谕旨》卷24中，《景印文渊阁四库全书·史部》第417册，第477页。

④ 骆承烈等编：《曲阜孔府档案史料选编》第三编第九册，第31页。

⑤ 骆承烈等编：《曲阜孔府档案史料选编》第三编第九册，第30页。

足以全活数千家”[1]。湖田分配时，占湖田的富裕户不再分配，只给穷困业户及无业贫民。令下，地方官将湖田分给穷困业户及无业穷民2900余户，每户给地20亩垦种。[2]

在湖田分配中，孔府名下的安山湖田很快受波及。东平百姓李扶世呈控安山湖湖田被富强户强占。朝廷获悉此事后，商议剥夺衍圣公所占湖田分给穷困百姓耕种。户部认为，衍圣公“受五等之崇封，同三恪于万禩”，不应与百姓争利。经查，孔府在安山湖有鹅鸭厂地204顷余，全厂地115顷，总计319顷，应收回分给穷民耕种。衍圣公孔广棨上奏辩解：这些湖田很多本来为穷困百姓承种，不应再收回分配给穷民。[3]

孔府通过各种途径阻止将占垦湖田分给穷困百姓。乾隆十年（1745）二月，巡漕御史沈廷芳奉命巡视山东运河，途经东平安山湖时，数百贫民呈状控诉豪强冒充原业主侵占湖田，贫民虽有分地之名而未受实惠。孔府追还佃户，令其垦种名下湖田，未将湖田真正分给穷困百姓。无地穷民含哀控诉，走投无路。佃户张惟周等人历年俱在衍圣公处租地输租，未赴东平州升科，州册无姓名登记，地券无印信。沈廷芳建议将孔府所占319顷湖田全部分给无业贫民及失业租户，“困乏穷黎，早得耕种，衣食有赖，咸歌乐利于无疆矣”[4]。

在湖田分配这个核心问题上，沈廷芳提出剥夺衍圣公所占319顷湖田全部分给无业穷民的建议，直接威胁衍圣公利益，甚至引起朝中大臣的强烈反对。某军机处内阁大学士攻击沈廷芳：“读圣人之书，薄待圣人之后者，前有陶某，后有沈某”，“若衍圣公家地当给贫民，则吾辈有地亦应尽给”，将沈廷芳视作孔门罪人。沈廷芳承受巨大舆论压力，不得不做辩解：

首先，圣旨明言除富裕豪强外，湖田分给无地穷民。作为至圣后裔，

---

① 陈法：《定斋河工书牍》不分卷《代都侍御奏安山湖情形》，《丛书集成续编》第62册，第462—463页。

② 颜希深等：乾隆《泰安府志》卷3《山水》，《中国地方志集成》山东府县志辑第63册，第260页。

③ 陈法：《定斋河工书牍》不分卷《代都侍御奏安山湖情形》，第462—463页。

④ 颜希深等：乾隆《泰安府志》卷24《艺文五》收沈廷芳《请安山湖地分给贫民状》，《中国地方志集成·山东府县志辑》第64册，第36页。

衍圣公“受五等之崇封，享万钟之厚禄”，应将湖田分给穷民。

其次，衍圣公占安山湖地多达319顷，数目庞大，不能独占，应让地与百姓。衍圣公所占湖田乃官地，非祖传世业。奸民张惟周等倚仗孔府势力私占湖田，以致贫民失业，无可维持生计。即便所占湖田为祖传开垦地，衍圣公世代受圣恩眷顾，“衍圣公之地必宜全给（穷民）”，以报圣上恩典。

最后，同僚抨击他薄待圣门，视其为孔门罪人，他断不肯接受，“独出自阁下之口，恐天下后世遂以为定论”①。

乾隆十二年（1747）正月，署山东巡抚方观承全面推行分配湖田的政策，“每户领地二十亩，禁私相典卖”。乾隆帝支持方观承所提方案。②沈廷芳所提建议终获下旨允准。将包括衍圣公在内所占湖田分给贫民后，共开发湖田765顷40亩三分余，每年征租银1533两有余。③至乾隆二十年（1755），安山湖田垦殖面积扩大，湖租每年达5200余两，解交运河道库，作为岁修、抢修及额设夫役工食银等之用。④至此，孔府经营数十年的安山湖田被剥夺殆尽。

二　“与漕运大有关系”：清中期独山、蜀山湖田博弈

南阳镇（今属微山县）东有座独山，山下坡地地势平衍低洼。南阳新河开通后，这处低洼坡地始有水蓄积并最终演变为独山湖并输水济运。独山湖位于运河东岸，地势高于运河，济运功能显著，是一重要济运水柜。⑤

孔府于鱼台独山屯原有祭田原额大顷238顷（作小顷714顷），四至分明，“东至防岭，西至温水河，南至达店，北至凤凰山”。嘉靖年间，

① 沈廷芳：《隐拙斋集》卷35《上宰执书》，《清代诗文集汇编》第298册，第493—494页。

② 方观承：《方恪敏公奏议》卷1《安山湖地分拨贫民认垦升科》，《近代中国史料丛刊》104册，第117—122页。

③ 颜希深等：乾隆《泰安府志》卷3《山水》，《中国地方志集成》山东府县志辑第63册，第260页。

④ 《清高宗实录》卷564，乾隆二十三年六月丁巳。

⑤ 觉罗普尔泰等：乾隆《兖州府志》卷18《河渠志》，《中国地方志集成·山东府县志辑》第71册，第365页。

工部尚书朱衡开南阳新河，新运河以东洼地漫溢逐渐形成独山湖，水面不断侵占祭田。当时，朝廷给出的补偿方案是以安山、马踏、蜀山三湖闲置湖地照数拨抵，“因系水荒，未能耕种，故未归补”。南阳新河的开通使孔府独山屯大面积祭田被湖水覆盖，损失颇重。崇祯十一年（1638），孔府委员查丈独山屯地界，勒石碑刻纪。[①]

明清鼎革，独山湖淤出湖田“愚民侵占更甚于明季”。顺治八年（1651），孔府移咨总河杨方兴望规复屯田。杨方兴派运河厅杨茂魁等丈量独山湖闲置湖田。独山屯地原界内存可耕地303顷83亩，损失缺额410顷17亩。勘丈后，孔府于独山湖关帝庙“复立碑石，上书四至、长阔数目，以垂永久”[②]。

因旱涝不时，独山湖湖滩，“或旱地而变为水荒，或水荒变而为高地”。孔府调查发现新淤湖滩地隐占问题突出，“沿湖民人日渐侵占，或有公府屯户隐匿妄称升科地亩，又不在官输租，或经官饬吏役往查，率皆属托蒙混，以致公府祭田缺额一百八十一大顷有奇”[③]。

孔府将百姓侵占祭田归因于地方官府包庇。孔府多次要求地方官处置清理百姓隐占祭田。然而，由于可从百姓占种湖田中收取湖租，地方官对孔府诉求置之不理。孔府抱怨，“移送地方究办，并无一案清理”。至嘉庆年间，孔府独山屯祭田现存小顷170余顷，实在缺额达543顷余。[④]

通过清丈祭田确定田产四至是孔府规复祭田的主要方式。自顺治八年查丈后，独山屯祭田很长时间未进行查丈。除水荒外，水、旱湖田辗转变易，“被民佃欺隐侵占，以致民交杂，互相影射，若非彻底丈勘，难以清厘”。乾隆四十一年（1752）九月，孔府决定一次彻底清丈，要求佃户将名下所有地亩，逐一清丈造报，并将田册移送地方官，由地方官配合，完成湖田的清丈。孔府派委员督办清丈，制定详细清丈条例，如下：

---

① 骆承烈等编：《曲阜孔府档案史料选编》第三编第八册，第107页。

② 徐宗幹编：《济州金石志》卷8《顺治八年圣府祭田记碑》，道光二十五年刻本。

③ 骆承烈等编：《曲阜孔府档案史料选编》第三编第八册，第107页。

④ 骆承烈等编：《曲阜孔府档案史料选编》第三编第八册，第1—5页。

一、丈地照依尺式，给发尺杆。丈时务要条直端正，如水面行簏，尤须界画捷然，不得有意伸缩。

一、丈地刊刷格式。责令屯官着落甲首查明每牌花户若干，各给格式一张，即督催各户迅速逐段清丈，除水面无庸绘形外，余悉遵照格式，分析实在、寄庄，绘画地形，逐一详细造册，不得丝毫隐漏。

一、丈地沟渠岸路，应以河当开路中半为断，如遇宽河大路，该委员亲诣秉公验夺。

一、丈地每段尺杆处所各插木橛，水地则于段中立标，均书姓名并何项地亩，以凭抽丈。

一、丈地有地多粮少者，各宜出首，自今伊始，准作新垦升科。如恃有水荒影射隐匿不首，或被告发，或经查出，以欺隐治罪，除追找粮银责惩外，仍将地亩入官。

一、丈地除水荒外，有本系租地，现在并无栽草者，无庸另丈。有栽草并未及额者，应令首报抽查，均仍照旧承租。其栽植过额，草多租少者，准照藕地等则首报查丈，入册承租。如敢以多报少，查出同以欺隐治罪。

一、丈地委员、书役人等，一切食用薪红纸张之费用，俱系官发，倘有指称需索丝毫扰累，许该佃指名具禀，以凭拿究。①

寻求地方要员协助清理是孔府规复湖田采取的重要手段。乾隆五十五年（1790），山东巡抚长麟协助孔府清理祭田，出示晓谕，令百姓呈报所占湖田。乾隆六十年（1800），鱼台县民秦冠宇等18家呈首独山湖东垤斛村前淤滩地13顷余。孔府派人同州判陈桐前赴查办。孔府独山屯祭田南、北两至均有现存界碑，西至界碑迷失但有温水河作参照，东至界碑迷失且缺失参照地标。在此期间，有人于湖滩发现东至界碑。州判陈桐将此界碑定为祭田东至。孔府认为，东至界碑位于防岭附近，此碑却处于湖滩，显被人移动，不认可所定东界，上报布政司在案。②

① 骆承烈等编：《曲阜孔府档案史料选编》第三编第八册，第95—96页。
② 骆承烈等编：《曲阜孔府档案史料选编》第三编第八册，第110页。

嘉庆元年（1796）三月，衍圣公孔庆镕咨请兖沂曹济道出示晓谕，“许种地民人呈首认租注册，仍听其自行佃种，并查各地亩严禁私筑堤埂，不致侵占水路”[①]。兖沂曹济道勘查独山屯祭田，确定陈桐误判，鱼台县民秦冠宇等人所呈淤出新地均为祭田，上报河道总督、山东巡抚，将秦冠宇等人占田丈量收租。然而，同年遇丰工漫口，洪水直冲鱼台，南阳、独山二湖“俱成巨浸，湖田尽为淹没”，丈量工作被迫搁置。[②]

嘉庆六年（1801），洪水退去，孔府咨会山东布政司委员查办，将百姓秦冠宇等人垦田归还孔府。次年，秦冠宇在布政司具控秦继长霸占独山湖无主滩地。胶莱运判、滋阳知县、鱼台知县会审得，此滩地尚未拨孔府，暂属湖荒，禁止耕种，“如有耕种湖荒者，杖一百，流三千里”。孔府联合运判等官指出“此项湖荒并无业主，以至奸民互相争种滋讼，详请归还圣府”[③]。

不料，孔府与地方势力争夺湖田的同时，翰林博士闵广源于按察司案下，呈请将此湖荒拨作闵子骞[④]祭田，加入湖滩争夺。山东布政司派人居中裁定，迟迟未定案。嘉庆九年（1804），闵广源又将此事向礼部具呈，请将新淤湖滩拨作闵子骞祭田。礼部移咨山东巡抚查明办理。

山东巡抚铁保在湖田争夺上支持孔府。他直言：“公府祭田缺额至一百八十一大顷之多，并无着落，请即以该处湖荒拨给公府作为祭田，该博士闵广源请拨作先贤祭田之处，应毋庸议。”嘉庆十一年（1806）春，孔府咨请泰安主簿等地方官丈量新涨湖荒33顷51亩余。丈量完毕，湖水水涨，未完成相应程序。至嘉庆十二年（1807），山东布政司将这批新涨湖滩拨归孔府。新涸湖田分上、中、下三等，地租以嘉庆十三年（1808）春起征。孔府终于将独山湖新涸33顷余湖田拨归名下。获得新出湖田后，当地百姓马卓嵘等主动投靠孔府，献田15顷有余。[⑤]

来自地方要员的支持是孔府获得独山湖新涸湖滩的关键。山东布政

---

① 骆承烈等编：《曲阜孔府档案史料选编》第三编第八册，第108页。

② 骆承烈等编：《曲阜孔府档案史料选编》第三编第八册，第110页。

③ 骆承烈等编：《曲阜孔府档案史料选编》第三编第八册，第1—5页。

④ 闵子骞，（前536—前487），名损，字子骞，春秋末期鲁国人，孔子徒弟，“七十二贤”之一，为人至孝，是“二十四贤”之一。

⑤ 骆承烈等编：《曲阜孔府档案史料选编》第三编第八册，第1—5页。

使等地方要员为了支持孔府甚至给出了一个冠冕堂皇的借口：

> 独山湖为运河水柜，所有湖滩地亩，大率淹浸时多，成熟时少，既不便以湖荒地亩升科，又不便筑圩捍卫有碍水道，是以前代拨作祭田，以为崇儒重道之典。[①]

在地方要员看来，独山湖新涸湖田，时遭淹浸，若划归百姓，势必修筑圩埂，阻遏水道，影响蓄水。若将水柜新涸湖田划归孔府，水大之年，国家不必赈济；水小之年，佃户交租，以供祀典，能最大限度不妨碍独山湖蓄水济运。[②]

南旺分水口南侧的蜀山湖，地势高于运河，未经黄河淤垫，“为南北济运之第一紧要水柜”[③]。湖中间设一格堤，以格堤为界，北面为浑水湖，南面为清水湖。乾隆四十一年（1752），浑水湖新出湖地44顷余，内龙王庙、蜀山庙及柳园苇地42顷有零；清水湖引渠左右淤滩43顷有零。但清水湖地地势坡低，蜀山湖收水一丈一尺，滩地沉入水中，“例禁垦种”。百姓孙如槐等呈请开垦，因有碍蓄水济运，未被批准。[④]

嘉庆十二年（1807），衍圣公孔庆镕咨复山东巡抚吉纶要求垦殖新出湖田：“蜀山湖西北及柳林堤东三引渠两岸，节次淤高约计二百余顷，此项清水湖内未垦地亩，自应归补祭田缺额。”衍圣公的诉求获得朝中大臣的支持。巡漕御史海某表态支持新出湖田充作祭田。[⑤] 河东总河吴璥也支持湖田划归孔府，但“不准筑圩护地，水旺时仍听蓄水济运”。[⑥]

孔庆镕请巡抚吉纶委派公正大员，会同孔府勘办蜀山湖新淤湖田。吉纶委派东昌知府嵩山查办此事。经查蜀山浑水湖湖田54顷50亩有零，

---

① 骆承烈等编：《曲阜孔府档案史料选编》第三编第八册，第114页。

② 骆承烈等编：《曲阜孔府档案史料选编》第三编第八册，第108页。

③ 中国第一历史档案馆藏档案：《奏为蜀山湖地系济运潴蓄要区圣朝应另行拨补事》，档案号：04-01-01-0515-039，山东巡抚吉纶，嘉庆十四年十一月初十日。

④ 中国第一历史档案馆藏档案：《奏为蜀山湖地系济运潴蓄要区圣朝应另行拨补事》，档案号：04-01-01-0515-039，山东巡抚吉纶，嘉庆十四年十一月初十日。

⑤ 中国第一历史档案馆藏档案：《奏为蜀山湖地系济运潴蓄要区圣朝应另行拨补事》，档案号：04-01-01-0515-039，山东巡抚吉纶，嘉庆十四年十一月初十日。

⑥ 骆承烈等编：《曲阜孔府档案史料选编》第三编第八册，第6—8页。

已种麦苗，除宋礼香火地42顷余外，实新出湖田12顷有余。孔府认为，嵩山未逐段丈量，新出湖田应多达20余顷。清水湖地势比浑水湖高2尺余，浑水湖既已无法蓄水，那清水湖更无法蓄水。清水湖湖田“不筑圩护地，因时耕种，即无碍水利”。嵩山反对孔府垦殖新出湖田。[①]

孔庆镕将蜀山湖绘图贴说，移咨山东巡抚、河东河道总督，请将蜀山湖清水湖湖田以及马踏湖新近淤出的百十顷湖田，拨补祭田。孔府的诉求得到朝中大臣支持。嘉庆十四年（1809）十月，大学士禄康上奏主张将蜀山湖新涸湖田拨补孔府，责备山东巡抚办事效率低下，“应于奉旨查办之日迅速办理……何以迟至二年之久?”[②]

嘉庆十四年（1809）十一月，山东巡抚吉纶向朝廷上奏反对孔府诉求，强调蜀山、马踏诸湖，“均系济运潴蓄之区，即偶遇水涸淤出滩地，若一经开垦，则湖身多一片之地，即少一片之水，渐淤渐垦，必致湖身日形窄小，于蓄水济运，大有关碍”[③]。奏上，嘉庆帝最终表态反对孔府占垦蜀山湖新涸湖田。[④]

道光四年（1829）九月，山东巡抚琦善强调：蜀山、独山等水柜，“蓄水济运，攸关至要”。孔府祭田缺额900余顷，在明季至今已历数百载，无册档可稽。若严饬地方官追补，“将使小民徒受纷扰之累，而祭田无归补之实”，告诫“为政首宜务实，不再图虚名”。水柜涸出湖田，滨湖百姓私种麦苗，地方官还可严行禁止；若将新涸湖田拨作祭田，地方官忌惮孔府权势，“不得不任其耕种”，“湖中多一片耕种之地，即少一片收水之区”，长久之后，沿湖筑堤叠埝，开垦私田，“湖身日行窄小，与漕运大有关系”。[⑤] 琦善明确反对孔府占种水柜新涸湖田。

总之，清中期孔府试图以规复迷失祭田名义，占垦独山、蜀山等水

---

① 骆承烈等编:《曲阜孔府档案史料选编》第三编第八册，第6—8页。

② 中国第一历史档案馆藏档案:《奏为核议衍圣公孔庆镕请补缺额祭田事》，大学士管理户部事务禄康，档案号：03-1872-083，嘉庆十四年十月二十六日。

③ 中国第一历史档案馆藏档案:《奏为蜀山湖地系济运潴蓄要区圣朝应另行拨补事》，档案号：04-01-01-0515-039，山东巡抚吉纶，嘉庆十四年十一月初十日。

④ 中国第一历史档案馆藏档案:《奏为勘明蜀山湖荒地亩有关潴蓄未便拨补祭田事》，档案号：04-01-22-0047-082，署山东巡抚琦善，道光四年九月十七日。

⑤ 中国第一历史档案馆藏档案:《奏为勘明蜀山湖荒地亩有关潴蓄未便拨补祭田事》，档案号：04-01-22-0047-082，署山东巡抚琦善，道光四年九月十七日。

柜新淤湖田，与蓄水济运国策矛盾，必然会导致行动失利。此外，孔府在争夺另外一个水柜马踏湖新涸湖田上也遭遇挫折。嘉庆十二年（1807），马踏湖涸出湖田约有百十顷，“早已为民间开垦耕种”。孔府移咨山东巡抚、河东河道总督请求将其划归祭田，依旧未能得逞。[①]

三 “祀典”：获取昭阳湖湖田

昭阳湖最初位于运道东侧，可蓄水济运。嘉靖末年，黄河东决，冲入昭阳湖，阻断漕运。嘉靖四十五年（1566），朱衡于昭阳湖东开新河以避黄河之险，旧运道废弃，昭阳湖移于运道西岸。自新河开通，昭阳湖只能作为吸纳运道多余涨水的水壑，而不能作蓄水济运的水柜。[②]

据孔府档案记载，沛县境内原有孔府的元代钦拨祭田，包括秦家庄60大顷，刁阳里3000大亩。这些祭田原本位于后来形成的昭阳湖一带，“上接山东南阳湖，下与微山湖相通，地势本极低洼，向为下流汇聚之所”，遇雨水丰沛，祭田大面积被湖水淹浸，难以消涸。此外，百姓侵占严重，祭田迷失问题突出。[③]

顺治初年，昭阳湖水漫涨，秦家庄仅存30顷，照章征租，剩余30顷及刁阳里3000大亩，均迷失难寻。康熙十六年（1677），衍圣公孔毓圻向河督靳辅求助希望能协助解决祭田迷失问题。靳辅命淮徐道处理，沛县百姓“坚不肯吐”，陷入困局。孔毓圻又向刑部尚书徐乾学写信求助。在信中，他恳求徐乾学与靳辅幕僚陈潢通气，“嘱其赞襄力复，事成亦必有以报”[④]。在朝中官员关照下，孔府的活动成效显著。孔府派生员孔兴檞、屯官王可伦等，公同沛县土民按原拨地界，押立四至，其中秦家庄地段东至童儿沟，南至谋德，西至刘家窑通，北至东西井，刁阳里（昭阳湖）祭田3000大亩也得规复。[⑤]

至嘉庆年间，孔府再次发动规复昭阳湖湖田的活动。嘉庆十四年

---

① 骆承烈等编：《曲阜孔府档案史料选编》第三编第八册，第7页。

② 觉罗普尔泰等：乾隆《兖州府志》卷18《河渠志》，《中国地方志集成》山东府县志辑第71册，第365页。

③ 骆承烈等编：《曲阜孔府档案史料选编》第三编第六册，第484—485页。

④ 骆承烈等编：《曲阜孔府档案史料选编》第三编第八册，第20页。

⑤ 骆承烈等编：《曲阜孔府档案史料选编》第三编第六册，第528页。

(1809)，嘉庆帝下旨令山东巡抚百龄、河道总督马慧裕、江苏巡抚汪日章查补孔府缺额祭田。嘉庆十五年（1810）春，沛县民徐庆瑞投献土地。规复沛县祭田难度很大，“湖水淹溢沉没沙滩者，固亦有之……久经豪强吞据，往返公牍，辗转经年，迄无成效，事几于寝”①。

最终，祭田清理在两江总督百龄出面支持下迎来转机。嘉庆十六年(1811)，孔府向新任的两江总督百龄求助。百龄随即命沛县知县郑其忠、铜沛厅王元佑等清理祭田，追还刁阳里祭田8大顷余，合计小亩田2500余亩。为感谢协助规复祭田，衍圣公孔庆镕专为百龄立碑于孔庙金声门下，详述规复沛县祭田的过程，以及祭田四至等关键信息。②这块碑后来成为孔府与湖团、沛县在微山湖西岸湖田争夺纠纷中的一个重要法理依据。

咸丰五年（1855）夏，黄河铜瓦厢大决口，夺大清河河道入海。这次黄河大改道后，微山湖西岸的铜山、沛县淤出面积庞大的湖田。这些新淤湖田，“南迄铜山，北跨鱼台，绵亘二百余里，广三四十里，或二三十里”③。黄河改道带给河南、河北、山东巨大灾难，并出现大批无家可归的灾民。流离失所的山东灾民无以为生，被迫迁至微山湖西岸的江苏沛县等处占垦湖田。咸丰五年九月，首批曹州难民在孔府平阳屯屯官唐守忠率领下抵达沛属微山湖西岸，结棚为屋，持器械自卫，设首领自雄，垦殖涸出湖滩。当时，灾民占垦湖田之地，正是太平天国军队北伐所经之地，又加上当地备受捻军等地方农民军的袭扰，地方秩序动荡不堪。基于恢复当地社会秩序和安定灾民的双重考虑，徐州官府准许这些外来的山东灾民按地亩缴租，逐渐承认移民垦殖湖滩的合法性。

在此期间，徐州官府清丈微山湖西岸湖滩荒地2000余顷，设湖田局，招募灾民有偿垦种。在看到徐州地方官府承认占田合法性之后，山东曹州、济宁州各县乡民闻讯后蜂拥而至，很快积聚至数万人。移居外地的山东客民自发围绕组织者，以原居地乡村集市圈为中心，结成组织严密

---

① 杨朝明主编：《曲阜儒家碑刻文献辑录》（第2辑）《嘉庆十九年复沛县祭田碑》，齐鲁书社2015年版，第378—380页。

② 杨朝明主编：《曲阜儒家碑刻文献辑录》（第2辑）《嘉庆十九年复沛县祭田碑》，第378—380页。

③ 朱忻等：同治《徐州府志》卷12《田赋考》，《中国地方志集成》江苏府县志辑第61册，第404页。

的自卫组织。是时适逢捻军起事，各地组织团练保卫桑梓，这些移民组织遂被呼作“湖团”[①]。

然而，发展到后来，围绕湖田争夺，这些抢占湖田的山东湖团与江苏土著开始发生各种纠纷，屡次出现大规模械斗，甚至造成重大人员伤亡。例如，同治三年（1864）六月，为报复沛民在械斗中打死两名团民，义愤填膺的大批团民连杀沛民 20 余人。偏袒沛民的漕运总督吴棠派兵镇压，杀死团民 1000 余人。[②] 在此种情势之下，清廷紧急派官员前去解决日渐尖锐的湖田之争。咸丰七年（1857），南河河道总督庚长勘察湖西新淤湖田。勘察获知，湖团占垦新淤的湖田南起江苏铜山境内荣家沟，北至山东鱼台县界，东起微山湖西岸，西至江苏丰县县界，统共湖田 2000 余顷。客居湖团以首事为团长，总共七团。这七个湖团所占湖田，其中铜山县境湖田分配格局——刁团 58 顷 58 亩余，睢团 75 顷 27 亩余，南赵团 31 顷 90 亩余，于团 294 顷 3 亩余，王团 618 顷 43 亩；沛县县境湖田分配格局——唐团 820 顷 15 亩余，北王团 205 顷 81 亩余，赵团 125 顷 45 亩余，新团 400 顷余。在新淤湖田分配格局固定下来后，庚长继续清丈湖田并招佃垦殖，分为上、中、下三等——“上则地价每顷三十千，年租每亩钱八十；中则地价每顷二十七千，年租每亩七十；下则地价每顷二十四千，年租每亩六十”。河道总督庚长确定山东湖团所占湖田四至的一系列举动出发点是通过划定湖田四至的方式减少湖团与土著的湖田纠纷，却在无意之间代表朝廷承认了湖团占垦湖田的既成现实。[③]

至同治五年（1866），两江总督曾国藩开始出面调解日渐白热化的土客冲突，并驱逐“通匪”的刁、王团民返回山东原籍。曾国藩重新清丈两团所遗湖田面积（刁团 123 顷，王团 618 顷），并将这批面积庞大的湖田用作沛县、铜山修理衙署、城垣、书院以及地方善举之费。[④]

---

① 张福运：《意识共同体与土客冲突——晚清湖团案再诠释》，《中国农史》2007 年第 2 期。

② 侯仰军、张勃：《微山湖西岸移民述略》，《齐鲁学刊》1997 年第 2 期。

③ 于书云等：民国《沛县志》卷 11《田赋志》，《中国地方志集成》江苏府县志辑第 63 册，第 134 页。

④ 朱忻等：同治《徐州府志》卷 12《田赋考》，《中国地方志集成》江苏府县志辑第 61 册，第 405 页。

上文已经提及衍圣公在微山湖西岸有大片祭田。这片祭田恰巧位于湖团与沛县土著争夺的湖田范围之内。因此，衍圣公是与“湖团案”有着密切关系的一方。那此时的衍圣公却为何没有及时介入新淤湖田的争夺呢？细究之下，不难发现，这种局面的出现与当时北方地区动荡的社会局势以及孔府所面临的生存危机密不可分。

咸丰元年（1851）八月，黄河于丰县决口，鲁西南地区受到洪水波及，田亩汪洋一片。孔府的大批庄田未能幸免，也被洪水冲没。时任衍圣公孔繁灏（1806—1863），字文渊，号伯海，孔子第74代嫡孙，道光二十一年（1841）袭封衍圣公。在“湖团案”爆发的同时，太平军、捻军等农民军队长期袭扰鲁西地区，其中捻军在曲阜一带的活动更是从咸丰六年（1856）持续到同治七年（1868），长达12年之久。在太平军、捻军的带动下，山东地区掀起农民运动的高潮，其中以宋继鹏等人为首的白莲教队伍长年活跃于曲阜、邹县一带，甚至一度将曲阜境内祭祀孔子的洙泗书院悉数焚毁。咸丰十年（1860）十月，捻军主力在当地农民军引导下，攻入曲阜东北乡，焚毁孔庙、孔林的一部分，危及孔府安危。衍圣公孔繁灏束手无策，紧急向督办山东军务的德楞额等求援，方勉强渡过危局。[①] 同治二年（1863），农民军再次围困曲阜，衍圣公孔繁灏不得不组织军队对抗农民军，“登陴巡守，近日不遑，致成湿热下注之疾，腿肿气喘，动辄剧增”，直至去世。[②] 可见，就在湖团案发生的同时，衍圣公孔繁灏及曲阜孔氏族人面临着极为严峻的生存危机。孔繁灏忙于组织团练等地方武装以抵御农民军发动的连续进攻，根本无暇顾及微山湖西岸的湖田之争。

四　晚清时期微山湖地区的湖田争夺

（一）出师不利

同治二年（1863），衍圣公孔繁灏因在抵抗农民军期间身体、精神高度紧张，承受巨大压力，拖垮身体，最终患急病去世。其子孔祥珂袭封

---

① 江地：《孔府档案中有关太平天国和捻军的资料》，载《清史与近代史论稿》，重庆出版社1988年版，第241—253页。

② 骆承烈：《孔府档案的历史价值》，《历史档案》1983年第1期。

衍圣公。孔祥珂（1848—1876），字则君，号觐堂，孔子第 75 代嫡孙。孔祥珂袭封衍圣公后，北方政治形势渐好，清廷逐渐控制局面，社会秩序渐趋稳定。同治三年（1864）六月，天京沦陷，活跃 10 余年的太平军终于被镇压下去。清廷开始抽调清军主力着手镇压活跃于北方的捻军等农民军队。至同治六年（1867），活跃于北方的捻军被彻底镇压下去。

在解除农民军的威胁之后，衍圣公孔祥珂开始有精力去试图规复微山湖西岸的祭田。然而，此时距湖团占垦西岸新淤湖田已近 10 年，且在清廷调解下，初步形成湖团与沛县土著瓜分湖田的格局。显然，孔祥珂现在提出规复祭田的诉求，势必会遭到湖团、沛县的激烈反对。

在孔祥珂试图规复湖田期间，两江总督曾国藩在其中扮演了一个关键性的角色。曾国藩曾深度介入湖团、沛县的湖田之争，并将与捻军关系密切的南王团、刁团驱逐回山东原籍。因此，曾国藩熟稔微山湖西岸的湖田归属。在与湖团、沛县之间的湖田争夺期间，衍圣公孔祥珂与曾国藩一直保持着较为亲密的私人关系。同治五年（1866）二月，曾国藩曾有一次日程紧凑的曲阜之行，并亲自拜谒了孔府、孔林。其间，他受到孔祥珂的热情接待。孔祥珂特意带曾国藩参观孔府所藏的古乐器等珍宝。曾国藩的曲阜之行颇为愉悦，特赠对联与孔祥珂以表示感谢，曰："学绍二南，群伦宗主；道传一贯，累世通家。"[①] 曲阜之行结束后，两人继续保持着密切的书信往来。岳麓书社版《曾国藩全集》就收两人往来书信多达 11 封之多。最早的一封书信曾国藩写于同治五年五月初三日，最晚的一封写于同治十年五月初七日（距曾国藩去世仅半年）[②]。与两江总督曾国藩有着较为亲近的私人关系，对于衍圣公孔祥珂与湖团及沛县当地人间展开的湖田争夺无疑是有利因素。孔祥珂在一开始也似乎对沛县境内的祭田之争充满着信心。

同治六年（1867）三月初五日，衍圣公孔祥珂咨会徐海道高梯，告知沛县秦家庄、刁阳里两处祭田于咸丰年间黄河改道后已经涸出，要求规复祭田。[③] 其间，孔祥珂专程写信与两江总督曾国藩寻求支持。曾国藩

① 曾国藩：《曾国藩全集》第 18 册"日记之三"，岳麓书社 2011 年版，第 262 页。

② 曾国藩：《曾国藩全集》第 29—31 册，岳麓书社 2011 年版。

③ 骆承烈等：《曲阜孔府档案史料选编》第三编第六册，第 170 页。

高度重视来自衍圣公的诉求，并表示已饬令徐海道高梯前去确查，“俟查有端倪，再行履勘拨还”①。

在新淤湖田瓜分殆尽的情况下，孔祥珂试图以规复祭田的名义获取湖田，明显已经晚了一步。此举直接危及山东湖团、沛县土著势力的既得利益，遭到他们的一致抵制。同治六年（1867）十月，山东湖团汇报高梯，沛县境内各湖团并无刁阳里地名，祭田是否被占垦，或被抛荒，已无法查丈。沛县县令王荫福也回奏，沛县境内的孔府祭田仍被水淹，未曾涸出。孔府祭田在未遭洪水前，均有四至石界，遭洪水后，泥沙淤积，石界不存，“未涸之地一片汪洋，已涸之地无处确指”②。

孔祥珂对沛县、湖团的答复表示不满，随即委派刘象乾等人前去勘察湖田以寻找有利证据。孔府在勘察后得知，祭田坐落唐团内，“现有元黄字号退约凿凿可凭”，有当地老人郝自扬等熟悉底蕴为证。而秦家庄即为秦家，坐落王团寨外。孔府的勘察直接指出祭田就在湖团所占湖田范围之内。孔祥珂认为，涸出田亩乃“有证有据之祭田”，再次写信与两江总督曾国藩“迅再饬府县详加确查”，“务须查出，归还本爵，俾得招佃耕种，租课扩充，祀典不废”。收到孔祥珂申诉，曾国藩札饬高梯确查祭田孔府所言是否属实。曾国藩重视孔府诉求，再次表示只要证据查实，就将湖地拨还孔府。③

高梯，字良谟，号云浦，江西彭泽人。咸丰七年（1857），在乡办团练期间，高梯上书曾国藩，获得赏识，得襄赞戎政，后入李鸿章幕府。同治六年（1867），曾国藩推举江南贤员，“（高）梯列清官第一”，上奏朝廷授其为徐海道，赏加按察使衔。高梯于徐海道任上多行善政，受到徐州府百姓爱戴。后积劳成疾，卒于任上，享年四十一岁，入祀徐州昭忠祠。④ 在收到曾国藩命令后，徐海道高梯很快与沛县、丰县县令赴唐团核查。湖团团董回应，衍圣公所派委员刘象乾只说祭田位于唐团之中，却无法指出确切的坐落位置。为更有力反击孔府的说法，各团团董齐赴

① 曾国藩著：《曾国藩全集》第30册“书信之九”，第190页。

② 骆承烈等：《曲阜孔府档案史料选编》第三编第六册，第211页。

③ 骆承烈等：《曲阜孔府档案史料选编》第三编第六册，第526页。

④ 赵宗耀等：同治《彭泽县志》卷11《宦迹》，同治十二年刻本，18b。

湖团外村庄并向年老当地人询问祭田的四至。这些年老当地人均言，昭阳湖西并无祭田。其中孔府的年老屯户黄振岗等称，孔府于沛县刁阳里确有屯田3000大亩，夏镇以西的秦家庄至刘家窑通一带也有屯田，均以石柱为界。然而，刁阳里、秦家庄两处屯田均被淹成湖。高梯等人带屯户黄振岗等同赴刁阳里逐一查勘，童儿沟等处均成大湖，石界沉入水底，无从探验。高梯据黄振岗等确指屯田地段方向绘成图说，上报曾国藩。第一次调查沛县祭田草草收尾，孔祥珂提出的祭田证据，被沛县及湖团推翻，自然没有获得想要的湖田。

事情并未到此为止。同治七年（1868）四月，徐海道高梯赴沛县查核老民郝自扬等所呈退约，均没有祭田字样。他又查验老民黄振岗等所呈四氏学抄发印册告示，乃三界湾屯田底册，合计数目3700余亩。最后，他查验府县志书，均未于此处载有祭田内容。这次他更加坚定认为衍圣公孔祥珂所提供的证据存在猫腻。高梯顿觉蹊跷，遂传讯黄振岗、郝自扬等当地绅民。这些绅民均指出刁阳里、秦家庄祭田等处皆入大湖，与沛县、丰县县令所勘图说相符。高梯核查孔祥珂提供的旧卷所载秦家庄位于运河以西。而黄振岗等当地人所云秦家庄在运河之东。衍圣公、沛县当地人所言的秦家庄是为两个地址，地名存在疑点。最终，经高梯多次提讯，郝自扬等最终供认：衍圣公所派的委员刘象乾为争夺湖田，串通沛县当地人作弊，将冬季勘查的湖田说作祭田，并许诺事成后将这些湖田分给黄振岗等人租种。[①] 至此，事情真相大白，孔祥珂所言祭田坐落唐团之内有退约可凭以及当地老民郝自扬等熟悉底蕴之说并不可靠。

为夺取湖田，孔祥珂提供祭田证据并不坚实，所派委员刘象乾甚至试图通同沛县当地人作弊，结果却被徐海道高梯识破。在这次调查过程中，高梯并未采取任何偏袒衍圣公的举动。我们尚不清楚曾国藩对于高梯的调查工作是否满意。但是，在高梯处置衍圣公湖田纠纷案期间，曾国藩在私人场合评价高梯乃“诈人也”[②]。不知这种评价跟高梯在处置湖田纠纷中的表现有无关系。

---

① 骆承烈等：《曲阜孔府档案史料选编》第三编第六册，第530页。

② 赵烈文著，廖承良整理：《能静居日记》，岳麓书社2013年版，第1102页。

（二）沛县的反击

衍圣公孔祥珂试图夺取沛县境内新淤湖田的做法，也遭到沛县方面的强力抵制。沛县县令王荫福等人密切关注着孔祥珂所派委员刘象乾的一举一动。经过周密调查，他们发现，刘象乾竟拉拢此前因“通匪”而遭曾国藩逐回山东原籍的王团、刁团民众。刘象乾怂恿这些湖团重返沛县，并允诺事成后发给湖田耕种。

在获取可靠证据后，王荫福赶忙将这一消息密报徐海道高梯。闻讯后，高梯密访发现刘象乾果然在秘密拉拢被驱逐回山东的不法湖团。在掌握证据后，高梯怒斥刘象乾的所作所为。他重申，两江总督曾国藩费尽周折将“通匪”的王、刁湖团逐回山东原籍。此后数年，山东客民与沛县土民暂时结束争斗，得以相安无事。孔府委员刘象乾竟胆敢召集被驱逐的王、刁湖团团民欲返沛县垦种湖田，必将滋事生患。

孔祥珂对刘象乾表现极为失望，紧急另派委员吴丞炘将其替换。上任后，高梯郑重告知吴丞炘，孔府所言张家洼等处坐落新团地方，已为沛县百姓领种。他强调，孔府旧卷内并未提及张家洼地名，此前查办的三界湾等处祭田，均已沉入湖中。高梯警告吴丞炘，山东百姓多人被刘象乾煽动后已寄居魏团，必滋事端。若导致混乱局面，不仅孔府委员难辞其咎，衍圣公也会受到牵连。高梯要求吴丞炘速将已逐的团民遣返山东原籍，不准逗留沛县。吴丞炘无可奈何，只好狼狈地返回孔府销差。

由此可见，在湖团、沛县将微山湖西岸新淤湖田瓜分殆尽的情况下，衍圣公孔祥珂再去恢复湖田所遇的阻力很大。孔祥珂及所派下属提供的证据漏洞百出，甚至被抓住私通不法湖团的把柄。最终，同治七年闰四月，两江总督曾国藩不得不咨明孔府，要求孔祥珂所派委员刘象乾速将山东流民刻日遣散回籍，“倘敢逗留生事，定惟刘象乾是问”。孔府争夺湖田的企图再次落空。①

在这次争夺湖田过程中，衍圣公孔祥珂可谓颜面尽失，狼狈至极。同治七年（1868）五月，孔祥珂写信与两江总督曾国藩进行辩解以挽回颜面，大致内容如下：

第一，孔府委员刘象乾召集王、刁湖团回沛县待垦，系唐团团首唐

---

① 骆承烈等：《曲阜孔府档案史料选编》第三编第六册，第542页。

锡龄诬告。

这是最要害的问题。自黄河丰工漫溢后，原本沉入湖中的沛县祭田已全行涸出。咸丰年间，孔府平阳屯屯官唐守忠以规复祭田之名率山东百姓赴沛县抢种涸出湖田。当时，衍圣公孔繁灏担心唐守忠等滋事作乱，派员将其所领屯官钤印追缴，并撤其屯官之职。不久，捻军、太平军纵横十余年，孔府无暇查办，而唐氏势力趁机垦殖湖田。此后，唐守忠死于对抗捻军之战，被朝廷褒扬。孔府遂放弃清查唐氏垦殖的湖田。唐守忠子锡龄见刘象乾赴唐团勘察祭田，担心湖田划归祭田，遂造谣刘象乾召集已逐回原籍的王、刁湖团返回待垦，并致书沛县县令。他认为，唐锡龄是想嫁祸于刘象乾及孔府。孔祥珂在信中替刘象乾辩护，"委员刘象乾断不能如此大胆，预招驱逐通匪之王、刁团前来待垦"，并请曾国藩饬下属查明在魏团待垦逗留的山东百姓，究竟是何人召集，以洗刷衍圣公和刘象乾的不白之冤。

第二，沛县迷失祭田坐落问题。

孔府于沛县的迷失祭田，实际就坐落在唐团范围之内。针对如此关键的问题，孔祥珂给出的理由却很牵强："如果不在唐团，别团内并无一言，仅唐锡龄造言生事，其中情节显而易见。"

第三，沛县土民口供矛盾问题。

沛县百姓郝自扬供称，孔府委员刘象乾嘱咐以退约为据，许诺给田垦殖。孔祥珂指出，刘象乾查访祭田，郝自扬自行呈出存有元黄字号退约。郝本系孔府佃户，并非刘象乾怂恿嘱托。孔府找郝自扬查对。郝自扬称，堂讯时遭沛县县令刑讯逼供，被掌责 120 下，杖责 200，不准供称祭田，并一直严押。总之，孔祥珂认为，沛县县令担心新涸湖田划归孔府，故造谣言。①

可见，孔祥珂在信里更多的是苍白无力的辩解，却未能举出新涸湖田即为祭田的坚实证据。孔祥珂最终未能实现规复沛县祭田的愿望。为抚慰衍圣公的失落情绪，徐海道高梯提议拨新团公田 8 顷作为祭田。议上，两江总督曾国藩认为此议甚为妥当，遂下令尽快办理。高梯转饬沛县县令王荫福查办，并与新团董事惠师箴等于该团公田内，择上等 8 顷，

① 骆承烈等：《曲阜孔府档案史料选编》第三编第六册，第 541—542 页。

按章程每亩地租180文，计每年地租共钱144千文，分麦秋二季由沛县代收，以同治八年（1869）麦秋为始，按则起租，由孔府派员领回，用于祭祀典礼。[①]

需特别指出两点：第一，此次拨给孔府的8顷湖田，“系属官亩，每百亩为一顷”。嘉庆十九年（1814），两江总督百龄查还孔府的8顷湖田，“每三百亩为一顷”。两次拨田，田亩数目相差悬殊。第二，孔府并不与租地佃户发生直接联系。湖田招佃，由沛县县令谕新团董招佃，造送佃户花名细册交沛县备案。租地佃户所交地租并不直接交与孔府，而由沛县代收后转交孔府。[②] 可见，孔祥珂费尽周折去规复祭田最终却象征性地获得8顷湖田。这无疑是一次很失败的经历。

（三）皇权介入

光绪二年（1876），年仅29岁的孔祥珂去世，5岁幼子孔令贻袭衍圣公位。年幼的衍圣公仰赖时年24岁的寡母彭氏抚养。彭氏为七十五代衍圣公孔祥珂原配夫人，武英殿大学士工部尚书彭蕴章的孙女。孔府突遭变故，宾客散尽，家族里一些野心勃勃的人伺机乘孤危之际，企图夺嫡。彭氏含泣自立，仰赖家族中的正直人士襄赞，才得以平稳渡过危机[③]。见孔府陷入危机，逐渐有正直的朝中大臣上奏请求朝廷插手年幼的衍圣公孔令贻的教育及家族事务。后来，在光绪皇帝及朝中大臣的直接参与推动下，终于使孔府扭转沛县湖田争夺的被动局面。

光绪十五年（1889）六月，翰林院编修王懿荣奏言，衍圣公孔祥珂中年而逝，孔府陷入混乱：

> 外戚任事，家用不康，拆毁墙屋，遭罹火灾，书籍图录，散亡殆尽，加以恩赐田产百户把持，任意出纳，锢弊日深，渐多迷失。

他强调，现任衍圣公孔令贻“年甫弱冠”，应为其遴选名师，讲习教育。

---

① 骆承烈等：《曲阜孔府档案史料选编》第三编第六册，第534页。

② 骆承烈等：《曲阜孔府档案史料选编》第三编第六册，第535页。

③ 姚金笛：《衍圣公的婚姻及夫人之表现》，载杜泽逊主编《国学茶座》第4辑，山东人民出版社2014年版，第40—52页。

孔府田产，蒙混多弊，积重难返，须官府出面清理，“定出入，供粢盛”。他建议敕下山东巡抚张曜选择经明行修之士，严课孔令贻读书，并妥派一道府大员会同地方官清理孔府地亩。[①] 王懿荣的提议获翰林院掌院学士徐桐支持，并转奏光绪帝。[②]

这年，慈禧太后归政，19 岁的光绪帝刚刚大婚并开始亲政。年轻的光绪帝有着与同龄人孔令贻相似的人生境遇。览奏后，光绪帝颇为同情孔府现状，特谕令山东巡抚张曜按王懿荣所奏处置。在延请名师教育孔令贻后，张曜派布政司、兖沂曹济道等属官详查孔府田产数目及坐落地方。他强调，查核令沛县等县学官“约同公正绅士，逐一清查，以免书役下乡，致多弊混”[③]。待湖田清理清晰，由地方官详加整顿。张曜还札饬兖沂曹济道查办孔府坐落于沛县的祭田缺额 2000 余顷。

然而，湖田清理工作尚未展开，张曜就不幸病故，新任巡抚福润未能接续清理。时隔五年后的光绪二十年（1894）十一月，翰林院侍读王懿荣再次上奏光绪帝，并提出清查方案：

> 其确为水淹压荒废不堪耕种者，可否遵照列圣谕旨拨补之例，恩准偿还，归入免科田地旧典项下，免其租税，并饬各属各州县出示晓谕，仍令原业地户认佃承种，不为丝毫科罚，转滋纷扰。如实在佃种不力，仍令于该处就近另择居民招认佃种，官为酌办，以复该府祭田地产之旧。[④]

光绪帝重视王懿荣的提议，很快下旨户部、两江总督、山东巡抚清查案卷、调册，委派精干人员赴江苏清查孔府祭田。十二月，江宁布政使瑞璋、候补道于宝之、沛县知县马光勋等官员以及孔府屯官唐锡鞶等

① 王懿荣著，吕伟达主编：《王懿荣集》卷 1《训饬衍圣公向学并饬整理衍圣公府地产疏》，齐鲁书社 1999 年版，第 35—36 页。

② 中国第一历史档案藏档：《奏为代侍讲衔编修王懿荣奏请训饬衍圣公向学并整顿公府地产事》，光绪十五年六月十八日，翰林院掌院学士徐桐，档案号：03 - 5551 - 047。

③ 中国第一历史档案藏档：《奏报遵旨整理衍圣公孔令贻田产》，光绪十五年十一月二十七日，山东巡抚张曜，档案号：03 - 6521 - 007。

④ 王懿荣著，吕伟达主编：《王懿荣集》卷 1《重疏前整理孔子祭田并清查地产疏》，第 44 页。

人，齐赴铜山、沛县以所呈清册勘查孔府祭田。这些官员召集沛县土著，以及唐团、王团等各湖团董事讯问，得到结果仍与此前孔府提供证据相左。沛县土著供称，从未领种湖田，“不知何人捏伊之名填册具禀赴公府投递?”他们供称：“祭田多寡，坐落何处，伊等均不知悉，亦不能指出确据。”各湖团董事坚称：“自咸丰年间来团垦荒后，不知何处有公府祭田。”支持孔府规复湖田的唐团董事唐锡礬早已病故，更是无从查对。这次官方调查声势浩大，得出的结论依旧对孔府及衍圣公不利，甚至孔府所呈祭田图册的合法性也受到众人质疑。最终，调查团勘察后一致认为，孔府的沛县湖田仍处湖心，未曾涸出。

眼看孔府湖田清理工作就要失败。但这次湖田清理工作由光绪帝亲自下旨并督促，因此于宝之等官员决定强行调拨各个湖团所占部分湖田匀给孔府，凑足孔府祭田沉入湖心的秦家庄60顷，刁阳里3000大亩。具体方案如下：

> 除同治八年已拨八顷外，其余一百四十二顷，以赵王团中则地五十五顷，唐团中则地二十五顷，睢团中则地六十二顷，分补刁阳里、秦家庄之数。查此项屯地，前据屯户黄振岗等供明，每年租钱四十五文，今照中则每亩每年应征租钱七十文。是以湖心无着之田，易此中则地亩，租复加增，似于公府获益为多。至于各团租户承种已久，舍此别无谋生，所有现拨各租，请仍由局征，不另换田佃。庶各团既可安业，而地方亦免多事矣。①

于宝之提出的湖田处置方案获得两江总督张之洞鼎力支持。张之洞强调将各湖团上则之地拨补凑足150顷。他指出，各湖团上则之地，“每亩均作钱一百文核计”，每年计租钱1420串，由徐州道“就他项充公湖田租价之内酌量拨补凑足此数”，“由衍圣公派人赴徐州道领取”。②

同治、光绪年间，在微山湖西岸新淤湖田被外来湖团、苏北土著瓜

① 骆承烈等：《曲阜孔府档案史料选编》第三编第六册，第215页。

② 张之洞：《张文襄公全集》卷42《衍圣公府祭田查明拨补折》，《近代中国史料丛刊》第453册，台北文海出版社1966年影印本，第3041页。

分殆尽的情况下，衍圣公以强势姿态介入湖田争夺，遭受到了强大的阻力。最终，在光绪帝下旨过问以及两江总督张之洞等要官调停之下，孔府在证据不足以及地方势力强力阻挠下，获得上则湖田150顷。这场持续近半世纪的衍圣公与湖团势力、苏北当地人之间的跌宕起伏的湖田之争终于落下帷幕。在某种意义上讲，衍圣公势力争夺微山湖地区的湖田仍属于“湖团案”的后续组成部分。衍圣公获得部分湖田之后，使得微山湖西岸新淤湖田最终形成了客居湖团、苏北土著、衍圣公势力三方瓜分的稳定格局，进而确保了这一地区的社会局势稳固。

至此，我们将本节讨论归纳如下：

自无法蓄水济运起，安山湖涸出湖田不断被人垦殖。作为拥有政治权势的权贵地主，历代衍圣公趁机占垦数目庞大的湖田。延至乾隆初年，孔府占垦湖田高至319顷余，占安山湖全部垦殖湖田的近一半。数目惊人！乾隆初年，中国人口生存压力暴涨，乾隆帝下旨鼓励垦荒，并准许安山湖田优先分给无业穷民。在大规模分配湖田中，衍圣公所占319顷湖田被剥夺，权贵地主利益不得不让步于抚慰民生的国家政策。

南阳新河开通后，运河东岸泉、河诸水潴于独山一带形成独山湖，并淹没大面积孔府祭田。孔府历来诉求朝廷规复祭田，并与地方势力产生激烈冲突。嘉庆初年，独山湖涸出33顷余湖田，引发孔府、翰林博士闵广源、鱼台县民争夺。最终山东布政使等官员从最大限度不妨害独山湖蓄水济运出发，将滩地划归孔府。而在“济运第一紧要水柜”[①] 蜀山湖以及马踏湖湖田争夺上，因有碍蓄水济运的国家大政，即便拥有权势的衍圣公也未能得逞。

入清，孔府努力规复祭田，尤以嘉庆年间两江总督百龄主持追还2500余亩瞩目。黄河铜瓦厢改道，山东湖团、沛县土民联合瓜分微山湖西岸新出湖田。孔府试图以规复祭田的方式占垦湖田，却遭湖团、沛县联合抵制，甚至被抓住勾结“通匪”湖团把柄。孔府争夺湖田企图落空。最后在翰林院编修王懿荣提议下，光绪帝下旨指示，两江总督张之洞、山东巡抚张曜等上层参与下，孔府终于抵制住沛县、湖团阻挠，成功获

---

① 中国第一历史档案馆藏档案：《奏为蜀山湖地系济运潴蓄要区圣朝应另行拨补事》，档案号：04-01-01-0515-039，山东巡抚吉纶，嘉庆十四年十一月初十日。

得上等湖田150顷。

肥沃湖田是孔府、地方力量多方觊觎对象。拥有权势的孔府却无法确保与地方势力博弈中占得先机。主要原因之一就是肥沃湖田被百姓占垦后，地方官府包庇纵容，征收田赋，直接获利。嘉庆年间，兖沂曹济道孙星衍指出，孔府祭田“日久为民占种，缺额至数千顷”，迟迟无法规复，“地方官听任书役从中渔利，不肯秉公审断”。孙星衍委员查勘，要求“民人有自行呈首占地愿归公府者，因为断归若干顷”。户部也要求百姓侵占湖田归还孔府，但地方官并不配合，“卒为弊吏阻抑，事竟不行”[①]。州县官在地方势力的背后支持，是孔府长期无法规复迷失祭田的重要原因。更有甚者，地方官将湖田视作禁脔。雍正元年（1723）六月，吏部左侍郎李绂催趱漕运时，发现鱼台主簿卢某竟将昭阳、独山二湖“召民佃种，而私收其税，亩索钱百三四十文”[②]。

在湖田争夺博弈中，孔府通过盘根错节的关系，寻求地方督抚乃至朝廷要官支持，是其与地方势力争夺湖田的重要手段。上层官员也多站在孔府立场上为孔府发声。乾隆年间，巡漕御史沈廷芳提议将孔府占垦安山湖田全部分给无业贫民。以某内阁大学士为代表的朝中诸臣合力将沈廷芳视作孔门罪人，沈廷芳承受巨大舆论压力。马俊亚研究淮北经济史时指出：“在淮北，行政权力决定人的社会地位，掌握着财富的分配。”[③] 掌握核心权力的高官以至皇帝，是湖田分配权的最终裁决者。乾隆初年，安山湖已无法充当水柜，朝廷分配湖田召垦。乾隆帝一纸诏书将湖田分配给沿湖贫民垦殖，孔府经营数十年的300余顷成熟湖田被迫剥夺。在蓄水济运大背景下，孔府也无法随意染指像蜀山、马场等重要水柜新涸湖田。铜瓦厢改道，运河漕运在轮船、铁路等近代运输方式冲击下，地位一落千丈，国家政权将建设精力转移至被视作核心的沿海地区，

---

① 张绍南：《孙渊如先生年谱》卷下，《北京图书馆藏珍本年谱丛刊》，北京图书馆出版社2010年影印本，第499页。

② 李绂：《穆堂别稿》卷17《漕行日记一》，《清代诗文集汇编》233册，上海古籍出版社2010年影印本，第149页。

③ 马俊亚：《从沃土到瘠壤：淮北经济史几个基本问题的再审视》，《清华大学学报》2011年第1期。

国家政权曾高度介入的山东运河区域逐渐边缘化。[①] 在国家权力逐步退出的鲁西运河区域，拥有政治、经济权势的孔府在湖田争夺上优势凸显。微山湖西部新涸湖田被山东灾民（“湖团”）和苏北土著瓜分。孔府以规复祭田名义，占垦已瓜分殆尽的湖田，却缺少充足证据，甚至被抓住勾结“通匪”把柄。尽管陷入被动，孔府却通过朝官帮助，获取上等湖田150顷。

概括言之，在通运保漕时代，皇权高度介入鲁西地区，拥有权势的衍圣公在与地方势力及其背后地方官府博弈中，上层高官以及最高统治者皇帝的旨意仍决定湖田最终归属。而到漕运中断后，孔府所拥有的政治、经济优势在资源分配上的优势开始凸显。

小　结

将沿运湖泊辟为水柜蓄水，是解决运河用水的一项重要措施。明清时期，山东沿运重要的水柜水壑主要由北五湖和南四湖组成。这些湖泊的形成、发展、演变与运道变迁等水文地理形势有着密切关系。随着运河用水的要求不断提高，这些沿运湖泊的闸坝建置、蓄水要求以及蓄水挑水的制度愈加严密。

明前期，山东运河有着较为充裕的水源补给，对沿运湖泊蓄水济运的要求尚不迫切。嘉靖以前，朝廷对百姓占垦湖田持默许态度，并未采取严厉禁止的措施。至弘治八年（1495）徐有贞修太行堤后，黄河无法向运河正常补水后，山东运河的水源补给量大减。单纯倚赖沿运泉水及汶水等河道补给水源，已无法满足济运行漕的要求，水柜蓄水济运的重要性日益显著。明廷开始重视发挥沿运湖泊的蓄水济运功能，并不断派出大臣去清理湖田，强化湖界。明代中央官员往往从保漕济运的立场出发反对开发湖田。地方官员却从开拓财源出发，多主张适当放开对水柜高阜地开发的限制，适度开发湖田。官僚系统内的不同意见使得明代湖田开发政策呈现出一定的摇摆性。

---

① 关于晚清“黄运”地区边缘化的研究，可参阅彭慕兰《腹地的构建：华北内地的国家、社会和经济（1853—1937）》，马俊亚译，上海人民出版社2017年版。

为休养生息，恢复经济，清初统治者纵容百姓垦殖湖田。至雍正年间，湖田垦殖舆论收紧，朝廷严禁占垦湖田，安山湖始复设水柜。然而，实践却证明安山湖已不适合再作水柜。为百姓生存所需，乾隆年间安山湖开始大规模召垦征租，并剥夺衍圣公等豪强地主所占湖田，分配给穷民耕种。南旺湖在筑堤逼水复设水柜失败后，并未开发湖田，而是被留作泄水区，禁止开发湖田。为确保运河有充足水量补给，清廷对湖田开发持异常慎重的态度，只有安山、南旺两座失去补水功能的水壑湖田被纳入召垦。其他济运的关键水柜——蜀山、独山、马场等湖新涸湖田的开发，清廷持严格禁止的态度。

明清时期，衍圣公是争夺新涸湖田的主要势力。历代衍圣公与微山湖西岸湖田有着深厚的历史渊源。嘉庆年间，两江总督百龄曾帮助衍圣公获得沛县大批新涸湖田。咸丰初年，黄河改道使得微山湖西岸涸出2000余顷湖田。这些湖田很快被山东灾民以及沛县土著瓜分。为争夺湖田，山东移民与沛县百姓之间多次发生激烈冲突，出现震惊世人的“湖团案”。在国家公权力参与调停下，微山湖西岸逐渐形成稳定的湖田分配格局。由于受到农民军的威胁，衍圣公无暇过问微山湖西岸的湖田之争。在威胁解除之后，衍圣公才开始以规复祭田的名义去追逐微山湖西岸的湖田。然而，衍圣公却遭到湖团及沛县人的联合抵制，湖田争夺遭遇失败。在光绪帝的直接过问并推动下，衍圣公最终才获得微山湖西岸上百顷上等湖田。在通运保漕时代，皇权高度介入鲁西地区，拥有权势的衍圣公在与地方势力及其背后地方官府博弈中，上层高官以及最高统治者皇帝的旨意仍决定湖田最终归属。漕运中断后，孔府所拥有的政治、经济优势在资源分配上的优势开始凸显。

第三章

明清时期山东运河区域的农业发展

作为一条人工开挖的河道，京杭大运河贯通山东西部地区，改变了该地区的水文地理环境。那么，在大运河贯通时代，运河与地域农业发展的关系是何种情况？山东运河区域农作物种植结构又经历了何种变化？农作物种植及加工是否利用运河交通的便利条件，并卷入明清时期已经形成的全国商业贸易网？运河用水的严苛需求是否与山东运河区域各州县的土壤植被、农业灌溉等农业发展的基本需求产生矛盾？

第一节　农作物种植结构

一　粮食作物

山东运河区域粮食作物主要以黍、稷、麦、秫等为耐寒作物为主，种植结构相对稳定（见表3—1）。如康熙《东阿县志》言："（东）阿在山水之间，田多硗卤，无有林泽至饶，生物不殖。大抵所常有，与他邑同矣。撮其要者，谷宜黍稷麦诸豆，唯无水田，不产秔稻。"① 光绪《峄县志》言："然岁三季所播殖，以麦、菽、秫为大宗。"② 至晚清时期，玉米、花生、番薯等外来新作物在山东运河区域获得推广种植，逐渐成为粮食作物的主要种类。以下，我们重点来看运河区域各州县粮食作物的种植以及在百姓生活中的作用。

① 刘沛先等：康熙《东阿县志》卷1《物产》，中国国家图书馆藏康熙四年刻本，29b。
② 赵亚伟等整理：光绪《峄县志》卷7《物产》，第111页。

表3—1　　运河区域各州县主要粮食作物表

州县	清前期	清中期	晚　清
德州	黍、稷、麦、谷、豆、芝麻、蜀秫	黍、稷、谷、麦、豆类、蜀黍、薏苡、芝麻	黍、稷、穄、麦、豆、秫、蜀秫、芝麻
武城	黍、稷、菽、麦、蜀秫、芝麻	麦、粟、稷、菽、黍、秫葛、芝麻、麻	花生、黍、稷、麦、粱、谷、豆、芝麻
临清	黍、稷、粱、粟、菽、麦、麻、蜀秫、穇、芝麻	黍、稷、粱、粟、菽、麦、麻、蜀秫、穇子、芝麻、菜子、玉蜀黍	麦、高粱、玉米、谷子、葛芋、黍、稷、豆类、花生、菜子
堂邑	麦、粟、稷、黍、秫、豆类、芝麻	无记载	麦、粟、稷、黍、秫、豆类、芝麻
清平	粟、黍、稷、麦、豆类、蜀秫、芝麻、蔴子	黍、稷、麦、蜀秫、芝麻、豆类	黍、稷、麦、蜀秫、芝麻、豆类
朝城	黍、稷、麦、粟、高粱、芝麻、菜子、豆类	无记载	黍、稷、麦、高粱、芝麻、菜子、豆类
观城	麦、黍、稷、粟、豆类、秫、芝麻	麦、荞麦、黍、稷、粟、豆类、秫、芝麻	麦、黍、稷、粟、高粱、豆、芝麻、玉蜀秫、诸芋
东阿	黍、稷、麦、豆类	麦、粟、黍、稷、蜀秫、脂麻、穇、薏苡仁、玉蜀黍	麦、粟、稷、芝麻、穇、麻、薏苡仁
东平	黍、稷、稻、麦、穇、芝麻、苏子、麻子、菜子、穄	麦、粟、黍、稷、蜀秫、芝麻、稻、豆、穇、薏苡仁、玉蜀黍	麦、黍、稷、蜀秫、脂麻、稻、豆、穇、薏苡仁、玉蜀黍
济宁	粟、黍、稷、稻、麦、菽、蜀秫、芝麻	稷、黍、稻、穄、麦、菽、蜀秫、玉蜀黍、蓥、芝麻	无记载
嘉祥	无记载	黍、稷、稻、高粱、麦、秫、芝麻、豆类	黍、稷、稻、高粱、麦、秫、芝麻、豆类
金乡	黍、稷、麦、菽、粟、稻、蜀秫、芝麻、薏苡	黍、稷、麦、菽、粟、稻、蜀秫、芝麻、薏苡	麦、稷、黍、穄、稻、蜀秫、豆类、玉蜀黍

续表

州县	清前期	清中期	晚清
鱼台	黍、稷、麦、菽、稻、粱秫、芝麻	麦、秫、谷、黍、稷、芝麻、豆、薏苡仁、御秫米	麦、秫、黍、稷、芝麻、豆、玉蜀黍、薏苡
宁阳	麻、麦、菽、粟	麻、麦、菽、粟	麦、黍、稷、菽、粟、蜀黍、芝麻、移、薏苡、包谷、落花生
寿张	黍、稷、粟、麦、蜀秫、豆类、芝麻	无记载	黍、稷、粟、麦、蜀秫、豆类、芝麻
泗水	黍、稷、稻、粟、豆、穄、麦、芝麻、蜀秫	无记载	麦、包谷、黍、稷、秫、粟、菽、芝麻、移、稻
滕县	黍、稷、麦、菽、稻、粱、秫、芝麻	黍、稷、麦、菽、稻、粱、秫、芝麻	稷、黍、麦、菽、粟、蜀黍、稻、玉蜀黍、芝麻、落花生、番薯

注：麦类作物主要包括大麦、小麦、荞麦。

资料来源：运河区域不同时期方志的《食货志》（或《方物志》《物产》等）。

黍，在我国有悠久种植历史，具有生长周期短，抗旱能力强的特点。黍，“种植宜旱田”，煮熟后具有黏性。除用作百姓食物外，黍另可酿酒，或制作饴糖。[1] 分黄、黑、白、红四种。[2] 黍在明代的鲁西、鲁北平原地区种植较为普遍。成淑君在考察孔府各庄屯粮食作物种植结构时指出，自明代中后期起，鲁西地区黍的种植数量已经大减，基本退出历史舞台。[3]

① 李树德等：民国《德县志》卷13《物产》，《中国地方志集成》山东府县志辑第12册，第391页。

② 马翥等：光绪《德州乡土志》不分卷《物产》，中国国家图书馆藏光绪年间抄本，1a。

③ 成淑君：《明代山东农业开发研究》第一章“农业生产环境与历代开发研究”，齐鲁书社2006年版，第237页。

稷，与粟为同类作物[①]，俗称谷子，“黍类不黏者”[②]，分黄、白、黑、红四种。[③] 粟脱壳后，称作小米，“北方人贫富皆不可缺乏之食品”。播种时间早晚不一。春种秋熟的称作稙谷；小麦收割后种植的为晚谷。粟不适宜长于低洼多水的环境，“高阜平原之地，种之皆宜，惟不宜于下隰地”[④]。粟在山东运河区域是一种大面积种植的粮食作物。宋元以至明代前期，粟是本区域最重要的粮食作物。明代，山东税粮的征收分夏、秋两季，夏税征麦，秋粮征粟。[⑤] 至清初，清平县境粟，“种最多”[⑥]。至民国初年，东平粟的产量仅次于小麦。[⑦]

麦，主要分大麦、小麦、荞麦，一般为秋种夏收，“有种于春日者，俗名转窝麦，实同而类异，种浮而收歉”。转窝麦，“过时失候不得已而补艺之，非种也”[⑧]。明中叶以后，鲁西地区的小麦种植面积大幅度增长，小麦成为山东运河区域最重要的粮食作物。[⑨] 鱼台，“谷之品，惟麦收独厚，小麦尤多”[⑩]。东平人，“凡单言麦，皆指小麦”。麦有红、白二种，前者曰火麦，后者曰鲜麦，“为食粮中最多之产品，高阜下隰，种之皆

---

① 游修龄：《黍和粟的起源及传播问题》，载氏著《农史研究文集》，中国农业出版社 1999 年版，第 29—51 页；李根蟠：《稷粟同物，确凿无疑——千年悬案“稷穄之辨”述论》，《古今农业》2000 年第 2 期；韩茂莉：《中国历史农业地理》上，北京大学出版社 2012 年版，第 236 页。

② 李树德等：民国《德县志》卷 13《物产》，《中国地方志集成》山东府县志辑第 12 册，第 391 页。

③ 马翥等：光绪《德州乡土志》不分卷《物产》，中国国家图书馆藏光绪年间抄本，1a。

④ 刘靖宇等：民国《东平县志》卷 4《物产志》，《中国地方志集成》山东府县志辑第 66 册，第 30 页。

⑤ 许檀：《明清时期山东商品经济的发展》第二章“农业生产结构的调整与经济布局的优化”，第 32 页。

⑥ 王佐等：康熙《清平县志》卷下《物产》，中国国家图书馆藏康熙五十六年刻本，1a。

⑦ 刘靖宇等：民国《东平县志》卷 4《物产志》，《中国地方志集成》山东府县志辑第 66 册，第 30 页。

⑧ 李贤书等：道光《东阿县志》卷 2《方域》，《中国地方志集成》山东府县志辑第 92 册，第 36 页。

⑨ 许檀：《明清时期山东商品经济的发展》第二章“农业生产结构的调整与经济布局的优化”，第 32 页。

⑩ 赵英祚等：光绪《鱼台县志》卷 1《土产》，《中国地方志集成》山东府县志辑第 79 册，第 65 页。

宜”[①]。观城，“本境所种者，小麦居多”[②]。程方利用孔府档案对清顺治年间孔府于汶上县各屯的农作物种植比例做了详细统计。统计表明，顺治年间孔府各屯庄冬小麦的种植比例很高，汶上县陈家闸庄、西平原庄和滕村店的比例均在90%以上，最低的也在五六成以上。[③] 至晚清时期，卫河航运依旧顺畅。沿河的恩县每年通过卫河水运小麦至天津销售约1000余石。[④] 卫河沿岸的德州成为重要的粮食转运中心。每年由高唐、平原、禹城等州县运至德州的米麦达十二三万石，除州城售卖二成外，剩余八成“俱由水路运往天津”[⑤]。朝城县小麦的商品率很高，每年县内运销20余万石，运至临清后转运外地，“每岁二千余石”[⑥]。此外，小麦的附加产品与底层百姓的生计息息相关。麦秸，“以铡刀切碎，掺入谷草中，牛马皆可饲养”。底层百姓的土屋土墙，多以麦秸和泥筑就。[⑦]

菽是中国古代豆类作物的总名。豆类作物生长周期短，对土地要求不高，具有较强的抗旱性，属稳产保收作物。[⑧] 如滕县东部山地地区，“多山险，宜粟、菽”[⑨]。豆类作物主要有青、黄、白、红、绿数种，又有豇豆、豌豆、扁豆、赤小豆、白小豆、扒山豆之类。[⑩] 黄豆，“可以为饭，可以作酱，作腐，且为油粮之大宗”；黑豆，“可作油，兼可肥田，且为

---

① 刘靖宇等：民国《东平县志》卷4《物产志》，《中国地方志集成》山东府县志辑第66册，第30页。

② 王培钦等：光绪《观城乡土志》不分卷《植物》，莘县地方志编纂委员会藏光绪年间抄本，无页码。

③ 程方：《清代山东农业发展与民生研究》第三章“清代山东的农业改革”，天津人民出版社2012年版，第72—73页。

④ 汪鸿孙等：光绪《恩县乡土志》不分卷《商务》，光绪三十四年抄本，52a。

⑤ 马翥等：光绪《德州乡土志》不分卷《商务》，中国国家图书馆藏光绪年间抄本，1b。

⑥ 佚名：光绪《朝城乡土志》不分卷《商务》，中国国家图书馆藏光绪三十三年抄本，无页码。

⑦ 刘靖宇等：民国《东平县志》卷4《物产志》，《中国地方志集成》山东府县志辑第66册，第31页。

⑧ 成淑君：《明代山东农业开发研究》第一章“农业生产环境与历代开发研究”，第41页。

⑨ 王政等：道光《滕县志》卷3《风俗志》，《中国地方志集成》山东府县志辑第75册，第68页。

⑩ 李贤书等：道光《东阿县志》卷2《方域》，《中国地方志集成》山东府县志辑第92册，第36页。

饲养牲畜料豆之大宗”；绿豆，“食之可以解暑解毒，磨作面粉，可作粉丝，粉条，为佐蔬之要品”。山东运河区域百姓多用绿豆做粥，为“贵重食粮，于收麦后种之”。[①] 明代运河沿线的东昌、兖州等府承担为国家养马的役务，适合饲养牲畜的黑豆种植量比较大。明前期，包括山东运河区域在内的平原地区黄、黑等豆多为春播，一般三月前下种。明代中后期起，由于小麦等作物的推广种植，豆类作物逐渐被挤出春播作物的行列，改为夏季五月麦收后播种。豆类作物生长周期短，且有恢复和提高土壤肥力的功能，使其成为麦收后复种的首选作物。麦豆轮作的实行，使得作物种植由原来的一年一熟转化成了两年三熟。[②]

蜀黍，又称秫、蜀秫、高粱，分红、白、黄数种，春种秋熟，“在五谷中为下品”。高粱，“平原下隰种之皆宜，惟不宜于山地”。[③] 高粱，“种者颇多，产量与小麦等”。[④] 高粱具有抗涝的特点。在低洼积水较多的济宁、汶上等地，粮食作物就以麦和高粱为主。[⑤] 汶上，“陂泽沮洳之场，亦居其半，伏秋患霪潦，种植宜秫麦”[⑥]。东昌府城附近地势洼下，“向种高粱，并不播种秋麦”[⑦]。滕县高粱种植数量比小麦都多，“滕俗秫豆为重，麦次之。”[⑧] 高粱可酿酒、煮粥。茎可编席编囤。[⑨] 高粱秆为山东运

---

① 刘靖宇等：民国《东平县志》卷4《物产志》，《中国地方志集成》山东府县志辑第66册，第30页。

② 成淑君：《明代山东农业开发研究》第一章“农业生产环境与历代开发研究”，第234—235页。

③ 刘靖宇等：民国《东平县志》卷4《物产志》，《中国地方志集成》山东府县志辑第66册，第29页。

④ 刘靖宇等：民国《东平县志》卷4《物产志》，《中国地方志集成》山东府县志辑第66册，第30页。

⑤ 成淑君：《明代山东农业开发研究》第一章“农业生产环境与历代开发研究”，第233页。

⑥ 觉罗普尔泰等：乾隆《兖州府志》卷5《风土志》，《中国地方志集成》山东府县志辑第71册，第122页。

⑦ 黎世序等：《续行水金鉴》卷105《运河水》，《四库未收书辑刊》七辑第7册，第779页。

⑧ 王政等：道光《滕县志》卷12《艺文志中》收孔广珪《上邑侯彭少韩书》，《中国地方志集成》山东府县志辑第75册，第367页。

⑨ 李树德等：民国《德县志》卷13《物产》，《中国地方志集成》山东府县志辑第12册，第391页。

河区域百姓的重要柴薪来源。①

水稻，分秔、糯二种。鲁南及鲁西南地区曾有较为发达的灌溉条件。先秦时期，鲁南泗沂水流域就普遍种植水稻。② 东汉初年，山阳（今金乡西北）太守秦彭在境内起稻田数千顷。③ 隋唐时期，鲁南地区曾兴修大量陂塘，水稻种植相当兴盛。到元代时，峄县周边稻田达万顷之多。④ 明代东平州东北20里有卢泉，“近泉人家藉以浸灌稻蔬，为利甚大”⑤。至晚清民国年间，东平虽多积水，但均不能种植水稻，各乡只有少量旱稻，数目亦微。市场销售的稻米均来自外省。⑥ 明清时期，济宁、嘉祥、金乡一带均有零星的水稻种植。明代济宁一带种稻较多，出现了“陂田秧处稻成畦”的景象。⑦ 滕县境内种植旱稻，无水稻。⑧ 该县西南一带，“地广斥，多陂泽，宜稻麦”⑨。东昌府各州县不产水稻。历城、章丘一带水田种植水稻，由商贩运输至东昌府地区销售。嘉庆年间，东昌府市场上稻米每斤，值大钱25文；昂贵时，每斤价值30文外。当时，市价肉每斤60文，整只鸡值100文，香油每斤80文。⑩ 可见，稻米在山东运河区域属于高档消费品。

此外，大麦，又称麰、麰麦，茎叶与小麦相似，“芒长，谷粒相黏，未易脱仁，可作饭，作餳，亦可作造酒麯，惟下隰可种”，各州

① 王鸿瑞等：光绪《东平州乡土志》不分卷《物产》，中国国家图书馆藏光绪三十三年抄本，89a。

② 邹逸麟：《历史时期黄河流域水稻生产的地域分布和环境制约》，《复旦学报》（社会科学版）1985年第3期。

③ 张芳：《夏商至唐代北方的农田水利和水稻种植》，《中国农史》1991年第3期。

④ 成淑君：《明代山东农业开发研究》第一章“农业生产环境与历代开发研究”，第41页。

⑤ 周云凤等：道光《东平州志》卷2《方域·物产》，中国国家图书馆藏道光五年刻本，17a。

⑥ 刘靖宇等：民国《东平县志》卷4《物产志》，《中国地方志集成》山东府县志辑第66册，第31页。

⑦ 刘兴汉等：康熙《宁阳县志》卷8《艺文志下》收许彬《汶阳春耕》，10b。

⑧ 黄浚等：康熙《滕县志》卷3《方物志》，中国国家图书馆藏康熙五十六年刻本，13b。

⑨ 张鹏翮等：康熙《兖州府志》卷5《风土志》，中国国家图书馆藏康熙二十五年刻本，10b。

⑩ 万承绍等：嘉庆《清平县志》不分卷《户书》，中国国家图书馆藏嘉庆三年刻本，15b。

县产量并不多。[①] 荞麦，立秋前后下种，八九月收割，畏惧早霜。磨粉后，可做面条、河捞饼、糕等食品。多数州县并未大面积种植，“必三伏中，不能种他种禾稼时，始种之”[②]。芝麻，又称脂麻、胡麻，有黑、白、红、黄四种。[③] 芝麻，耐旱，适宜长于高田，“种白者专作香油，黑者只供茶食店果品之用”[④]。薏苡仁，又名回回草、草珠宝儿等，分布并不广。东平，“境内间有之”[⑤]。至民国年间，东平境内，“间有种者，为数极少”。[⑥] 穇，一名龙爪粟，一名鸭爪稗，生水田中，及下湮处，叶似稻，但差短，稍头结穗。其子如黍粒，大茶褐色，捣米煮粥炊饭磨面皆宜。[⑦]

随着中外交流范围的扩大，明清时期外国的一些作物传入中国，并逐渐成为山东运河区域粮食作物中的主要门类，其中以玉米和番薯为代表。

玉米，通称玉蜀黍，也叫玉高粱、御麦和番麦等。[⑧] 明中后期，玉米通过海路和陆路传入中国。海路传入中国后经东南沿海数省传入内地。陆路包括两条：一是印度、缅甸入云南的西南路线；一条是经波斯、中

---

① 刘靖宇等：民国《东平县志》卷4《物产志》，《中国地方志集成》山东府县志辑第66册，第30页。

② 刘靖宇等：民国《东平县志》卷4《物产志》，《中国地方志集成》山东府县志辑第66册，第30页。

③ 张承赐等：康熙《东平州志》卷2《物产》，中国国家图书馆藏康熙十九年刻本，42b。

④ 刘靖宇等：民国《东平县志》卷4《物产志》，《中国地方志集成》山东府县志辑第66册，第31页。

⑤ 周云凤等：道光《东平州志》卷2《方域·物产》，中国国家图书馆藏道光五年刻本，17b。

⑥ 刘靖宇等：民国《东平县志》卷4《物产志》，《中国地方志集成》山东府县志辑第66册，第31页。

⑦ 李贤书等：道光《东阿县志》卷2《方域》，《中国地方志集成》山东府县志辑第92册，第36页。

⑧ 郭松义：《玉米、番薯在中国传播中的一些问题》，《清史论丛》第七辑，中华书局，1986年。

亚到甘肃的西北路线。[①] 20 世纪 60 年代初，万国鼎考证明万历十八年（1590）山东就开始引种玉米。[②] 遗憾的是，万先生并未注出这条史料的出处。成书于明万历年间的《金瓶梅词话》在描述西门庆宴会食谱时，曾几次提到玉米食物。如第 31 回中写道："迎春从上边拿下一盘子烧鹅肉，一碟玉米面玫瑰果馅蒸饼儿与奶子吃。"[③] 据此，有学者推测该小说主要发生地的临清可能借助运河交通便利条件成为山东最早种植玉米的地区。[④] 韩茂莉却认为，西门庆在《词话》里是富家阔少的形象，奢靡是其生活的特征。玉米能够端上西门庆的餐桌，恰恰说明玉米在山东是稀罕物，只能从其他地方购得。[⑤] 由此可见，直至明代后期，玉米在山东未获得较大范围的种植，甚至被视作一种稀罕作物。入清，玉米在山东的传播仍处于缓慢的引种过程中，依旧未获得大面积种植。乾隆年间，随着人口的不断增长，人地矛盾日益尖锐，玉米的种植最终获得大规模推广。[⑥] 乾隆以后，山东运河区域各州县方志对玉米不同侧面的特征描述更为细致。道光《武城县志》言："玉蜀黍，顶上穗止开花无粒，从节间生穗，其形似棒子，土人呼作棒子。"[⑦] 道光《东阿县志》言："其苗叶俱似蜀黍而肥矮亦似薏苡，苗高三四尺，六七月间，花成穗如秕苗状。"[⑧] 玉米的适应性很强，"高阜、平原种之皆宜"。夏季麦收后，玉米与豆类

---

① 关于玉米传入中国的路径是学术界讨论广泛的一个问题，主要代表成果有罗尔纲：《玉蜀黍传入中国》，《历史研究》1956 年第 3 期；何炳棣：《美洲作物的引进、传播及其对中国粮食生产的影响》，《世界农业》1979 年第 4—6 期；陈树平：《玉米和番薯在中国传播情况研究》，《中国社会科学》1980 年第 3 期；曹树基：《玉米和番薯传入中国路线新探》，《中国社会经济史研究》1988 年第 4 期；郭松义：《玉米、番薯在中国传播中的一些问题》，《清史论丛》第七辑；向安强：《中国玉米的早期栽培与引种》，《自然科学史研究》1995 年第 3 期；韩茂莉：《中国历史农业地理》第八章"玉米、甘薯传播路径与地理分布"，第 512—529 页。

② 万国鼎：《五谷史话》，中华书局 1961 年版，第 31 页。

③ 兰陵笑笑生著，梅节校订：《金瓶梅词话》第 31 回"琴童藏壶觑玉箫，西门庆开宴吃喜酒"，台北里仁书局 2014 年版，第 444 页。

④ 李令福：《明清山东粮食作物结构的时空特征》，《中国历史地理论丛》1994 年第 1 期。

⑤ 韩茂莉：《中国历史农业地理》第八章"玉米、甘薯传播路径与地理分布"，第 526 页。

⑥ 李令福：《明清山东粮食作物结构的时空特征》，《中国历史地理论丛》1994 年第 1 期。

⑦ 厉秀芳等：道光《武城县志》卷 7《风俗物产》，《中国地方志集成》山东府县志辑第 18 册，第 555 页。

⑧ 李贤书等：道光《东阿县志》卷 2《方域》，《中国地方志集成》山东府县志辑第 92 册，第 36 页。

作物隔行耕种，充分利用地利，成为百姓的重要口粮。玉米秸秆以铡刀切碎后，掺以谷草，可用来饲养牛、马、骡等。[①]

番薯，又称甘薯、山芋、红薯、地瓜等，同样是源出美洲的作物。[②]明代中后期，甘薯通过东南海路传入福建等地，通过各地官府及与官府相关的民间人士之力，最终推广到全国各地。[③] 至乾隆年间，在官府大力推动之下，山东各个地区开始大面积引种番薯。[④] 乾隆十四年（1749），闽商陈世元在山东胶州一带引种番薯获得成功。此举很快引起山东布政使李渭的注意。乾隆十七年（1752）二月，李渭开始在山东大力推广番薯种植，并制定了种植红薯的 12 条法则，内容包括种植红薯的优越性，红薯的栽培方法、育肥措施、食用方法等内容。[⑤] 在此期间，山东运河区域各州县相继引种番薯，且成效显著。[⑥] 番薯的推广种植使得山东运河区域的高阜沙土地得到进一步的开发利用。番薯开始成为下层百姓的主要口粮，“农民冬食多仰赖之”[⑦]。东平百姓“啖之可以代食”。下层百姓往往采取挖掘土井的方式来储藏番薯，“可供冬春数月之粮，以其充饥可口

① 刘靖宇等：民国《东平县志》卷 4《物产志》，《中国地方志集成》山东府县志辑第 66 册，第 31 页。

② 中国古代就有一种称作甘薯的作物。后来，文献里多将原产的甘薯与后来传入中国的番薯混淆。此后胡锡文、夏鼐等学者考证指出，中国古籍里记载的甘薯是薯蓣科植物，与后来传入中国的番薯是两种不同的植物。参见胡锡文《甘薯来源和我国劳动祖先的栽培技术》，《农业遗产研究集刊》第二册，中华书局 1958 年版；夏鼐：《略谈番薯和薯蓣》，《文物》1961 年第 8 期。

③ 韩茂莉：《中国历史农业地理》第八章“玉米、甘薯传播路径与地理分布”，第 561—569 页。

④ 李令福：《明清山东粮食作物结构的时空特征》，《中国历史地理论丛》1994 年第 1 期。

⑤ 陈世元：《金薯传习录》卷上《种植红薯法则十二条》，《中国农学珍本丛刊》，农业出版社 1982 年版，第 18—22 页。

⑥ 如兖州府，“自乾隆十七年，各县奉文劝种……今所在有之”（参见乾隆《兖州府志》卷 5《风土志》）。济宁州，“乾隆十七年，奉文劝种，遍于中土矣”（参见乾隆《济宁直隶州志》卷 2《物产》）。东阿县，“自乾隆十七年，各州县劝文种于高阜沙土地，依沙种植，最易生成”（参见道光《东阿县志》卷 2《方域》）。

⑦ 谢锡文等：民国《夏津县志续编》卷 4《食货志》，中国国家图书馆藏民国二十三年刻本，91a。

且可节省燃料也"①。番薯的叶茎还是牛马的主要饲料。②

表3—2　　民国三年（1914）农工商部调查表

州县	品种	种植面积（亩）	总产量（石）	平均亩产量（石）
济宁	粟	166954	80138	0.480
	麦	658144	302746	0.460
	高粱	171956	137565	0.800
	黄豆	438762	263257	0.600
	芝麻	1900	760	0.400
金乡	粟	92000	64400	0.700
	麦	754645	603716	0.800
	黍	2020	1010	0.500
	稷	1530	918	0.600
	高粱	17600	17600	1.000
	黄豆	521250	364875	0.700
	芝麻	9250	4625	缺
嘉祥	粟	62140	30499	0.490
	麦	212544	121150	0.570
	高粱	138982	94508	0.680
	黄豆	202146	101072	0.500
鱼台	粟	78654	133712	1.700
	麦	536588	482929	0.900
	稷	18367	27551	1.500
	高粱	156683	33366	2.000
	黄豆	463654	278192	0.600
	芝麻	1294	847	0.500

① 刘靖宇等：民国《东平县志》卷4《物产志》，《中国地方志集成》山东府县志辑第66册，第33页。

② 觉罗普尔泰等：乾隆《兖州府志》卷5《风土志》，《中国地方志集成》山东府县志辑第71册，第123页。

续表

州县	品种	种植面积（亩）	总产量（石）	平均亩产量（石）
巨野	粟	170000	85000	0.500
	麦	557200	167160	0.300
	黍	50000	20000	0.400
	高粱	154300	92580	0.600
	黄豆	409844	163938	0.400
	红豆	2400	960	0.400
	扁豆	1400	420	0.300
单县	粟	411000	102750	0.2500
	大麦	27000	5400	0.200
	小麦	822000	15080	0.140
	黍	39500	9085	0.230
	稷	32400	7452	0.230
	高粱	672020	134404	0.200
	黄豆	802500	136425	0.170
	绿豆	55500	8880	0.160
	芝麻	22500	1800	0.080
汶上	粟	207500	248892	1.200
	麦	873800	646612	0.740
	高粱	298853	209199	0.700
	黄豆	873800	655350	0.750
滕县	粟	112167	83006	0.740
	麦	568640	398048	0.700
	高粱	710838	568670	0.800
	黄豆	444912	222456	0.500

续表

州县	品种	种植面积（亩）	总产量（石）	平均亩产量（石）
聊城	粟	33010	9903	0. 300
	小麦	378500	75700	0. 200
	高粱	312140	124856	0. 400
	黄豆	344000	103200	0. 300
	黑豆	49570	14571	0. 300
	绿豆	36090	7218	0. 200
	芝麻	5065	1320	0. 300
	玉蜀黍	23630	7089	0. 300
临清	粟	86157	51694	0. 600
	小麦	362644	235718	0. 650
	高粱	366790	114884	0. 313
	黑豆	53140	18599	0. 350
	绿豆	28922	14461	0. 500
	芝麻	13274	2735	0. 206
	玉蜀黍	58697	22305	0. 380
武城	粟	220000	164100	0. 750
	小麦	230000	76590	0. 333
	黍	9000	2997	0. 333
	稷	9000	2997	0. 333
	高粱	193000	69094	0. 358
	元豆	40000	4640	0. 116
	黑豆	25000	2900	0. 116
	吉豆	19000	4427	0. 233
	芝麻	8000	1264	0. 158
	玉蜀黍	40000	12000	0. 300

续表

州县	品种	种植面积（亩）	总产量（石）	平均亩产量（石）
夏津	粟	189000	226800	1.200
	小麦	138800	91608	0.660
	高粱	316500	272410	0.860
	黄豆	24000	19400	0.680
	黑豆	17600	14960	0.850
	玉蜀黍	40400	40194	0.990
邱县	粟	87603	35041	0.400
	小麦	137841	55136	0.400
	黍稷	40302	12091	0.300
	高粱	121066	60533	0.500
	黄豆	41898	20949	0.500
	黑豆	69339	41603	0.600
	绿豆	24654	12327	0.500
	芝麻	25070	5014	0.200
	玉蜀黍	26455	10582	0.400

资料来源：冯天瑜、刘柏林、李少军等编：《东亚同文书院中国调查资料选译》（下册），第1458、1465页。

民国三年（1914），农工商部对济宁、金乡、嘉祥、鱼台、聊城等州县的麦、粟、高粱、豆等主要粮食作物的种植面积、总产量及平均亩产量做过详细调查。由表3—2可见，按种植面积大小排序，民国初年济宁周边8州县主要粮食作物有小麦（4983561亩）、豆（4156868亩）、高粱（2321232亩）、粟（1300415亩）、稷（52297亩）、芝麻（34944亩）、大麦（27000亩）及其他豆类作物（含红豆、绿豆、扁豆，59300亩），其中小麦、豆、高粱、粟占据前四位，种植面积均在100万亩以上，而小麦、豆类作物的种植面积均在400万亩以上。[①] 民国初年，日本人在农业

① 冯天瑜、刘柏林、李少军等编：《东亚同文书院中国调查资料选译》（下册），社会科学文献出版社2012年版，第1458页。

调查中指出："西南部濒于运河的鱼台、济宁、汶上、嘉祥、东平等一带，因属低湿地，不适于栽种小麦，因为产量少、品质不佳。"① 即便如此，小麦的种植面积仍是各类粮食作物中最大的。据民国初年山东农业专门学校师生的一份调研报告，聊城县种植的粮食作物主要包括高粱、粟、小麦、豆类作物、玉米等，"而麦为最多"②。聊城县种植面积最大的粮食作物主要为小麦、黄豆、高粱，均在 30 万亩以上。运河区域北部聊城、临清、武城、夏津、邱县 5 州县主要粮食作物有高粱（1309496 亩）、小麦（1247785 亩）、粟（615770 亩）、大豆（409898 亩）、黑豆（214649 亩）等，其中尤以高粱、小麦种植面积最大，种植面积均在 100 万亩以上。民国初年，日本同文书院对聊城及其邻县堂邑县主要粮食作物的产量做了调查。表 3—3 可见，小麦、高粱、粟、黄豆、玉蜀黍及其他豆类植物依旧是该地区的主要粮食作物。

表 3—3　　　　聊城县与堂邑县主要粮食作物产量表

	聊城县	堂邑县
粟	9903 石	108000 石
小麦	75700 石	150000 石
高粱	124856 石	45000 石
黄豆	103200 石	40000 石
黑豆	14571 石	30000 石
绿豆	7218 石	无数据
芝麻	1320 石	无数据
玉蜀黍	60000 石	60000 石

资料来源：冯天瑜、刘柏林、李少军等编：《东亚同文书院中国调查资料选译》（下册），第 1416 页。

① 冯天瑜、刘柏林、李少军等编：《东亚同文书院中国调查资料选译》（下册），第 1460 页。

② 山东农业调查会编：《山东之农业概况》，《民国史料丛刊》第 504 册，大象出版社 2009 年，第 115 页。

二 经济作物

（一）花生

花生，原产南美洲，明末传入中国。[①] 然而，直到雍正年间，山东未闻有花生的种植。乾隆十四年（1748）《临清州志》载：“落花生，蔓生黄花，花落即生，类芋而味不及。”[②] 据此条史料，学界多将临清视作山东最早种植花生的地区之一。鲁西北运河区域虽然引种花生最早，但在此后百余年间却未获得大面积种植。[③]

嘉、道年间，在鲁南运河区域，花生种植开始获得推广。嘉庆初年，宁阳县齐家庄人齐镇清试种花生，“其生颇蕃”。至光绪年间，花生种植在山东运河区域已获普遍推广，并成为种植面积极其广泛的经济作物。宁阳县的花生种植，“连阡接陌，几与菽粟无异，故入谷类”[④]。山东运河区域早期引种的花生，“惟有短小者一种，俗名长生果”[⑤]。至同治年间，胶东平度州人从传教士手中获得美国大花生种。由于美种花生与原种花生相较，虽产油量稍低，但颗粒更大，产量更高，很快在山东省内获得种植推广。[⑥] 据许檀统计，光绪年间，山东花生种植已推广到40余州县。[⑦] 花生在各类作物中地位上升，并被多种方志列入“谷类”（粮食作物，见表3—1）。山东运河区域的土壤，“沙性之土，种之最宜”。东平

---

① 何炳棣：《美洲作物的引进、传播及其对中国粮食的生产的影响》，《世界农业》1979年第4期。

② 王俊等：乾隆《临清州志》卷11《物产志》，山东省地图出版社影印乾隆十四年刻本，57a。

③ 许檀：《明清时期山东商品经济的发展》第二章“农业生产结构的调整与经济布局的优化”，第64页；陈凤良、李令福：《清代花生在山东省的引种与发展》，《中国农史》1994年第2期。

④ 高升荣等：光绪《宁阳县志》卷6《物产》，《中国地方志集成》山东府县志辑第69册，第92页。

⑤ 周竹生等：民国《东阿县志》卷1《舆地一·物产》，中国国家图书馆藏民国二十三年刻本，25a。

⑥ 陈凤良、李令福：《清代花生在山东省的引种与发展》，《中国农史》1994年第2期。

⑦ 许檀：《明清时期山东商品经济的发展》第二章“农业生产结构的调整与经济布局的优化”，第66页。

县大清河、小清河以及汶河沿岸淤沙地普遍种植花生。[①] 种植花生的产量稳定，每亩地可收二三百斤。[②] 种植花生的收益要好于其他粮食作物。朝城县，“王奉区自光绪初年多种落花生，获利之厚，优于五谷”[③]。晚清时期，朝城县的花生仅在县境一年的销售量就多达三十余万斤。[④] 山东运河区域南部的峄县在晚清时期普遍种植花生：“其地宜落花生，居民艺之，亩岁得十余石，南商每以重价购之。由是，境内人远近皆植之，贩鬻日众，居民衣食皆给，而以羡益殖其业焉。”[⑤]

晚清时期，受黄河淤塞及战乱影响，会通河运道多年失修淤塞，运输能力大减。然而，山东运河北段的卫河河道依旧保持比较强的运输能力。随着开埠之后辐射功能的不断强化，天津城市经济发展直接带动了山东卫河沿线各州县包括花生在内的各类经济作物的种植与推广。[⑥] 德州，“花生水运出境，总有五六十万斤之谱”[⑦]。武城，“由水路运销天津，约在十成之六”[⑧]。夏津东南境，“花生最多”，所产花生除县内自用榨油外，通过卫河转运天津。[⑨] 冠县，“花生，城南最多”[⑩]。恩县，“花生，由卫河水运至天津销售，每岁约数百万斤”[⑪]。至民国初年，恩县的花生种植已成为县境种植规模最大的经济作物，“棉之栽培，尚不及之”。

---

① 刘靖宇等：民国《东平县志》卷4《物产志》，《中国地方志集成》山东府县志辑第66册，第33页。

② 萨承钰等：光绪《武城县乡土志》不分卷《物产志》，中国国家图书馆藏光绪年间手抄本，无页码。

③ 刘文禧等：民国《朝城县志》卷1《建革·物产》，《中国方志丛书》，第41页。

④ 佚名：光绪《朝城乡土志》不分卷《商务》，中国国家图书馆藏光绪三十三年抄本，第65页。

⑤ 赵亚伟等整理：光绪《峄县志》卷7《物产》，第116页。

⑥ 樊如森：《天津与北方经济现代化（1860—1937）》第二章“天津是北方广大地区外向型经济的龙头”，东方出版中心2007年版，第33—64页。

⑦ 马翥等：光绪《德州乡土志》不分卷《商务》，中国国家图书馆藏光绪年间抄本，无页码。

⑧ 萨承钰等：光绪《武城县乡土志》不分卷《物产志》，中国国家图书馆藏光绪年间手抄本，无页码。

⑨ 山东农业调查会编：《山东之农业概况》，《民国史料丛刊》第504册，第160页。

⑩ 侯光陆等：民国《冠县志》卷3《物产》，中国国家图书馆藏民国二十三年刻本，64b。

⑪ 汪鸿孙等：光绪《恩县乡土志》不分卷《商务》，《中国方志丛书》，第90页。

恩县的花生种植面积多达2000余顷。[①] 清平东乡“多种花生”[②]。朝城每年行销花生达三十余万斤。[③] 卫河、会通河交汇的临清是花生贸易的重要集散地。民国初年，临清市场上一年的花生集散量约500万斤，主要通过水运销往天津。[④]

（二）棉花

在宋元之际，作为新作物的棉花由中国东南、西北两个方向逐渐传入中国腹地。南宋后期，由闽广传播的南道棉向北进入长江流域，由西北传来的棉花也东播进入中国北方。元代承续宋代的这种势头，进一步将棉花种植推广普及到长江、淮河及黄河中下游地区。[⑤]

学术界普遍认为，山东开始大面积种植棉花与明王朝建国之初的政策有密切关系。[⑥] 龙凤十一年（1365），也就是朱元璋称吴王的次年，他就正式下令：凡农民田五亩至十亩，栽木棉各半亩，“十亩以上者倍之，其田多者，率以是为差，不栽棉，使出棉布一匹，有司亲临督劝，不如令者罚”[⑦]。统一全国后，朱元璋很快将这个制度推广到中国北方地区，以行政手段的方式强制农民种植棉花作物。[⑧] 自明初开始，山东各地均有不同数量的花绒摊派政策，也推动了棉花种植的普及。例如，

---

① 山东农业调查会编：《山东之农业概况》，《民国史料丛刊》第504册，第147页。

② 陈钜前等：宣统《清平县志》卷5《食货》，中国国家图书馆藏宣统三年刻本，14b。

③ 佚名：光绪《朝城乡土志》不分卷《商务》，中国国家图书馆藏光绪三十三年抄本，第65页

④ 冯天瑜、刘柏林、李少军等编：《东亚同文书院中国调查资料选译》（下册），第1423页。

⑤ 严中平：《中国棉纺织史稿》第二章“鸦片战争前中国棉纺织业的发展”，商务印书馆2011年版，第21页；史学通、周谦：《元代的植棉与纺织及其历史地位》，《文史哲》1983年第1期。

⑥ 李令福：《明清山东棉花种植业的发展与主要产区的变化》，《中国历史地理论丛》1998年第1期；许檀：《明清时期山东商品经济的发展》第二章“农业生产结构的调整与经济布局的优化”，第42页；成淑君：《明代山东农业开发研究》第四章“明代山东农业种植结构的调整”，第242页。

⑦ 《明太祖实录》卷17，乙巳六月乙卯。李令福与笔者使用同一条史料，他却把朱元璋发布这条指令的时间改作洪武元年（1368），应为错误。

⑧ 从翰香：《明代棉业史》，载《从翰香集》，社会科学文献出版社2021年版，第190页。

明代汶上县每年上缴朝廷棉花绒350斤15两余。[①] 嘉靖年间，夏津县棉田面积已达87顷80亩。上缴朝廷的棉花绒从洪武年间的99斤余，至永乐十年增至2196斤余，并一直维持在这个规模。[②] 明代六府中以兖州、东昌二府交纳朝廷的花绒数最大，其中兖州府17064斤，东昌府15701斤。[③]

据从翰香研究，明代山东、河南两省棉花产量在各省区最为丰富，冠于全国。在山东六府中，运河区域的兖州、东昌两府的棉花产量尤为突出。[④] 明代东昌府下属高唐、夏津、武城、恩县、范县等州县，棉产丰富，质量上乘，号称“北花第一”[⑤]。兖州府棉花，“地亩供输与商贾贸易，甲于诸省”[⑥]。距运河较近的曹州府也大面积种植棉花。该府志直言：“木棉转鬻他方，其利颇盛。”[⑦]

入清，山东运河区域的棉花种植更为普遍。乾隆五十八年（1793），马戛尔尼使团在途经山东运河时就观察到沿途播种小麦的耕地面积不断减少，土地大量被用来种植棉花。他们对沿运的棉花长势及耕作方法做了细致描绘：

> 此时，棉荚正成熟绽开。棉株生长矮小，但枝干满是棉桃。像小麦一样也采用条播种植。据说第二年的棉花和头年产的一样好，但第三年就退化，这时要连根拔掉重新播种。[⑧]

---

① 栗可仕等：万历《汶上县志》卷4《政纪》，中国国家图书馆藏万历三十六年刻本，5b。

② 易时中等：嘉靖《夏津县志》卷2《食货志》，《天一阁藏明代方志选刊》第57册，20a—23a。

③ 李令福：《明清山东棉花种植业的发展与主要产区的变化》，《中国历史地理论丛》1998年第1期

④ 从翰香：《试述明代植棉和棉纺织业的发展》，载《从翰香集》，第78—79页。

⑤ 《新刻天下四民便览三台万用正宗》卷21《商旅门·棉花》，转引自从翰香《明代棉业史》，载《从翰香集》，第237页。

⑥ 朱泰等：万历《兖州府志》卷25《物产》，《天一阁藏明代方志选续辑》第53册，第968页。

⑦ 周尚质等：乾隆《曹州府志》卷7《风土》，《中国地方志集成》山东府县志辑第80册，第125页。

⑧ ［英］乔治·马戛尔尼、约翰·巴罗：《马戛尔尼使团使华观感》，何高济译，商务印书馆2013年版，第442页。

清代，清平县棉花种植，“连顷遍塍，大约所种之地，过于种豆麦”[①]。东阿，“邑东南山中多种之”[②]。高唐，“州以木棉为恒产，野无一亩之桑矣”[③]。道光年间，高唐知州徐宗幹谈到该州棉田面积远远超粮田面积，棉花挤占粮食种植面积引起连锁的社会反应：“上年棉花大稔，麦亦有秋，而民食未见充足，种花多而种谷少也。盖白壤种花，黑坟种谷，花多谷少，富者愈富，贫者愈贫。”[④] 运河西岸的郓城，“地广衍饶沃，土宜木棉，贾人转鬻江南，为市肆居焉，五谷之利不及其半矣”[⑤]。临清州是大面积种植棉花的基地。同治九年（1870），外国人在临清一带旅行时，遍地的棉田给他们留下深刻印象。威廉逊记道：“从临清向东的旅途中，看到田地上种着大量的棉花，农家不论老少，特别是妇女，都在地上采摘棉花。”[⑥]

民国三年（1914），农工商部对临清以及周边各州县不同品种的棉花种植面积、棉花产量做了详尽调查（见表3—4）。至民国初年，临清县境产棉区占全部土地的6/10，每年运销外地棉花6000万斤，得价洋700余万元，地位远超粮食作物。[⑦] 据民国初年日本的一份调查报告显示，当时临清通过卫河运往天津的棉花多达9万担。在省城济南集散的棉花八成以上来自以临清为中心的地方（包括临清、聊城、夏津、高唐、清平、冠县、馆陶）。日本人对临清棉花产量做了保守估计，棉产量至少在3000万斤以上，并按100斤籽棉产纺纱棉36斤计算，可产纺纱棉10万担。[⑧]

---

① 万承绍等：嘉庆《清平县志》不分卷《户书》，中国国家图书馆藏嘉庆三年刻本，16a。

② 李贤书等：道光《东阿县志》卷2《方域》，《中国地方志集成》山东府县志辑第92册，第36页。

③ 徐宗幹等：道光《高唐州志》卷3之2《书院》，中国国家图书馆藏道光十六年刻本，27a。

④ 徐宗幹：《斯未信斋文编·二》官牍卷1《致侯理庭太守》，《清代诗文集汇编》第593册，第97页。

⑤ 张鹏翮等：康熙《兖州府志》卷5《风土志》，中国国家图书馆藏康熙二十五年刻本，12b。

⑥ 李文治主编：《中国近代农业史资料：1840—1911》（第一辑），生活·读书·新知三联书店1957年版，第423页。

⑦ 张自清等：民国《临清县志》卷8《经济志·物产》，《中国地方志集成》山东府县志辑第95册，第133页。

⑧ 冯天瑜、刘柏林、李少军等编：《东亚同文书院中国调查资料选译》（下册），第1282、1285页。

民国初年，夏津县棉花种植面积已占全部农田的7/10，达5000余顷，每年总产量3000万—4000万斤不等。粮食作物种植面积减少，“以丰年论，尚不足六月之需，势必资借外粮以裕民食”①。同期的清平农作物种植量最大也是棉花，棉田占全部耕地的7/10以上，每年往外运销棉花5000万斤以上。②

表3—4　　临清及周边州县棉花产量表

州县	种类	植棉亩数（亩）	收获担数（担）	每亩收获量（担）
临清州	白棉	263106	92088	0.350
临清州	紫棉	970	116	0.120
临清州	美棉	20	5	0.260
武城县	棉	4000	267	0.417
夏津县	白棉	348000	107880	0.310
夏津县	紫棉	8700	2523	0.290
邱县	白棉	80110	28840	0.360
邱县	紫棉	810	162	0.200
堂邑	不详	20000	10000	0.500
清平	不详	32000	17600	0.550
冠县	不详	71000	42600	0.600
馆陶	不详	115000	25000	0.200
高唐	白棉	279500	146061	0.519
高唐	美棉	300	135	0.450
恩县	不详	2000	627	0.570

资料来源：冯天瑜、刘柏林、李少军等编：《东亚同文书院中国调查资料选译》（下册），第1422、1473、1483页。

山东运河区域各州县出现了各类级别的棉花贸易市集。在明代，地

---

① 谢锡文等：民国《夏津县志》卷1《疆域志》，《中国地方志集成》山东府县志辑第19册，第299页。

② 梁钟亭等：民国《清平县志》第3册《实业志·物产》，中国国家图书馆藏民国二十五年铅印本，7a。

处会通河、卫河交汇处的临清，借交通之利，成为北方重要的棉花及棉布的重要中转市场。据许檀统计，隆庆至万历年间，临清市场上布店就多达73家，江南松江等地区所产质优的棉布多通过临清转销北方各地。东昌府下辖各州县的棉花汇集临清后远销江南等地。①至晚清民国时期，临清“实为山东、直隶两省交界地方最大的棉花集散地”。据日本人调查，每年临清市场的棉花集散量维持在30万—40万担。民国初年，临清市场上的棉花经销商（花行）就多达30家。②

除临清外，沿运其他州县也出现规模大小不等的棉花交易市场。济宁城南关一带是规模较大的棉花交易市场。③武城县城北兴贤街为棉花交易市场，“每岁秋成，乡棉云集于市街”④。高唐州城大觉寺前的空地为当地一个繁华的棉花交易市场。道光年间，知州徐宗幹作诗描绘这个棉花交易市场的繁盛场景：“皓皜齐纨价益增，鹧鸪飞罢满秋塍。一肩黄雪输廛市，万朵银花拥佛灯。巷口车声金勒马，塔前人影白头僧。当年绀碧今何在，耕织原来最上乘。”⑤

农村定期性的集镇是农民出售棉花的重要交易市场。清平县的棉花市集有新集、王家庄、康家庄、仓上等处。专业贸易集镇的出现极大带动了棉花商业贸易发展。清平的棉花集镇，“四方贾客云集，每日交易以数千金计”⑥。东阿县丁泉集在棉花收获季节形成专门市场：“地产木棉，夏秋咸来负贩，始有集场，冬春无之。”⑦

借运河交通的便利条件，沿岸的东昌、兖州二府的棉花源源不断地沿着运河而下，直达江南，棉花贸易已卷入全国市场，拉动当地经济发

① 许檀：《明清时期的临清商业》，《中国经济史研究》1986年第2期。

② 冯天瑜、刘柏林、李少军选编：《东亚同文书院中国调查资料选译》（下册），第1421页。

③ 徐宗幹等：道光《济宁直隶州志》卷3《风土》，《中国地方志集成》山东府县志辑第76册，第160页。

④ 厉秀芳等：道光《武城县志》卷2《疆域》，《中国地方志集成》山东府县志辑第18册，第522页。

⑤ 周家齐等：光绪《高唐州志》卷8《艺文志》收徐宗幹《唐寺棉市》，《中国地方志集成》山东府县志辑第88册，第569页。

⑥ 万承绍等：嘉庆《清平县志》不分卷《户书》，中国国家图书馆藏嘉庆三年刻本，16a。

⑦ 李贤书等：道光《东阿县志》卷2《方域》，《中国地方志集成》山东府县志辑第92册，第36页。

展。如东昌府下辖各县普遍种植棉花。棉花收获时节，“江淮贾客列肆赍收，居人以此致富”[①]。延至晚清，棉花种植依旧兴盛，并通过卫运河及其他交通要道转输全国各地。晚清时期，卫河仍保持良好的运输条件。至民国初年，临清地区年产数千万斤棉花，“十分之七被运到天津，十分之二被运送到济南……运往天津一般是在临清码头直接装船，运到天津通常要用七天时间”[②]。晚清时期，武城县的棉花种植，每地一亩可收七八十斤，通过卫运河运销天津等处约占十分之七，其他剩余棉花通过陆路运销济南府及以东各州县销售。[③] 晚清时期的聊城是高唐、清平等周边州县棉花运销的区域中心。[④]

棉花种植和棉花贸易的兴盛带动了家庭作坊式的棉布加工业的发展。明中后期，汶上县境内运河以西地区普遍种植棉花，并发展出数目庞大的家庭纺织业，“河西乡民多纺织之”。[⑤] 不过从整体来看，在明代，包括沿运区域的东昌、兖州二府在内的整个山东棉产量虽然极为丰富，但棉纺织业并不发达。[⑥] 徐光启在《农政全书》中指出，北方盛产棉花，但棉布加工业落后原因：“北土风气高燥，棉毳断续，不能成缕；纵能成布，亦虚疏不堪用耳。”[⑦] 入清，沿运州县棉纺织业不发达的局面得到一定程度上的改善。山东运河区域北部地区棉花种植极为盛行。临清利用卫河、会通河交汇的地理优势，大力发展帕幔等棉布加工业，“备极绮丽，转运鬻他方”[⑧]。清平县家庭妇女多以纺织为业，使用纺车，纺织成布后，“或

① 胡德琳等：乾隆《东昌府志》卷5《地域二》，中国国家图书馆藏乾隆四十二年刻本，9b。

② 冯天瑜、刘柏林、李少军选编：《东亚同文书院中国调查资料选译》（下册），第1287页。

③ 萨承钰等：光绪《武城县乡土志》不分卷《物产志》，中国国家图书馆藏光绪年间手抄本，无页码。

④ 向植等：光绪《聊城县乡土志》不分卷《商务》，中国国家图书馆藏光绪三十四年抄本，54b。

⑤ 栗可仕等：万历《汶上县志》卷6《杂志·物产》，中国国家图书馆藏万历三十六年刻本，2a。

⑥ 从翰香：《试述明代植棉和棉纺织业的发展》，载《从翰香集》，第87页。

⑦ 徐光启著，石声汉校注：《农政全书》卷35《蚕桑广类·棉花》，上海古籍出版社1979年版，第970页。

⑧ 胡德琳等：乾隆《东昌府志》卷5《地域二》，中国国家图书馆藏乾隆四十二年刻本，9b。

售或留，一家衣被、日用皆取给焉”①。至晚清，清平县棉布纺织业依旧发达：“四境之内，机声轧轧，所织之布，运销于兖、沂、泰安一带，蔚然为出口大宗。”② 朝城县每年行销棉布1万余丈。③ 卫运河畔的武城每年生产棉布，除大部分在本地销售外，“由水路运销天津，约在十成之二”④。恩县普遍种植棉花，每年运销周村、潍县等地约8000万斤。该县生产的棉绒细软洁白，“为近州县之冠”。县境妇女以纺织为主业，生产棉布（织成蓝、白花）、被面等产品，运销奉天、陕西、山西等处，“为本境出产之大宗”⑤。

晚清时期，山东运河区域引种的最重要的新作物就是美洲棉花。⑥ 光绪二十二年（1908），山东商务局将由美国采购的棉种发交东昌府各州县试种。收获后，东昌府知府魏家骅上奏指出，本地棉结桃多则二十余个，美洲棉多达七八十个；每亩收成，本地棉约收七八十斤，美洲棉则多达百余斤至二百斤不等；美洲棉丝长光细，特别适宜纺织。他建议山东巡抚杨士骧继续从美国采买棉种一二万磅，进一步扩大美洲棉种植面积。⑦ 至民国初年，引进的新品种美洲棉成为运河区域各州县最主要的种植品种。夏津，“美棉盛行，占棉植十之八九”⑧。美洲棉绒细有光，纱厂多用其纺纱，收益更高。据统计，民国初年每亩收益，中棉11元5角，美洲

① 万承绍等：嘉庆《清平县志》不分卷《户书》，中国国家图书馆藏嘉庆三年刻本，16a。

② 梁钟亭等：民国《清平县志》不分卷《实业志三·工艺》，中国国家图书馆藏民国二十五年铅印本，10a。

③ 佚名：光绪《朝城县乡土志》不分卷《商务》，中国国家图书馆藏光绪三十三年抄本，无页码。

④ 萨承钰等：光绪《武城县乡土志》不分卷《物产》，中国国家图书馆藏光绪年间手抄本，无页码。

⑤ 汪鸿孙等：光绪《恩县乡土志》不分卷《商务》，无页码。

⑥ 关于引种美洲棉在黄运地区引发一系列的连锁性反应，请参见彭慕兰著，马俊亚译《腹地的构建：华北内地的国家、社会和经济》第二章“社区、强制和棉花：农业改良和社会分层”，第123—184页。

⑦ 李文治：《中国近代农业史资料（1840—1911）》（第一辑），生活·读书·新知三联书店1957年版，第893页。

⑧ 谢锡文等：民国《夏津县志续编》卷4《食货志》，中国国家图书馆藏民国二十三年刻本，91a。

棉12元。[①]

棉花在山东运河区域获得大规模的种植，原因主要有四。其一，山东运河区域广布的沙质土壤，尤其适宜棉花的种植。汶上，“漕河以西，地多宜之”[②]。冠县，“邑多沙地，土性与木棉宜”[③]。清平，“四野多沙，土人多种木棉”[④]。

其二，棉花种植有更好的收益。明代中期，鲁西北地区的棉花贸易已卷入全国商贸网络，获利丰厚。嘉靖《山东通志》言：“绵花，六府皆有之，东昌尤多，商人贸于四方，其利甚博。”[⑤]与粮食作物种植相比，棉花种植的收益更高。冠县志对粮食作物与棉花种植的收益做了详尽对比：“河北清水镇各庄，种棉者多，夙称富庶。其余尽树五谷，丰年谷贱伤农，遇风旱则所入不敷，民多逃移，田卒污莱。”[⑥]

其三，棉花种植较粮食作物种植需水较少，更省人力。棉花于每年二三月间下种，“灌溉专凭雨泽，成熟惟天，无人力可施”。在收获时，棉花“叶深花密，蔓衍郊圻，往往拾取不尽”[⑦]。

其四，官府的大力推广。道光年间，针对该县沙压地数量庞大，种植粮食作物所获颇微的不利条件，冠县知县梁永康大力劝谕百姓种植棉花，“试种者多获其利”。他大力推广于境内沙压地，“广为布种，则数年之内，不难变瘠土为沃土矣”[⑧]。

---

① 张自清等：民国《临清县志》卷8《经济志·物产》，《中国地方志集成》山东府县志辑第95册，第133页。

② 栗可仕等：万历《汶上县志》卷6《杂志·物产》，中国国家图书馆藏万历三十六年刻本，2a。

③ 梁永康等：道光《冠县志》卷3《物产》，中国国家图书馆藏民国二十三年石印本，14b。

④ 万承绍等：嘉庆《清平县志》不分卷《户书》，中国国家图书馆藏嘉庆三年刻本，16a。

⑤ 陆釴等：嘉靖《山东通志》卷8《物产》，《天一阁藏明代方志选刊续辑》第51册，第504页。

⑥ 梁永康等：道光《冠县志》卷3《物产》，中国国家图书馆藏民国二十三年石印本，14b。

⑦ 万承绍等：嘉庆《清平县志》不分卷《户书》，中国国家图书馆藏嘉庆三年刻本，16a。

⑧ 梁永康等：道光《冠县志》卷3《物产》，中国国家图书馆藏民国二十三年石印本，14b。

（三）烟草

烟草，又名淡巴姑（Tabaco），是一种原产美洲并在明代中后期引入中国的经济作物。[①] 明末，北方各省已普遍种植烟草。崇祯年间，济宁人杨士聪言："自天启年中始也，二十年来，北土亦多种之，一亩之收，可以敌田十亩，乃至无人不用。"至崇祯十五年（1642），京城"鬻者盈衢"[②]。由于杨士聪是济宁人，陈冬生等人据此推测杨士聪所言"北土"理所当然包括山东。[③]

入清，烟草在山东运河区域的种植范围不断扩大，吸烟人数陡然上升。山东运河区域的地方志始有烟草种植的各种详实记载。康熙《滋阳县志》载，顺治四年（1647）该县县城西30里颜村店、史家庄始试种烟草。至康熙年间，该县遍地栽种烟草，数目庞大。每年，京城商人来此收购烟草。滋阳县于各处开设烟行，经理烟草买卖事务，"为滋民一生息云"[④]。

在众多州县中，济宁州的烟草种植尤引人瞩目。康熙十二年（1673）所修州志将烟草收入土产。[⑤] 至乾隆年间，该州的烟草种植得到大面积推广。乾隆五十年（1785）州志言："淡巴姑之为物，始于明季，本产遐方，今则遍于天下，而济州之产，甲于诸郡，齐民趋利若鹜，无异弃膏腴以树稂莠。"[⑥] 浙江嘉兴人王元启讲，康熙年间前北方吸烟的人不多，至乾隆年间，"无男女长少皆食之，不食者百中不能五六"。各地普遍种植烟草，"而济宁所产为尤良，往往京国及诸都会处，皆卖济宁烟，他方之贾至州贩运者，不可胜计"。[⑦] 乾隆十七年（1752）二月，山东巡抚鄂容安谈到，兖州及周边各县，"向不以五谷为重，膏腴之地，概种烟

① 关于国内学术界烟草传入中国的研究情况，可参阅闫敏《明清时期烟草的传入和传播问题研究综述》，《古今农业》2008年第4期。

② 杨士聪著，于德源校注：《玉堂荟记》卷下，北京燕山出版社2013年版，第207页。

③ 陈冬生：《明清山东运河地区经济作物种植发展述论》，《东岳论丛》1998年第1期。

④ 李兆霖等：康熙《滋阳县志》卷2《物产》，中国国家图书馆藏康熙十一年刻本，29b。

⑤ 廖有恒等：康熙《济宁州志》卷2《物产》，中国国家图书馆藏康熙十一年刻本，16b。

⑥ 胡德琳等：乾隆《济宁直隶州志》卷2《物产》，中国国家图书馆藏乾隆五十年刻本，55a。

⑦ 王元启：《祗平居士集》卷1《烟草小论》，《清代诗文集汇编》第335册，第15页。

草”[1]。活跃于嘉庆、道光年间的王培荀形象描绘了济宁烟草种植的兴盛：“济宁环城四五里，皆种烟草，制卖者贩郡邑皆遍，富积巨万。”[2]

种植烟草需投入大量肥力和人工。包世臣形象描述：“种烟必须厚粪，计一亩烟叶之粪，可以粪水田六亩，旱田四亩。又烟叶除耕锄之外，摘头、捉虫、采叶、晒帘，每烟一亩，统计之须人五十工而后成。其水田种稻，合计播种、拔秧、莳禾、芸草、收割、晒打，每亩不过八九工。旱田种棉花、豆粟、高粱，每亩亦不过十二三工。是烟叶一亩之人工，又可抵水田六亩，旱田四亩也。”[3] 济宁地区种植烟草采取了精耕细作的经营方式。乡人引入湖广种植水稻的区种法，具体经营方式为：“先掘地为区，每区深阔各三尺许，熟粪壅之，每区种烟一株，渐锄土壅，烟既成，每区得若干斤，每得金若干，计每亩约得金十两。”[4]

由于种植烟草有利可图，济宁地区大面积种植烟草，引起有识之士的强烈反对。济宁人刘汶[5]作长诗《种烟行》反对这种大面积种植烟草的做法：

> 新谷在场欲糜烂，小麦未播播已晚。问何不敛复不耕，汲水磨刀烟上版。颇闻此物性酷热，御寒塞外差可说。华人久服肺病多，至尊恶之等梼杌。愚民废农偏种烟，五谷不胜烟直钱。岂知谷贱饥可饱，忍使良田滋毒草。往者岁歉难举炊，谁家食烟能疗饥?[6]

长期讲学济宁任城书院的山长盛百二[7]目睹济宁地区盛植烟草，“膏

---

① 《清高宗实录》卷409，乾隆十七年二月辛酉。

② 王培荀著，蒲泽校点：《乡园忆旧录》卷8，齐鲁书社1993年版，第455页。

③ 包世臣著，李星点校：《安吴四种·齐民四术》卷2《庚辰杂著》，黄山书社2014年版，第210页。

④ 徐宗幹等：道光《济宁直隶州志》卷3之3《食货志》，《中国地方志集成》山东府县志辑第76册，第133页。

⑤ 刘汶（1669—1709），字鲁田，济宁人，著有《太极论》等，曾为皇四子（后为雍正帝）胤禛讲学。

⑥ 胡德琳等：乾隆《济宁直隶州志》卷2《物产》，中国国家图书馆藏乾隆五十年刻本，62a。

⑦ 盛百二（1720—?），字秦川，浙江秀水人，曾任淄川知县。

腴尽为烟所占，而五谷反皆瘠土”。他将烟草视作“毒草”，反对大面积种植烟草。他特意采访济宁东乡老叟臧氏，对烟草、蜀黍（高粱）的收益做了详细对比。种植烟草，“亩得烟叶五百斤，斤得钱十五文”；种植蜀黍，“每株三穗，共落实一合，官量二合，亩得六石，官量十二石，中价石一千五百文”。照此计算，每亩烟草可获利 7500 文，蜀黍可获利 9000 文，种植烟草的获利远不及蜀黍。他指出，“烟有时不能速售，蜀黍无不收之时；种烟工费居六之四，蜀黍仅居六之一，其烦劳则种烟倍于蜀黍”①。

学者陈冬生对盛百二的说法提出质疑。他质疑对象主要是盛百二所说的烟草、高粱的亩产量。首先，在烟草亩产量上，光绪年间鲁中临朐和临淄两地的烟草产量大致维持在亩产烟叶 1000 斤。济宁地区土地膏腴，种植烟草实行精耕细作的集约化经营，盛百二却言烟草亩产量 500 斤，仅为鲁中地区的一半，很难说通。其次，在高粱亩产量上，盛百二认为济宁亩产 6 石，合清官量 12 石。清 1 官石合今 1.03 市石，1 市石高粱重 142 斤。12 官石高粱重 1760.8 斤。这样高的亩产不但在清代，即使是在现代也无法达到。陈冬生进一步对清代山东烟草、高粱的收益做了研究。他认为，清代一亩烟草收益约 15000 文，高粱收益为 4500 文，烟草收益是高粱收益的 3 倍多。②

道光年间，济宁直隶州的州志言：“（烟草）计每亩约得金十两。”③结合嘉庆、道光年间银贵钱贱的大背景，白银一两可换到 1500—2000 文京钱④，即每亩烟草可收钱 15000—20000 文。烟草加工业甚至成为支撑济宁城市经济发展的重要产业。道光初年，包世臣坐船沿运河途经济宁，形象描述济宁城内的烟草加工业繁盛之状：“其出产以烟叶为大宗，业此者六家，每年买卖至白金二百万两，其工人四千余名。”⑤ 光绪十四年

① 徐宗幹等：道光《济宁直隶州志》卷 3 之 3《食货志》，《中国地方志集成》山东府县志辑第 76 册，第 133 页。

② 陈冬生：《明清山东运河地区经济作物种植发展述论》，《东岳论丛》1998 年第 1 期。

③ 徐宗幹等：道光《济宁直隶州志》卷 3 之 3《食货志》，《中国地方志集成》山东府县志辑第 76 册，第 133 页。

④ 彭信威：《中国货币史》第八章“清代的货币”，上海人民出版社 2015 年版，第 614—615 页。

⑤ 包世臣：《安吴四种·中衢一勺》卷六“闸河日记”，《近代中国史料丛刊》，第 380 页。

(1888)，传教士李提摩太对鲁中临朐、临淄等州县种植不同作物的收益做了对比——每亩土地种植谷物可获11—12元，种桑养蚕可获21元，烟草可获50元。[①] 可见，种植烟草的收益利润比种植常规粮食作物更高。这也是包括济宁地区在内的各州县普遍种植烟草的关键原因。

除济宁州外，山东运河区域其他州县也有一定规模的烟草种植。济宁州下辖县金乡的烟草种植，“种者实多”[②]。兖州府，“到处有之”[③]。乾隆五十八年（1793），马戛尔尼使团在离开运河沿岸的东昌府城至济宁时，发现沿岸的百姓在菜园里普遍地大量种植烟草，“其叶小，长毛，而且有赫性，其花绿黄色，花瓣变为淡红色”[④]。宁阳县烟草多与蔬菜混种，“到处有之，亦园圃之所育也”[⑤]。至晚清，宁阳每年外销直隶客商120余万斤。[⑥] 观城县，“城南各里间有种者”[⑦]。东平县烟叶销售直隶等地客商，每年十余万斤。[⑧] 烟草种植主要集中在山东运河南部区域，北部区域的种植规模较小。武城县每年制烟丝三万余斤，主要销售本县县境。[⑨]

至晚清时期，山东运河区域形成以济宁、滋阳为中心，包括济宁州、兖州府及周边泰安诸府县在内的广大的烟草种植区。这些地区产烟数量巨大，并通过运河水运向北销售，供应直隶及京津市场，也有部分通过

---

① 李文治：《中国近代农业史资料：1840—1911》（第一辑），第646页。

② 李垒等：咸丰《金乡县志》卷3《食货》，《中国地方志集成》山东府县志辑第79册，第404页。

③ 觉罗普尔泰等：乾隆《兖州府志》卷5《风土志》，《中国地方志集成》山东府县志辑第71册，第122页。

④ ［英］乔治·马戛尔尼、约翰·巴罗：《马戛尔尼使团使华观感》，何高济译，第414页。

⑤ 高升荣等：光绪《宁阳县志》卷6《物产》，《中国地方志集成》山东府县志辑第69册，第92页。

⑥ 曹倜等：光绪《宁阳县乡土志》不分卷《物产》，中国国家图书馆藏光绪三十三年石印本，42a。

⑦ 王培钦等：光绪《观城乡土志》不分卷《植物》，莘县地方志编纂委员会藏光绪三十三年抄本，无页码。

⑧ 王鸿瑞等：光绪《东平州乡土志》不分卷《物产》，中国国家图书馆藏光绪三十三年抄本，90b。

⑨ 萨承钰等：光绪《武城县乡土志》不分卷《物产》，中国国家图书馆藏光绪年间手抄本，无页码。

卫河水运和陆运供应河南、直隶及鲁北地区。[①] 有些州县还成为烟叶加工的中心。宁阳等县生产的烟叶质地柔润，来自北京等地大商人购取后，运输至滋阳加工成烟末后运输出境，在外地进一步深加工后成为优质鼻烟。[②]

由于种植烟草规模庞大，侵占了大量良田。大面积种植烟草的州县不得不从其他州县购买棉花、棉布等生活必需品。兖州府，“布与棉花，大都仰给于外郡”[③]。东平，“棉花自高唐、临清、堂邑等州县贩来，岁售约十数万斤”[④]。观城，“土人所需（棉花）皆自直隶临泽县贩来”[⑤]。朝城所需棉花，“多自临清运入本境，又自河南临漳运入城乡集市，每岁消行二万余斤”[⑥]。

（四）其他经济作物

山东运河区域各州县的枣、梨等水果类经济作物的种植也很兴盛。运河交通的便利促进了沿运州县土产的贸易。光绪《阳谷县志》形象描述：“船至（阳）谷，人遐迩来观者，或挚阿胶、胶枣、绵布、瓜仁等物，与船带大米、赤砂、竹席、葛布等物，杂沓交易，各得所欢。”[⑦] 民国初年，来华日本人调查大运河时发现：“该地广为栽培果树，大量出产柿、枣、西瓜，从东阿到东昌、临清一带地方，都由果树覆盖。”[⑧] 各州县产枣量非常可观。康熙《山东通志》言：“六府皆有之，东昌属县独

---

① 李令福：《烟草、罂粟在清代山东的扩种及影响》，《中国历史地理论丛》1997 年第 3 期。

② 曹倜等：光绪《宁阳县乡土志》不分卷《物产》，中国国家图书馆藏光绪三十三年石印本，41b。

③ 觉罗普尔泰等：乾隆《兖州府志》卷 5《风土志》，《中国地方志集成》山东府县志辑第 71 册，第 122 页。

④ 王鸿瑞等：光绪《东平州乡土志》不分卷《物产》，中国国家图书馆藏光绪三十三年抄本，90b。

⑤ 王培钦等：光绪《观城乡土志》不分卷《植物》，莘县地方志编纂委员会藏光绪三十三年抄本，无页码。

⑥ 佚名：光绪《朝城县乡土志》不分卷《商务》，中国国家图书馆藏光绪三十三年抄本，无页码。

⑦ 孔广海等：光绪《阳谷县志》卷 1《山川》，《中国地方志集成》山东府县志辑第 93 册，第 185 页。

⑧ 冯天瑜、刘柏林、李少军等编：《东亚同文书院中国调查资料选译》（下册），第 1467 页。

多，种类不一。”[①] 东阿，“枣遍地有之，种有酸甜饴脆之分，城西北者佳，南艘多贩焉”[②]。东阿枣，“往往贩之江南”[③]。至民国初年，东阿西北平原“种植枣树最多”。每届仲秋，枣子成熟，东阿人用地坑以火烘干枣子，名乌枣。有南方人设庄收买后，以生麻包捆扎后销售江南，销量多至五六百万斤。[④] 民国初年，据日本人调查，山东省内枣产量以东昌、武定两地最大。[⑤] 博平县枣树种植极为普遍，“果树类，枣为大宗，各乡皆有”[⑥]。阳谷县城东北七级镇以西，安乐镇以东，种枣尤为普遍，并远销江苏、上海等地。民国初年，因枣子及深加工的获利，阳谷县每村收入可在千余吊以上。[⑦]

胶枣，又名黑枣、熏枣，因由胶西人创制而得名。胶枣乃枣子成熟后用木屑熏制而成。东昌府属各州县熏制胶枣极为普遍。晚清时期，茌平、博平等州县将胶枣运至府城东关一带，天津、济宁等地外商汇集于此，“每年销售不下数十万（斤）”[⑧]。东昌府首县聊城的胶枣生产更是久负盛名。在运河畅通时代，聊城县胶枣，“行之最远，获利亦至厚”。每逢枣市，销量达数百万斤之多。胶枣业成为下层百姓谋生的重要行业。晚清，会通河淤塞后，聊城县胶枣业大受影响，改由海船南下江南地区销售。其他如瓜子、槐花、杏仁等土产多同胶枣一同贩运南方。[⑨] 民国初年，聊城仍为区域黑枣交易中心。据日本的一份调查报告显示，民国初年聊城城区在不好年景交易的黑枣量也有 7 万—8 万包，丰年则有 17

---

① 张凤仪等：康熙《山东通志》卷 9《物产》，中国国家图书馆藏康熙十七年刻本，4b。

② 李贤书等：道光《东阿县志》卷 2《方域》，《中国地方志集成》山东府县志辑第 92 册，第 36 页。

③ 刘沛先等：康熙《东阿县志》卷 1《物产》，中国国家图书馆藏康熙四年刻本，30a。

④ 周竹生等：民国《东阿县志》卷 7《政教三》，中国国家图书馆藏民国二十三年刻本，4a。

⑤ 冯天瑜、刘柏林、李少军等编：《东亚同文书院中国调查资料选译》（下册），第 1470 页。

⑥ 山东农业调查会编：《山东之农业概况》，《民国史料丛刊》第 504 册，第 122 页。

⑦ 山东农业调查会编：《山东之农业概况》，《民国史料丛刊》第 504 册，第 185 页。

⑧ 向植等：光绪《聊城县乡土志》不分卷《物产》，中国国家图书馆藏光绪三十四年抄本，55a。

⑨ 陈庆蕃等：宣统《聊城县志》卷 13《艺文志》，《中国地方志集成》山东府县志辑第 82 册，第 29 页。

万—18万包。1包280斤，“据说大约平均每年销出400万斤”。民国初年，聊城城内有专门经营黑枣贸易的枣行，出名的有：瑞祥店、福商栈、长茂栈、崇乐栈、聚义栈、德盛栈、源升栈。这些枣行运销黑枣的佣金是1包收钱200—300文。[①] 博平产枣后，必须经熏制后，才远销全国各地。每年秋季，江浙等省商人以及本地商人将当地所产熏枣多运至天津、上海等地销售。民国初年，博平县熏枣收入达京钱40余万吊。[②]

晚清时期，借助便利的卫河水运，恩县每年向天津销售红枣数百万斤，“为本境出产之大宗”[③]。博平、清平等县将枣“圆者”制成胶枣，“贩于江南”，获利丰厚。[④] 清平县熏枣为出口大宗，“销路颇畅”[⑤]。朝城枣、梨经本地人运至镇江等处销往江南，“每岁消行六七百包”[⑥]。

梨也是本区域大量种植的水果。嘉靖《山东通志》言：“（梨）六府皆有之，其种曰红消，曰秋白，曰香水，曰鹅梨，曰瓶梨，出东昌、临清、武城者为佳。”[⑦] 东阿，“铜城以北种梨，梨大而甘，与河间酹，然仅土所有，不足转鬻”[⑧]。至民国初年，堂邑县产梨数额庞大，品质优良，尤以雪花梨为最，“肉质细而香味浓”。堂邑梨远销天津、济南等地，每年2000余万斤。[⑨] 冠县梨树种植兴盛，所产鸭梨颇为有名。至民国初年，该县鸭梨远销天津、汉口等地。[⑩] 山东运河区域南部的峄县，“枣、梨特

---

① 冯天瑜、刘柏林、李少军选编：《东亚同文书院中国调查资料选译》（下册），第1416、1472页。

② 山东农业调查会编：《山东之农业概况》，《民国史料丛刊》第504册，第123页。

③ 汪鸿孙等：光绪《恩县乡土志》不分卷《商务》，《中国方志丛书》，55b。

④ 杨祖宪等：道光《博平县志》卷5《物品志》，《中国地方志集成》山东府县志辑第84册，第549页；王佐等：康熙《清平县志》卷下《物产》，中国国家图书馆藏康熙五十六年刻本，1a。

⑤ 梁钟亭等：民国《清平县志》第3册《实业志·物产》，中国国家图书馆藏民国二十五年铅印本，7a。

⑥ 佚名：光绪《朝城乡土志》不分卷《商务》，中国国家图书馆藏光绪三十三年抄本，第70页。

⑦ 陆釴等：嘉靖《山东通志》卷8《物产》，《天一阁藏明代方志选续编》第51册，第504页。

⑧ 刘沛先等：康熙《东阿县志》卷1《物产》，中国国家图书馆藏康熙四年刻本，29b。

⑨ 山东农业调查会编：《山东之农业概况》，《民国史料丛刊》第504册，第120页。

⑩ 山东农业调查会编：《山东之农业概况》，《民国史料丛刊》第504册，第137页。

多”[①]。滕县东部山区，“其俗好种树，而饶于枣、梨”[②]。

临清桃的种植引种自直隶清河县（今河北清河）。临清桃于白露前后成熟，桃树不高大，三年后桃子产量大减。雍正九年（1731），山东巡抚岳濬贡临清桃于雍正帝，大获好评。此后，临清桃上供朝廷成为定制，“桃之值无多，而舟车担夫之费，几数倍于桃”[③]。直至光绪年间，临清桃的上贡才被取消。[④] 民国初年，临清县城西南白塔窑等地所产桃，“肥大而甘美，成熟在秋节，可谓佳品”[⑤]。

德州的西瓜种植久负盛名。康熙年间，德州人萧惟豫喜食西瓜，引种西洋瓜种，获得成功，并赠给挚友田雯品种。田雯尝后大喜赋诗一首，其中曰：“一般更有西洋种，剖之如乳倾壶浆。子面有纹细于发，苍颉鸟篆争微茫。雨后累累岁丰稔，扛来送与山姜尝。”[⑥] 晚清，卫河水运兴盛，德州“山芋、西瓜水运出境，总有三四十万斤之谱”[⑦]。

发展种植梨、枣等水果类经济作物，并利用运河交通的便利条件将这些水果及深加工产品贩运至全国市场，成为山东运河区域下层百姓的一条致富渠道。例如，堂邑人郭充因家贫被迫放弃读书选择种田谋生，“好种树，每岁以梨枣附客江南，市纨帛为亲衣履，赢余则供甘旨充赋税”[⑧]。

三 农产品深加工

明清时期，山东运河区域的编织业发达，有苇编、蒲编、草编、荆

① 赵亚伟等整理：光绪《峄县志》卷1《物产》，第42页。

② 王政等：道光《滕县志》卷3《风俗志》，《中国地方志集成》山东府县志辑第75册，第68页。

③ 张度等：乾隆《临清直隶州志》卷1《疆域·物产》，《中国地方志集成》山东府县志辑第94册，第324页。

④ 张自清等：民国《临清县志》卷8《经济志·物产》，《中国地方志集成》山东府县志辑第95册，第133页。

⑤ 山东农业调查会编：《山东之农业概况》，《民国史料丛刊》第504册，第151页。

⑥ 萧惟豫：《但吟草》卷7《田山庐原韵》，《四库未收书辑刊》五辑第29册，第58页。

⑦ 马翥等：光绪《德州乡土志》不分卷《商务》，中国国家图书馆藏光绪年间抄本，1b。

⑧ 卢承琰等：康熙《堂邑县志》卷16《人物中》，中国国家图书馆藏康熙四十九年刻本，9b。

编、柳编、竹编等，于小民生计颇有补益。[①] 小麦是山东运河区域最重要的粮食作物。部分州县利用小麦茎秆大力发展草编业，其中草帽辫，“麦茎七枚左右交织而成，竭一人之力，日可作两丈余”。宁阳县草帽辫每年售卖于莱商10余万斤。[②] 观城，“草辫，本境惟此项为大宗”。草编业发达，“贫民妇女皆以麦莛制辫为业，不事纺绩”[③]。晚清时期，观城每年经登莱商人外销草辫20余万斤。观城甚至要从新泰等地贩运“绝细”的麦茎。[④] 宁阳县的草帽辫每年销售莱商10万余斤。[⑤] 朝城县草辫经莱商收买后，通过火车等交通工具运至青岛，“每岁消行二千余包”[⑥]。光绪初年，朝城县制作草帽作坊遍布全县。[⑦] 滕县草帽辫经莱州商人转销外洋，岁10余万斤。[⑧] 东昌府地区有一种雀苇草，被用作草席编织。[⑨] 至民国初年，东昌府首县聊城仍为一个重要的草编产品交易的中心。日本调查者发现：“（草编）以东昌为中心的一带地方无不产之，还有从附近各地运来、再销往别的地方去的。”[⑩]

清代德州的草编业是一项当地的重要产业：“凉帽胎为本邑特产，东

① 许檀：《明清时期山东商品经济的发展》第三章“非土地资源的开发与利用”，第110页。

② 曹倜等：光绪《宁阳县乡土志》不分卷《物产》，中国国家图书馆藏光绪三十三年石印本，41a。

③ 孙观等：道光《观城县志》卷2《舆地志》，《中国地方志集成》山东府县志辑第91册，第431页。

④ 王培钦等：光绪《观城乡土志》不分卷《植物制造》，莘县地方志编纂委员会藏光绪三十三年抄本，无页码。

⑤ 曹倜等：光绪《宁阳县乡土志》不分卷《物产》，中国国家图书馆藏光绪三十三年石印本，41a。

⑥ 佚名：光绪《朝城乡土志》不分卷《商务》，中国国家图书馆藏光绪三十三年抄本，第66页。

⑦ 刘文禧等：民国《朝城县志》卷1《建革·物产》，《中国方志丛书》，第41页。

⑧ 高熙哲等：光绪《滕县乡土志》不分卷《物产》，中国国家图书馆藏光绪年间抄本，59b。

⑨ 胡德琳等：乾隆《东昌府志》卷5《地域二》，中国国家图书馆藏乾隆四十二年刻本，9b。

⑩ 冯天瑜、刘柏林、李少军选编：《东亚同文书院中国调查资料选译》（下册），第1417、1472页。

乡一带男妇老幼皆能编制，在各省有大规模之发庄，北京亦有商店。”①德州引进口北的特勒素草制作凉帽胎，“民业此者颇多，京师帽胎悉从此去”②。至民国时期，德州草编业仍为重要产业，每年从口北进口特勒素草七万余斤制作凉帽胎、藤草帽等，销往各省学堂、军营。③

杨柳是山东运河区域普遍栽植的树木。明嘉靖年间，总河刘天和提出栽柳护堤的“植柳六法”（有卧柳、低柳、编柳、深柳、漫柳、高柳之分）。因此，山东运堤两岸就分布着数目可观的柳树。道光二十一年（1841），武城县令厉秀芳发动百姓于县境卫河河岸栽植柳树6216株。④观城县在柳树高七八尺时，当地人锯其歧枝，“逼令丛生，选柳条之劲直者五六枝……年复一年，其歧愈多”，以此编造器具。⑤清平县利用县境丰富的荆条、柳条等林木资源大力发展编织业：“碱地各村编荆作囤，沙地居民多制柳为筐篮等件，低湿之区其人恒造芦席、苇帘、麻绳等分销各市，皆堪为农村副业。”⑥临清的编织业同样普遍：“碱地则编荆作囷，沙田则制柳为攵，西北乡民多结草为藁荐、蓑衣等。”⑦

丝织业以临清为著。明代临清城内的各类机房就达百余家。丝织业的原料并非临清本地所产，主要来自山东、河南及江南等地。临清所产产品有首帕、汗巾、帛货（哈达之类）等，为北方丝织业中的佳品。⑧临

① 李树德等：民国《德县志》卷13《物产》，《中国地方志集成》山东府县志辑第12册，第391页。

② 王道亨等：乾隆《德州志》卷11《丛记·物产》，《中国地方志集成》山东府县志辑第10册，第312页。

③ 佚名：民国《德州乡土志》不分卷《商务》，中国国家图书馆藏民国年间抄本，无页码。

④ 厉秀芳等：道光《武城县志》卷14《艺文志下》收厉秀芳《武城民堰种柳记》，《中国地方志集成》山东府县志辑第18册，第481页。

⑤ 王培钦等：光绪《观城乡土志》不分卷《植物制造》，莘县地方志编纂委员会藏光绪三十三年抄本，无页码。

⑥ 梁钟亭等：民国《清平县志》不分卷《实业志三·工艺》，中国国家图书馆藏民国二十五年铅印本，10a。

⑦ 梁钟亭等：民国《清平县志》不分卷《实业志三·工艺》，中国国家图书馆藏民国二十五年铅印本，44a。

⑧ 许檀：《明清时期的临清商业》，《中国经济史研究》1986年第2期。

清生产的祭神所用的帛货更是佳品，“多贩京师，远售西藏诸处”[①]。清代，临清的哈达制作已形成一整套完整的产业链：“收买运销者，曰丝店；织户曰机房；染工曰浆坊。”晚清时期，临清生产哈达的机房700余处，浆坊七八处，丝店十余家，织工达5000余人。[②] 至民国初年，临清哈达业更是发达，“所销之数，年逾百数十万元”[③]。

临水地区多苇荡。这些地区多利用芦苇发展苇编业。东阿西旺集原为济水入海故道，蒲苇丛生，“纬萧织席者在焉”[④]。临清竹竿巷的竹编业久负盛名，“床几、枕簟、帘箔、筐篮及一切竹器，销路颇畅”[⑤]。临清制作酱菜，“冠绝全省”。至民国初年，临清更是涌现出济美、茂盛、益香等知名字号。[⑥]

值得一提的是，在新作物引种过程中，运河区域的地方精英发挥了关键性的作用。宁阳县素来不产姜，民间用姜需从南方贩运，价格昂贵。道光末年，宁阳县监生齐沐清于园中试种，“果蕃，乡村人效之，至今为利”。齐沐清的哥哥齐镇清则将花生引种至宁阳。[⑦]

运河交通的便利条件带给沿运州县有利的发展机遇。民国《德县志》指出，在漕运时代，运河交通是往来商货运输的重要条件：“当清代漕运未停之时，商家运输货物多用船运。”[⑧] 德州发展的制冰业就与运河交通密切相关。早在永乐年间，皇帝往来南北二京，于德州建有皇殿，旁边

---

① 张度等：乾隆《临清直隶州志》卷1《疆域·物产》，《中国地方志集成》山东府县志辑第94册，第324页。

② 张自清等：民国《临清县志》卷8《经济志·工艺》，《中国地方志集成》山东府县志辑第95册，第134页。

③ 张自清等：民国《临清县志》卷8《经济志·工艺》，《中国地方志集成》山东府县志辑第95册，第141页。

④ 李贤书等：道光《东阿县志》卷2《方域》，《中国地方志集成》山东府县志辑第92册，第36页。

⑤ 张自清等：民国《临清县志》卷8《经济志·工艺》，《中国地方志集成》山东府县志辑第95册，第134页。

⑥ 张自清等：民国《临清县志》卷8《经济志·工艺》，《中国地方志集成》山东府县志辑第95册，第135页。

⑦ 高升荣等：光绪《宁阳县志》卷14《笃行传》，《中国地方志集成》山东府县志辑第69册，第285页。

⑧ 李树德等：民国《德县志》卷13《风土志·商务》，《中国地方志集成》山东府县志辑第12册，第390页。

设有藏冰处。[①] 直至民国年间，制冰业仍是德州的一项重要产业："冬月，取之藏之窖中，以备来岁支需，居濒运河之人有藏之者。"[②] 运河沿线的临清也有藏冰的传统："河沿居民于冬至前后，凿冰块而藏之地窖。"[③]

第二节　国家的水源垄断与地方用水的两难

一　国家的水源垄断

山东运河流经的鲁西地区水资源相对不足。为实现运河畅通，元、明、清三代在运河沿线疏浚河道，引汶水、泗水、卫水等水源入运，疏浚泉源济运，将沿运湖泊设为水柜。为确保运河畅通，明清政府采取的各种取水限水措施，严密垄断了鲁西地区水资源的分配，不可避免地与该流域的民田灌溉等水资源的利用方面产生冲突。[④]

为扩大运河水源，沿运州县开掘疏浚数目可观的泉源，汇入汶、泗诸河。这些散布于十余州县的泉源对于会通河水量补给至关重要，"漕河全赖泉水"[⑤]。按水系流向，山东运河区域泉源大致可分为五派：一为分水派。此派泉源出新泰、莱芜、泰安、肥城、东平、平阴、汶上、蒙阴之西，以及宁阳之北，汇入汶河，经南旺入分水口；二为天井派。此派泉源出泗水、沂水西下夹流而南出泗水、曲阜、滋阳、宁阳，会汶水、洸水，汇入元人所筑会源闸；三为鲁桥派。此派泉源出邹县、济宁、鱼台、峄县之西，曲阜之北，流经埢里、黄良诸泉而下，各入鲁桥闸一带漕渠；四为新河派。济宁、鱼台、滕县、峄县诸泉入上沽头，旧为沙河派。自嘉靖四十五年（1566）开挑新河，改从南阳至留城140里通运，

---

① 王道亨等：乾隆《德州志》卷11《丛记·物产》，《中国地方志集成》山东府县志辑第10册，第312页。

② 李树德等：民国《德县志》卷13《风土志·物产》，《中国地方志集成》山东府县志辑第12册，第385页。

③ 张自清等：民国《临清县志》卷8《经济志·工艺》，《中国地方志集成》山东府县志辑第95册，第134页。

④ 吴琦、杨露春：《保水济运与民田灌溉——利益冲突下的清代山东漕河水利之争》，《东岳论丛》2009年第2期。

⑤ 《明世宗实录》卷187，嘉靖十五年五月甲戌。

改将前滕、鱼、峄之泉注之；五为泇河派。沂水、蒙阴及邹县诸泉，旧为邳州派。自开通南阳新河，沂水、蒙阴入沂河诸泉已废。至万历三十二年（1604）开泇河，并废夏镇以南入新河诸泉。此前滕、峄二县诸泉汇入新河以至留城，随之移注昭阳湖东，改入泇河以及南岸徐州、沛县泉出夏镇以南新建张庄等 8 闸济运，为泇河派。[①] 潘季驯认为，这五派泉源中的分水派、天井派、鲁桥派最为漕河命脉，至为关键。每年春夏之交，由司道官员严督管泉官夫疏浚通达，确保泉水源源而出。泉源发自深山，“沙碛颇多”，汇入汶河，泉道多淤垫不通，每年应如期挑浚。[②]

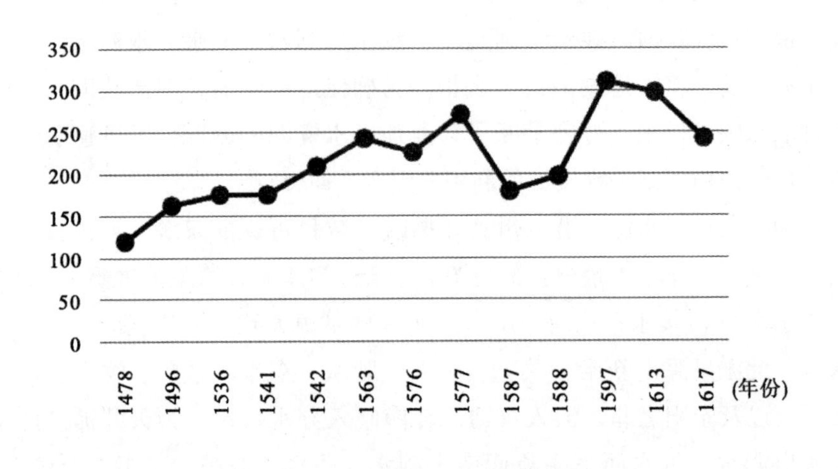

图 3—1 明代山东泉源数目变化

数据来源：蔡泰彬《明代漕河之整治与管理》第四章“山东四大水柜之功能与整治”，第 159—160 页。

自永乐年间重开会通河以来，经过不断疏浚，泉源数目随之增加。图 3—1 可见，成化十四年（1478），泉源只有 120 余处，至嘉靖二十一年（1542）有 209 处，至万历二十五年（1597）增至 311 处。泉源数目呈总体的增长态势。泉水自发源地，流经数里，汇入所属河道。泉流迂曲，需经常疏浚，以免淤塞。明代管泉主事负责泉政，掌握山东 18 州县

① 叶方恒：《山东全河备考》卷 2《河渠志上》，《四库全书存目丛书》史部第 224 册，第 402 页。

② 谢肇淛：《北河纪》卷 7《河议纪》，《中国水利史典·运河卷一》，第 355 页。

诸泉源分布处所。每年春初，管泉主事督率泉夫等操持畚锸，遍及山野挑浚泉道，颇为辛苦。泉源多地处深山，距村落距离较远，管泉主事亲身督率疏浚，为避风雨，便于休憩，往往于较大泉源附近修建亭子等建筑。万历十六年（1588），工科都给事中常居敬建议令捞、浅等夫疏浚泉水流经的关键水道。鉴于泉源位置距各州县治所距离较远，管泉官无法亲历勘察。他建议由分司守道兼管泉源，由掌印官督率夫役按时疏浚泉源。每年年终，分守道会同管泉分司将新挖泉源若干及旧泉废弃若干的数目，呈报总河并分别奖惩。①

明清鼎革后，伴随政治局势稳定，漕运恢复畅通，保泉济运的重要性日增，泉源数目稳步增长。除极个别州县数目稍有减少外，山东运河区域泉源数目由康熙初年的420眼，增长至乾隆中叶的460眼，幅度比较大（见表3—5）。

表3—5　山东运河区域泉眼数目表　单位：眼

	州县	乾隆中叶	州县	康熙初年	乾隆中叶
新泰县	36	35	泗水县	82	82
莱芜县	46	64	曲阜县	27	29
泰安州	64	69	滋阳县	14	14
肥城县	9	16	济宁州	4	6
平阴县	2	2	邹县	15	17
东平州	50	47	鱼台县	20	22
汶上县	7	11	滕县	31	33
宁阳县	13	13	合计	420	460

资料来源：《山东全河备考》卷1《图志》；《山东运河备览》卷8《泉河厅诸泉》。

明永乐年间于宁阳设管泉分司总管泉源疏浚事务。此后，管泉分司被并入济宁的管河分司。清康熙十四年（1675），裁撤济宁分司，以运河同知兼管泉源疏浚事务。雍正四年（1726），内阁学士何国宗建议设管泉通判1员及佐杂官员数员。他指出，各泉源分布于幅员数百里之内，且

① 谢肇淛：《北河纪》卷8《河议纪》，《中国水利史典·运河卷一》，第360页。

多在山沟泥穴之中。管泉通判1人耳目未能周详，故下设管泉佐杂12员，督率泉夫分地疏浚。然而，这些管泉佐杂却不隶属管泉通判，“进退黜陟之权，不由通判”，导致疏浚事务呼应不灵。他建议保持现有人员配置基础，并将12员管泉佐杂直接隶属管泉通判管辖以收臂指之效。①

到乾隆中叶，山东泉源管理架构渐趋成熟。泉源疏浚事务由管泉通判总司其事，下设县丞、主簿、府经历、州同等佐贰官直接负责（见表3—6）。这些地方佐贰官员于每年三四月间专司泉务，“地方公务，免其差遣”。泉源疏浚事务完竣，这些佐贰官方可参与处理地方紧急事务。总之，管泉佐贰官首务以泉源疏浚为上，并受管泉通判管辖，“有因循怠惰，泉务废弛，即行参处”。② 鉴于管泉通判下辖地方佐杂官依旧存在呼应不灵的问题，嘉庆十四年（1809）五月，嘉庆帝下旨责成兖沂曹济道以及泰安、兖州、沂州各知府等地方官兼管泉务，督率佐杂官疏浚泉源。工竣，仍由管泉通判查验。③

明万历初年，山东运河泉夫有902名。④ 至康熙初年，17州县额设泉夫减至659名，工食银共8053.312两。⑤ 康熙十五年（1676），有泉州县泉夫工食银被全部裁掉。此举导致夫役组织涣散，挑渠栽柳诸务废弛。康熙十七年（1678），济宁道叶方恒发现各州县自行招募的民夫挑浚泉源，多草率应付。上奏朝廷，群议认为，额设泉夫被裁后，有泉州县只能于泉源附近募夫。近泉百姓只负责附近泉源，无法做到裹粮前去疏浚源远流长的泉源。清廷最终决定再募民夫。这些招募民夫没有工食银，通过免除差役的方式予以补偿。各设老人、总甲、小甲董率民夫稽查疏挑泉源。叶方恒认为，招募民夫来照管泉源，只算作权宜之计，恢复常

① 陆耀：《山东运河备览》卷8《泉河厅诸泉》，《中华山水志丛刊》水志第25册，第318页。

② 文煜等：光绪《钦定工部则例》卷43《河工十三·漕河》，《故宫珍本丛刊》第297册，第343页。

③ 曹振镛等：嘉庆《钦定工部则例》卷59《漕河》，《故宫珍本丛刊》第294册，第263页。

④ 蔡泰彬：《明代漕河之整治与管理》第六章“漕河之管理组织及其演进”，第397页。

⑤ 叶方恒：《山东全河备考》卷3《河渠志下》，《四库全书存目丛书》史部第224册，第464—467页。

设的泉夫，方为经久之策。[①]

至雍正初年，有泉州县已复设额设泉夫，“所有役食银于帮贴项内给发”。乾隆年间，泉夫数目由清初的659名扩充至784名（见表3—6）。雍正十三年（1735），定泉夫每名岁食工食银10两，于有泉17州县田亩内征帮贴银拨付，“春夏秋三季在本境浚泉栽柳，冬季调赴运河，一例均令浚浅”[②]。乾隆年间，泉河厅额设泉夫784名，每名岁支工食银10两，于布政司藩库钱粮支发。滕县、峄县、鱼台、东平等县泉夫210名，除东平州泉夫8名拨防戴村坝不参与冬挑外，其余202名均于冬季协挑运道。距运河较远州县泉夫574名，每年发工食银4两，剩余6两存贮司库。每年十月冬挑开始，布政使将这笔余剩银3444两转发运河道库，并给发濒河州县募夫挑河。[③]

表3—6　　乾隆年间山东运河区域泉源管理情况一览表

序号	州县	管理官员	泉夫（名）	主要组织架构
1	莱芜县	泰安府经历	90	泉老一名，总甲二名，小甲一名
2	新泰县	上泗庄巡检	75	泉老一名，总甲一名，小甲一名
3	泰安县	泰安县丞	121	泉老一名，总甲六名，小甲二名
4	蒙阴县	沂州府经历	16	泉老一名，小甲一名
5	肥城县	泰安府经历	35	泉老一名，总甲一名，小甲一名
6	平阴县	泰安府经历	10	泉老一名
7	东平州	东平州州同	78	泉老一名，总甲一名，小甲一名
8	汶上县	汶上县县丞	43	泉老一名，总甲一名，小甲一名
9	泗水县	兖州府经历	60	泉老一名，总甲一名，小甲一名
10	曲阜县	宁阳县丞	40	泉老一名，总甲一名，小甲一名

① 叶方恒：《山东全河备考》卷3《河渠志下》，《四库全书存目丛书》史部第224册，第469页。

② 乾隆帝敕修：乾隆《钦定大清会典则例》卷131《工部·都水清吏司·河工一》，《景印文渊阁四库全书》史部第624册，第154页。

③ 陆耀：《山东运河备览》卷9《挑河事宜》，《中华山水志丛刊》水志第25册，第342页；文煜等：光绪《钦定工部则例》卷43《河工十三·漕河》，《故宫珍本丛刊》第297册，第345页。

续表

序号	州县	管理官员	泉夫（名）	主要组织架构
11	邹县	邹县县丞	30	泉老一名，小甲一名
12	滋阳县	滋阳县县丞	36	泉老一名，总甲一名，小甲一名
13	宁阳县	宁阳县县丞	61	泉老一名，总甲一名，小甲一名
14	济宁州	济宁州州同	9	泉老一名
15	鱼台县	济宁州州同	20	泉老一名，总甲一名，小甲一名
16	滕县	滕县主簿	40	泉老一名，总甲一名，小甲一名
17	峄县	峄县县丞	20	泉老一名，小甲一名

资料来源：《山东运河备览》卷8《泉河厅诸泉》。

在诸多有泉州县中，莱芜县的泉源对汶水畅流作用极其关键，“汶水距运最远，而泉最旺者，莫如莱芜”[①]。明代莱芜有泉源35眼，额设泉夫120名。明末泉源枯淤，仅存25眼，泉夫裁至90名。清初，陆续恢复旧有泉眼10处，新开泉源11处。至康熙年间，通共存泉源46处。为保护泉源，清朝采取了各种严厉措施。莱芜县山岭有矿山产铁，其中阴凉山又名铜冶山，曾产铜，获利丰厚。为保护泉源，防止挖伤山脉，泉水枯竭，“故开矿之说，惟莱芜不可行”[②]。

乾隆二年（1737），清廷规定，每年十月后，管泉通判率下属官员逐一勘察所辖泉水河道，置备刮板40具，铁舀百具，捱牌板片600块，“浚山泉之河，深五尺者，上口阔三尺，底阔一尺，以为定式”[③]。但是，执行效果并不理想。兖州、泰安等府州县泉源在乾隆中期多达478眼，较之明代220余眼，数目加倍，遇有水小之年，运道水势匮乏。运河道陆耀指出，泉源疏浚固然重要，泉水流走的渠道同样重要。泉渠出于泥穴石罅，稍有淤塞，泉水即断流。有泉之处必须宽砌泉池，一则可屏障池外泥沙，一则可让泉水有所容蓄。泉渠数十里长，支流流入干流，最后汇

① 陆耀：《山东运河备览》卷8，《中华山水志丛刊》水志第25册，第424页。

② 叶方恒：《山东全河备考》卷1《图志》，《四库全书存目丛书》史部第224册，第364页。

③ 乾隆帝敕修：乾隆《钦定大清会典则例》卷133《工部·都水清吏司·河工三》，《景印文渊阁四库全书》史部第624册，第180—181页。

成洪流。必须节节爬梳，相度地势，由高趋下，确保泉水畅流无阻。地方官府不重视泉渠已非一日，若不对此类行为严厉惩处，泉务势必废弛。运河道差员赴地方会同疏浚泉源，如地方官虚应故事，泉渠仍有壅塞，一经查出，严参究办。①

我们不厌其烦地介绍明清两朝对泉源的管控措施，可以看出：国家政权对山东运河区域以泉源为核心的水源控制已达到极致。这种对水资源的强力垄断势必对沿运地区百姓民田用水产生尖锐矛盾。光绪五年（1879），两江总督沈葆桢形象描述了运河用水与民田灌溉的矛盾关系："议者谓运河贯通南北，漕艘藉资转运，兼以保卫民田，意谓运道存则水利亦存，运道废则水利亦废。臣以为舍运道而言水利易，兼运道而筹水利难。民田于运道势不两立，兼旬不雨，民欲启涵洞以溉田，官必闭涵洞以养船。迨运河水溢，官又开闸坝以保堤，堤下民田立成巨浸，农事益不可问。"②

在沿运地区，国家强力垄断水源的分配，农业用水却受到严格管控，"水不敢蓄泄以溉田"③，直接影响农业的正常发展。乾隆年间，盛百二言："《河渠书》：汶水可溉田万亩。今则涓滴皆归运河，小旱即苦水少。"④ 国家垄断水源的做法极大妨碍农业正常发展，导致地方上民怨沸腾。滕县在元代曾有水稻的种植。明清时期，国家对泉水的严密垄断导致这些肥沃的稻田消失。道光《滕县志》言："元时，滕州有稻堰，称饶给。明朝十八泉，则一切归之以济漕。而行水者奉法为厉，即田夫牵牛饮其流，亦从而夺其牛矣。"⑤

除采取保泉济运的政策以确保运河水源充裕外，明清朝廷还将山东运河沿线湖泊辟为水柜蓄水。山东运河区域的湖泊，按功用可分为水柜、

---

① 魏源全集编辑委员会编：《魏源全集·皇朝经世文编》卷104《工政十·运河上》，第578页。

② 赵尔巽等：《清史稿》卷127《河渠二·运河》，中华书局1977年版，第3791页。

③ 王政等：道光《滕县志》卷3《方物志》，《中国地方志集成》山东府县志辑第75册，第70页。

④ 盛百二：《增订教稼书》，载王毓瑚编《区种十种》，财政经济出版社1955年版，第103页。

⑤ 王政等：道光《滕县志》卷3《山川》，《中国地方志集成》山东府县志辑第75册，第72页。

水壑之用。[①] 这些湖泊水柜在为运河蓄泄水源上发挥着关键性作用。为更好发挥水柜的蓄水济运功能，明廷出台了严厉措施："凡故决山东南旺湖、沛县昭阳湖堤岸及阻绝山东泰山等处泉源者，为首之人并遣从军；军人犯者，徙于边卫。"[②] 至清乾隆年间，清廷开始明确规定水柜蓄水尺寸标准，最初定水志为一丈。乾隆三十三年（1768）十一月，河臣张师载等奏定微山湖水志，以湖口闸水深一丈为度，微山湖水位控制制度化。后又定水志为一丈一尺。乾隆五十二年（1787）水志定为一丈二尺。[③] 为及时了解各水柜蓄水量，嘉庆十九年（1814），嘉庆帝下旨要求河东河道总督将湖水所收尺寸，"于每月查开清单，具奏一次"[④]。嘉庆二十一年（1816），微山湖收水更是增至一丈四尺。[⑤]

这些湖泊水柜蓄积大量水源，对于确保运道畅通，固然起到关键性作用。然而，这些巨量水源的汇聚也给沿湖地区带来巨大灾难："自元世祖开会通河后，而汶、泗、洸、府之水咸汇于是，益成泽国。"[⑥] 运河开通后，济宁周边地区水环境急剧变化，对于农业影响最直接的就是大量农田被淹，出现了面积庞大的沉粮地、缓征地。"沉粮地"这一特定地理概念的出现与南四湖（南阳、昭阳、独山、微山）蓄水量的不断增加有着密切关系。这些沉粮地全部坐落于大运河以西的山东济宁、鱼台两县。由于常年被水侵淹，"此数千顷沮洛下隰，愈无恢复希望，人民抛弃所有权，已成习惯"[⑦]。最终，沉粮地逐渐成为无主地的代名词，被官方认定

---

① 运河西岸的微山湖为一例外。此湖上承南阳、昭阳、独山诸湖之水，又为运河泄水和黄河泛流之区，并通过湖口闸、滚坝、伊家河及蔺家坝等与运河相连，是清中后期的一个重要水柜。凌滟：《从湖泊到水柜：南旺湖的变迁历程》（载《史林》2018 年第 6 期）指出，水柜是明代河臣建构形成的一个概念，并以此名义排斥湖田，以最大程度保证运河水源。

② 王宠：《东泉志》卷 1，《天津图书馆孤本秘籍丛刊》第 7 册，第 783 页。至明代中后期，水柜湖泊的保护从南旺、昭阳两湖外，明确增加昭阳湖、安山湖。（见谢肇淛《北河纪》卷 7，第 695 页。）

③ 黎世序等：《续行水金鉴》卷 130《运河水》，《四库未收书辑刊》七辑第 8 册，第 356 页，

④ 文煜等：光绪《钦定工部则例》卷 44《河工十四 · 漕河》，《故宫珍本丛刊》第 297 册，第 346 页。

⑤ 董恂：《江北运程》卷 22，《四库未收书辑刊》五辑第 8 册，第 181 页。

⑥ 潘守廉等：民国《济宁直隶州续志》卷 4《食货志》，《中国地方志集成》山东府县志辑第 77 册，第 292 页。

⑦ 袁绍昂等：民国《济宁县志》卷 2《法制略》，《中华方志丛书》，第 153 页。

为免税地。“缓征地”多雨季淹没，旱季涸出，广泛分布于大运河东西两岸的济宁、鱼台、东平、东阿等四县，面积更为广泛。[①] 乾隆二十四年（1759），清廷第一次承认的免于纳税的沉粮地——济宁包括杨郭庄、石佛等17地，淹沉44村庄，计地968顷48亩；鱼台淹沉103村庄，计地708顷87亩。乾隆二十六年（1761），清廷再次统计新沉地亩——济宁新沉84村，计地1365顷27亩；鱼台新沉地1303顷87亩。[②] 咸丰年间以后，微山诸湖水势浩大，加上上游黄河决口的不断袭扰，济宁、鱼台一带，“下虞浊流之横溢，上忧清流之倒灌”，更多的膏腴田地被大水淹没。据民国初年统计，济宁、鱼台、东平三县共沉粮、缓征地面积达872300余亩。[③]

二　地方水利的迟滞

自明代后期开始，黄河中下游流域的北直隶、河南、山西、山东、陕西等省井灌有较大发展。[④] 井灌发达与否是衡量明清华北地区水利事业发达与否的一项参考指标。对于华北地区的井灌问题，活跃于明后期的徐光启有细致描述：“掘土深丈以上而得水者，为井以汲之。此法北土甚多，特以灌畦种菜。”按修筑材料分，可分石井、砖井、木井、柳井、苇井、竹井、土井等。井灌的起水方法，“有桔槔，有辘轳，有龙骨木斗、有恒升筒，用人用畜。高山旷野，或用风轮也”[⑤]。

至明中后期，经地方官的大力推广，凿井灌溉得到一定程度的推广。然而，整体而言，此时的井灌并不适宜大面积的作物种植，只适宜于面积较小的精耕细作的农田，“特以灌畦种菜”[⑥]。对此，徐光启直言：“若云（井灌）救旱谷，则炎天燥土，一井所灌其润几何？必须教民为区田，

---

① 李德楠、胡克诚：《从良田到泽薮：南四湖“沉粮地”的历史考察》，《中国历史地理论丛》2014年第4期。

② 潘守廉等：民国《济宁直隶州续志》卷4《食货志》，《中国地方志集成》山东府县志辑第77册，第302页。

③ 袁绍昂等：民国《济宁县志》卷2《法制略》，《中华方志丛书》，第152页。

④ 陈树平：《明清时期的井灌》，《中国社会经济史研究》1983年第4期。

⑤ 徐光启著，石声汉校注：《农政全书》卷16《水利》，上海古籍出版社1979年版，第405页。

⑥ 徐光启著，石声汉校注：《农政全书》卷16《水利》，第405页。

家各二三亩以上，一家粪肥多在其中，遇旱则汲井溉之。此外田亩，听人自种旱谷，则丰年可以两全。即遇大旱，而区田所得，亦足免于饥窘，比于广种无收，效相远矣。"①

明清时期，井灌在山东运河区域较为普遍。运河沿岸广泛分布着水井。明永乐年间重开会通河后，漕运总兵官陈瑄沿运河两岸广泛凿井，栽植树木。② 入清，屡见地方官推广井灌的事例出现。康熙四十五年（1706），临漳人李累珠上任德平知县后，捐俸劝导百姓凿井千余眼灌溉农田。③ 乾隆三十八年（1773）、四十二年（1777）两度出任临清知州的王溥在辖境推广掘井成本更低的荆薄水井。④ 光绪年间，直隶等地大旱。与直隶接壤的鲁西地区地方官多次动员百姓掘井灌溉。光绪初年，博平知县吴淮仁劝民凿井，掘井1200余眼，引导百姓种植耐旱的玉米等作物，"邑人赖以无饥"。光绪二十三年（1897）直隶大旱期间，博平知县赵文萃动员百姓掘井，每平方里（计小地5顷40亩）掘井十数眼。为节省成本，赵文萃动员百姓时放弃代价昂贵的砖石构造，而是"预取或红荆或蒲柳，浸湿缠绠，旋螺绕贴井圹，均用竹木钉住，用代砖石之砌，盖防软沙之坍陷也"。这种掘井方法，代价低廉，"工省价廉，按亩出资，夥掘夥用，当时农民称便"⑤。

除地方官推广外，各州县还存在善人地主出资掘井的事例。乾隆五十年（1785），鲁西大旱，莘县地主李仰圣，"掘井溉田，及来春，分邻人以粟米、芦菔，全活甚众"⑥。咸丰年间，德州周边各县农民普遍于运河堤畔掘井灌溉，"辘轳引水，沿河两岸，在在有之"。时人瞿元霖认为这些紧邻运河的水井浸啮运堤，"遗害非细"⑦。

---

① 徐光启著，石声汉校注：《农政全书》卷5《田制》，第113页。

② 朱泰等：万历《兖州府志》卷39《名宦列传》，《天一阁藏明代方志选刊续编》第56册，第78页。

③ 周秉彝等：光绪《临漳县志》卷9《列传三》，中国国家图书馆藏光绪三十一年刻本，7a。

④ 盛百二：《增订教稼书》，载王毓瑚《区种十种》，第87页。

⑤ 陈树平主编：《明清农业史资料》第3册，第1182页。

⑥ 嵩山等：嘉庆《东昌府志》卷32《孝义》，《中国地方志集成》山东府县志辑第87册，第544页。

⑦ 陈树平主编：《明清农业史资料》第3册，引瞿元霖《苏常日记》，第1184页。

从整体来看，明清时期井灌虽比较常见，但未得到大面积的推广，山东运河区域各州县缺乏基本的水利设施，农业耕种依然是完全靠天吃饭的自然状态。运河东岸各州县水利设施落后。清平，“灌溉专凭雨”[①]。民国年间，高唐旧井约在千眼以上，而灌溉用者不过十余井，新凿机井殆无。[②] 东阿农业水利设施极为落后，“水旱不时，待命于天”[③]。东昌府首县聊城农业发展面临着同样问题。此地世家大族，“多有良田数千亩”，转手将土地租与佃农耕种，却不投入财力改善水利设施，“佃地多而不粪，又畜牛少，耕地则假诸他人”，遇有天旱年份，“佃人嗷嗷待哺，窃相刈食，无所不至，所以腴田日硗而良苗不实，无怪乎民生日蹙也”。乾隆三十七年（1772），聊城人邓汝功呼吁：“若修沟洫，备旱潦，如周恭肃[④]所云，尤吾乡之切务。”他建议于聊城[⑤]以北，“相其高下，合数邑之民力，开渠疏通，使向之害稼者转而为利，十年后，吾乡可无寒与饥者矣”[⑥]。夏津县，“旱潦听天，专事祈祷，应则醵资演戏，以答神庥”。民国初年，随着借贷制度完善，“始有掘井灌田者，但少数耳”[⑦]。

山东运河区域南部各县水利落后。宁阳百姓耕种，“皆仰藉天时”。延至晚清，该县农业灌溉设施大有改进，城乡各地逐渐推广井灌，并使用水车等工具。[⑧] 与山东接壤的直隶地区，至晚清时期，仅顺德（今河北邢台）、定州（今河北定州）两府有较为发达的井灌，其余各府县水利设施比较落后，“岁之丰凶，悉听诸天，不能以人力稍为挽救”[⑨]。卫河沿岸

---

① 陈钜前等：宣统《清平县志》卷5《食货》，中国国家图书馆藏宣统三年刻本，14b。

② 山东省政府实业厅编：《山东农林报告》，第41页。

③ 刘沛先等：康熙《东阿县志》卷1，中国国家图书馆藏康熙四年刻本，30a。

④ 即明南直隶吴江（今江苏苏州市吴江区）人周用，字行之，号白川，弘治十五年（1502）进士，曾任南京兵科给事中、山东按察副使等职。

⑤ 王毓瑚整理的《区种十种》将此处作“鄄城”，但在本段邓汝功多处说“吾乡”字样，结合邓汝功乃聊城籍贯，可断定此处实为“聊城”。

⑥ 盛百二：《增订教稼书》，载王毓瑚《区种十种》，第87页。

⑦ 谢锡文等：民国《夏津县志续编》卷5《典礼志》，中国国家图书馆藏民国二十三年刻本，29a。

⑧ 高升荣等：光绪《宁阳县志》卷6《风俗》，《中国地方志集成》山东府县志辑第69册，第93页。

⑨ 葛士浚：《皇朝经世文续编》卷36《户政十三·农政下》收夏同善《请饬筹款开井疏》，《近代中国史料丛刊》，第952页。

各州县水利设施同样落后。德州，“一遇旱灾，赤地千里，防御术穷，年岁丰歉，听其自然”[①]。

首先，井灌无法得到推广的关键原因无疑就是掘井成本及维持费用高昂。掘井需要的费用远超普通百姓所能承受，势必需要国家财政的大力扶持。乾隆年间，活跃于山东运河区域的盛百二在推广介绍井灌时就指出，砖包水井，“工费稍大，贫家不能办，则以荆薄代”[②]。晚清时期，顺天学政夏同善对掘井成本做了细致计算。他指出，土井耗费少但易于倾圮，砖井造价则过于昂贵，以成本适中的“下砖上土之井”计算。这种结构的井，可用数年，掘一井需费五六千文，代价依旧比较高，百姓根本无法承担。他提议由户部拨款银 4 万两，易制钱 6 万千文，可掘井 1200 眼井，“以一井溉地十亩计之，可溉地十二万亩，以每亩产粮一万计之，可得粮二十四万石”[③]。没有国家财政的强力支持，仅靠民间财力根本无法维持大规模的掘井及维持井灌的费用。针对井灌未获大规模推广的原因，张之洞言：“徒以工费较多，贫者但幸天功，惰者苟安不变。”[④]至民国年间，掘井成本高昂依旧是制约井灌推广的重要阻力。经济比较发达的济宁县，“所凿之井，多系土井，建设局对于凿井事项因经费支绌，进行颇为困难”[⑤]。

其次，山东运河区域的部分州县特殊地质构造增加掘井的难度。清平：“境内井泉无多，且因地层关系，水中多含矿质，故甘泉尤少，城西金郝庄、康盛庄一带，所有水井十九苦涩，往往出汲数里之外，犹不足供饮料。其水层恒深，惟城西南毗界临清各乡村水层不足八尺，其余皆在一丈五尺以上。”由此可见，清平县地下水水质差，且水层深，掘井难度大，直接导致该县水利事业严重滞后，“（井）水量又苦缺乏，是戋戋

---

① 李树德等：民国《德县志》卷 6《政治志·建设》，《中国地方志集成》山东府县志辑第 12 册，第 126 页。

② 盛百二：《增订教稼书》，载王毓瑚主编《区种十种》，第 97 页。

③ 葛士浚：《皇朝经世文续编》卷 36《户政十三·农政下》收夏同善《请饬筹款开井疏》，《近代中国史料丛刊》，第 952 页。

④ 张之洞：《张文襄公全集》卷 1《畿辅旱灾请速筹荒政折》，《近代中国史料丛刊》453 册，第 342 页。

⑤ 山东省政府实业厅编：《山东农林报告》，《民国史料丛刊》第 505 册，第 262 页。

者供村民汲饮之不足，更何有于灌溉？”①

最后，在部分地区，井灌收益不突出也是制约其推广的一个重要原因。康熙《博平县志》言：“城西北贾庄至妹塚一区，地下土坚，可井，宜蔬，较之种田者利稍浮，然辘轳夜勤，粪锄昼苦，男妇交事，暑雨不辍，亦云艰哉！”②

由此可见，明清时期山东运河区域各类民生水利设施比较落后。大运河贯通期间，为更好引水济运，沿运各州县修建了各类闸坝，人为地改变了河流的水文地理形势，加剧了水患的频率，危及农业的正常生产。漕运畅通与农业灌溉的矛盾愈益尖锐。滕县人王元宾言：“往凿新漕，欲避水之害则坝以遏之，欲得水之利则开渠为陂以畜之。”每逢雨季，大量农田被水淹浸，“既为坝以遏水势，而每岁霪潦，诸山溪之水溢于皋陆，尽夺民下泽膏腴”③。东昌府，“郡介兖冀之间，地多泄卤且卑下，淫雨为害”④。

山东运河西部的各条河道被运河阻隔，无法畅流入海。加上地方挑河积极性不强，放任河道淤塞，导致农田被淹，影响农业正常生产。观城，“水潦不时，斥卤相望”⑤。会通河西岸的曹州府地区水利失修，“春苦旱暵，夏秋苦雨，无沟畎之法，蓄泄之备，即有不稔，流离转徙，不能自振矣”⑥。乾隆年间，运河西岸的寿张县境内赵王河湮塞三十余年，“大雨至，水无所泄，禾麦皆淹死”。百姓无法耕种，纷纷逃往他乡。乾隆三十七年（1772），寿张知县沈齐义招募百姓疏浚赵王河河道30余里，引上游范县、濮州等处河流入赵王河后经五空桥入运河泄水。此次疏浚

① 梁钟亭等：民国《清平县志》不分卷《舆地志五》，中国国家图书馆藏民国二十五年铅印本，39b。

② 堵嶷等：康熙《博平县志》卷2《物产》，中国国家图书馆藏康熙三年刻本，26a。

③ 王政等：道光《滕县志》卷3《山川》，《中国地方志集成》山东府县志辑第75册，第73页。

④ 胡德琳等：乾隆《东昌府志》卷5《地域志》，中国国家图书馆藏乾隆四十二年刻本，9b。

⑤ 孙观等：道光《观城县志》卷2《舆地志》，《中国地方志集成》山东府县志辑第91册，第431页。

⑥ 周尚质等：乾隆《曹州府志》卷2《舆地志》，中国国家图书馆藏乾隆二十年刻本，5a。

效果显著，自此之后，寿张南境水患灾害大减，百姓纷纷复业。[①]

会通河南部的济宁等州县水患同样严重，甚至出现了面积庞大的水淹沉粮地（见上文）。鱼台，“每春冬苦旱，夏秋苦雨，由素无沟洫蓄泄之法也”[②]。周边的兖州府水利处于失修状态：“春苦旱暵，夏秋苦雨，无沟畎之法，蓄泄之备，即有不稔，流离转徙，无能自振矣。”[③] 滕县的地方水利事业严重滞后。滕县人孔广珪曾有形象描述：“滕幅员三百里，素称巨邑。以今考之，直凋敝之区耳。邑东北多山，石枯而土燥，遇小旱辄为灾，若雨旸不愆，视沃土得十之四五焉。西南水之所汇，河淤而高，湖浅而偪，涝则停蓄无所泄，旱不足以资灌溉，若雨旸不愆，视沃土得十之五六焉。”[④] 延至晚清，滕县的农田水利设施依旧非常落后：“农则习于怠惰，一遇干旱，不知讲求水利。”[⑤]

由于国家行政手段粗暴管控本地区原本并不富裕的水资源，直接导致山东运河区域水利环境的恶化以及农田水利设施的落后。山东运河区域曾经普遍存在的优质水田大量消失。早在中古时期（公元3—9世纪），华北水环境良好、水资源较为丰富，水稻种植比较普遍。[⑥] 滕县在元代以前有稻堰分布，进入漕运时代，“明代十八泉则一切规之以漕，而行法者奉为厉，即田夫牵牛饮其流，亦从而夺其牛”[⑦]。峄县在唐代是水利灌溉先进的地区。唐贞观年间，峄县境有陂塘13所，每年可灌溉农田数千顷，“青、徐水利莫与为匹”。至元代开通会通河后，朝廷对泉源的管控尚不及此后的明清两朝那般严厉。元大德年间，县境的许池泉，“散漫四

---

① 王元启：《祇平居士集》卷24《寿张县知县赠中宪大夫沈君墓志铭》，《清代诗文集汇编》第335册，第181页。

② 鱼台县地方志编纂委员会整理：康熙《鱼台县志》卷9《风土志》，第253页。

③ 张鹏翮等：康熙《兖州府志》卷5《风土志》，中国国家图书馆藏康熙二十五年刻本，8a。

④ 王政等：道光《滕县志》卷12《艺文志中》收孔广珪《上邑侯彭少韩书》，《中国地方志集成》山东府县志辑第75册，第367页。

⑤ 生克中等：宣统《滕县续志》卷1《土地》，《中国地方志集成》山东府县志辑第75册，第429页。

⑥ 王利华：《中古华北灌溉水利——水稻种植——盐碱治理关系探讨》，载氏著《徘徊在人与自然之间：中国生态环境史探索》，天津古籍出版社2012年版。

⑦ 王政等：道光《滕县志》卷3《山川》，《中国地方志集成》山东府县志辑第75册，第72页。

郊，灌溉稻田无虑万顷，民受其利”。自元末战乱后，该县屡遭战乱，百姓转徙他乡，“河渠故道，岁久堙灭”。明清两朝对泉源严格管控，“接济漕渠故……方今小民，一切罢陶铸诸业，而独仰给于农百亩之田，计赡父母妻子，而更徭征赋出其中，一遇旱干水溢，则征徭逋负，流亡继之矣”。明清时期对泉源的严厉管控直接加速峄县失去往日发达的农业灌溉条件。农业生产抵御自然灾害的能力大为降低，生态环境更加脆弱，遇有朝廷赋税的严厉催征，百姓不得不逃亡他乡，进一步加剧农业生产的恶化，最终形成恶性循环：“流亡者众，则田不受犁者愈多，榛莽弥望，常数十里无炊烟。”①

第三节　运河区域土壤盐碱化及沙化问题

一　土壤的盐碱化

对于土壤盐碱化问题的产生，乾隆年间长期于山东为官、讲学的盛百二分析道：“醶生于水而成于日，水之所过，烈日曝之，则醶起焉。”②盐碱土产生的自然条件是地表及地下水含盐量大，地下水位高，排水不畅，土方不易脱盐，高矿化地下水不易淡化，从而导致土壤盐碱化。③ 明代，山东、直隶两省交界一带盐碱遍地，“地多斥卤，水醶土瘠，日夕风起，黄沙眯目，行者苦之”。万历年间，乌程人朱长春赋诗：“过雨如霑雪，无风自落沙”；“白沙风里下，黄日雾中生”等诗句描绘鲁西地区土地严重的盐碱化问题。④ 晚清时期，外国人形象记载了山东、河北两省存在严重的土壤盐碱化问题，大量盐碱凝结在土壤表面，使大地看起来像是覆盖了一层薄薄的雪花。⑤

---

① 赵亚伟等整理：光绪《峄县志》卷13《田赋》，第182页。

② 盛百二：《柚堂笔谈》卷2，《续修四库全书》子部第1154册，第20页。

③ 邹逸麟主编：《黄淮海平原历史地理》第二章“黄淮海平原植被和土壤的历史变迁”，第51页。

④ 王培荀著，蒲泽校订：《乡园忆旧录》卷三《海滨风情》，第133页。

⑤ ［美］马若孟：《中国农民经济：河北和山东的农民发展（1890—1949）》，史建云译，第一篇《问题》，江苏人民出版社2013年版，第11页。

明清时期，运河犹如一堵高墙矗立鲁西地区，极大地改变了该地区的水文地理形势，排水问题愈加突出，频繁出现严重涝灾，直接导致该地区土壤盐碱化、沙化和板结化，成为制约鲁西地区农业发展的一个关键因素。[①] 李令福研究山东土壤盐碱化时指出，大运河横亘南北，阻塞了鲁西平原的下泄水道，造成了运河沿线及运西广大地区严重的土壤盐渍化现象。[②] 运河西岸的各州县普遍存在严重的土地盐碱化问题。堂邑，“盐碱淤沙，所在皆有，土地既不肥沃，农业自难发展”[③]。观城，“水潦不时，斥卤相望”[④]。聊城，“地质斥卤”[⑤]。民国一份调查报告指出，聊城县“境内东南乡土质较肥，其余西北、东北、西南各乡，地多沙碱”[⑥]。邱县，“土地狭小，而城北之地，多鹹不谷”[⑦]。朝城，“地多沙鹻，耕种维艰，每值禾稼登场，其所收粮石不及邻封膏腴之半”[⑧]。范县因排水困难导致的土壤盐碱化问题极为突出：“范邑袤延六十里，半为黄河故道，水潦降则澶、濮诸流交汇为泽国，或经旬不雨，则赤卤坟起，风沙猎猎，故其民少蓄积。”[⑨] 寿张，“邑僻而狭，壤多舄卤”[⑩]。

会通河与卫河交汇处的临清境内有一定规模的盐碱地。乾隆三十六年（1771）十一月，清廷豁除临清州沙压、盐碱地 1013 顷 22 亩余的额

---

① 高元杰、郑民德：《清代会通河北段运西地区排涝暨水事纠纷问题探析——以会通河护堤保运为中心》，《中国农史》2015 年第 6 期。

② 李令福：《明清山东盐碱土的分布及其改良利用》，《中国历史地理论丛》1994 年第 4 期。

③ 山东农业调查会编：《山东之农业概况》，《民国史料丛刊》第 504 册，第 121 页。

④ 孙观等：道光《观城县志》卷 2《舆地志》，《中国地方志集成》山东府县志辑第 91 册，第 431 页。

⑤ 陈庆蕃等：宣统《聊城县志》卷 1《方域志》，《中国地方志集成》山东府县志辑第 70 册，第 19 页。

⑥ 佚名：《山东政俗视察记》，《民国史料丛刊》第 756 册，第 433 页。

⑦ 山东农业调查会编：《山东之农业概况》，《民国史料丛刊》第 504 册，第 164 页。

⑧ 佚名：光绪《朝城乡土志》不分卷《人类》，中国国家图书馆藏光绪三十三年抄本，无页码。

⑨ 唐晟等：嘉庆《范县志》卷 4《碑文》收范自新《邑侯屺来吴公升鹤峰州序》，中国国家图书馆藏光绪三十三年石印本，15b。

⑩ 觉罗普尔泰等：乾隆《兖州府志》卷 5《风土志》，《中国地方志集成》山东府县志辑第 71 册，第 122 页。

赋。[①] 至民国年间，州城北门外就有十数顷盐碱地，“盐类过多，终年湿润赤卤，仅有苔藓，不生五谷”[②]。

山东运河以东的鲁北平原上，马颊、徒骇、大清等河自西南流向大海。这些河道曾为黄河泛滥的通道，明清时期常遭受黄河浊流的侵灌，河道迂浅衍漫，流水不畅，沿岸低洼地区浮盐泛碱，惨白如霜，形成条带状分布的盐碱土地区。[③] 清平县，“地多斥卤，民苦瘠贫，凭高四望，萧条满目”[④]。清平县盐碱地占全县耕地的较大比例，只能种树栽荆。[⑤] 马颊河南岸的陵县，“地多赤卤，而陵赋素重，不能供亿”。乾隆三十六年（1771），知县赵王槐查丈县境盐碱地达36800余亩，经不断上诉，最终获朝廷减免田租5500余石。[⑥] 高唐州，“州境西南一带，向多荒碱地亩”[⑦]。高唐大觉寺以东在元代为义学学田百亩。至道光年间，“今寺东南地势旷衍，土多硝卤，非徒种桑不宜，且春夏无奥草”[⑧]。延至民国，高唐州仍有一定规模的盐碱地，“雨量调和，农产物或有几许之收入，一遇旱年，遍地皑皑，如铺白雪，收获最歉”[⑨]。徒骇河南岸的博平县盐碱地面积占全县耕地面积的2/10以上。[⑩] 博平等县盐碱地上还遍布耐盐碱的

---

① 《清高宗实录》卷896，乾隆三十六年十一月丁酉。

② 张自清等：民国《临清县志》卷6《疆域志·土质》，《中国地方志集成》山东府县志辑第95册，第87页。

③ 李令福：《明清山东盐碱土的分布及其改良利用》，《中国历史地理论丛》1994年第4期。

④ 梁钟亭等：民国《清平县志》第二册《舆地志·疆域》，中国国家图书馆藏民国二十五年铅印本，4a。

⑤ 梁钟亭等：民国《清平县志》第三册《实业志二·农业》，中国国家图书馆藏民国二十五年铅印本，7a。

⑥ 钱应显等：光绪《陵县乡土志》不分卷《政绩》，中国国家图书馆藏光绪三十三年抄本，10b。

⑦ 周家齐等：光绪《高唐州志》卷3《税课》，《中国地方志集成》山东府县志辑第88册，第329页。

⑧ 周家齐等：光绪《高唐州志》卷3《学校考》，《中国地方志集成》山东府县志辑第88册，第376页。

⑨ 王静一等：民国《高唐县志稿》卷2《地理志二·土壤》，高唐县人民政府方志办公室藏民国二十五年稿本，无页码。

⑩ 山东省实业厅编：《山东农林报告·二》，《民国史料丛刊》第506册，第118页。

碱蓬等植物。[①] 乾隆年间，博平知县朱坤作诗描述：“何物青葱是碱蓬，平分禾稼半南东。亦经早晚更番获，见说丰时也不丰。”[②]

20世纪50年代，中国科学院、水利水电部等科研单位在对华北平原土壤调研时指出，运河由南向北流，在山东省堂邑、聊城、阳谷一带，其流向与自然坡度（由西往东）相垂直，并与马颊河及徒骇河相交，徒骇河、马颊河的涵洞过小，泄水不畅，加以堂邑、聊城一带地势低洼，故运河西岸聊城、堂邑一带土壤盐化较重（中度及重度盐化），而东岸清平、博平一带盐化则较轻（轻度盐化）。[③] 通过对山东运河区域南北各州县土壤盐碱化程度的分析，我们可以看出：大运河横亘鲁西平原，与境内自然河道相交，导致该区域出现严峻的排水问题，直接加剧该区域的土壤盐碱化程度。不仅运河西部各州县因排水困难，运河东部的高唐、清平、博平诸县也面临严峻的排水问题，土壤盐碱化同样十分严重。

山东运河南段各州县地处南四湖区，地势低洼，面临严峻的排水问题。因排水不畅导致的土地盐碱化也比较突出。鱼台县濒临南四湖区的昭阳湖，地势洼下，“土地多碱”“十年九灾”，排水困难，导致该县盐碱地面积庞大，种植麦豆等作物均不适宜。[④] 民国年间，山东省政府在调研该县土质后，建议鱼台政府鼓励百姓栽植耐碱的阴柳，发展柳编业。[⑤] 峄县，“土质多贫瘠，绝少肥田”[⑥]。

卫河流域各州县土地盐碱化同样比较严重。德州，“县境之东、北两部，地多洼下，夏秋常积潦水，故成斥卤之地”[⑦]；武城，“土地狭窄，沙

① 碱蓬，藜科植物。一年生草本。叶肉质，线形，甚密。秋季开花，花小型，簇生于叶腋。为碱土指示植物。可烧灰提碱；种子可榨油。（夏征农主编：《辞海·生物分册》，第224页）

② 嵩山等：嘉庆《东昌府志》卷48《艺文·诗》，《中国地方志集成》山东府县志辑第88册，第214页。

③ 熊毅、席承藩等：《华北平原土壤》第二篇《华北平原土壤的发生分类及性态》，科学出版社1965年版，第18页。

④ 佚名：《山东政俗视察记》，《民国史料丛刊》第756册，第315页。

⑤ 山东省实业厅编：《山东农林报告》，《民国史料丛刊》第505册，第275页。

⑥ 佚名：《山东政俗视察记》，《民国史料丛刊》第756册，第281页。

⑦ 李树德等：民国《德县志》卷13《风土志·物产》，《中国地方志集成》山东府县志辑第12册，第385页。

卤多"[①]。至民国初年，县内东境"砂碛数十里"[②]。地势洼下，排水不畅是土壤盐碱化产生的重要因素。武城地处卫河下游，地势洼下，遇有水涝，排水困难，导致土壤含盐量不断累积，引发严重的土壤盐碱化。嘉靖《武城县志》详述："（武城）地卑土淖，又当卫河下流之冲，三面受害。一遇水涝，堤岸溃决，室庐荡没。"[③] 这种特殊的地理水文条件导致武城县"地多沙碱，不堪行犁"[④]。冠县土质多为沙质土壤，"十年九旱"，县境西北多"碱地不毛"[⑤]。夏津西北邻近运河地区多"沙鹻，且多水患"[⑥]。

山东运河区域各州县百姓因地制宜，利用广布的盐碱土，大力发展煎鹻制硝业。观城县，"土人煎鹻以逐锥刀，所以化瘠土为膏腴"[⑦]。武城县，"土地狭，沙卤多，陵谷沟渠，道路又居其半，物产其间者，率不良"，发展经济的条件并不优越。[⑧] 武城百姓多采取"刮土熬硝"的方式营利谋生。[⑨] 高唐州州城百姓，扫土熬硝成为重要的谋生途径。道光年间，知州徐宗幹言："盖城中居民半为硝户，扫刮煎熬，泥咸土耗，久而不毛，坚且如石。"[⑩]

宣统《聊城县志》对百姓的熬硝活动有形象记载："每当天色微明，起向街巷扫土，日上运土至家，立锅熬硝以售，藉此治生，即以此为业。"[⑪] 百姓熬硝的工具简陋，方法简便易学："每当春季经日暴晒，则鹻

---

① 尤麟等：嘉靖《武城县志》卷3《山川》，《天一阁藏明代方志选刊》第63册，8a。

② 山东农业调查会编：《山东之农业概况》，《民国史料丛刊》第504册，第154页。

③ 尤麟等：嘉靖《武城县志》卷1《形胜》，《天一阁藏明代方志选刊》第63册，8b。

④ 尤麟等：嘉靖《武城县志》卷2《户赋志》，《天一阁藏明代方志选刊》第63册，13a。

⑤ 山东省实业厅编：《山东农林报告·二》，《民国史料丛刊》第506册，第14页。

⑥ 易时中等：嘉靖《夏津县志》卷1《地理志·乡图》，《天一阁藏明代方志选刊》第57册，14b。

⑦ 孙观等：道光《观城县志》卷2《舆地志》，《中国地方志集成》山东府县志辑第91册，第432页。

⑧ 尤麟等：嘉靖《武城县志》卷3《山川》，《天一阁藏明代方志选刊》第63册，8a。

⑨ 骆大俊等：乾隆《武城县志》卷7《土风物产》，《中国地方志集成》山东府县志辑第18册，第557页。

⑩ 周家齐等：光绪《高唐州志》卷3《学校考》，《中国地方志集成》山东府县志辑第88册，第376页。

⑪ 陈庆蕃等：宣统《聊城县志》卷1《方域志》，《中国地方志集成》山东府县志辑第82册，第19页。

土浮出，刮去其土，滤而煮熬，则毛硝出矣。”然而，这种毛硝杂质多，仅适于军火之用。熬硝时熬过之水，毒性强，“仅用以收豆腐”①。会通河南部的鱼台盐碱地广布。在天晴暴晒下，遍地出硝，穷民扫土淋硝，获利丰厚。民国初年，鱼台县每年可产硝5万余斤。②

为了更好地管控下层百姓利用盐碱土熬硝行为，清代将这些熬硝民户划为硝户。清代，沿运州县硝户依据官府定价按年解纳闽硝和部派硝本色。部硝和闽硝的区别在于：“昔时部硝归官承办，几年一次；有常例闽硝，则按年分由闽省委员来东，设局采买。”③ 可见，闽硝是硝户每年必须承办的业务，部硝则是数年承办一次。道光十三年（1833），高唐州硝户派闽硝7800斤，部硝4850斤。道光十四年（1834），派闽硝7450斤。高唐州修设硝廒一座，共房屋12间，专门用来存储硝料。④

起初，硝户可私下倒卖硝料获利。这些硝户熬硝卖硝的行为后来被纳入朝廷的严格管控之下。道光二十一年（1841）十一月，清廷规定，硝户熬硝必须有官方印簿，“除官民应用外，其余官为酌中给价，存储备用”⑤。山东巡抚托浑布要求产硝州县统一设硝户，于城市设局熬硝后，官府给价收买所产之硝，不准硝户私下买卖。⑥ 至此，百姓熬硝纳入国家的严格管控之下。乾隆年间，博平知县朱坤作诗形象描述硝户的生存状态：“家无垄地得容畊，扫土煎硝趁早晴。但愿官收已足额，好沾升斗活残丁。”⑦

至清末，“部硝、闽硝俱各停办”，扫土熬硝更是成为普通百姓获利

---

① 李树德等：民国《德县志》卷13《风土志·物产》，《中国地方志集成》山东府县志辑第12册，第385页。

② 山东省实业厅编：《山东农林报告》，《民国史料丛刊》第505册，第275页。

③ 陈庆蕃等：宣统《聊城县志》卷1《方域志》，《中国地方志集成》山东府县志辑第82册，第19页。

④ 周家齐等：光绪《高唐州志》卷3《田赋考》，《中国地方志集成》山东府县志辑第88册，第335页。

⑤ 昆冈等：光绪《大清会典事例》卷896《工部·军火》，《续修四库全书》史部第810册，第811页。

⑥ 《清宣宗实录》卷362，道光二十一年十一月甲戌。

⑦ 嵩山等：嘉庆《东昌府志》卷48《艺文志·诗》收朱坤《咏博平风土诗》，《中国地方志集成》山东府县志辑第78册，第214页。

的一项途径。[①] 除熬硝外，山东运河区域各州县还可熬制硝盐。临清西北乡及县城北等地的盐碱地含盐硝成分，刮土淋煎后，可产盐，“西北乡所滤者，名为小盐；北门外所出结晶，与海产等”[②]。会通河南部的鱼台县穷民利用盐碱土出产小盐，每年不下 20 万斤。[③]

二 沙压地

在汉代到宋元时期，黄河时常于南运河区域德州以南各州县泛滥。这个区域时为黄河大溜所经，时而改为汊流，河道一经变化，留下大量的沙荒。明清时期，漳河、卫河多合流而下后，经此地北流。一旦决口，浊漳之砂砾沉积于决口处使沙压地的面积不断扩大。清平县沙质土广布：“县城东乡及城西北乡，厥土百壤兼沙。”[④] 据民国初年的统计，清平县沙化土地占全县土地面积的 7%，“沙土宜花生、蜀芋及果实树木”[⑤]。临清有一定比例的沙压地：“城西南兴隆庄一带之沙河，尚系纯沙土质，五谷不能生长，仅能种植果木。”[⑥] 道光二十年（1840）春，李星沅沿运河北上，途经临清、德州一带时遇连日大风，黄沙满天。三月初三日，他在德州桑园镇附近，“风猛如虎，黄沙喷薄，船窗一昼夜不能开，天极燥热难耐”。入直隶不久，“狂飙五日，（运河）沿岸土积尺余，麦苗初生，正盼雨泽，乃复值此沙压，渐渐之秀，何由有秋？”[⑦]

漳、卫两河合流处的馆陶县沙地面积广布。康熙《馆陶县志》言：“邑为九河支道，河身尚存，荒沙极目，遇风飙迁。”[⑧] 雍正四年

---

① 陈庆蕃等：宣统《聊城县志》卷 1《方域志》，《中国地方志集成》山东府县志辑第 82 册，第 19 页。

② 张自清等：民国《临清县志》卷 8《经济志 · 工艺》，《中国地方志集成》山东府县志辑第 95 册，第 130 页。

③ 山东省实业厅编：《山东农林报告》，《民国史料丛刊》第 505 册，第 275 页。

④ 陈钜前等：宣统《清平县志》卷 5《食货》，中国国家图书馆藏宣统三年刻本，14b。

⑤ 梁钟亭等：民国《清平县志》卷 5《舆地志 · 土质》，中国国家图书馆藏民国二十五年铅印本，38b。

⑥ 张自清等：民国《临清县志》卷 6《疆域志 · 土质》，《中国地方志集成》山东府县志辑第 95 册，第 87 页。

⑦ 李星沅著，袁英光等整理：《李星沅日记》，中华书局 1987 年版，第 35、47 页。

⑧ 郑先民等：康熙《馆陶县志》卷 6《赋役志》收郎国桢《清地均里记》，中国国家图书馆藏康熙十四年刻本，12a。

(1726)，馆陶知县赵知希勘察县境沙压地，见沙地一望平原，青草遍地，遂责备农民抛荒。当地百姓解释这些沙压地经夏雨后，沙土凝结，荒草才微长。若于春间种植作物，“土解则沙飞，乘春风之狂烈，彼萌芽甲拆者，连根悠扬矣”。仔细观察，这些夏雨过后所长青草是那些高不过一寸，坚劲异常的茅草。赵知希询问百姓为何不选择种树？百姓解释：这些沙地大半是逃亡无主之地，普通百姓不敢种植。赵知希表示愿为民做主，招徕百姓于沙压地种树。百姓道：沙地种树，必须花人力、财力，掘深见土，树木才能生长。且一旦种树，官府随之征税，百姓无法承担。赵知希勘察的这块沙压地早前尚可耕种纳税，康熙五十八九年间，春季暴风将河底荒沙压入民地，一年比一年厚，加上水旱不均，土地荒废，百姓被迫逃亡他乡。馆陶县境荒废的沙压地，“南起张沙，北抵薛店，中间七八十里之地，大略相等，合之河西旧河荒沙，不下千余顷”。[①]

卫河沿岸州县的沙压地数目同样庞大。冠县境内沙压地面积庞大，“清乡二里六甲以至十甲并三甲、一甲、六甲诸村，中界沙河一道，往往雨多则水溢，风大则沙转，其害尤有不可胜道者”。乾隆二十二年(1757)，卫河暴涨，于元城县金滩镇决口，沿河村落悉为泽国。次年，水涸后，经丈量，出现沙压地 57 顷 5 亩余。道光二年（1822），卫河再次决口，水涸后，沙压地面积更大。道光六年（1826），冠县“大风霾，自春徂夏，陇亩之间，积沙城阜”。至道光七年（1827），知县梁永康实测沙压地面积达 172 顷有余。[②] 道光年间，清廷先后免除冠县沙压地 172 顷 75 亩余，单县沙压地 552 顷 89 亩余。[③] 夏津县沙压地主要有 2 段，呈带状分布：一为黄河故道，南自潘马庄入境，直趋东北，至温家庄出境，蜿蜒曲折，其间沙丘起伏，长 60 余里，宽 1 里至 3 里不等；一为沙河附近，自师堤西南入境而东，复折而北，至二屯东北出境，长 60 余里，宽半里至 1 里不等。夏津县境北沙河自李堂后，北经许营、子阎庙，中历

---

① 赵知希等：雍正《馆陶县志》卷 6《田赋志》收赵知希《孝平沙薄减则记》，中国国家图书馆藏光绪十九年刊本，22b。

② 韩光鼎等：光绪《冠县志》卷 9《艺文志》收李道修《史公梁公万民感戴碑记》，中国国家图书馆藏光绪六年抄本，无页码。

③《清宣宗实录》卷 69，道光四年六月己亥；《清宣宗实录》卷 171，道光十年秋七月辛巳。

孔马市马辛庄，至胡官屯，南北长20余里，“地多飞沙，每妨种植”[①]。明万历四十四年（1616），夏津知县李精白申除县境堆沙地155顷余亩，合赋银273两余，摊入寄庄户内派征。[②] 据民国年间调查，县境“西有白马湖，西北有莲花池，城北有霍家洼、宋长里屯洼等处，约计有十万余亩，实占全县面积七分之一”[③]。这十万余亩沙地均为该县荒地。武城县东境“积砂数十里”[④]。

由于受黄河冲击影响，黄运交汇地区各州县遍布数目庞大的沙压地。阳谷，“土多原隰，半为沙砾，无山林之沃”[⑤]。光绪年间，朝城县有沙压地545顷75亩余。[⑥] 邱县县境曾为黄河古道，“素称砂迹”[⑦]。运河东岸的高唐西部有沙地一方，长宽各20里；县境东北部也有沙地，如长椭圆形，面积少小。这两片沙地，“每遇沙扬，不易种植”。当地百姓自地层深处掘黏土掺和表层沙土的方式改良土壤，仅种植杏、桃、杞柳[⑧]、梨等耐碱植物。[⑨]

三　盐碱地、沙地的治理

（一）换土治理

乾隆四十三年（1778）九月，“客齐鲁最久，深悉田所由荒”的盛百二直言：“治鱋、治沟洫为北地切要之务。”[⑩] 在长期农业实践中，我国古

---

① 谢锡文等：民国《夏津县志续编》卷1《疆域志》，《中国地方志集成》，第299—300页。

② 方学成等：乾隆《夏津县志》卷4《食货志》，哈佛大学汉和图书馆藏乾隆六年刻本，15a。

③ 山东省实业厅编：《山东农林报告》，《民国史料丛刊》第505册，第42页。

④ 山东省实业厅编：《山东农林报告二》，《民国史料丛刊》第506册，第53页。

⑤ 觉罗普尔泰等：乾隆《兖州府志》卷5《风土志》，《中国地方志集成》山东府县志辑第71册，第122页。

⑥ 佚名：光绪《朝城志略》不分卷《入官荒产》，中国国家图书馆藏光绪年间抄本，无页码。

⑦ 山东农业调查会编：《山东之农业概况》，《民国史料丛刊》第504册，第164页。

⑧ 杞柳，又名红皮柳，落叶丛生灌木，耐湿耐碱，枝条韧，可编柳条箱、筐等用，也为可固沙、保土造林树种。参见汉语大字典编辑委员会编纂《汉语大字典》，四川辞书出版社2010年版，第446页。

⑨ 山东省政府实业厅编：《山东农林报告》，《民国史料丛刊》第505册，第31页。

⑩ 盛百二《增订教稼书》，载王毓瑚《区种十种》，第89页。

代劳动人民发现“不生五谷”的盐碱多位于盐碱地表层：“沙薄者，一尺之下常湿；斥卤者，一尺之下不醎。”明万历年间，曾任山东右参政的吕坤发现山东百姓将盐碱地挖掘盐碱地后以好土替换碱土，详细方法：“径尺深尺，换以好土，种以瓜瓠，往往收成，明年再换沮濡，以栽蒲苇箕柳。”[①] 这种盐碱地治理方法被运河区域各州县广泛采用。道光《观城县志》载：“掘地方尺深之三四尺，换好土，以接地气，二三年后，则周围方丈之地，亦变为好土矣。”[②]

（二）生物改良

苜蓿是西汉武帝时期张骞出使西域带回的耐寒耐碱、根系发达的豆科植物。[③] 山东运河区域各州县方志对种植苜蓿能改良盐碱地土质的功效有广泛记载。如道光《济宁直隶州志》言：“碱地寒苦，惟苜蓿能暖地，不畏碱，先种苜蓿，岁夷其苗，食之三年或四年后，犁去其根，改种五谷蔬果，无不发矣。”[④] 其他像观城、金乡等县县志均对苜蓿改良盐碱地的功效做了细致论述。[⑤]

明万历年间，山东地方官府专门发文鼓励百姓于沙薄地、盐碱地等贫瘠土壤栽植桑柳枣杏等耐碱树木，并详细介绍这些树木的栽植方法。山东右参政吕坤将地方官府的这篇告文收入其代表作《实政录》中，内容如下：

> 沙薄地里、大路边头，三二尺下，有好根脚；卤醎之地，三二尺下，不是醎土，你将此地掘沟深二尺，宽三尺，将那柳橛粗，如鸡卵粗的，砍三尺长，小头削尖，隔五尺远一科。先将极干桑枣杏槐老木如大馒头粗，三尺半长，下用铁尖，上用铁束，做个引橛，

---

① 吕坤：《实政录》卷2《小民生计》，《续修四库全书》史部第753册，第242页。

② 孙观等：道光《观城县志》卷10《杂事志》，《中国地方志集成》山东府县志辑第91册，第539页。

③ 夏征农主编：《辞海·农业分册》，上海辞书出版社1988年版，第296页。

④ 徐宗幹等：道光《济宁直隶州志》卷3之3《食货志》，《中国地方志集成》山东府县志辑第76册，第133页。

⑤ 孙观等：道光《观城县志》卷10《杂事志》，《中国地方志集成》山东府县志辑第91册，第539页；李垒：咸丰《金乡县志》卷3《食货志》，《中国地方志集成》山东府县志辑第79册，第401页。

> 拽一地眼，却将这柳橛插下九分入地，外留一分，后将湿土填实，封个小封堆。待一两月间，芽长出来，任他几股。到二年后，就地砍伐，第三年发出。粗大茂盛，要做梁檩，只留一股二股。不消十年，都成材料。其次，正月后二月前，或五六月大雨时，将柳枝杨枝截一尺长也，掘一沟，密密压在沟里，入土八分，外留二分。伏天压桑，亦照此法，十有九活。这等栽呵，盗贼难拔，牲畜难咬，天旱封堆不干，天雨沟中聚水，又不费浇。根入地三尺，又不怕鱇，又不歇田，十年之后，沙地鱇地，如麻林一般。①

耐碱性的树木在山东运河区域各州县广泛种植。观城县，“地方多赤卤”。该县于盐碱地广泛栽种柽柳，又名三春柳、阴柳。观城百姓利用柽柳条枝加工筐篓等器具。② 堂邑县的柽柳种植极为普遍。民国初年，针对境内广布的盐碱地，山东农业专门学校师生调研时建议堂邑县大力发展种植柽柳，“制造器具，售之外境，是又农家收益之一端也”③。耐碱性的枣、杏等树木也获得广泛种植。卫河沿岸的馆陶县境内大规模种植杏、枣等树，“果品产于各砂地，枣树则境内皆产之”④。夏津、武城县境沙河一带是沙压地的集中分布区。两县于此处广泛种植桑树、杨树等耐碱树木。至民国初年，夏津县方圆150里沙河地区已形成集中种植白杨等树木的林场。⑤

此外，盐碱地土壤中盐分并非一成不变。在淡水含量大幅增加时，会发生自然脱盐的现象。⑥ 咸丰《金乡县志》直言：“碱地畏雨，岁潦多收。”⑦ 沿运州县百姓也利用盐碱地的这个特性于多雨时节抢种作物。道

---

① 吕坤：《实政录》卷2《小民生计》，《续修四库全书》史部第753册，第243页。

② 王培钦等：光绪《观城乡土志》不分卷《植物》，莘县地方志编纂委员会藏光绪三十三年抄本，无页码。

③ 山东农业调查会编：《山东之农业概况》，《民国史料丛刊》第504册，第121页。

④ 山东农业调查会编：《山东之农业概况》，《民国史料丛刊》第504册，第139页。

⑤ 山东农业调查会编：《山东之农业概况》，《民国史料丛刊》第504册，第161页。

⑥ 成淑君：《明代山东农业开发研究》第二章“明代农业的垦殖”，第149页。

⑦ 李垒：咸丰《金乡县志》卷3《食货志》，《中国地方志集成》山东府县志辑第79册，第401页。

光《观城县志》言："碱喜日而避雨，或乘多雨之年栽种，往往有收。"①

小 结

明清时期，山东运河区域的粮食作物以黍、稷、麦、秫（高粱）等耐寒耐旱作物为主。随着中外交流的发展，玉米、番薯等作物传入中国，并成为山东运河区域粮食作物的重要品类。与此同时，借助运河交通的便利条件，花生、棉花、烟草、水果等经济作物获得大面积推广种植，其转运贸易卷入全国市场，成为沿运各州县百姓谋生获利的一个重要途径。运河沿线的临清、德州、济宁、聊城等区域核心城市分别成为粮食、棉花、烟草、花生以及各类农业深加工产品行销外地的贸易中心，并在带动区域经济发展上不断发挥着辐射作用。质言之，大运河在带动鲁西平原农产品商业化上起到了重要作用。铜瓦厢黄河改道，政局动荡，运道淤塞，直接影响农产品商业化的发展。光绪《峄县志》言："洎道咸之变，漕运中废，重以关津税厘之朘削，商贾疑畏。于是外货不进，内货不出，而峄之生计乃大困。"②

为实现运河畅通，元、明、清三代在运河沿线疏浚河道，引汶水、泗水、卫水等水源入运，疏浚泉源济运，将沿运湖泊设为水柜。为确保运河畅通，明清政府采取的各种取水限水措施，垄断了鲁西地区水资源的分配，不可避免地与该流域的民田灌溉等水利资源的利用方面产生尖锐冲突。在运河地区，国家强力垄断水源的分配，沿运农业用水却受到严格管控，直接影响农业的正常发展。为储蓄充足水源，沿运水柜的收水尺寸不断提高。巨量水源的汇聚使得济宁周边地区水环境急剧变化。对于农业影响最直接的就是大量农田被淹，出现了面积庞大的沉粮地、缓征地。明清时期，山东运河区域各州县长官曾试图推广井灌。然而，限于财力等因素，井灌虽较为常见，却未能得到大面积的推广，山东运河区域各州县的水利设施普遍落后，农业耕种基本是靠天吃饭的自然

---

① 孙观等：道光《观城县志》卷10《杂事志》，《中国地方志集成》山东府县志辑第91册，第539页。

② 赵亚伟主编：光绪《峄县志》卷7《物产略》，第110页。

状态。

明清时期，运河犹如一堵土坝横贯鲁西地区，极大地改变了该地区的水文地理形势，排水问题愈加突出，频繁出现严重涝灾，直接导致该地区土壤盐碱化、沙化和板结化，成为制约鲁西地区农业发展的一个关键因素。山东运河区域各州县百姓因地制宜，利用广布的盐碱土，大力发展煎碱制硝业。清廷甚至一度要求产硝州县统一设硝户，于城市设局熬硝后，官府给价收买所产之硝，不准硝户私下买卖，百姓熬硝纳入国家的严格管控之下。此外，黄、运两河交汇处，漳、卫两河交汇处以及卫河沿岸存在数目庞大的沙压地。土壤盐碱化及沙化问题突出也是制约山东运河区域农业发展的一个重要因素。

第四章

地方精英与地域社会

关于以士绅为代表的地方精英研究，学界有着深厚的历史积累与传承。早在 20 世纪 40 年代，社会学家费孝通对士绅阶层概念作了界定：“绅士是退任的官僚或官僚的亲亲戚戚。他们在野，可是朝廷内有人。他们没有政权，可是有势力，势力就是政治免疫性。”① 通过科举的途径，士绅获得身份和源自国家权力的特权，以及在某一社区范围内的所具有的支配作用。② 张仲礼将士绅阶层分为上层和下层两个集团，前者由学衔较高以及拥有官职的人组成，后者则包括通过初级考试的生员、捐监生以及其他一些有较低功名的人组成。他还揭示了士绅在服饰穿着、社会礼仪、典礼仪式、法律诉讼、赋税徭役等方面享受的特权。③ 何炳棣对张仲礼将士绅集团分为上、下两集团的分类提出质疑，将生员视作平民中的社会过渡性群体而排除于官僚阶级，强调财富与科考均为决定社会地位的关键因素。④ 在本章，我们将对明清时期山东运河区域地方精英（以科举精英为主）的时空分布情况、群体特征以及地方精英在社区福利、地方动乱的平定上发挥扮演的角色等内容开展研究。

---

① 费孝通：《论绅士》，载《皇权与绅权》，生活·读书·新知三联书店 2013 年版，第 11 页。

② 杨念群：《从“士绅支配”到“地方自治：基层社会研究的范式转变”》，载《中层理论：东西方思想会通下的中国史研究》，江西教育出版社 2001 年版，第 131 页。

③ 张仲礼：《中国绅士研究》上编第一章“19 世纪中国绅士之构成和特征的考察”，上海人民出版社 2008 年版，第 6—33 页。

④ ［美］何炳棣：《明清社会史论》第一章“社会意识形态与社会分层化”，徐泓译，台北联经出版事业股份公司 2013 年版，第 35、57 页。

第一节　地方精英的分布及群体特征

一　明清山东士绅精英的时空分布

精通儒家经典的士绅阶层是明清地方社会精英群体的最重要组成部分。严格意义上讲，士绅阶层的地位主要通过帝国政府的州县试、府试、乡试、会试以及最高级别的殿试一系列的考试而获取的。这种经过科举考试而成为士绅的那些人被称作“正途”。此外，尚有通过捐纳等方式获取做官资格的“异途”。通过捐纳获取出身入仕人员的身份地位与正途人员并不差很多。[①] 周锡瑞与何炳棣观点类似，均认为作为“下层绅士”的生员仅仅是“官府的学生”，与贡生或更高等功名有差异，没有做官的资格。周锡瑞将那些持有功名但不居官位的人看作地方士绅，“他们为村社人们所敬仰，出头管理社会的公共事业或在危急时组织团练等地方武装，他们在政治上有径可寻，可以见到县长甚至更高级的官吏”[②]。周锡瑞将明清时期的山东划分为六个独立的地区：胶东半岛、济南昌邑一带、鲁南山区、济宁、鲁西南和鲁西北，其中后三个区域属于运河区域。在此基础上，他对山东省有资格获得官职的举人群体的分布百分比进行了细致的数据比较（见表4—1）。

表4—1　　1368—1900年山东举人分布表（按各区域百分比计）　（单位:%）

时段	胶东半岛	济南昌邑	鲁南山区	济宁	鲁西南	鲁西北	济宁+鲁西南	济宁+鲁西南+鲁西北
1368—1400	12.5	26.3	10.7	10.0	8.7	32.1	18.7	50.8
1401—1450	12.5	18.5	11.7	14.5	7.4	35.7	21.9	57.6
1451—1500	12.6	15.0	6.8	13.3	8.9	43.5	22.2	65.7

① ［美］何炳棣：《明清社会史论》第一章“社会意识形态与社会分层化”，徐泓译，第35页。

② ［美］周锡瑞：《义和团运动的起源》第一章“山东——义和团的故乡”，张俊义、王栋译，第28页。

续表

时段	胶东半岛	济南昌邑	鲁南山区	济宁	鲁西南	鲁西北	济宁+鲁西南	济宁+鲁西南+鲁西北
1501—1550	10.6	20.0	3.8	12.6	9.9	43.5	22.5	66.0
1551—1600	15.9	23.9	3.8	10.9	6.3	39.7	17.2	56.9
1601—1650	23.9	22.3	5.7	12.1	6.0	30.3	18.1	48.4
1651—1700	26.9	23.5	3.2	12.8	7.1	26.9	19.9	46.8
1701—1750	35.4	17.6	3.9	10.6	7.8	25.0	18.4	43.4
1751—1800	30.2	19.8	6.1	10.6	6.9	26.6	17.5	44.1
1801—1850	26.6	28.0	7.1	13.7	4.1	20.8	17.8	37.6
1851—1900	29.5	28.4	8.6	11.2	3.1	19.7	14.3	34.4
1900年左右	24.4	15.7	15.6	9.4	9.1	25.9	18.5	44.4

资料来源：［美］周锡瑞《义和团运动的起源》第一章“山东——义和团的故乡”，第29页。

由表4—1可看出，明清漕运畅通时期的山东运河区域各州县科举兴盛，人才辈出。运河区域所出举人数目占山东全省举人的一半左右，尤其是在漕运管理完备的明代中后期，竟占到全省举人数目的近70%。入清，山东运河区域举人比例开始下降至40%左右。晚清黄河改道后，运河区域的举人比例急遽下落，甚至一度在40%以下，为明清时期所占比例最低。与此同时，胶东半岛和济南昌邑一带举人比例稳步上升。德国学者狄德满对晚清1851—1900年间1828名文举人的空间分布做了研究。他发现，晚清时期山东大部分文举人来自济南——潍县贸易圈。除商业行政中心济宁和东昌（聊城县）外，山东运河区域只培养出少量的文举人。他将华北平原省际交界处的边缘区不能培育出大量士绅的原因，归咎于当地持续的农村集体暴力行为。① 王云利用周锡瑞的研究（山东各区域举人数目变化的表格）分析山东科举分布的空间格局。对于举人分布的历史演变的差异格局，她认为这与清朝山东经济格局的变化息息相关，

① ［德］狄德满：《华北的暴力和恐慌：义和团运动前夕基督教传播和社会冲突》，崔华杰译，江苏人民出版社2011年版，第30—35页。

尤其是在清中后期闸河漕弊日甚一日，胶东沿海的转贩贸易逐渐兴盛，山东半岛经济迅速发展。至咸同年间，胶东和济南昌邑一带的经济发展已超过西部运河区域。而同时期的鲁西运河区域，因漕运梗阻，天灾人祸频仍，战祸不断，本地区的经济文化事业遭受重大打击，山东经济文化重心由西向东转移。①

表 4—2　　　　明代山东运河区域进士数目表　　　　（单位：名）

州县	1368—1400	1401—1450	1451—1500	1501—1550	1551—1600	1601—1643	合计
峄县	0	0	1	1	1	2	5
滕县	1	1	2	3	7	4	18
鱼台	2	0	1	2	5	1	11
金乡	0	2	0	2	2	4	10
邹县	0	3	1	0	1	0	5
嘉祥	0	0	3	1	1	3	8
济宁	2	10	17	8	8	15	60
滋阳	0	0	7	3	3	4	17
汶上	2	0	0	10	3	6	21
东平	2	4	1	14	7	4	32
寿张	1	1	2	6	1	1	12
阳谷	1	0	0	3	1	1	6
东阿	1	1	1	6	4	1	14
聊城	2	2	2	9	10	3	28
堂邑	0	0	4	10	3	5	22
博平	0	0	1	3	3	0	7
清平	0	1	2	1	1	0	5
临清	0	3	4	22	18	14	61
武城	0	3	8	3	1	1	16
夏津	0	2	2	9	3	0	16
恩县	0	0	2	3	2	2	9

① 王云：《明清山东运河区域的书院和科举》，《聊城大学学报》2009 年第 3 期。

续表

州县	1368—1400	1401—1450	1451—1500	1501—1550	1551—1600	1601—1643	合计
德州	1	1	15	20	12	9	58
合计	15	34	76	139	97	80	441

注：聊城县、东昌府、平山卫均归入聊城；兖州卫归入滋阳；临清卫归入临清；德州卫、德州左卫归入德州；济宁卫归入济宁。

资料来源：宣统《山东通志》卷90《学校志六》。

为了更详细说明山东运河区域内部各州县士绅阶层的空间差异，我们对运河沿线22个州县进士、举人的数目进行统计。由表4—2看出，在永乐九年（1411）重开会通河后，山东运河区域各州县考取进士的数目获得很大突破，由34人稳步增长至139人，翻了近4倍。运河沿线济宁、聊城、临清、德州4座区域核心城市的科考进士数目远远比周边各县为多，其中济宁、临清、德州进士数目在60名上下，聊城进士数目则较少，低至28人。明代临清文人，"士人翩翩，犹愈他郡"①，"士虽务名而有学，文教聿兴，科第接踵"②。东昌府下辖的堂邑县在明代科考表现卓异，"士多才，而文试童子当五六百人，与聊城埒，为诸县冠"③。以汶河——大清河为界，此线以南10州县进士数目187人，以北12州县进士数目为254人。这种局面与运河北部地区有德州、临清、聊城三座区域核心城市，而南部地区仅济宁一座区域核心城市有莫大关系。

表4—3　明代山东运河区域举人数目表　（单位：名）

州县	1368—1400	1401—1450	1451—1500	1501—1550	1551—1600	1601—1643	合计
峄县	0	15	7	2	4	4	32
滕县	3	12	6	10	16	14	61

① 王命爵等：万历《东昌府志》卷1《风俗》，《北京师范大学图书馆藏稀见方志丛刊》第5册，第242页。

② 于睿明等：康熙《临清州志》卷1《风俗》，中国国家图书馆藏康熙十二年刻本，11a。

③ 卢承琰等：康熙《堂邑县志》卷7《风俗》，中国国家图书馆藏康熙四十九年刻本，6b。

续表

州县	1368—1400	1401—1450	1451—1500	1501—1550	1551—1600	1601—1643	合计
鱼台	3	16	6	13	5	5	48
金乡	7	13	8	14	3	6	51
邹县	1	9	3	1	4	5	23
嘉祥	0	5	8	4	3	8	28
济宁	5	63	47	43	42	44	244
滋阳	1	28	25	10	27	15	106
汶上	2	10	8	23	12	10	65
东平	9	32	22	46	28	17	154
寿张	4	13	12	21	7	7	64
阳谷	2	7	8	13	6	5	41
东阿	4	22	26	24	14	3	93
聊城	3	21	18	29	28	19	118
堂邑	4	8	21	20	10	11	74
博平	0	7	3	8	12	3	33
清平	3	9	2	5	2	1	22
临清	2	27	44	53	48	39	213
武城	0	18	14	13	7	7	59
夏津	1	10	8	5	10	3	37
恩县	1	7	13	12	10	6	49
德州	6	28	53	51	31	30	199
合计	61	380	362	420	329	262	1814

注：东昌府、平山卫均归入聊城；兖州卫归入滋阳；临清卫归入临清；德州卫、德州左卫归入德州；济宁卫归入济宁。

资料来源：宣统《山东通志》卷91—卷93《学校志六》。

由表4—3看出，在永乐九年（1411）漕运贯通后，沿运州县的举人数目从明初61人，一下增长至380人，并于整个明代的每个时段（除明末受战乱影响外）均保持在300人以上的规模。与进士的分布类似，举人也主要分布在济宁、临清、德州、聊城等运河区域核心城市，尤以济宁举人数目最多，多至244人。在四座区域核心城市中，聊城（含平山卫）的举人数目最少，仅 118 人，尚不及东平州的举人数目。以汶河——大清河为界，此线以南 10 州县举人数目 812 人，以北 12 州县进士数目为 1002 人。可见，明代运河区域南部、北部举人数目差距并不显著。

表 4—4　　清代山东运河区域进士数目表　　（单位：名）

州县	1645—1700	1701—1750	1751—1800	1801—1850	1851—1900	合计
峄县	0	1	0	1	3	5
滕县	2	1	2	5	1	11
鱼台	3	0	0	1	1	5
金乡	4	7	7	2	3	23
邹县	2	0	0	4	1	7
嘉祥	3	0	0	0	0	3
济宁	24	8	11	23	16	82
滋阳	4	5	0	4	3	16
汶上	7	3	2	0	1	13
东平	8	2	0	3	2	15
寿张	2	0	0	1	1	4
阳谷	1	1	0	0	1	3
东阿	2	4	0	1	3	10
聊城	15	5	8	15	9	52
堂邑	5	4	0	0	2	11
博平	2	0	1	2	0	5
清平	2	0	1	0	2	5
临清	10	2	4	4	5	25
武城	8	3	1	0	1	13
夏津	1	1	0	2	2	6
恩县	2	1	0	1	1	5
德州	17	8	7	5	9	46
合计	124	56	44	74	67	365

注：东昌府、平山卫均归入聊城；兖州卫归入滋阳；临清卫归入临清；德州卫、德州左卫归入德州；济宁卫归入济宁。

资料来源：宣统《山东通志》卷 94—97《学校志六》。

由于较早归附满清政权，清初山东人在科考中的成绩优异，考中进士的名额在全国居于前列。在顺治三年（1646）丙戌科考试中，山东籍进士数目占全国进士数目的四分之一。[①] 在此次考试中，聊城人傅以渐更是高中本科状元。山东运河区域在清初50年的科举考试命中进士的人数在124人。此后，伴随政治秩序稳定，清军入关后，江南、湖广等地人士科考突出，山东运河区域考中的进士数目急遽下滑。在康乾时期百年间（1701—1800）进士数目在100人上下。美国学者韩书瑞对山东西部11个县在1774年王伦起义爆发前40年的进士和举人数目做了统计，发现整个地区没有一个县出过8名以上的进士和举人，而且大多数县少于4人。相比之下，区域核心城市东昌府城（聊城县）在这个时期拥有20名高级功名者，而同时期的济宁有26名（其中16名是进士）。[②]

在清代，沿运的济宁、聊城、临清、德州4座区域核心城市的科考进士数目远远比周边各县多。其中，以济宁表现最为突出，考中进士82人。临清表现则较明代差，仅考中25人。腹地各县并未从运河的便捷交通中获利，商业落后，百姓生计艰难，教育落后，科甲衰落。以宁阳为例。该县："以偏隅瘠壤，既乏商贾之利，亦亡林泽之饶，所赖以养生者，惟力田耳，乃耕者止此数而食者倍，入者止此数而出者倍，驯至八口之家，曾无一年之蓄。脱有水旱，将何恃不恐乎？……自前辛巳（康熙四十年）流离之后，人惟力耒耜，而弃诗书。盖惴惴焉有将落之惧。然自此凡历三十八科，迄无登甲榜者。"[③] 以汶河—大清河为界，此线以南10州县进士数目180人，以北12州县进士数目为185人。山东运河区域南、北地区考中进士的数目差距不大。

---

① ［美］魏斐德：《洪业：清朝开国史》，陈苏镇、薄小莹等译，江苏人民出版社2010年版，第286页。

② ［美］韩书瑞：《山东叛乱：1774年王伦起义》第一部分"准备"，刘平、唐雁超译，第39页。

③ 高升荣等：光绪《宁阳县志》卷6《风俗》，《中国地方志集成》山东府县志辑第69册，第94页。

表4—5　　清代山东运河区域举人数目表　　（单位：名）

州县	1645—1700	1701—1750	1751—1800	1801—1850	1851—1903	合计
峄县	2	4	4	12	10	32
滕县	8	11	23	15	6	63
鱼台	7	4	6	9	2	28
金乡	15	21	27	14	7	84
邹县	6	14	12	15	10	57
嘉祥	4	1	3	5	3	16
济宁	47	49	66	93	72	327
滋阳	19	33	15	20	22	109
汶上	15	21	18	11	6	71
东平	19	8	12	16	16	71
寿张	4	6	0	1	2	13
阳谷	2	5	0	2	3	12
东阿	6	11	7	1	12	37
聊城	39	41	44	18	39	181
堂邑	10	5	4	4	7	30
博平	3	5	7	4	4	23
清平	2	0	8	7	9	26
临清	22	13	12	0	18	65
武城	10	6	8	4	8	36
夏津	1	3	3	8	6	21
恩县	7	9	5	8	4	33
德州	31	44	30	19	26	150
合计	279	314	314	286	292	1485

资料来源：宣统《山东通志》卷98—105《学校志六》。

由表4—5看出，清代山东运河区域举人在各时段数目分配较为均衡，始终维持在300人上下。以汶河—大清河为界，此线以南10州县举人数目858人，以北12州县进士数目为627人。清代运河区域南部举人数目要优于北部地区。沿运的济宁、临清、德州、聊城等区域核心城市，仍以济宁的举人数目最多，多至327人。临清的举人数目最少，仅65人。在1801—1850年的50年间，临清未考中1位举人，甚至不及普通州县的举人数目（如汶上、东平均为71人）。

山东运河区域核心城市济宁、聊城、德州在进士、举人等上层绅士的人数远远高于附属各县，其中尤济宁的表现最为突出。孙竞昊研究明中后期济宁士绅社会时指出，济宁人在科举考试中取得巨大的成功，并涌现出无论在地方上还是在全国范围内都有重要影响的官员、士绅及其家族。济宁的属县或附近的州县获科举功名的比例却很低。这种城乡差距的基本格局，自明代到民国时期未变。[①] 然而，我们将这三座北方运河区域核心城市的科甲数目放在全国范围内来衡量的话，差距还是非常显著的。以山东运河区域科考成绩最突出的济宁为例。清代济宁进士总数82人，是浙江杭州进士总数的1/10，仅为浙江嘉兴县的1/2。[②]

沿运腹地各县的科考表现并不突出。韩书瑞在研究寿张县地方社会精英时发现，长江下游上层绅士的数目，是寿张的10—20倍，“（寿张）高级功名拥有者的缺乏甚至更令人震惊”。她将寿张县几个科举成功且拥有功名的家族与桐城县做了对比，发现寿张县地方精英较桐城县地方精英的影响力范围之小，非常明显。她对寿张地方精英在地方社会中发挥的作用持一种近乎悲观的态度，“几乎没有什么机制能使他们在国家和社会之间充当中间人”[③]。

有学者将绅士集团划分为上、下两层：上层是因科名（包括进士、举人、贡、监生）或不由科举（包括荐举、捐纳）而获得官职的仕宦阶级，不论现任、赐假或退任；下层则指尚未出仕的青衿（生员）集团。[④] 要对数目庞大的下层士绅（生员）加以统计，无疑要面临很大的难度。顾炎武曾估计明末全国生员数量：“今则不然，合天下生员，县以三百计，不下五十万人，而所以教之者，仅场屋之文。”[⑤] 据陈宝良估计，明

① 孙竞昊：《经营地方：明清之际的济宁士绅社会》，《历史研究》2011年第3期。

② ［美］何炳棣：《明清社会史论》，徐泓译，第313页。

③ ［美］韩书瑞：《山东叛乱：1774年王伦起义》，刘平等译，第42—46页。

④ 陈宝良：《明代儒学生员与地方社会》，中国社会科学出版社2005年版，第485页。

⑤ 顾炎武著，华忱之点校：《顾亭林诗文集》卷1《生员论上》，中华书局1983年版，第21页。

末全国生员数，约为497031名，若再加上三氏学以及宗学生员数，明末生员总数大概在50万以上，甚至60万以上。[①] 韩书瑞在对寿张县下层士绅研究时，就直言："不幸的是，我们关于这个等级的精英人数方面的资料很少。"[②] 因此，我们对于山东运河区域数目更为庞大的下层士绅（以生员为主）留待下一步研究。

二 内敛保守的士绅性格

孔飞力在研究晚清时期地方精英组织领导的团练武装时，根据不同层次机构中的权力和特权，将名流（elite）分成全国名流、省区名流和地方名流三类。他强调地方名流虽缺乏前两部分人的社会特权和有力的社会关系，仍可以在乡村和集镇的社会中行使不可忽视的权力。以生员等群体为主的地方名流虽没有官职，但生活于家乡社会，凭借他们的身份、财富和关系操纵地方事务。[③] 韩国学者吴金成将明中叶以来的生员、监生、举人等学位所持者合力开展的集体行动归纳为主要的七种活动类型：反提学官运动；抗议乡试腐败；抗议和排斥地方官的贪虐运动；反宦官运动；抗议和攻击官僚阶层的粗暴；税役减免运动；修筑水利设施和桥梁。他强调，明中期之后，这些学位持有者阶层都具有士大夫的自我意识或共同的利害关系而形成了阶层保护意志等，逐渐形成一个"独立的社会阶层"[④]。

明代后期，江南地区的士绅利用本人免役的特权和高于普通人的社会地位，行为张扬。他们大肆隐漏钱粮，包揽词讼，甚至干预行政，把持乡里，不少人成为地方的邪恶势力。[⑤] 相较于江南地区士绅精英阶层飞扬跋扈的风气，山东运河区域的士绅精英阶层普遍表现出保守内敛的性格。

---

① 陈宝良：《明代儒学生员与地方社会》第三章"生员的种类与人数"，第214—215页。

② ［美］韩书瑞：《山东叛乱：1774年王伦起义》，刘平等译，第41页。

③ ［美］孔飞力：《中华帝国晚期的叛乱及其敌人（1796—1864）》，谢亮生、杨品泉等译，中国社会科学出版社1990年版，第4—5页。

④ ［韩］吴金成：《国法与社会惯行：明清时代社会经济史研究》，崔荣根译，浙江大学出版社2020年版，第142—143页。

⑤ 范金民：《鼎革与变迁：明清之际江南士人行为方式的转向》，《清华大学学报》2010年第2期。

山东运河区域各州县士风受儒家文化影响颇深，士风内敛，“密迩圣人之居，其所涵濡者远矣”。兖州府，“士读先王之书，沐圣人之教，文质彬彬，家多弦诵，邹鲁文学，固其天性哉！民驯谨畏法，无粗犷习气”。兖州府下辖各县士风保守内敛。首县滋阳，“士风和厚雍容，不事奔竞”。邹县，“士人端愿悫谨，守礼法，耻奔竞，仕宦亦俭约，不事虚华”。滕县，“士风雍雅，和平彬儒者，不失邹鲁间意”[①]。阳谷、寿张二县，“邑少科甲士”，“士风俭朴”[②]。阳谷，“士夫尤为近古，耻讪上，好恬修，公事之外，谢绝嘱托”[③]。宁阳，“士敦礼让，勤诗书，诵读之余，多治农事，非公不履县庭，衣冠咸尚朴质，即登科第，俭素如故，崇尚齿德，不敢以贤智先长者，耻与胥役耦，公论咸出学校，遵师长约束”[④]。泗水，“缙绅敦信崇让，绝耻言人过，士羞奔竞，矜名节”[⑤]。至清末，泗水士风依旧保守内敛，“士大夫类谦厚不伐，善矜而不争，洋洋有大雅风”[⑥]。东阿县士绅精英，“其俗朴俭深沉，崇尚文雅，以风节相高，耻为奔竞，冠服居室，不慕鲜华。而礼文有不足焉”[⑦]。康熙《东阿县志》对该县士绅阶层内敛保守的性格有形象描述：

> 士人类亢言厉志，以器韵相高，谈说有情思，而宽缓不矜持，礼容朴略，近于质野。冠服喜俭素，往诸大臣家居，常着小冠，诸生因效之。及室屋门巷，亦不甚修饰。又善自闭，耻以所有炫鬻。先达名公，有所建树著述，多匿不传，子孙莫能名焉。地近邹鲁，士知自重，号为诸生，不窥市门，不入酒肆。或有干谒嗜利，辄其

---

① 张鹏翮等：康熙《兖州府志》卷5《风土志》，中国国家图书馆藏康熙二十五年刻本，10b

② 张鹏翮等：康熙《兖州府志》卷5《风土志》，中国国家图书馆藏康熙二十五年刻本，6b、13b。

③ 王时来等：康熙《阳谷县志》卷1《风俗》，《中国地方志集成》山东府县志辑第93册，第27页。

④ 李梦雷等：乾隆《宁阳县志》卷1《方域·风俗》，中国国家图书馆藏乾隆八年刻本，1a。

⑤ 刘桓等：顺治《泗水县志》卷1《风俗》，中国国家图书馆藏康熙元年刻本，11b。

⑥ 赵英祚等：光绪《泗水县志》卷9《风俗志》，中国国家图书馆藏光绪十八年刻本，3a。

⑦ 张鹏翮等：康熙《兖州府志》卷5《风土志》，中国国家图书馆藏康熙二十五年刻本，13b。

姗笑。游宦而以货归，士论亦鄙之。[①]

沿运商业重镇的济宁州士风稳重儒雅，不事张扬，“士美秀有文，彬彬儒雅”[②]。其下辖各县士风内敛。如金乡，“士习礼让”[③]。另外一个商业重镇临清，士绅阶层，“有退让之习”，“崇礼让，重廉耻，不好健讼”。[④]

东昌府各县士风亦为内敛保守，不事张扬。域内方志对“士民风气进行较为精细的比较和记述，据此亦可判断运河因素对当地影响的大小”[⑤]。首县聊城，“公议严于三尺，士夫逡巡自爱，百姓讼稀少”[⑥]。莘县，“士风淳笃”[⑦]。堂邑，“颇循习故事，惮于兴改，然亦无有桀黠渔食，持长吏长短者，租赋不待督辄先期报竣，最为易治”[⑧]。高唐州，“其士大夫则笃行谊，耻浮薄，机械之巧虽不足，而忠信有足尚焉”[⑨]。邱县，“士谨愿朴野”[⑩]。

山东运河区域北部各州县士风同样质朴保守。武城，“地狭人贫，群萃延师，束仪菲薄，处馆者恒自起爨，平居周旋，质朴颇少刁诈之风”[⑪]。夏津，“士大夫以醇谨称”[⑫]；“平居周旋，多朴率，颇少诈伪刁健之

① 刘沛先等：康熙《东阿县志》卷1《风俗》，中国国家图书馆藏康熙五十六年刻本。

② 廖有恒等：康熙《济宁州志》卷3《风俗》，中国国家图书馆藏康熙十一年刻本，17a。

③ 觉罗普尔泰等：乾隆《兖州府志》卷5《风土志》，《中国地方志集成》山东府县志辑第71册，第121页。

④ 于睿明等：康熙《临清州志》卷1《风俗》，中国国家图书馆藏康熙十二年刻本，11a。

⑤ 周广骞：《山东方志运河文献研究》，中国社会科学出版社2021年版，第188页。

⑥ 王命爵等：万历《东昌府志》卷1《风俗》，《北京师范大学图书馆藏稀见方志丛刊》第5册，第241页。

⑦ 王命爵等：万历《东昌府志》卷1《风俗》，《北京师范大学图书馆藏稀见方志丛刊》第5册，第242页。

⑧ 卢承琰等：康熙《堂邑县志》卷7《风俗》，中国国家图书馆藏康熙四十九年刻本，6b。

⑨ 刘佑等：康熙《高唐州志》卷1《风俗》，中国国家图书馆藏康熙十二年刻本，25b。

⑩ 王命爵等：万历《东昌府志》卷1《风俗》，《北京师范大学图书馆藏稀见方志丛刊》第5册，第242页。

⑪ 厉秀芳等：道光《武城县志》卷7《风俗》，《中国地方志集成》山东府县志辑第18册，第283页。

⑫ 王命爵等：万历《东昌府志》卷1《风俗》，《北京师范大学图书馆藏稀见方志丛刊》第5册，第243页。

风”①。恩县，“士人魁岸踔厉，悲烈慷慨，不背公植私”②。武城，“士风微重矜节，耻于时俯仰”③。入清，武城士风，“斌斌有古风”④。

第二节　地方精英与慈善事业

中国慈善事业事业史研究发端于20世纪20年代。⑤ 20世纪80年代以来，再次受到学界重视，出现夫马进的《中国善会善堂史研究》、梁其姿的《施善与教化：明清的慈善组织》等里程碑式著作。⑥ 大陆学界相继对慈善事业进行各类专题性研究，就明清时段而言，相关研究主要集中于江南地区，研究者在挖掘文集、笔记等常见史料，着力利用善堂善会征信录等稀见史料，对善会善堂董事任免、经费筹措、救济事业等经营实态作了全面系统考察，成果丰硕，出现王卫平、陈宝良、游子安、黄鸿山等代表学者。⑦ 美国学者玛丽·兰钦、罗威廉等对清代中后期浙江、汉口的善会善堂作了研究，认为城市善会善堂主持的慈善活动稳步持续向制度化发展，清末社会出现类似欧洲近世非私人化的“公共领域”(public sphere)，引起学界广泛争议。⑧ 就研究区域看，江南以及北京、

---

① 谢锡文等：民国《夏津县志续编》卷1《疆域志·风俗》，中国国家图书馆藏民国二十三年刻本，21a。

② 王命爵等：万历《东昌府志》卷1《风俗》，《北京师范大学图书馆藏稀见方志丛刊》第5册，第243页。

③ 王命爵等：万历《东昌府志》卷1《风俗》，《北京师范大学图书馆藏稀见方志丛刊》第5册，第243页。

④ 胡德琳等：乾隆《东昌府志》卷5《地域二》，中国国家图书馆藏乾隆四十二年刻本，9a。

⑤ 代表成果有邓云特（即邓拓）：《中国救荒史》，商务印书馆1937年版。

⑥ ［日］夫马进：《中国善会善堂史研究》，伍跃等译，商务印书馆2005年版；梁其姿：《施善与教化：明清的慈善组织》，河北教育出版社2001年版。

⑦ 王卫平：《中国古代传统社会保障与慈善事业：以明清时期为重点的考察》，群言出版社2005年版；陈宝良：《中国的社与会》，浙江人民出版社1996年版；游子安：《善与人同——明清以来的慈善与教化》，中华书局2005年版；黄鸿山：《中国近代慈善事业研究：以晚清江南为中心》，天津古籍出版社2011年版。

⑧ Rankin Mary Backus, *Elite Activism and Political Transformation in China*: *Zhejiang Province*, 1865 - 1911, Stanford University Press, 1986. Rowe William T. , *Hankow*: *Conflict and Community in a Chinese City*, 1796 - 1895, Stanford University Press, 1986.

上海、武汉等大城市是目前慈善事业史研究的重地，大运河贯通南北的山东运河区域慈善事业研究较少涉及。[①] 本节以山东运河区域的各类善会善堂等社区福利机构为考察对象，在运河贯通大背景下，集中考察国家与地方精英力量参与慈善救济事业的区域差异及社会背景等因素。

一 国家主导救济模式的困境：以养济院的运作为中心

明代地方州县实行了以里甲制度为基础养济院为核心的救济体制。这种救济体制一直延续到入清之后。全国各州县各设养济院一所，收养本地鳏寡孤独以及无依无靠的贫困百姓。养济院运作上，因州县不同情况，额定不同数目的孤贫救助人口，发放额定银米，并要求救助人口须在院内居住。养济院发放的救济银两，从每年额征地丁银内动支开销，米麦均发放本色散给。以山东为例，全省额设孤贫救济人口 5245 名，每年需开支月粮冬衣等银 11942 两，发放本色米麦 5102 石。然而，养济院在运作中出现的问题也越来越突出。雍正十二年（1734）八月，山东布政司郑禅宝对山东各州县养济院进行一番考察，发现冒滥侵渔问题突出。有的地方官捏造数据私行克扣钱粮，书吏差役从中欺蒙谋利，丐头发放钱粮趁机中饱私囊，还有无赖棍徒冒充贫困人口冒滥钱粮，问题层出不穷。更有领取钱粮的孤贫人口，不在院内居住，散出院外，致使祖孙父子传为世系，世代沿续，冒领钱粮。如历城县额设救济孤贫人口 242 名，于养济院内居住的仅有 48 名，近 200 名未能于院内居住，“或称探亲未回，或系贸易远出，或称散居四乡，或系住居别县”，甚至有已去世却未能呈报除名的情况。有并非真正孤贫人口，夫妻子女同居，更有将嫂侄妻舅以及姻亲，一并冒充领取钱粮。后经知县王国正查对，真正无依无靠的孤贫人口只有 127 名，冒滥顶替的竟达 153 名！对此，郑禅宝提出对养济院整改的详细方案，包括拨款对养济院房屋加固整修以防坍塌，剔除不合格孤贫人员，孤贫口粮发放改按季

---

① 孙竞昊的博士毕业论文 *City, State, and the Grand Canal: Jining's Identity and Transformation*, 1289 - 1937, University of Toronto, 2007. 此书指出，大运河影响下的社会经济土壤滋生以地方为取向的济宁士绅社会，参与包括慈善救助在内的各类地方事务，并建立主导地方社会关系的文化和政治霸权，与国家发生既冲突又合作的错综复杂关系。

发放杜绝侵渔，认真选定丐头，严定稽查责任等。①

表4—6　　清中期山东运河沿线州县养济院设置一览表

州县名称	位置	产业	救济人数	待遇
济宁	城内草桥北	大门房产33间	正浮额94名	口粮、冬衣银338.2两
金乡	县治东南	房产23间	正浮额55名	口粮、冬衣银196.45两
嘉祥	县城西门内	房产7间	正浮额17名	口粮、冬衣银61两
鱼台	县城东门内	房产5间	正浮额8名	口粮、冬衣银28.7两
东平	北门内大街	房屋30间	84名	口粮银306.6两
武城	北关内	门楼房产13间	29名	73.08两
夏津	县治西北	不详	39名	口粮、冬衣银140.4两
冠县	县治西	房产20余间	正浮额86名	口粮、冬衣银309.6两
临清	中洲北	房产69间	不详	不详
馆陶	北门内	不详	54名	口粮、冬衣银168.616两
高唐	州城西	不详	正浮额75名	口粮、冬衣银292.5两
观城	南门内	不详	正浮额67名	口粮、冬衣银198两
莘县	县署东	不详	不详	不详

资料来源：乾隆《济宁直隶州志》卷7《建置》；乾隆《夏津县志》卷2《建置》；乾隆《金乡县志》卷5《建置》；乾隆《东平州志》卷6《建置》；乾隆《武城县志》卷6《恤政》；道光《冠县志》卷5《建置》；乾隆《临清州志》卷3《建置》；雍正《馆陶县志》卷3《建置》；道光《观城县志》卷2《舆地志》等。

在揭露养济院运作弊端同时，山东运河区域各州县开始对养济院进行大力整顿。雍正九年（1731），临清知州冯锐重修养济院，“南为屋三连二十间，西为屋三连九间，东为屋三连十五间，北为屋三连十五间”。雍正十二年（1734）知州陈留武继续扩建养济院。② 夏津养济院明末废弃，仅存基址，清初略为修葺，但不久仍废。雍正九年（1731），知县方学成重修养济

① 中国第一历史档案馆编：《雍正朝汉文朱批奏折汇编》（第26册），江苏古籍出版社1989年版，第658页。

② 张度等：乾隆《临清直隶州志》卷2《建置·惠区》，《中国地方志集成》山东府县志辑第94册，第346页。

院，收养孤贫39名，恢复旧制。[①] 武城养济院同样明末废弃，雍正九年试用知县高拱辰拨款重修。[②] 迨至乾隆年间，山东运河区域养济院的官方救济模式重新完善起来。

二　官方主导与地方精英的呼应：雍正末年的普济堂建设

由民间力量倡导建设的普济堂最初于康熙三十七年（1698）创设于北京，不久康熙帝闻讯御制《普济堂碑记》。此后，全国各地的民间力量相继出现仿制北京普济堂的做法，尤其是在江南的扬州、苏州一带地区。而普济堂在全国的普及与雍正二年（1724）发布的谕旨密切相关。在谕旨中，雍正帝鼓励好行善事的民间人士从事普济堂和育婴堂的建设和经营。很快各地闻风响应，各地地方官员介入进来，着力推广普济堂和育婴堂的建设，逐渐违背了雍正帝原本只需动用民间力量的初衷。[③] 山东省普济堂的推广建设与河东总督王士俊关系密切。

河东总督一职，乃雍正朝专设管理河南、山东两省事务的地方大员。王士俊于雍正十一年（1733）春赴任河东总督。次年夏，他开始下令两省仿照京师普济堂之制在各州县设置普济堂。广泛调动民间力量，尤其是地方精英力量的参与，是创设普济堂的一大亮点。在王士俊亲自过问督办之下，山东、河南两省的地方精英响应热烈。王士俊在上奏皇帝的奏折中这样描述：

> 因饬各属倡捐劝造，而绅士商民遂皆闻风感动，慷慨乐施。或捐银钱，或捐谷麦棉布等项，或捐出腴田膏地。数月以来，各州县鸠工庀材。现在报建普济等堂已有一百四座，共计工料银三千六百三十四两。当买地亩价银一千九两九钱零，俱出于官民捐输之项。

普济堂的建设资金主要来自官僚、地方绅士、商人以及百姓捐助，并

① 方学成等：乾隆《夏津县志》卷2《建置》，《中国地方志集成》山东府县志辑第19册，第37页。

② 骆大俊等：乾隆《武城县志》卷6《恤政》，《中国地方志集成》山东府县志辑第18册，第281页。

③ ［日］夫马进：《中国善会善堂史研究》，伍跃等译，第421—423页。

没有动用国家帑金，极大程度上调动的社会力量来办理救济贫困的社会福利事业。对于这些新建善堂的经费，筹支运作，王士俊还做了系统规划：

> 各处无告贫民，已俱移入堂内居住，多者百余口，少者数十口及十余口。目前尚系官民捐给口粮。此后，置买地亩齐全，可以收租养赡，兼有捐助麦谷。最多之地，并建造普济仓收贮，议照社仓之例，出借收息。又有捐银颇多置田之外，交当生息者，总归堂内岁需口粮兼冬给棉衣等用。

王士俊主张各地“选择士民好善殷实者一二人”作为善堂董事，将善堂田地房产等登记印册，新旧董事交接须交代清楚，“以期永久”①。

表4—7　　雍正十二年前后山东运河区域普济堂一览表

州县	倡建者	土地（亩）	白银（两）	房产（间）	收养人数
济宁州	总河朱藻	454	3000	40	67
金乡	知县高恕	737	0	18	55
嘉祥	知县李松	410	600.58	33	27
鱼台	不详	50	800	24	36
高唐州	不详	184.8	97.5	33	52
馆陶县	知县谢士柱	0	479	20	不详
临清州	知州陈留武	不详	不详	50	不详
夏津县	知县方学成	74.737	1000	41	50
武城县	知县王殿显	0	1030	27	21
冠县	不详	140.37	443.775	18	48
莘县	知县甘士勋	0	不详	0	
东平州	知州马兆英	191.78	555	36	39

资料来源：乾隆《济宁直隶州志》卷7《建置》；乾隆《金乡县志》卷5《建置》；雍正《馆陶县志》卷11《文艺》；乾隆《夏津县志》卷2《建置》；乾隆《临清州志》卷2《建置七》；道光《冠县志》卷5《建置》；乾隆《武城县志》卷6《建置》，等。

① 中国第一历史档案馆编：《雍正朝汉文朱批奏折汇编》第26册，第610页。

雍正十二年（1734），在河东总督王士俊、山东巡抚岳浚倡导下，山东运河区域各州县开展了颇具声势的普济堂建设。各地在地方官带头捐助下，旨在调动地方精英的力量去从事社会福利性质的救济活动，涌现出捐钱捐物的善人。以大清河为界分的山东运河区域南部和北部地区不同的社会结构，直接影响了官方倡导下的普济堂建设。① 山东运河区域南部，尤其在济宁一带，有势力强大的商人、士绅力量以及资产雄厚的乡村地主，善堂所获得捐助更为雄厚，民间力量参与善堂运作的热情更高。如滕县善人杨浩捐给普济堂田产 1200 亩，王佐捐田产 150 亩。② 金乡县张元善捐给普济堂庄田 400 亩，宅二区。③ 峄县绅士杨溥捐普济堂地 12 顷，郁维鈊捐地 10 顷。④ 这些大地主对普济堂捐助的土地数目可谓惊人。

与此形成鲜明对比的是，山东运河区域北部地方精英力量相对较弱，对公共事务参与热情较低，善堂创办更多地仰赖地方官带动下的外籍人士的捐助。阳谷、寿张、博平、堂邑、恩县等县县志中仅有养济院等慈善机构，缺少普济堂记载，普济堂很可能在这些地方没有建立起来。东昌府首县聊城县仅记普济堂三字，缺少善堂经营管理的任何记载。从捐助形式看，运河北部善堂创立初资产形式多为白银和稻谷，田产数量相对较少。馆陶县普济堂建设初期，“官绅商民共捐银四百七十九两有奇”，在此基础上方开始买房置地。⑤ 夏津县建堂资金源自“同城文武官弁及绅士、商民之捐助，已共积金一千三百余两”，之后利用这笔钱去建堂买地。⑥ 武城县在知县王殿显带头捐款下，“同事诸公暨合邑绅衿士庶以至各商……不逾月而捐银一千三十余两”，随后也是用这笔钱购置田产。⑦

① ［美］彭慕兰：《腹地的构建：华北内地的国家、社会和经济（1853—1937）》，马俊亚译，第 58 页。

② 王政等：道光《滕县志》卷 9，《中国地方志集成》山东府县志辑第 75 册，第 218 页。

③ 李垒等：咸丰《金乡县志》卷 9 中，《中国地方志集成》山东府县志辑第 79 册，第 449 页。

④ 赵亚伟等整理：光绪《峄县志》卷 14《恤政》，第 195 页。

⑤ 赵知希等：雍正《馆陶县志》卷 11《文艺》，《中国地方志集成》河北府县志辑第 62 册，第 128 页。

⑥ 方学成等：乾隆《夏津县志》卷 10《艺文志》，《中国地方志集成》山东府县志辑第 19 册，第 192 页。

⑦ 骆大俊等：乾隆《武城县志》卷 14《艺文下》，《中国地方志集成》山东府县志辑第 18 册，第 371 页。

清平县以武生周儒式为首的绅民捐银500两建设普济堂。[①] 普济堂财源主要是白银，而非土地，与本区缺少实力雄厚的大地主关系密切。临清也有部分地主捐献田产。林通津捐地百余亩给普济堂，诸生汪楷捐地一顷三十余亩，寡妇郭苏氏命其子郭端捐地40余亩。[②] 临清这些善人在北部地区捐地数目很大，但与运河南部相较，仍有不少差距。

山东运河区域北部州县普济堂捐助财源主要是白银，如何经营运作以维持善堂长效运作，是善堂参与者面临的关键问题。有的州县直接将白银发给典当行生息。如清平县将获得捐银500两发典当生息。但运河北部金融体系运作并不完善，后来“当商歇业，此款归官经理”[③]。而且，地方官府深度介入普济堂事务，发当生息的银两，被官员挪用的可能性很高。冠县普济堂经费本银443.775两发当生息，每月1分起息，每年可获利息银53.256两。这笔稳定收入，却于嘉庆二十一年（1816）被县令程某，“因公借用，无存”[④]。高唐州普济堂生息银800余两，至道光年间，“业经前任报亏”[⑤]。白银发典生息不稳定性，在运河南部各县表现得也很突出。如济宁州雍正十三年（1735）建设普济堂时，筹得善款白银3000两。这笔款被发交典铺生息，按月2分起息，每年可得息银720两。[⑥] 到道光年间，这笔善款已经被知州王某“报亏有案”，很可能已被挪用。[⑦] 鱼台县普济堂建堂初发当生息本银800两，每年可生息96两，到道光年间，“此数已报亏”[⑧]。

---

① 梁钟亭等：民国《清平县志》第二册《建置七·惠区》，中国国家图书馆藏民国二十五年铅印本，21a。

② 张度等：乾隆《临清直隶州志》卷8上《人物·孝义》，《中国地方志集成》山东府县志辑第94册，第541页。

③ 梁钟亭等：民国《清平县志》第二册《建置七·惠区》，中国国家图书馆藏民国二十五年铅印本，21a。

④ 梁永康等：道光《冠县志》卷5《恤政》，中国国家图书馆藏民国二十三年石印本，6b。

⑤ 周家齐：光绪《高唐州志》卷2《恤政》，《中国地方志集成》山东府县志辑第88册，第320页。

⑥ 胡德琳等：乾隆《济宁直隶州志》卷7《建置》，哈佛大学汉和图书馆藏乾隆五十年刻本，58b。

⑦ 徐宗幹等：道光《济宁直隶州志》卷4《建置志》，《中国地方志集成》山东府县志辑第76册，第191页。

⑧ 徐宗幹等：道光《济宁直隶州志》卷4《建置志》，《中国地方志集成》山东府县志辑第76册，第199页。

从投资经营看，各州县普济堂更倾向于投资田产出租盈利。济宁州普济堂初建时，制定的章程明文规定，在获捐银盈利后，“除用之外，尚有盈余，仍陆续置买地亩，以垂不朽”[①]。济宁建普济堂初获“绅士公捐土地四顷五十四亩”，“所入籽粒共一百五十余石”。[②] 后又获绅士捐地“五十二亩零五厘二毫三丝，其收入之款未详”。道光末年，又将南乡“年久无卷之义田一顷七十五亩”收为普济堂田产，每年可收租钱六十五千文。由于发典生息银300两，“已有亏短”。一直到晚清，济宁普济堂的运作也主要是以这些田产经营出租维持。[③] 东平州普济堂投资田产热情很高。建堂初期，获官绅捐田191.78亩，并发当生息银555两。[④] 发展到后来，生息银已不存，官府主导下堂下田产却不断增加。在原捐地191.78亩基础上，先后购置33.32亩、235.219亩田产。随着田产规模扩大，所收地租数额增长，同治十一年（1872）知州林溥在救助贫民39名基础上，又添加21名救助名额，善堂经营规模进一步扩大。[⑤]

山东运河区域北部各州县后期经营运作也是转向投资田产经营为主。雍正十二年（1734），夏津县建普济堂时，获士民捐地74.737亩，又发当生息银1000两。到晚清，堂下田产已扩至186亩，由典史收租救济。[⑥] 武城县普济堂在建堂初，获善款银1300余两，在耗银建设善堂房屋后，将余银全部用于购买田产300余亩，“佃民耕种，为穷民口粮之需”[⑦]。而冠县普济堂堂产发典银443.775两被知县挪用后，善堂运作仰赖140.37

---

① 胡德琳等：乾隆《济宁直隶州志》卷7《建置》，哈佛大学汉和图书馆藏乾隆五十年刻本，60b。

② 胡德琳等：乾隆《济宁直隶州志》卷7《建置》，哈佛大学汉和图书馆藏乾隆五十年刻本，62a。

③ 潘守廉等：民国《济宁直隶州续志》卷5《建置志》，《中国地方志集成》山东府县志辑第77册，第315页。

④ 沈维基等：乾隆《东平州志》卷6《建置》，哈佛大学汉和图书馆藏乾隆三十五年刻本，11a。

⑤ 左宜似等：光绪《东平州志》卷6《建置考》，《中国地方志集成》山东府县志辑第70册，第119页。

⑥ 谢锡文等：民国《夏津县志续编》卷2《建置志》，《中国地方志集成》山东府县志辑第19册，第304页。

⑦ 乾隆《武城县志》卷14《艺文下》，《中国地方志集成》山东府县志辑第18册，第371页。

亩地产出租维持。[①]

河东总督王士俊发动的普济堂建设，其主旨之一就是由官府出面来调动民间力量共同提供社会福利。在他的设计中，除在财源上调动民间捐助外，普济堂还要在经营运作上将堂务交给殷实的地方士绅精英经管，"选择士民好善殷实者一二人"作为善堂董事，将善堂田地房产等登记印册，新旧董事交接须交代清楚，"以期永久"[②]。对此，王士俊在夏津县普济堂成立之初所作碑记中就反复强调"其任董事，率皆邑之绅士"。[③] 济宁普济堂建堂初，河东总督王士俊亲自拟定章程十条，其中规定选择老成殷实绅士担任董事掌管堂务，"三年若有劳绩，即详请给匾奖励，或延为乡饮宾介"[④]。武城县普济堂建堂初，"择老成殷实生员王琏、乡民李玉章共司其事，俱能秉公经理，措置得宜"[⑤]。然而，到后来，各州县普济堂管理架构趋于简略，仅设看堂老人一二名而已，早已不见董事踪迹。[⑥]

三　乾嘉时期的三座运河城市慈善事业

乾嘉时期，作为运河沿线代表城市，临清、聊城、济宁在商业发展均取得长足进步。然而，在面对社会福利的慈善救济领域，除去官办养济院、官民合办的普济堂外，同时期的临清仅有知州杨芊创办的育婴堂、聊城只有民间绅士捐田的容保堂，远远不及济宁的慈善救济机构种类齐全，运作规范。

济宁是河道总督的驻扎地，辖下的运河道更是山东运河河工钱粮出纳的核心机构，财力雄厚。在地方州县响应河东总督王士俊大力推广普

---

① 骆大俊等：光绪《冠县志》卷2《建置志》，国家图书馆藏光绪六年抄本，第8页。

② 中国第一历史档案馆编：《雍正朝汉文朱批奏折汇编》第26册，第610页。

③ 方学成等：乾隆《夏津县志》卷10《艺文志》，《中国地方志集成》山东府县志辑第19册，第192页。

④ 胡德琳等：乾隆《济宁直隶州志》卷7《建置》，哈佛大学汉和图书馆藏乾隆五十年刻本，62a。

⑤ 骆大俊等：乾隆《武城县志》卷14《艺文下》，《中国地方志集成》山东府县志辑第18册，第371页。

⑥ 如东平州普济堂设看堂老人1名，岁给工食银4两；（乾隆《东平州志》卷6《建置》）金乡县普济堂设看堂人1名，每年工食银12两。（咸丰《金乡县志》卷2《建置》）道光年间济宁普济堂也仅设看堂人2名，每年工食银12两。（道光《济宁直隶州志》卷4《建置志》）

济堂建设同时，以河道总督为首河政系统官员在济宁也创办了颇具特色的救济机构。

首先是与普济堂关系密切的育婴堂，乾隆四十一年（1776）河道总督姚立德、运河兵备道章辂建立。育婴堂的运营获运河道强有力财源支持。运河道每年转发运河道生息银2400两，每年可生息银576两。除这笔钱外，运河道每季凑足220两，由运河厅具领后，发交天井闸官后，“分给乳妇十三名，并看堂人二名口粮工食，内外科医生二名药饵及经书纸笔饭食之费，余存道库为冬季棉衣夏季单衣与修理房屋之用”。河政系统的运河道为育婴堂提供财源，却没插手育婴堂运作，育婴堂在管理上与普济堂合并。为确保堂务运转，普济堂、育婴堂还出台了严密规范的管理条约十条，内容涉及住堂人员资格审核，住堂人员男女分居，大小口待遇，残疾老弱人口关照，疾病死亡人口的处置，董事管理人员的任免，两堂的财务运作制度，弃婴收治以及幼儿收养措施，等等。[①]

此外，道光二十一年（1841）东河总督文冲捐资置地15亩余，甲马营巡检朱兆奎奉命建旅归园，专为河政系统那些贫困去世后无力归葬故土的官员、幕宾而设。[②] 这种救济形式与运河沿线遍布的漏泽园类似，只不过旅归园将更多范围的贫困而死的平民排除出去，因此不再展开。

济宁地方精英参与慈善主动性强。乾隆四十五年（1780），当地士绅张阳和等于北门内大关帝庙东创设同仁公所，负责善堂的日常运作。民间善举获官府支持，知州王道亨依苏州锡类堂施棺之例为善堂制定了运作规章制度，其中规定：“大棺一具，每愿制钱五文；小棺一具，每愿制钱一文，凡施棺公所，各设支票照发。”[③] 同仁公所的经营后来持续获得民间支持。道光十八年（1838），举人刘奕堂、李钧等人捐棺同时，还雇觅杠夫，将无主或无力埋葬的灵柩葬入义冢。此外，州民朱万兴等人也

---

① 徐宗幹等：道光《济宁直隶州志》卷4《建置志》，《中国地方志集成》山东府县志辑第76册，第193页。

② 徐宗幹等：道光《济宁直隶州志》卷4《建置志》，《中国地方志集成》山东府县志辑第76册，第198页。

③ 胡德琳等：乾隆《济宁直隶州志》卷7《建置》，哈佛大学汉和图书馆藏乾隆五十年刻本，63b。

曾捐设性质类似的义罩等。①

济宁民间力量参与程度最高的当属东门外的栖流所。栖流所前身可追溯到嘉庆十九年（1814）州人公立的广仁公局，冬季曾专辟屋舍收养乞丐，持续运作多年。此后，士绅朱怀义之子朱德和向公局捐北关商店一所，有数间房舍。衿民吴道征、朱翼亭等人建议将此房出租，并建议公局施粥，“道馑则捐资埋之”，此举也持续多年。道光十八年（1838），公局首事王荟宗、王泳、王家柱、吴思泰、陈毓秀等人继续于东关二铺购置宅基，添盖房舍，并与运河厅官员合作筹钱兴修栖流所。道光十八、十九两年收养贫民很多。道光二年（1822），秋季大雨，屋舍倾圮，改租东关齐家店房舍55间，每天发放口粮，每季按时煮粥。此后，房舍店主多次易主，最后嘉荫堂接手后，捐房舍价值的三分之一贱卖给公局，正式建立栖流公所。首任经理杜锦堂，“极矢公慎”，此后由其子杜经函、州人霍福贵接任。②

栖流所并非常年住堂的救济机构，每年十一月中旬以后开始安置流丐入所居住，次年正月以后将流丐遣散出所。栖流所救济对象为流浪无归的乞丐，普通贫民不能入住，每年收养人数“二三百余名及四五百人不等”③。然而，至道光年间，普济堂房舍大多坍塌，住堂贫民需自觅住所。对此，栖流所在正月散放流丐后，允许部分70岁以上的贫妇暂时入住。栖流所在救济上奉行较为严格的“本地主义”，每年十一月中旬后，于城关各地遍查外来流丐，造册登记后，给发口粮，护送出境。对于济宁本地的无家可归，无人可依靠的乞丐，由户书问清注册登记，给发腰牌，大口每日发制钱30文，小口每日发制钱15文。

栖流所创建过程中，获得各方面捐助。侨寓济宁的前苏州知府某某“捐广仁局百金”，绅民公捐换得制钱400贯，将嘉荫堂房舍购下。栖流

① 徐宗幹等：道光《济宁直隶州志》卷4《建置志》，《中国地方志集成》山东府县志辑第76册，第194页。

② 卢朝安等：咸丰《济宁直隶州续志》卷1《建置》，《中国地方志集成》山东府县志辑第77册，第165页。

③ 卢朝安等：咸丰《济宁直隶州续志》卷1《建置》，《中国地方志集成》山东府县志辑第77册，第166页。

所经费有很大限度来自出租房舍获利。每年正月过后，将住堂乞丐遣散出去后，首事派人将各房舍打扫清理妥善，随后将所有房舍出租获利，作为善堂运作的基本经费。

在运作中，栖流所巧妙利用社会各种援助。如每年冬季，自总河以下官员、绅士、商人会于城外捐米设长煮粥，散给贫民。栖流所与其联系，确定住堂乞丐人数，“查明大小口若干，将米石柴薪，运至店内”，选择流丐中年力稍壮的，汲水煮粥，成为冬季住堂乞丐的食物来源之一。再如济宁冬季会有商人捐置棉衣，散给普济堂、养济院两处贫民，以及各巷更夫人役。南门外估衣摊也会定期公捐制钱32500文给善堂。对此，栖流所也寻求捐助，为堂内60岁以上的乞丐，15岁以下的幼丐争取到冬季棉衣，为年壮乞丐争取到草苫等过冬御寒物品。这些社会援助很大限度上节省善堂经费。①

四　晚清两极分化

晚清山东运河区域饱受战乱摧残，太平军过境、捻军之乱横扫境内，养济院、普济堂等善堂房舍多遭倾圮，慈善救济事业陷入低潮期。不过，在社会稍稍稳定后，善会善堂的救济事业逐步重归旧轨。养济院钱粮主要源自经征地丁银，有较为稳定的财源，有的州县在战后救济人口甚至有所增加。如夏津县在雍正年间救济孤贫人口39名②，而在晚清救济人口就达46名，甚至每年还有余钱250余千文弥补普济堂不敷之用。③ 馆陶县养济院在雍正年间救济孤贫54名④，晚清时期维持这个数目，到了民国改由财政厅拨款，救济人数达90名。⑤ 济宁州养济院在乾隆年间救

① 徐宗幹等：道光《济宁直隶州志》卷4《建置志》，《中国地方志集成》山东府县志辑第76册，第194—196页。

② 方学成等：乾隆《夏津县志》卷2《建置》，《中国地方志集成》山东府县志辑第19册，第37页。

③ 谢锡文等：民国《夏津县志续编》卷2《建置志·仓局》，《中国地方志集成》山东府县志辑第19册，第304页。

④ 赵知希等：雍正《馆陶县志》卷3《建置》，《中国地方志集成》河北府县志辑第62册，第35页。

⑤ 王华安等：民国《馆陶县志》，《中国地方志集成》河北府县志辑第62册，第242页。

济孤贫72名①，道光年间正浮额至144人②，经整顿后民国年间已达151人。③ 普济堂的命运却要差很多，绝大多数州县所设善堂均已废弃。如临清包括普济堂、育婴堂、惠民药局、漏泽园在内的善堂，在战后的命运“代远年湮，迹无可考”④。也有少数州县普济堂经营得当，堂下资产规模扩大，救济范围也相应扩大。如东平州普济堂在战乱过后，堂务废弛，仅剩一处空地。此后，知州宋祖骏利用查抄的王姓三处住宅改建普济堂。后经下任知州林溥接手建成普济堂，并于善堂路北安设暂栖所一处。与此同时，普济堂名下田产通过投资购置以及社会捐助等方式不断扩大规模，在最初191.78亩的基础上，先后购置33.32亩、235.21亩，达到460.319亩，救济人数也由39名扩充至60名。⑤

表4—8　　晚清方志中的养济院和普济堂

	养济院	普济堂
济宁	战后不详，民国初救济151名	咸丰战后没落，民国初救济84名
金乡	改作瞽人宿舍	不详
嘉祥	屋舍倾圮，但救济孤贫17名	救助孤贫30名，动用堂下义田地租
冠县	战后口粮按时发放，民国救济189名	战后存屋舍6间，民国救助15名
夏津	战后不详，民初救济46名	战后屋舍倾圮，存地186亩，收租救济
莘县	尚有遗惠	今废
馆陶	晚清不详，民初救济90名	晚清不详，至民初仍有田产42亩
东平	屋舍坍塌，仍照旧志救济84名	同治九年重建，救济60名
恩县	抄旧志	未建该堂

① 胡德琳等：乾隆《济宁直隶州志》卷7《建置》，哈佛大学汉和图书馆藏乾隆五十年刻本，64b。

② 徐宗幹等：道光《济宁直隶州志》卷四《建置·恤政》，《中国地方志集成》山东府县志辑第76册，第192页。

③ 袁绍昂等：民国《济宁县志》卷四《故实略·慈善篇》，《中国地方志集成》山东府县志辑第78册，第118页。

④ 张自清等：民国《临清县志》卷七《建置志·慈善类》，《中国地方志集成》山东府县志辑第95册，第116页。

⑤ 左宜似等：光绪《东平州志》卷六《建置考·恤政》，《中国地方志集成》山东府县志辑第70册，第119页。

续表

	养济院	普济堂
临清	清末存屋20间，后改为栖流所	彻底荒废
德州	未建该堂	抄旧志
清平	未建该堂	抄旧志
莘县	尚有遗惠，民初改建小学	荒废
堂邑	南察院西	未建该堂
朝城	荒废	未建该堂
博平	荒废	未建该堂
阳谷	荒废	未建该堂

资料来源：民国《济宁直隶州续志》卷5《建置志》；民国《济宁县志》卷4《建置志》；民国《冠县志》卷5《建置》；民国《夏津县志》卷2《建置志》；民国《馆陶县志》卷4《建置》；光绪《东平州志》卷6《建置》；民国《临清县志》卷4《建置》；民国《德县志》卷13《风土志》等。

运河区域附属各县社会救助走向衰落，以养济院、普济堂为核心的固有救助格局被打破，更多善会善堂开始于以济宁、临清、德州为代表的区域核心城市汇聚。这些涌现出的救济组织集中体现以下几个特点。

第一，救助形式更开放，救助孤贫的受众面更宽，典型如粥厂的广为开设。之前，养济院、育婴堂施行严格的定额化管理，受助者有明确的数额限制，并有极为严格的资格审核。如济宁普济堂章程明确规定要对救助穷民资格审核，剔除其中“或筋力未率，或有亲戚可倚，或始则孤幼继而长成”的穷民，确保“果系鳏寡孤独，朝不谋昔，实难存活者”才能获得救助。① 由于实施严格定额救助原则，大量穷困无助人口得不到及时救助。道光年间，济宁仅候补救助者就达40余名，只能等额内救助人口亡故，才有机会顶补获助。②

设于城市繁华要区、交通要冲的粥厂显然救助面更广。以济宁惠济

---

① 胡德琳等：乾隆《济宁直隶州志》卷7《建置》，哈佛大学汉和图书馆藏乾隆五十年刻本，65a。

② 徐宗幹等：道光《济宁直隶州志》卷4《建置》，《中国地方志集成》山东府县志辑第76册，第192页。

粥厂为例。该粥厂设于铁塔寺内，光绪十五年（1889）由知州彭虞孙、管河通判查筠、河道候补县丞吴邦贤等人捐款创设。粥厂于冬至后，雇觅水夫、伙夫等人，在寺院里支搭席棚，每日煮粥施放。光绪十七年（1891），吴邦贤又于寺西修建六间房舍。此后，查筠等人相继去世，吴邦贤主持粥厂事务长达六年之久。在处理粥厂事务同时，粥厂绅士还襄助济宁保甲局的创设。在南北盐运局捐银 2000 两的基础上，济宁绅士协力筹集基金 3500 两，发当生息。此后，运河道道员丁达意又捐银 1000 两。三十二年（1906）水灾严重，粥厂又于普照寺办理春赈 80 余天，收养饥民 1600 余名，救济规模远超之前的养济院和普济堂。[①] 宣统年间，粥厂多次举办大规模赈济活动，耗费很大，经费几不能支。到民国四年（1915），基金仅存银 500 两。民国九年（1920），济宁绅士潘守廉担任粥厂董事，改组粥厂组织，并筹集经费 22000 余元，京钱 1200 吊。粥厂规模进一步扩大，每年冬日施粥赈济，扣足 81 日。粥厂同人在施粥赈济之余，还捐资修造水龙等消防设备，成立水龙局，充分展现了济宁地方官绅参与社区福利的热情。[②]

晚清德州慈善救助事业一改往日颓势，涌现出诸多善会善堂，单粥厂一项就设有三处，分别为水官驿粥厂、北厂街粥厂、济贫粥厂。这三处粥厂，开办初期均为地方民间力量所办。后来除北厂街粥厂历经数十年经营仍保持民办背景外，其他两所粥厂后来都有官方势力介入，官营色彩渐趋浓厚。除济贫粥厂名下有 200 亩田地出租经营外，三处粥厂资产主要来自地方官绅捐款所得，并发典生息的方式运营。其中，北厂街粥厂还于设义市“核斗级所利，取其什三，以为经费”。这三所粥厂，从晚清一直完备延续到民国年间保持不坠，持续救助贫民数十年，“每年自冬十月至逾年四月止，为放粥之期”，“若遇荒歉之岁，每日领粥之贫民，恒逾千人焉”[③]。

---

① 潘守廉等：民国《济宁直隶州续志》卷 5《建置志》，《中国地方志集成》山东府县志辑第 77 册，第 317 页。

② 袁绍昂等：民国《济宁县志》卷 4《故实略 · 慈善篇》，《中国地方志集成》山东府县志辑第 78 册，第 118—119 页。

③ 李树德等：民国《德县志》卷 13《风土志 · 慈善》，《中国地方志集成》山东府县志辑第 12 册，第 368—369 页。

临清出现类似粥厂，规模较济宁、德州小。临清施粥厂于光绪六年（1880）由知州王其慎捐薪俸创设，初设于碧霞宫，后移至商会南侧。粥厂延至民国年间，冬间施粥三月左右，经费来自随时募集，士绅赵月潭曾任粥厂董事。①

表4—9　　晚清德州粥厂设置简表

名称	创立者	时间	后期参与者	资产
水官驿粥厂	僧人惠圆	同治元年	知州蒋君山	钱万缗生息
北厂街粥厂	士绅姚秉钧、郭凤翔	同治五年	督运千总诸葛淦、卫守备卢金殿等	官绅捐款、义市斗级抽利
济贫粥厂	士绅邹尚质、刘琦	光绪二十九年	赈务分会改组整理	银4000两生息，田200亩

资料来源：民国《德县志》卷13《风土志·慈善》。

第二，城市民间社会力量开始关注与市民生活息息相关的城市公共设施与公共事业，典型如各种水会组织的成立。明清时期，山东运河区域核心城市商业繁华，人口密集，商铺林立，一旦发生火灾，后果非常严重。明末济宁杨士聪对发生于崇祯十六年（1643）二月的济宁罕见大火有形象记述：

济宁突于二月二十八日，狂风起于西北，昏霾障空，内函烟熖，火星飞舞，殷殷有声，落坠民屋。始自北门邵家街，火势陡炽，折而东，又折而南，折而西，将神庙民居，焚毁殆尽。火到之处，相隔寻丈，狂烟怒生，甚至合抱巨槐，火从中出，顷刻即为煨烬。自午至亥，焚过城隍等庙，绅衿民房数万余间，人畜遭焚者，不可胜纪，劫灰遍地，号哭震天。虽镇道督率兵丁力救，而风火相搏，不

---

① 张自清等：民国《临清县志》卷7《建置志·慈善类》，《中国地方志集成》山东府县志辑第95册，第115页。

可向迩。迨火熄向曙，而满城已悉为瓦砾矣。茕茕孑遗，露处枵腹。[①]

济宁这次大火，规模之大，可以想见。这段翔实记载，除提到济宁道率军队参与灭火活动外，并没有专业性消防队伍参与救火。再以临清为例，方志里记载的几起火灾，也极为惨烈（见表4—10）。

表4—10　　　　方志所载临清火灾表

时间	火灾概况
万历六年三月	永济桥南火烧民庐千楹
顺治十八年九月	大火延烧漕船76只
道光元年九月	州境锅市街火延烧铺房二百余间
同治七年四月	三元阁前火药船起火爆炸，河水逆流，死伤惨重
光绪十三年四月	某夜，马市街火，时值庙会，因商家不戒于火，延烧五六十家

资料来源：康熙《临清州志》、民国《临清县志》。

清前期，各州县由地丁银支付工食银的民壮组织曾扮演消防队伍的角色。如高唐的民壮组织，至道光年间有205人，其中留守城市100人，以总甲统领，守卫城市四门，同时安设40名巡逻快手，每人一马。这些民壮在装配枪、刀等武器外，还配备一定数目的救火器具。高唐县民壮配备的救火器具有水斗10个，挠钩10杆，麻搭10杆。[②]

清中期开始，运河区域核心城市的民间社会力量开始介入城市消防，成立了各种水会组织。晚清临清出现的民办水会，已具备较为严密的组织，分为大会和小会，前者负责筹款经营，后者负责火场救险。水会在街区设有四处——协济会（在灰炭厂）、义济会（在河衙厅街）、复源会（在锅市街）、济急会（在卫河西）。水会制定了赏罚严明的制度，均是民

① 廖有恒等：康熙《济宁州志》卷9《艺文志中》，哈佛大学汉和图书馆藏康熙十二年刻本。

② 徐宗幹等：道光《高唐州志》卷2《建置考》，中国国家图书馆藏道光十六年刻本。

间社会介入创办，所谓“市民本互助精神，自行筹办者也”[①]。

晚清德州活跃着三个民办消防组织——平安水会、福善水会、同善水会。[②] 其中平安水会创设于道光二十六年（1846），发展至同治十年（1871），趋于成熟，规模庞大，筹划周密，灭火器具完备，筹集善款途径多样。平安水会还开创了特别的筹款方式，发动各种大规模活动，汇聚人群筹集善款，“如逢甲年修醮，乙年即演戏，丁年只修醮，依次轮周，有条不紊”。这种筹款方式，成效显著，如修醮，“席酒之资，其大端也，而零星各费不胜数”；演戏，“戏价之需，其巨款也”。筹集款项后，水会积极购置各类消防器械。光绪二十八年（1902），水会购进双桶新水龙一架，耗钱300余串，并重修现存旧水龙，耗钱60余缗。同时，该水会还集钱2000串发当生息盈利，作为运作经费之一。[③] 其他两所水会，同样是民间士绅所办，有着类似运营模式，不再赘述。

济宁专业性的消防组织天一会，民国初年才建立。这并不意味着济宁缺少此类救火组织，栖流所、粥厂等民办善会均置备消防器械，随时可出动救火。以改组后的济宁粥厂为例。该粥厂专设有执事人等，专司“司消防班，以早夜两班为定”。消防队员有专门房舍晚间卧睡，“不准脱衣履，一旦遇警，以期整齐迅速”。消防队随时待命，“一闻警报，即由各值班人率领出发”。为防止起火处，路途遥远，粥厂还专门购置三辆洋车，确保尽快赶赴火场。[④]

第三，城市社会民间力量开始建立专业性质的各式医院。

建立于光绪初年的济宁乐善施医院就是典型。此医院地处济宁城市东南隅地藏庵旧址，由乐善社参与绅董姚世元、白毓麟、李殿三、段书棠、张雨泉等人创设。医院每年均出资进行防疫活动，并筹集京钱八百千发典生息，作为医院常务运作经费。经费不足，则由医院同人自行筹

---

① 张自清等：民国《临清县志》卷7《建置志·慈善类》，《中国地方志集成》山东府县志辑第95册，第116页。

② 李树德等：民国《德县志》卷13《风土志·慈善》，《中国地方志集成》山东府县志辑第12册，第369页。

③ 李树德等：民国《德县志》卷15《艺文志》，《中国地方志集成》山东府县志辑第12册，第451页。

④ 袁绍昂等：民国《济宁县志》卷4《故实略·慈善篇》，《中国地方志集成》山东府县志辑第78册，第119—120页。

捐。医院董事会延聘专业医生坐诊，并配置膏丹丸免费施送给病人。每日前来就医的病人数目可观。此外，济宁还有一处位于铁塔寺街的世经堂施医局，由绅士潘守廉独立创办，延聘内、外、妇科医生坐诊。医院针对贫苦患者会免费施送药物。这所医院应在民国初年的了。[①]

晚清时期，西方教会势力进入中国，也将西学、西医带入中国，运河区域城市出现教会势力办的西式医院。临清华美施医院，位于南北街基督教教会内，成立于光绪十二年（1886）。庚子事变后，医院扩充地亩，增修设施，每年前来就诊患者，多达三万余人。医院除美国教会投资兴建外，“华方捐款亦多”，因此得名华美医院。[②] 再有德州城东南三育村耶稣教会内的卫氏医院，最初由美国传教士博恒利创设于光绪六年（1880）的恩县庞庄耶稣教会内，后迁到德州城内，设备齐全，科室分类科学，设内、外、妇三科。这些西医诊治方式，逐渐被广大国人接受，当地人称这些西式医院，“治疗颇属完善，咸称便焉”。[③]

五　运河区域的社会差异

清前期，山东运河区域慈善事业保持以养济院为中心的救助体系。雍正十二年（1734）起，在河东总督王士俊、山东巡抚岳浚直接倡导下，山东运河区域出现颇具声势的创设普济堂运动。与仰赖州县财政支持的养济院不同，普济堂旨在调动民间社会力量从事社会救助事业。运河南北区域的社会结构差异直接导致普济堂呈现不同运作形态。运河南部地区，具有发达的地主制，善堂所获捐助雄厚，大地主对善堂捐助土地数目庞大。运河北部区域地方精英力量弱小，善堂创办多仰赖地方官带动下的士商捐助，资产形式多为白银和稻谷。在投资经营上，普济堂运作未表现出明显地域差异，山东运河区域普济堂多采用经营田产盈利。

乾嘉时期，同为山东运河区域核心城市的临清、聊城的慈善救助机

---

① 袁绍昂等：民国《济宁县志》卷4《故实略·慈善篇》，《中国地方志集成》山东府县志辑第78册，第127页。

② 张自清等：民国《临清县志》卷7《建置志·慈善类》，《中国地方志集成》山东府县志辑第95册，第115页。

③ 李树德等：民国《德县志》卷13《风土志·慈善》，《中国地方志集成》山东府县志辑第12册，第369页。

构，远不及济宁种类齐全，运作规范。一个重要原因就是济宁拥有势力强大的城市精英，与官僚系统有更好交流对话，社会力量参与社区福利的积极性高涨，出现民办的育婴堂、栖流所就是典范。难能可贵的是，除关注慈善救济外，济宁地方社会还仿照香会之例，济宁城内外成立桥社16处，选“乡评信服”的士绅任会首，广筹资金，以作修桥铺路之用。[①] 同期聊城、临清的繁荣更多仰赖外资的带动，“晋省人为最多”，本土地方精英势力弱小，势力强大的外商对地方公共事务热情并不高涨，晚清漕运中断，外商纷纷撤资，“本地人之谋生为倍艰矣”[②]。

延至晚清，战乱频仍，慈善事业分布空间差异并不显著，区域核心城市与附属各县间鸿沟却愈来愈大，救助事业集中于济宁、德州、临清等区域核心城市，附属各县慈善事业陷入低潮。以养济院、普济堂为核心的救助格局被打破，救济组织转向大众化、开放化，开始出现任期稳定的董事，更能确保善会善堂的长效运作。同时，善会组织关注城市市政建设相关的各类组织（典型如水会）。西方教会势力进入鲁西，介入大众福利事业，出现各类西式医院。

第三节　动荡时代的地方精英（上）

一　明代后期士绅力量的崛起与地方防务

在明前期的地方动乱平定过程中，山东运河区域地方精干官员扮演着关键角色，很少见到地方精英尤其是士绅参与的身影。正德六年（1511），刘六、刘七率领的农民军攻入山东运河区域，一路势如破竹。

① 胡德琳等：乾隆《济宁直隶州志》卷4《舆地》，哈佛大学汉和图书馆藏乾隆五十年刻本。

② 陈庆蕃等：宣统《聊城县志》卷1，《中国地方志集成》山东府县志辑第82册，第29页。[美] 周锡瑞：《义和团运动的起源》，张俊义等译，（江苏人民出版社2010年版）、[美] 韩书瑞：《山东叛乱：1774年王伦起义》，刘平等译，（江苏人民出版社2009年版）、[美] 彭慕兰：《腹地的构建：华北内地的国家、社会和经济（1853—1937）》，马俊亚译，（上海人民出版社2017年版）均认为鲁西北地区地方精英势力非常弱小。

战乱波及州县的防御仍以地方官为主导，罕见地方精英的参与。[①]

明前期，山东运河区域尚未形成一个比较成熟的士绅集团。韩国学者吴金成指出，明中期以后当官经历者阶层（绅）和学位所持有者阶层（士），出现了同类阶层的一体感，逐渐形成一个独立社会阶层的“绅士”阶层。[②] 不过，吴氏所关注的区域以江南为主，在山东运河区域一些核心城市，一个成熟的士绅社会最早在明代中后期之后形成。孙竞昊在研究明清之际的济宁士绅社会时指出，明中期开始，济宁人在科举考试中取得巨大成功。在明初的近一个世纪（1368—1464）里，济宁仅出了12位进士。之后从1465年至明亡的1644年，则出现了53位进士。在明后期，济宁涌现出诸多无论在地方上还是全国范围内都有重要影响的官员、士绅及其家族。而且，济宁士绅普遍涉身工商经营活动，商人也不断挤进地方精英阶层，形成所谓绅、商一体化。[③]

天启二年（1622）五月，巨野人徐鸿儒率白莲教教徒起事，接连攻克郓城、邹县、滕县、峄县等州县，甚至一度封锁大运河。受起事直接影响到的地区包括山东、北直隶以及河南等地。[④] 在这场持续半年多的浩劫中，士绅精英阶层逐渐在平定地方动乱中发挥重要作用，其中以金乡县表现最为显著。在徐鸿儒率众攻陷郓城等县城后，金乡县进入危急状态。知县杨于国上任仅数日，在事情危急之下，选择与士绅合作共同防御徐鸿儒的起事队伍。他选派士绅组织乡兵1000名，并由城中生员率这些乡兵分守城墙2100垛口。这些生员直接参与夜巡，分守城市四门，并参与制定城市守御的纲领，“巡查之法，靡不详备”。待情势危急后，杨于国封闭城南、北、西三门，仅保留东门以通行人，并由老成练达的生员亲自核验进出人员，发放票记。杨于国担心这1000名乡兵不足守御，又于绅士富家助夫，组成2100余名乡兵。贡生李守绪等踊跃捐粮，筹粮

---

① 在抵御刘六、刘七农民军侵扰的过程中，东平知州杨宽、夏津知县张翰等地方官组织各方力量主导了地方社会的防御，未见地方士绅的参与。（见乾隆《东平州志》卷20《纪事》；乾隆《夏津县志》卷6《官守志》）

② ［韩］吴金成：《明代的国家权力与绅士》，载《国法与社会惯性：明清时代社会经济史研究》，第135—146页。

③ 孙竞昊：《经营地方：明清之际的济宁士绅社会》，《历史研究》2011年第3期。

④ ［美］富路特、房兆楹主编：《明代名人传·2》，李小林、冯金朋等译，北京时代华文书局2015年版，第803页。

700余石，确保乡兵每丁给粮2升。待徐鸿儒军队于金乡县境作乱之际，杨于国邀请致仕家居的前辽东巡抚周永春作为四关乡兵的统帅。周永春闻讯积极响应，并亲自招募健丁1200余人。周永春负责这支临时组织的军队的训练事宜，“昼则合营团练，夜则分守要路”。知县杨于国还发动士绅捐款铸大炮16位，枪械1000余杆。为确保在城士绅防御到底的决心，杨于国率士绅齐集神庙，祷告于神。杨于国联合士绅做好了充足防御，取得很好效果。徐鸿儒率军两次途经金乡县境，均不敢接近金乡县城。[①]

在徐鸿儒起事期间，济宁士绅的表现也可圈可点。在徐鸿儒率军攻陷周边各州县后，河道总督陈道亨、右佥都御史熊文灿召集在城士绅商议守御之策。济宁士绅认为，不能独守城垣，还应加强运河的防御，提议训练一支军队，于四关丁壮抽调数万人，组成乡兵组织，分为九营。这支乡兵有严密组织，由那些有胆智通武略的士绅加以训练。[②] 不过，济宁守城官员，“自号知兵，胆实恇怯，城门尽闭”[③]。这支由士绅组织建立的乡兵组织在徐鸿儒起事期间并未参与实战，却在后来的鼎革战乱之际扮演了极为重要的角色。

徐鸿儒起事被镇压之后，济宁士绅建立的这支乡兵组织并未随着战事的结束而取消，而是继续保持乡兵建置，在地方社会持续发挥着影响。这支乡兵广泛分布在济宁城垣的各个垛口，并装配红夷大炮、拐子炮等武器。每10个垛口，设一生员作为总理，并住宿城堡督视乡兵。士绅、富户捐资协助穷困乡兵修筑窝铺。城内各巷口修设栅栏一座，并以本巷两位生员监守本街。

济宁士绅深度参与乡兵的武器生产过程，派至少4名生员监督铅弹、火药的生产，确保弹药质量。门禁是确保城市安全的关键。济宁四城门“正官一员，兵官一员，大绅一，孝廉一，青衿十，分班坐守，出入讥

---

① 沈渊等：康熙《金乡县志》卷14《艺文中》收周永春《邑侯杨公守城记》，中国国家图书馆藏康熙五十一年刻本，5b—9a。

② 徐宗幹等：道光《济宁直隶州志》卷4《兵革》收郑与侨《守御记》，《中国地方志集成》山东府县志辑第76册，第204页。

③ 徐宗幹等：道光《济宁直隶州志》卷4《兵革》，《中国地方志集成》山东府县志辑第76册，第206页。

察”。乡兵运作经费，“出之河道盈余者五，道州罚赎者二，士人捐助者三”。其中士人捐助之法，由众多士绅齐集公所，给居城百姓划分大户、中户等级别，各自捐不同款项。士绅高度介入乡兵经费收支运作。城市四隅捐款，每隅由两位孝廉，四位生员监收，每晚汇交一位“大绅”处。凡遇花销之处，由首事人员交状于大绅处。审核通过，由大绅发给银两。士绅们组织的乡兵不但起到城市防御功能，在灾荒年份，还能发挥组织优势，开设粥厂救济饥民。乡兵甚至参与城市消防等公共事务。这支由士绅创建的组织严密的乡兵组织，增加了济宁的防御力量，使济宁城成为明清鼎革之际风雨飘摇中的一个安定的中心。美国学者魏斐德高度评价明清鼎革之际的济宁由士绅组织领导的乡兵，认为这支力量维护济宁城市安全，“济宁成了混乱的汪洋大海中一个安定的小岛”[①]。

崇祯十五年（1642），清军南下山东劫掠，途经济宁。郑与侨、任民育、孟瑄等举人率乡兵分布四关固守。清军见济宁城守坚固，遂弃城转攻兖州，一路烧杀劫掠，“他郡多不守，济宁独完”[②]。对此，济宁士绅郑与侨描述道：

> 历年来，奢蔺讧于南，闯献扰于西，援剿诸兵络绎不绝，少逆颜行，焚掠立起。至济独敛迹以过，以素有备也。土寇蜂起，北如李青山，西如李鼎鈜，南如张文宇，东如杨三畏，号称数万，近济三十里内，无敢置足，以素有备也。戊寅壬午，东省残破者八十余处，兖郡残破者一十九处，环攻济城，力守不下，至今称南北雄镇，以素有备也。[③]

二　明清鼎革之际的地方势力

崇祯十七年（1644）三月，是一个天翻地覆的关键时段。当月，闯王李自成率大军攻占北京，崇祯帝仓皇无措被迫自缢身亡。在稳定京城

---

① ［美］魏斐德：《洪业：清朝开国史》第六章“清朝统治的建立”，陈苏镇、薄小莹等译，第277页。

② 王元启：《祇平居士集》卷27《郑与侨传》，《清代诗文集汇编》第335册，第205页。

③ 徐宗幹等：道光《济宁直隶州志》卷4《兵革》，《中国地方志集成》山东府县志辑第76册，第205页。

社会秩序后，新生的大顺政权随即派出大批官员到各地接管地方政权。几乎没有受到任何抵抗，这些大顺军接管官员就很顺利地接管山东运河沿线各州县的地方政权。然而，这些派驻地方接管政权的大顺官员过于急迫地向地主官僚追赃助饷，严重侵犯到他们的切身利益，使原本倒向大顺政权的地主士绅态度发生急遽转向。① 在这个明清交替，动荡不断的时刻，各地出现了各类精英集团出面组织的自卫武装。

（一）德州

地方士绅发动的反扑，最早在德州出现。李自成攻占北京后，派出属官阎杰任防御使、吴征文任德州牧前去接管德州。② 二人赴任后，“拷掠德州人，索银严酷”③。二人的所作所为很快引起德州士绅精英的不满，开始密谋驱逐大顺势力。

此次事件的策划者为德州卫诸生何振先。在与明前监察御史卢世漼等人谋划后，何振先独身前往兖州游说李自成派往山东的权将军郭陞。郭陞，原为明军将领，后投降李自成，因与李自成为同乡，被委以重任率数万军马驻扎兖州。何振先见郭陞后，试图劝说其起兵反抗，并列举李自成占据北京后的种种政策失误：“乱先朝之宫闱，残先朝之陵墓，诛先朝之吏民。”他指出，李自成对官绅的追赃助饷政策，已丧失人心，天下必将大乱。郭陞被何振先的游说打动，准备起事反对李自成。不料，德州的官绅卢世漼、赵继鼎、程先贞等却早先一日起事。郭陞误以为何振先欺骗自己，派追兵杀害何振先。④

四月二十七日，卢世漼等当地士绅组织力量诛杀大顺政权派驻德州的防御使阎杰、州牧吴征文。事发突然，德州士绅们担心大顺军的报复。前明山西左布政使李逢时曾孙生员李嗣宬提议奉朱元璋裔孙济王朱帅钦为盟主，为崇祯帝发丧，向天下昭告讨逆檄文。此举很快赢得周边郡县

---

① 顾诚：《明末农民战争史》第十二章“明王朝的覆亡和山海关之战”，第 266—268 页。

② 郑克晟：《甲申之变前后之山东及德州事件》，载《明清史探实》，第 232—243 页。

③ 戴笠：《怀陵流寇始终录》卷 18，崇祯十七年夏四月丙戌，《续修四库全书》史部第 441 册，第 184 页。

④ 王道亨等：乾隆《德州志》卷 12《艺文》收程先贞《何振先传》，《中国地方志集成》山东府县志辑第 10 册，第 387 页。

响应。[①]

德州士绅领导的此次事件持续月余。至六月九日，清兵出师山东，占领德州，掌握德州权力的卢世漼、程先贞以及济王朱帅钦降清。德州士绅领导“义兵”发动的推翻大顺地方政权，发生在李自成尚未撤出北京之前，各地闻风响应，相继杀死大顺军派遣的接收官员，影响深远。[②]

（二）济宁

明清鼎革之际，山东运河区域由士绅精英集团领导的保卫地方的集体性活动组织性最强的当属济宁。孙竞昊在研究明清之际济宁士绅的社会生态及社会角色时指出：“明清王朝更迭之际急剧变幻、动荡的环境为（济宁）士绅提供了把他们的多重角色发挥到极致的舞台。”[③] 在李自成入主北京后月余的四月二十五日，大顺政权的权将军郭升率军进入济宁城内接管地方政权。起初，大顺派遣军受到济宁士绅的支持，“群议迎之”。有士绅推选举人郑与侨[④]等人草降表文，以迎接大顺军入城。[⑤] 然而，形势很快发生变化。二十六日，郭升在解除济宁守城明军的军械后，开始大规模追赃助饷，“先拷州卫，次及营弁，次及士民，刑掠之惨，天日为昏”。通过追赃，郭升剥夺了济宁城士绅精英的大量家产，所获财宝，“白镪山积”，然后，郭升以船载马驮的方式将这批财宝运离济宁，仅留 500 名大顺士兵驻守济宁。在郭升离开济宁不久，又有大顺将军白举、户政方允昌等先后来到济宁。他们见郭升在此获得众多财宝，心生艳羡，继续大规模追赃助饷，并制作夹棍 40 副，滥施刑罚。大顺军防御使张问行张贴告示，勒令济宁城的官绅按官秩品级纳银：尚书纳银 10 万，侍郎 7 万，督抚 5 万，翰林 3 万，司道部署 1 万—2 万，举人、生监、生员、富民千百不等。此次纳银范围扩大，覆盖面更广。为充分索银，他们鼓励百姓告密。[⑥] 此举引发济宁士绅的强烈不满，开始密谋

---

① 王道亨等：乾隆《德州志》卷 12《艺文》收程先贞《李韫玉传》，《中国地方志集成》山东府县志辑第 10 册，第 388 页。

② 郑克晟：《甲申之变前后之山东及德州事件》，载《明清史探实》，第 232—243 页。

③ 孙竞昊：《经营地方：明清之际的济宁士绅社会》，《历史研究》2011 年第 3 期。

④ 郑与侨，字惠人，号确庵，济宁人，崇祯九年（1636）举人。

⑤ 王元启：《祗平居士集》卷 27《郑与侨传》，《清代诗文集汇编》第 335 册，第 205 页。

⑥ 郑善庆：《1644 年的济宁城动乱》，《清史研究》2010 年第 4 期。

抵抗。

五月十一日，大顺军下派济宁的知州任崇志等急催士绅赴城隍庙缴纳银两。在听闻用刑勒银的消息后，前明刑部侍郎潘士良、举人孟瑄、举人郑与侨等士绅惊恐万分，私下齐集原任知县任孔当家中商议对策，最终决定调集四关乡兵入城捕杀大顺地方官员。

就这样，天启年间由济宁士绅训练的这支九营乡兵在关键历史节点走上舞台中央。士绅决定派李允和、杨朴等人率太平营、奏凯营入城捕杀大顺地方官员，仁育、义正、智胜、勇奋等七营分围四城门以防大顺军溃逃。为便于识别，发动政变的士绅、乡兵以及市民头裹白布。前明知县任孔当及其弟举人任孔昭、武举杨芳荫、诸生周铎等士绅率乡兵劈开南门、东门，协助入城的太平营、奏凯营捕杀大顺军官员。大顺军委派的府同知刘主敬、州牧任崇志等先后落网。在士绅带领下，乡兵作战勇猛，很快击败大顺军驻城的500名守兵。作为事件亲历者的郑与侨通过个人视角形象描述了战况的激烈：

> 是日也，余几遇害者再。东门启，余与同袍孟公瑄，统兵上北城北楼。贼火砲突发一弹，如疾鸟飞，临余头，少俯，弹遂过，裹首白布，铮铮有声。次晨，同任公孔当押贼过南门，南楼贼矢下如雨。余两人同五仆，避对城一民居门楼下。适乡兵六人，押一赤身贼下城。至余前，双手一挥，六人皆倒。贼奔夺余刀。余转身掩过，遂夺任剑，两相持间，余有刀戳贼胁，贼负痛走。余仆。柳庆云追落其首。此贼狰狞十倍于人，使剑一到手，余七人虀粉矣。余一人屡危如此。众人可类推也。①

取得战争胜利后，济宁城局势依旧混乱，“时南北阻绝，西平之捷音未至，南都之喜诏未颁，众谓事无统属，何以令众?”为恢复城市秩序，济宁士绅推举原任侍郎乡宦潘士良署总河事，原任知县乡宦任孔当署济宁道事，原任推官乡宦陈宸铭署都水工部事，贡生李以庄署运河同知事，

---

① 徐宗幹等：道光《济宁直隶州志》卷4《兵革》收郑与侨《倡义记》，《中国地方志集成》山东府县志辑第76册，第207页。

等等。济宁士绅举起“忠明”的旗帜，于州衙前处死大顺军将领张问行等人，并为崇祯帝发丧，“官绅士民号哭”，“儿童走卒莫不哀痛”①。

在这段权力真空时期，济宁士绅阶层与乡兵首领共同分享了城市的实际统治权。济宁四乡军权分配如下：“（乡兵）副将周邦台、诸生孙慎一等，团练南乡；诸生孙允泰等，团练东乡；（乡兵）指挥黎承祖，义勇徐则明、张英等，团练北乡；诸生张耀朗、许世荩等，团练西乡。”城内及四关军权分配：“四关仍以九营乡兵官陈恂、杨生华、程三进、高起伦、刘显、李联芳、朱国材、樊世魁、赵宁、仲新、栗肇机等，及参谋诸生萧中振等分统之。城内则以诸生杨绅、杨通睿、靳于让、熊人兆等分隅整练，以备策应。”可见，乡兵已控制济宁城外及周边地区，士绅阶层牢牢控制着城内治安。②

乡兵训练运作的经费主要来自士绅、商人捐款。士绅精英阶层更是深度介入乡兵的财源出入的管理问题。如济宁生员杨苏霖等专门负责募饷，贡生陈扆箴、韩洪愈、宋可贤等负责钱粮出纳。秩序稳定后，城市的善后工作需要大量资金。这笔资金同样主要来自在城士绅的捐款。明刑部侍郎潘士良捐银 3000 两，明左谕德杨士聪、明兵部右侍郎徐标等踊跃捐银“或二千，或一千，或数百，皆倾囊急公”。济宁士绅及其领导下的乡兵组织具很强战斗力，对周边大顺军派遣的地方官员形成威慑。兖州府大顺政权知府高克家、推官董儇玺闻讯奔逃。济宁士绅派乡兵驱逐了大量的大顺地方政权官员，先后擒获大顺政权派遣的兖东防御使刘溥本、汶上县令李士灏、鱼台县令尹保衡，巨野县令曹家麟，邹县县令杨名升，嘉祥县令赵廷献等，将济宁周边各县的大顺官员几乎驱逐殆尽。

士绅组织领导的乡兵驱逐了威胁地方利益的大顺官员，使济宁成为鼎革动荡之际一个秩序稳定的孤岛。济宁士绅精英阶层的举动很快引起省城济南以及青州、莱州一带的响应，“义旗皆动”，甚至引发大顺军派往山东的军队发生内部哗变。大顺军内部自相残杀，在山东的势力将近

---

① 徐宗幹等：道光《济宁直隶州志》卷 4《兵革》收郑与侨《倡义记》，《中国地方志集成》山东府县志辑第 76 册，第 207 页。

② 徐宗幹等：道光《济宁直隶州志》卷 4《兵革》收郑与侨《倡义记》，《中国地方志集成》山东府县志辑第 76 册，第 208 页。

空虚。在“四海无主，前无所依，后无所凭”的权力真空状态下，成功将大顺军驱逐出山东，地方士绅阶层及其所领导的武装起到关键性作用。作为事件亲历者的举人郑与侨认为，取得这种成果原因——“以绅衿忠愤，乡勇血诚，遂使大憝立剪，名义以彰”①。

兵变成功后，济宁士绅及其领导的乡兵寄希望于南明政权以获取来自上层的支持。济宁士绅向各个州县传文告知兵变成功的消息，并号召各地起兵擒拿大顺官员，“一路由沂州达登莱，一路由济南达天津，一路由临德达河朔，一路由宿徐达淮扬，一路由曹单达颖寿”。兵变消息传到南京，兵部尚书史可法手札褒奖济宁士绅所为。② 后来，“山东济宁知州朱光、生员孙胤泰、乡民魏立芳等”上疏请求南明政权派兵收复北方土地③。然而，面对如此好的形势，南明政权却热衷于权力内斗，毫无恢复北方故土的抱负，使得山东义军陷入孤立无援各自为战的分散状态。很快，乡兵组织内部也产生了分裂。发动事变的乡兵头目居功自傲。如太平营头目杨九向济宁士绅索取兵饷，“开告讦，擅生杀，甚于流寇”④。围绕利益之争，济宁士绅阶层与乡兵头目陷入纷争，削弱了济宁的防御力量，最终这座在鼎革之际秩序稳定的城市被清军攻陷。⑤

（三）地方豪强主导的力量

在20世纪七八十年代对华北农村调查时，学者程啸根据不同省区老年人的口述，指出晚清和民国年代基层的地方精英（所谓“能人”）主要包括：1. 有钱或者有功名，并且在地方上有号召力的人，包括秀才、举人、退休官员、从洋学堂回乡的学生、有能力的村首和族长等；2. 没有多少财产，也没有受过多少教育，但为人公正且有办事能力的人；3. 一

---

① 徐宗幹等：道光《济宁直隶州志》卷4《兵革》收郑与侨《倡义记》，《中国地方志集成》山东府县志辑第76册，第208页。

② 徐宗幹等：道光《济宁直隶州志》卷4《兵革》收郑与侨《倡义记》，《中国地方志集成》山东府县志辑第76册，第209页。

③ 李清纂，何槐昌点校：《南渡录》卷2，浙江古籍出版社1988年版，第85页。

④ 杨士聪著，谢伏琛点校：《甲申核真略》，浙江古籍出版社1985年版，第48页。

⑤ 郑善庆：《1644年济宁城动乱》，《清史研究》2010年第4期。顺治元年（1644）六月，多尔衮派往鳌勇招抚山东。在清廷军事配合之下，以王鳌永为首的清廷接收官员积极笼络人心，宣布蠲免山东钱粮，甚至要求接收官员放弃满清衣装，换穿明朝官服。参见张金奎《弘光政权对清政策与山东的丧失》，《明史研究论丛》第9辑，紫禁城出版社2011年版。

无所有、敢作敢当的人——老百姓所谓的“光棍”“泥腿”[①]。程先生的研究提醒我们：构成地方精英群体的身份来源可能呈现多样化的特征，不仅仅包括那些通过科考获取功名的士绅阶层，还包括各类在地方社会具有威权的阶层。除具有功名、学籍的士绅阶层外，那些在地方社会具有财富，具有个人威望及社会动员能力的人员，虽不具备功名，但在地方权力空缺，秩序混乱的特殊时代，往往也会成为维护地方秩序的关键人物。这类地方精英在士绅阶层力量并不强势的腹地州县往往发挥更为关键的作用。

山东运河区域北段的夏津县于明代最后40年（1601—1643）没有考中1位进士，考中举人仅3位（数据见上节），士绅阶层力量并不强大。然而，在天崩地坼的明清鼎革之际，夏津县却出现不少拥军自卫，庇护地方的豪强。夏津县方志里收录的地方豪强就有三位：（1）徐超招集乡勇，捐资修寨，筑高台以备瞭望，里中妇孺多避难其中。他多次与土匪作战，护卫桑梓，立下功勋。顺治初年，降清朝知县姜念，率乡练武装保卫县城，被清廷褒奖，后官至盐城县令。其孙鋕后中进士。[②]（2）城东于家庄的于尚进于王家集设立团营组织，修筑圩寨，百姓多避难其中。顺治初年，降清朝知县姜念，率乡兵参与县城防御战。[③]（3）徐自立于本屯修筑濠寨，训练军事队伍。乡人买宅避难其中。后被贼攻破濠寨。自立父及弟侄被害。徐自立后降清，随山东巡抚吕逢春四处征战。[④]在攻陷北京后月余，李自成就派遣大量大顺官员赴山东接收地方政权。起初，这些派往地方的大顺官员并未受到包括士绅阶层在内的地方精英的抵制。一支以甘肃人裴钦为首的队伍掌管了夏津县的地方政权。然而，裴钦并没有积极拉拢夏津县的这些地方豪强。李自成兵败山海关的消息传到夏津，地方豪强就开始合谋起兵捕杀裴钦。裴钦闻讯后连夜仓皇逃遁，幸

---

① 程歗：《社区精英的联合和行动——对梨园屯一段口述史料的解说》，《历史研究》2001年第1期。

② 方学成等：乾隆《夏津县志》卷8《人物志·忠义》，哈佛大学汉和图书馆藏乾隆六年刻本，13a。

③ 方学成等：乾隆《夏津县志》卷8《人物志·忠义》，哈佛大学汉和图书馆藏乾隆六年刻本，19b。

④ 方学成等：乾隆《夏津县志》卷8《人物志·忠义》，哈佛大学汉和图书馆藏乾隆六年刻本，18b。

运躲过豪强捕杀。[①] 同时，清军派遣的知县姜念善于拉拢这些地方豪强，并把这些豪强收入清军。

高唐州在鼎革之际饱受战乱摧残。该州境内土匪蜂起，还被清朝军队两次攻破城池。在战乱中，各地纷纷推选有民望的豪强练兵自卫。州城西五寨乡民推举颇具民望的于四周为练长，订立盟约，"一庄有贼，互相救援，失约不至者，罚牛一只，白银五两"。这支由民间自助联合产生的民兵，多次击败骚扰乡间的土匪。崇祯十七年（1644），李自成攻陷北京后不久，大顺军派裴隆遇等率军进入高唐，接管地方政权。但这支外来的大顺势力对高唐的豪强拉拢不足。李自成兵败山海关后不久，高唐豪强率众杀死裴隆遇等大顺官员。清军入主北京后，派李凤舞等人接管高唐地方政权。新任的清朝知州李凤舞注重拉拢境内地方豪强，跟地方豪强形成良好的互信关系。顺治元年（1644），土匪围城，李凤舞等被围困多日。五寨豪强于四周率乡兵赶至救援，"杀伤无算，重围立解"[②]。当时，清军势力单薄，土匪多次攻城。知州李凤舞认为城守空虚，甚至数次想放弃县城，投奔县城以西以于四周为首的豪强军队。[③]

东平州豪强李朝宾，乃前明保定兵备副使李文芝曾孙。李朝宾晚明从军，官至山东抚标副将，曾率军参与平定李青山起义以及鲁西土匪动乱。清军入关后，李朝宾率军降清，后返乡家居。鼎革之际，东平连年灾荒，饥民遍野，土匪蜂起，满目蓬蒿。有周魁轩等率数万饥民起事，地方失序混乱。东平知州关某[④]求助避难家居的李朝宾出来训练一支由百姓组成的乡兵。为保卫桑梓，李朝宾慨然应允。组建之初，这支乡兵组织，"马不满百，人不满千"。但是，李朝宾训练的这支乡兵由土著百姓组织，保卫桑梓的意识浓厚，纪律严明，战斗力顽强。顺治元年（1644）

---

① 方学成等：乾隆《夏津县志》卷9《杂志论》，哈佛大学汉和图书馆藏乾隆六年刻本，19a。

② 刘佑等：康熙《高唐州志》卷3《于四周定乱纪略》，中国国家图书馆藏康熙十二年刻本，7b。

③ 刘佑等：康熙《高唐州志》卷3《胡应征守城纪略》，中国国家图书馆藏康熙十二年刻本，9a。

④ 光绪《东平州志》卷33《大事记》谈及李朝宾率乡兵抵御土匪之乱时，言："大捷时，知州关君，失其名，亦有保障功。"可见，这位关姓知州应是清初满清派往东平接管地方政权。他能拉拢东平豪强李朝宾，并组织一支土著乡兵。

十一月，土匪蔡妳憨举兵十数万深夜围攻东平州城。李朝宾率乡兵力战，抵挡了土匪的一轮轮攻势，确保了县城安全。顺治二年（1645）五月，徐小野等率土匪“十数万”，驻军州城东的亭子坡，试图围困东平城池。李朝宾率乡兵主动出城迎击土匪，再次解州城之围。待东平秩序稳定后，总河杨方兴、山东巡抚丁文盛向清廷上奏其功。李朝宾获清廷嘉奖，后官至广东香山左营游击。①

这些地方豪强都没有参加科考并获得国家承认的权威身份，但他们组织领导的军事力量对于维护地方社会秩序稳定发挥了关键性作用。美国学者魏斐德指出，明清鼎革之际，清廷对山东控制的主要办法，就是私人统率的乡兵与中央政府供给与指挥的正规军队的结合。这种私人武装组织内的家丁忠于供给其衣食的本地豪右。②

（四）地方官员出面组织的武装

在一些缺少强大的士绅阶层、地方豪强的州县，地方防御事务只能交由一些能吏完成。由于缺少具备动员能力的地方精英组织的有效防御力量，恩县在明清鼎革之际成为“盗薮”，县城曾在一年中七次失守。至清顺治三年（1646），清军入关后派遣的能吏王天鉴上任知县后，主持地方防务，组织团练乡兵，“按乡立十有九寨，得步卒万八千，骑士三百”。由地方官员组织领导的这支乡兵多次抵御了土匪袭击，最终于顺治六年将县境土匪一扫而空。③

在地方精英力量薄弱，又缺乏有能力的官员来有效组织州县的力量，地方防御极其空虚，只能求助外力介入才能稳定地方秩序。清初，战乱不断，朝城县城多次被农民军攻破。顺治四年（1647）九月，兖州农民丁维岳率众起事，攻打张秋、郓城、寿张、堂邑、阳谷以及冠县等地。朝城县城也被攻破。地方官阮鞠廷无能为力，只能向清军求助得复。五年，朝城县城再次被围。危急之下，知县阮鞠廷依旧无法组织有效的武

---

① 沈维基等：乾隆《东平州志》卷19《艺文志》收廖元发《李将军德垂百世碑记》，哈佛大学汉和图书馆藏乾隆三十六年刻本，第41b—45a。

② ［美］魏斐德：《洪业：清朝开国史》第六章“清朝统治的建立”，陈苏镇、薄小莹等译，第277页。

③ 汪鸿孙等：宣统《恩县志》卷6《职官志·名宦》，中国国家图书馆藏宣统元年刻本，50a。

装力量，向东兖道刘某求助来扫除境内农民武装。[①] 次年，朝城再次被地方军围困，幸得兵部尚书张存仁率军入境才化解危局。[②]

明清鼎革之际，前明兵部主事凌駉、工部主事于连跃是活跃于东昌府地区的关键人物。崇祯十七年（1644）三月，他们率众捕杀李自成派遣至馆陶的县令程文焕。[③] 临清作为中国北方运河区域的重要商业中心。其经济发展存在一个重大缺陷就是商业活动过多仰赖外来客商的带动，商业利润大多流出本境，很少在当地扎根，进而扩大规模生产。许檀指出："临清的经济繁荣也就如同建筑在沙滩上的楼阁，基础极不稳固。"[④] 临清不仅缺少强大的本土商人，而且也缺少势力强大的本土士绅。这种缺乏本土精英的畸形社会结构使得临清在明清鼎革之际未能出现组织性强的地方武装。临清没有像济宁那样出现由士绅阶层组织起有力的地方武装，多次被清军、盗匪以及军阀势力攻陷城池，尤以崇祯十五年（1642）清军攻城的损失最为惨重。当时，清军围困临清数日后，攻破城池。临清军民英勇地进行激烈巷战，死伤惨重。明前宣大总督、兵部右侍郎张宗衡、户部郎中陈兴言、原太常寺少卿张振秀等士绅精英被杀。[⑤]

临清地方武装的出现是由驻守临清的外籍官员发动组织的。李自成兵败山海关，仓促撤离北京后，原明兵部主事凌駉、工部主事于连跃、东昌府同知王崇儒等与临清州拔贡候选知县刘世祚等人秘商，于五月初十日统率乡兵擒获大顺军防御使王皇极、州牧刘师曾等。[⑥] 凌駉等组织乡兵的经费，不是来自地方募捐，而是来自济宁士绅在大顺军追赃助饷威逼下的赔补款。杨士聪《甲申核真略》对此事记载颇详：

---

① 祖植桐等：康熙《朝城县志》卷9《艺文》收阮鞠廷《总镇宜公剿寇安民碑记》，中国国家图书馆藏康熙十二年刻本，50b。

② 祖植桐等：康熙《朝城县志》卷9《艺文》收傅以渐《靖寇安民碑记》，中国国家图书馆藏康熙十二年刻本，51b。

③ 嵩山等：嘉庆《东昌府志》卷4《兵革》，《中国地方志集成》山东府县志辑第87册，第108页。

④ 许檀：《明清时期的临清商业》，《中国经济史研究》1986年第2期。

⑤ 阎崇年：《明亡清兴六十年》（下），中华书局2007年版，第177页。

⑥ 中央研究院历史语言研究所编：《明清史料》甲编第一本《工部营缮司主事于连跃揭帖》，民国十九年，第74页。黄健对临清兵变的关键人物凌駉在明清鼎革之际个人活动及人生选择有详细考辨。参见黄健《凌駉甲、乙之际事迹考辨》，《清史论丛》（2013年号），中国广播电视出版社2013年版，第100—116页。

> 初，贼将未至济宁，总河黄希宪以饷银南行，恐绅氓为梗，乃先散各官役若干，各营兵若干。绅衿之银仅有其名，多乾没于衙役。贼至，知有此银，按籍而追之。夹副将卢凤鸣及知州朱光，其银立集。大都畏贼，各出赔补，共得银一十三万两，以舟载赴东昌，未及用而遁。此银遂留东昌。凌駉与诸绅借以招叛将张国勋，粗成恢复之名，东昌诸绅实未尝出一文。[①]

通过以上事例，我们可以看出：由地方精英出面组织的自卫武装只是在济宁、德州等少数区域核心城市出现，广大运河腹地州县只能由那些虽没有科考功名却拥有社会威望的地方豪强或者地方官员出面领导地方自卫活动。运河的两个核心城市东昌府和临清州却没有出现由地方土著势力主持的自卫武装。这也从侧面反映出这两座运河城市并没有像济宁那样能出现一个势力雄厚的士绅精英阶层。

随着清军入关，山东运河区域的地方精英力量一反此前排斥大顺政权的态度，选择了与清廷合作。孙竞昊指出，士绅、富户排斥大顺政权的主要原因在于士绅、富户的财产、权利、地位和社会秩序遭受大政政权的践踏；相反，清廷能保证和认可他们所希冀的秩序和特权。[②] 对此，魏斐德指出，“在乡绅与满族征服者结为同盟镇压城乡义军盗匪上，山东省比其他任何一个省份都要来得迅速”。[③] 在地方精英采取与清廷合作后，山东运河区域的社会秩序很快恢复了正常。

第四节　动荡时代的地方精英（下）

在上节，我们将目光聚焦明清鼎革之际的特殊时期，中央统治权力几经更迭，地方社会秩序混乱，缺乏有效统治的权力真空状态下，重点

---

① 杨士聪著，谢伏琛点校：《甲申核真略·附录》，第53页。

② 孙竞昊：《经营地方：明清之际的济宁士绅社会》，《历史研究》2011年第3期。

③ ［美］魏斐德：《洪业：清朝开国史》第六章“清朝统治的建立”，陈苏镇、薄小莹等译，第276页。

关注地方力量通过何种方式建立起有效的自卫模式。可以看出，拥有科考功名背景的士绅阶层、拥有社会威望的地方豪强以及精干的地方能吏在天崩地裂的时刻发挥了关键性作用。本节我们将目光转至咸丰、同治年间，重点关注在晚清山东运河区域各州县在太平军、捻军等外来军事武装以及本土土匪势力不断袭扰下，地方精英集团又是如何组织起有效的防御的，进而分析山东运河区域不同州县的社会结构特征。

一 士绅精英初行团练

统治稳固下来之后，清廷开始清剿山东境内的各种地方武装，并通过各种措施剥夺士绅特权。通过各种清剿整顿措施后，山东运河区域各类地方武装发挥的作用被局限于一般性的社会治安职能，已丧失与组织性强的武装集团对抗相持的能力。清廷削弱这些地方自卫武装的负面作用明显，导致地方社会根本无力应对猝然而至的各类盗匪入侵和骚扰，而正规军队的调遣却需要严格而繁复的官僚过程。①

乾隆三十九年（1774），突然爆发的王伦起事就是对山东运河区域地方防御力量的一次严峻考验。组织分散的绿营军难以有效对抗突然发生的叛乱队伍。寿张、阳谷、莘县、堂邑、东昌和临清的官兵防守更是混乱不堪。② 王伦起事期间，乾隆帝多次下旨号召地方精英率众抵御起事军队。然而，除几个下层绅士（生员）个人英雄主义的零散抵抗行为外，很少见到由各类地方精英组织的具有较强相持能力的军事武装。③

在风声鹤唳的危急氛围里，济宁因有强大的士绅阶层的参与武装自卫再次在混乱秩序里成为一个安全岛。孙竞昊直言："因为强大的士绅及其维护地方治安的悠久传统，济宁在这场事变中显示出不同。"④ 王伦起

---

① 孙竞昊：《经营地方：明清之际的济宁士绅社会》，《历史研究》2011 年第 3 期。

② ［美］韩书瑞：《山东叛乱：1774 年王伦起义》第二部分"叛乱"，刘平、唐雁超译，第 100—101 页。

③ 馆陶武生王建基、张灏，文生赵之枚率众抵御，事后分别被授千总、教谕衔。地方精英的社会动员能力弱化，宗教组织的动员能力，特别是临清回族群众组织起数百人的军事武装在临清攻坚战中发挥重要作用。见李印元主编《王伦起义史料》，第 31、47、56 页。此外，在王伦起事期间，临清邻县清平康庄武生刘润招募乡勇百余人，并参与追剿王伦军队，保卫康庄安危。参见民国《清平县志》第六册《人物·乡贤上》。

④ 孙竞昊：《经营地方：明清之际的济宁士绅社会》，《历史研究》2011 年第 3 期。

事期间，驻扎济宁的运河道陆耀动员当地士绅，募集乡兵，保护城市安全。他们推举德望并重的士绅担任乡兵首领，率乡兵昼夜巡防。陆耀授予这些由士绅担任的乡兵首领以临时决断权。这些乡兵于济宁与临县交界处设探马，闻有紧急，乡兵首领即持令箭前赴截击。为约束乡兵以防扰民，陆耀与济宁士绅商议制定了明确的章程。这800余名乡兵驻扎乡间关键位置，并与防御州城的绿营兵合作，共同确保了济宁的秩序稳定。[①]济宁士绅虽然在地方武装组织运作中扮演着重要作用，但在其中发挥主导作用的仍是以运河道陆耀为代表的帝国官员。

镇压王伦起事之后，清廷逐渐意识到地方士绅在稳定地方秩序中发挥的关键作用，对士绅阶层参与地方防御事务开始持鼓励态度。士绅阶层开始参与地方防御事务。嘉庆年间，天理教起事（亦称“八卦教起事”）期间，鲁西南鱼台、金乡、城武和单县等州县地方官动员士绅组织军事化的团练武装，并对地区性的叛乱活动进行过有效的镇压。其中以金乡县士绅阶层的表现令人印象深刻。

嘉庆十八年（1813）夏，八卦教教徒于曹州、金乡、巨野一带密谋起事。金乡教首崔士俊，遥尊刘林（林清）为教主，纠集教徒，伺机而动。七月，上任不久的金乡知县吴堦，获悉教民动向，施以计谋，拿获崔士俊及其党徒数十人。面对可能更大规模的教众起事威胁，吴堦紧急

---

① 道光《济宁直隶州志》卷4之5收陆耀《申明约束示》。陆耀与济宁士绅制定的乡兵章程，内容如下：一、各制精锐器械，昼夜防守。遇有警急，各自为卫。一、民兵须常在要隘处所，不得四散游行，急切呼应不灵。一、绅士所辖民兵，每日各自查点，须令闻呼即至，毋听远离滋事，先为民累。一、众绅士各怀智略，扞御有方，亦须与城中文武，呼吸相通，有所筹划，即行而商，毋照平居无事，金玉尔音。一、剿贼须多。其部伍以分贼势，如我兵三百人，当分为六处，每一首领各率兵五十人，聚一队，相离各四五十步。贼就一处，则五处合击，若其每队分，应则牵率之，使不得再合，我兵复以三百人，分为六队助之。又以大兵呼噪接应，擒之必矣。一、各兵除执精锐器械遇贼奋击外，仍各携带绳索，以备擒缚生口，并各带火把一个，以备烧贼辎重。一、出城之日，各备三日干粮。或出而不遇贼，或遇而不接仗，每至夜间，仍须每五十人团结一处，相离一二十步。一队有警，则五队齐呼杀贼。如贼不来，仍分番潜出扰之，使昼夜不得安宁。贼自远来，疲惫者多，以逸待劳，有何不获。一、备黄布大旗二面，一书“招抚胁从”四字，一书“擒拿贼首”四字，竖立交界，遇释仗归命者，略问口供，押送进城。如系奸细，立即处斩。一、夜间人众莫辨真伪，日入之后，本道当以两字下令传知各队。昏夜相遇，此以上一字遥呼，彼即以下一字相应。如云天地二字，此云天，彼则应以地也。合者为我兵，否即为贼。一、用兵之术，神变无方，随时下令，各有机宜。各绅士既怀忠悃，务须心志画一，不得各出意见，违误害事。

向朝廷求援，随后有河标游击海凌阿等数百名士兵来援。吴堦清醒地认为，金乡县城汛守兵仅 18 名，外援客兵不能久驻，只能召集士绅编练武装自卫。吴堦召集具有民望的士绅百余人于城隍庙设守城公局，“听绅士自行经理”，首批招募乡勇 300 名。练兵经费的捐助，以乡居士绅张诚基[①]为首，广泛发动各方捐助，月余即获“万余金”。除获金银捐助外，还有土地捐助。地主周戴氏捐良田 2 顷，典钱 1700 缗。在筹得经费后，以绅士训练军队，设队长 24 名。吴堦与众士绅议定，外援军队撤出金乡后，乡兵“五日一操演，间日一登城，周巡城堞，用壮声威”[②]。

可以看出，金乡县平定教民起事的活动，知县吴堦起到关键的动员作用。在知县发动动员后，金乡士绅阶层积极响应，捐钱捐物并组织训练乡兵，在镇压起事活动中起到组织领导作用。美国学者韩书瑞高度评价金乡士绅阶层参与组织的军事武装：“在鲁西南这些县发生的事表明，地方士绅负起了领导责任，迅速组织城防并坚决打击叛乱者，这些都有加强民众对官府信任的效果。”[③]

咸丰四年（1854）春正月，进行北伐的太平军李开芳部被清军将领僧格林沁困于运河沿线的河北阜城。不久，太平军黄生才、曾立昌等率军数万北上救援，欲解阜城之围。二月二十日，太平军攻陷安徽永城、砀山后，入江苏丰县。在整军渡过黄河后，进入山东，直扑沿运州县。山东运河区域多年未经战事，对战争准备严重不足。以东平为例：“东原当南北冲，入国朝二百余年，未遭兵革，风俗朴茂，耕凿相安，地与邹鲁邻，沐礼乐诗书之化，父老至垂口，皆不知有武事，固济河间文物邦也。”[④] 单县知县卢朝安主动迎击太平军，取得接连胜利。太平军绕开单县、曹县，北上进犯金乡。金乡知县杨郑白组织全城士绅竭力守御，仍

---

① 张诚基（1741—1816），字贻哲，初名隆基。乾隆三十四年（1769）进士，奉旨改名诚基。曾任贵西兵备道、直隶布政使、广东巡抚、江西巡抚等职。他通晓军务，在广东巡抚任上扫平粤东海盗，在江西巡抚任上平息宁州教徒动乱。

② 徐宗幹等：道光《济宁直隶州志》卷 4《兵革》收吴堦《纪事略》，《中国地方志集成》山东府县志辑第 76 册，第 211 页。

③ ［美］韩书瑞：《千年末世之乱：1813 年八卦教起义》，陈仲丹译，第 248 页。

④ 左宜似等：光绪《东平州志》卷 23《大事纪》，《中国地方志集成》山东府县志辑第 70 册，第 572 页。

不足抵挡太平军猛烈攻势，县城很快被攻破，全城内外被害1200余人。[①]二月二十九日，在洗劫张秋镇后，太平军入阳谷县境。知县赵文颖上任仅五日，战备松懈，县城守城力量仅300余名缺乏训练的义勇。太平军轻易攻陷县城，官绅死伤惨重，“库狱全空，焚而放诸野，当商尤惨，磔而钉诸墙”。在阳谷休整一日后，太平军由莘县直抵临清。沿运州县风声鹤唳，“处处鸣锣而击鼓，昼夜不安”[②]。

在太平军势力迅速扩张时期，清廷开始有官员提议以嘉庆年间采用团练武装平定“川楚教匪”的成功经验中寻求制胜之法。很快，广西以举办团练为标志的地方军事化运动取得明显进展。咸丰帝下旨勉励绅民办理团练。在最高统治者下旨鼓励下，全国各地相继形成以在籍士绅协助地方官员办团的模式。[③]

在沿运州县组织的各类团练中，尤以济宁士绅举办的团练武装规模最大，组织性最强。咸丰三年（1853）三月，太平军自江苏丰县渡黄河北上，入山东，接连攻克金乡、巨野、郓城诸县，距济宁近在咫尺，一时风声鹤唳。在籍工部侍郎车克慎、前浙江按察使孙毓溎、前湖南巡抚冯德馨奉旨会同济宁地方士绅设法办理团练。他们召集济宁士绅会商团练，效仿明天启时任孔当、郑与侨等人创设乡兵遗制，招募壮勇1200余人，设智、勇、仁3团，于州城四隅设九卡，互为声援，以熟习营伍的人员训练武装。团练总局设于城内东南隅。他们担心城内团勇不足应战，咸丰四年（1854）又添设11处义勇，总共设练勇15000余人，以德高望重的士绅领导这支武装。[④]

---

① 卢朝安等：咸丰《济宁直隶州续志》卷1《兵防》收李垒《甲寅三月殉城事纪略》，《中国地方志集成》第77册，第170页。

② 孔广海等：光绪《阳谷县志》卷13《艺文》收孔广海《咸丰同治年间屡次遭劫记》，《中国地方志集成》山东府县志辑第93册，第311页。

③ 崔岷：《山东“团匪”：咸同年间的团练之乱与地方主义》第一章“保卫乡间：山东团练的兴起与演变”，中央民族大学出版社2018年版，第17—38页。

④ 据前湖南巡抚冯德馨《团练记》，团练事务中出力最多的为工部侍郎车克慎，捐资最多的是浙江按察使孙毓溎。此外，济宁团练事务的核心成员还有冯德馨、李联泮、李联堉、王经畬、孙式曾、戴鏊、潘遵鼎、杜锺英、冯德连等人。

在设这支城市武装后，又设乡镇团练，“众至十余万，长亘四十里”[①]，“使大庄自为保护，小庄附之”。一处有警，多出救应，村堡联合，城乡合一，应对战乱能力大大提升。团练武装的装配有普照寺旧藏大炮 16 尊。运河道方镛捐抬炮 20 杆，鸟枪等武器不等。各义勇局新铸抬炮 40 杆，鸟枪 1200 杆，长矛短刀等武器不等。团勇火药主要靠城中铅丸局制造（占八成）和绿营捐助（占二成）。[②] 团练所需经费，主要来自士绅、富商按月捐输。济宁士绅孙毓溎对团练经费来源有形象描述：

> 斯局初设时，绅民富家，量力出资，有捐银千两、数百两、数十两者，有捐钱三四千串、数百串、数十串者，加以官廉挹注。予（孙毓溎）复于家之公捐外，自倾宦囊，捐银二千五百两，合计折算得银万两有奇。未及一年，瓶罍俱罄，后又改为分股，以钱百千为一股，多寡视其家道之厚薄。有力者十之，力薄者半之。请予职衔，以示奖励。按月输将，精华几竭，势忧不支。州牧复谕粮炭杂货各行市，权为按厘抽捐法，苦捐又不足。[③]

团练经费最初源自在城士绅的私人捐款，首次捐款获银万余两，其中前浙江按察使孙毓溎于公捐外捐银 2500 两。然而，一年后捐款用尽，继续发动捐款，号召士绅以家道厚薄捐款，并予以相应的职衔奖励。倡捐后，经费仍不足用，不得不向在城粮炭杂货各行按厘抽捐，依旧无法满足团练所需。可见，举办团练的经费“未动用官项”，主要由士绅、富商捐助。随着团练持续举办，经费日益捉襟见肘。为节省经费，济宁士绅不得不精简团练队伍，裁汰力弱艺疏的练勇，仅保留精锐 600 余人。同时，降低团练人员的薪水饭食标准。即便如此，团练经费依旧“尚形支

① 卢朝安等：咸丰《济宁直隶州续志》卷 1《兵防》收孙毓溎《团练记》，《中国地方志集成》第 77 册，第 168 页。

② 卢朝安等：咸丰《济宁直隶州续志》卷 1《兵防》收冯德馨《团练记》，《中国地方志集成》第 77 册，第 167 页。

③ 卢朝安等：咸丰《济宁直隶州续志》卷 1《兵防》卷一孙毓溎《团练记》，《中国地方志集成》第 77 册，第 168 页。

绌”[①]。团练领导人员由谙练军务的士绅担任。在训练这支十余万人的团练队伍后，“济州团练，遂为山左之冠”。当地士绅认为，十万太平军连克金乡、巨野，距济宁州城仅数十里，却未攻打济宁，“不敢窥吾边境者，盖非团练之力不至此”[②]。

我们再看另一座运河重镇东昌府城（聊城县）的士绅精英阶层办团进展情况。咸丰三年（1853）二月，咸丰帝下旨命聊城籍人士前江苏巡抚傅绳勋在乡办理团练。[③] 时任聊城知县李肇春组织动员士绅，“日与诸绅议略而为之备”[④]。但是，李肇春与傅绳勋关系似乎不睦。太平军北上期间，东昌府城内人心惶惶。知府王观澄紧急转移家产辎重，甚至想趁夜色将家眷送出城外，被知县李肇春劝阻。城内士绅精英自乱阵脚，赶忙转移家属、财产。傅绳勋将家属赶忙搬至平阴，并加紧收割近城庄稼。傅绳勋建议关闭城门以御太平军，遭到知县李肇春阻止。甚至有人向朝廷上奏告状说傅绳勋未捐团练经费。[⑤] 河道总督杨以增之子杨绍和也在匆忙慌乱中将家眷及海源阁藏书转移至肥城陶南山庄。[⑥] 东昌府城望族士绅虽将家产、家眷迁出，但他们与知县李赵肇春协力办理团练，“不数旬得练众二万有奇”。团练武装配备铳炮、木石等。次年，太平军北援军行经东昌府境，绕聊城城垣而走。其间，团练武装抓获太平军侦探一名。太平军见聊城守卫严密，“震汝威，勿敢犯”[⑦]。咸丰六年（1856）二月，傅绳勋因办理团练出力，获清廷议叙褒奖。[⑧]

---

① 卢朝安等：咸丰《济宁直隶州续志》卷1《兵防》卷一孙毓湝《团练记》，《中国地方志集成》第77册，第168页。

② 卢朝安等：咸丰《济宁直隶州续志》卷1《兵防》收冯德馨《团练记》，《中国地方志集成》第77册，第167页。

③ 《清文宗实录》卷84，咸丰三年二月癸未。

④ 向植等：光绪《聊城县乡土志》不分卷《政绩录》，中国国家图书馆藏光绪三十四年抄本，8b。

⑤ 中国第一历史档案馆编：《清政府镇压太平天国档案史料》第9册《僧格林沁等奏报派员往山东查傅绳勋迁移家属等情折》，社会科学文献出版社1993年版，第119页。

⑥ 丁延峰：《清代聊城杨氏藏书世家研究》附录，中华书局2013年版，第433页。注：杨绍和为傅绳勋之婿。

⑦ 向植等：光绪《聊城县乡土志》不分卷《政绩录》，中国国家图书馆藏光绪三十四年抄本，8b。

⑧ 《清文宗实录》卷191，咸丰六年二月辛亥。

宁阳县添福庄村是前广东巡抚黄恩彤的家乡。致仕后的黄恩彤在家乡享有很高威望。他与宁阳知县陈纪勋有着较好的私人关系。咸丰初年，陈纪勋延请黄恩彤主持修撰县志24卷。[①] 咸丰三年（1853）二月，咸丰帝下旨命在籍前任闽浙总督刘韵珂、广东巡抚黄恩彤、江苏巡抚傅绳勋、湖南巡抚冯德馨等、督办山东团练事宜。[②] 收到要求办团的旨意后，黄恩彤与知县陈纪勋很快付诸行动，制定了详细的办团规约。规约内容主要包括：1. 办团目的是自卫乡里，练军不会被朝廷征调出征。城厢团勇旨在保护城池，四乡团勇保卫乡村，于民有益，不会扰民。2. 将全县分为8乡，每乡设练总1人，副总1人，负责一乡团练事宜。根据村庄大小以及贫富差异，每乡下设若干社。大社团丁100名，中社50名，小社30名。团丁由本社20岁以上，50岁以下的安分良民组成。每社公议设练正1人，练副2人。练正、练副负责团丁的教演以及支发口粮各事宜。3. 办团经费来自富户、士绅捐款以及全民摊派。4. 团丁置备鸟枪、长枪、短刀、抬枪、大炮等武器。5. 兵农合一的训练机制。团丁定时训练，平时务农，“以本社之财养本社之丁”。6. 团练经费收支，随时登记流水细账，以备查考。团丁不训练的日期，不支给口粮。犒赏壮丁，需于公项内提用，注册备查。7. 团练有严明的组织秩序及行军口令。8. 团练需与保甲配合，及时排查外来的形迹可疑之人。9. 各乡团练不能枯守本地，需各社间相互联络，声息相通。如一社无法应对外敌，邻社应齐集救援。[③]

为鼓动各类精英人员办理团练，从中央到地方各级行政机构采取各种方式。在太平军入境山东以后，为鼓励绅士阶层中数量最庞大的生员积极办团，署藩司刘源灏、臬司司徒照于咸丰四年（1854）三月间提议采取提高学衔等级，甚至授予官衔的方法来奖励办团有功人员。[④] 东平知州吴炜奉文办理团练，鼓动州境士绅参与，甚至采取强迫的方式。生员

---

① 高升荣等：光绪《宁阳县志》高升荣《续修宁阳县志序》，《中国地方志集成》山东府县志辑第69册，第1页。

② 《清文宗实录》卷84，咸丰三年二月甲申。

③ 高升荣等：光绪《宁阳县志》卷5《团练》，《中国地方志集成》山东府县志辑第69册，第80页。

④ 崔岷：《山东“团匪”：咸同年间的团练之乱与地方主义》第一章“保卫乡间：山东团练的兴起与演变”，第51页。

陆厚竲家资富饶，多行善举，救济乡邻。知州吴炜动员他主持团练，“再三强之”。陆厚竲初以母老为辞，后经吴炜多次动员，与士绅赵灿章、王跃鳞等主持团练。他们被拥为团董，负责训练乡兵：“三日分练，十日合操，坐作进退，皆有法。”当太平军途经县境西部，知州吴炜与众士绅率新练乡兵防守运河东岸。经严格训练后，防守运河东岸的乡兵具备一定战斗力，“南由靳口，北抵戴庙，长亘六十里，昼则戈戟偕行，夜则灯火相望”，并捕获太平军间谍多名。[①] 太平军北上期间，寿张、阳谷等县遭焚掠一空，东平却安然无恙。此后，清军统帅僧格林沁于茌平连镇冯官屯等地击败太平军后，残余太平军仓皇南返。东平州团练乡兵参与追击拦截，斩获颇丰。事后，被清廷褒奖多达数十人。[②]

咸丰四年（1854）三月，太平军围陷临清期间，邻境夏津县推举致仕在乡的前甘肃秦州（今甘肃天水）知州王有成为团总。王有成与城乡绅民合议办团，练勇经费源自城乡普捐。夏津团练分设多团。城关团总韩文斌督同团长杜汝深等率团勇防守城市。王有成率壮丁2000余名，赴临清十二里屯、张官屯等处防堵太平军。这支团勇自三月初五日到防起，每日每名发口粮制钱100文，至三月二十六日临清克复后的二十九日撤防，共支口粮4800缗。咸丰四年五月，太平军退守高唐。王有成又率团勇1200名赴高唐县西境马颊桥等处防堵。团勇驻防半年之久，共支口粮31920缗。[③]

太平军北上期间，地方精英力量薄弱的州县无法组织起有效防御，惨被各类外来军事武装蹂躏。朝城县未见组织起有力的民间武装。土匪冒充太平军攻陷朝城，将县城焚掠一空，知县任腾蛟遇害。一月后，清军黄良楷率军才规复县城，拿获土匪头目。[④] 寿张情况类似。咸丰四年二月二十七日，太平军北犯至寿张南境，进攻寿张镇，营河主簿等人被害，

---

① 左宜似等：光绪《东平州志》卷23《大事纪》，《中国地方志集成》山东府县志辑第70册，第572页。

② 左宜似等：光绪《东平州志》卷23《大事纪》，《中国地方志集成》山东府县志辑第70册，第573页。

③ 谢锡文等：民国《夏津县志续稿》卷首《大事记》，中国国家图书馆藏民国二十三年刻本，11b。

④ 刘文禧等：民国《朝城县志》卷2《匪患》，《中国方志丛书》，第233页。

商人、百姓被害近千人，始终未见地方力量组织起有效的阻击。[①]

二 新阶段团练武装的不同命运

在镇压太平天国北伐军后，山东军事化程度很快遭到清廷人为的降低。咸丰五年（1855）五月，太平军李开芳部在茌平县冯官屯覆没。山东运河区域的军事威胁解除后不久，山东巡抚崇恩就命各州县将各处团勇设法收缴军械，遣散归农。由于办团得力，“近南氛，防捻匪”，仅留曹州、济宁两处团练组织，以备缓急。[②]

鉴于安徽捻军时常袭扰徐州、宿迁以及河南、山东等地，咸丰十年（1860）春正月，咸丰帝派胜保等大臣分路督办团练。捻军经常出没，“势极飘忽”，山东地势平衍，无险可守，咸丰帝下旨山东重办团练。[③] 同年七月，清廷降旨委任丁忧在家的户部侍郎杜翻为督办山东团练大臣，督办全省团练事宜。八月，咸丰帝下旨命前闽浙总督刘韵珂（山东汶上人）、前广东巡抚黄恩彤（山东宁阳人）、前江苏巡抚傅绳勋（山东聊城人）等于原籍分办团练。[④]

咸丰五年（1855），镇压太平天国北伐军后，清廷开始裁撤山东各地团练。因济宁仍受到江苏太平军以及捻军等武装威胁，士绅阶层不得不勉力维持团练武装。后因经费窘迫，咸丰九年（1859）后，练勇需自备刀矛等武器，团练总局不再制作衣帽，仅以腰牌为识别。济宁团练虽由士绅举办，但经费收支数目仍受官方的监督。每年团练总局接收的捐输总数以及制造火器军械数目，练长、练勇的薪水饭食以及杂用数目，需分年造册上报济宁州、山东布政司存案。[⑤]

除城内团练练勇外，济宁尚有城外的义勇，分布在城郊 20 余处，“按户抽丁，数以万计，演枪砲，习技艺”。具体抽调方法如下：

---

① 王守谦等：光绪《寿张县志》卷 10《杂志》，《中国地方志集成》山东府县志辑第 93 册，第 533 页。

② 崔岷：《山东“团匪”：咸同年间的团练之乱与地方主义》第一章“保卫乡间：山东团练的兴起与演变”，第 54 页。

③ 《清文宗实录》卷 305，咸丰十年春正月庚午。

④ 《清文宗实录》卷 327，咸丰十年八月丙寅。

⑤ 卢朝安等：咸丰《济宁直隶州续志》卷 1《兵防》收孙毓湝《团练记》，《中国地方志集成》第 77 册，第 168 页。

> 按户抽丁，查明户口，男子在十六岁以上，六十岁以下，皆为义勇。临时每户三丁抽二，二丁抽一，一丁给腰牌。此据十一年残卷，得一万四千余人，以绅矜望重者领之。平时各安生业，十日或二五八，或三六九卯期，齐集各局，练习枪炮技击。①

训练义勇经费，主要向各户募捐，“有共捐钱百千者，有按月捐钱数十千、数千、数百文者”。义勇的薪水饭食银远低于城内练勇。在卯期齐集时，每人方给钱百文至数十文不等，平时义勇务农，没有薪水饭食银，“较之练勇所费，损之又损，几至于无”。总之，“练勇为义勇纲领，义勇为练勇犄角”。孙毓湝认为，维持义勇经费较少，较耗费巨大的练勇，更适合长久维持下去。② 济宁团练办理数年后，车克慎升任京官，孙毓湝病犯入京求治，团练事务交由冯德馨独支经理。咸丰十年（1860）九月，捻军围困济宁，并攻破城外圩寨，死伤惨重。各分局经费告罄，团练总办冯德馨与分局首事之间矛盾重重，济宁团练已走向困境。咸丰十一年（1861）二月，僧格林沁介入济宁团练事务，将团练事务交给济宁知州统辖，团练经费源自下属各州县亩捐，由冯德馨负责办理。③ 这样一来，济宁团练最终完成了由民办改为官办的历程。

济宁州属县的团练，“有可记载者，仍惟金乡之团练”④。咸丰四年（1854），金乡县城被太平军攻破，死伤惨重。此后，“寇燹叠经，力匮极矣，气馁极矣”。咸丰十年（1860）十一月，捻军自丰县入县境，“杀戮二千余人”⑤。当年，知县钱廷煦动员贡生邵金裁、候选州同张峙三、候

---

① 潘守廉等：民国《济宁直隶州续志》卷6《团练》，《中国地方志集成》山东府县志辑第77册，第337页。

② 卢朝安等：咸丰《济宁直隶州续志》卷1《兵防》收孙毓湝《义勇纪略》，《中国地方志集成》第77册，第169页。

③ 潘守廉等：民国《济宁直隶州续志》卷6《团练》，《中国地方志集成》山东府县志辑第77册，第338页。

④ 潘守廉等：民国《济宁直隶州续志》卷6《团练》，《中国地方志集成》山东府县志辑第77册，第338页。

⑤ 李垒：咸丰《金乡县志》卷11《事纪》，《中国地方志集成》山东府县志辑第79册，第494页。

选县丞李墨拙等办理团练。他们将县境分 54 方，每方公举团总一人或二人，下设团长 8—10 人。村庄公举庄长，按户抽丁。每方团丁 200—500 名不等。团勇有严密组织体系，以 50 人为一队，设队长 2 名。团丁缮名册 2 本，一送县，一存团总。武装配备大小火炮、抬枪、火枪等，有严格的通行条约，“查奸宄，清窝线，逐盗贼，解争斗，备战守”[①]。团练经费筹措，“各方自筹”。在县城遭受毁灭性破坏后，金乡百姓为防御“匪患”，“不惜身家，其筹办艰难之情形，亦可想见矣”[②]。

在太平军威胁解除后不久，曾组织团练的知州吴炜调离东平，地方团练武装被解除。咸丰十年（1860）秋，捻军张落刑等突犯山东，各州县仓促准备防御事宜，费劲周章。东平士绅陆厚竴、王跃鳞等纠集各围百姓，发动士绅侯坚、宋甲元等人筹捐粮草，各率庄丁，响应官府号召，防御运河以东要地。仅陆厚竴一人就出资招募壮丁 2000 余人，组建笃信团，并发给口粮。[③] 东平团练尚未做好准备，数万捻军就突入东平常仲口一带。东平团练武装虽于沿运河驻守，但仓促集合，“皆乌合众，不能战”。负责团练事务的陆厚竴身先士卒，激发团练武装斗志，最终抵挡了捻军的进攻。此后，捻军多次大规模入境。咸丰十一年（1861）正月，捻军再次入境，团练损失惨重，多年办团的陆厚竴等战死。捻军三次围困州城，其中一次长达 18 日。由于东平团练的有力抵御，捻军均未攻克城池。在城市攻守战期间，“城中兵食两匮，民夫守陴，灯烛且不给，众相顾愕眙，束手而已”。为稳定军心，士绅阶层发挥了关键性作用。《东原守御纪略》形象描述：

> 州尊（王锡麟）乃遍谕绅商，设局于武庙，整团规，分职事，五门各推团长一人，团副二，团佐三，余听调遣，并派同城教佐督理之。门举书记二人，局设管簿五人。一切请领支应，排日送局会

---

① 李垒：咸丰《金乡县志》卷 6《兵防》，《中国地方志集成》山东府县志辑第 79 册，第 414 页。

② 潘守廉等：民国《济宁直隶州续志》卷 6《团练》，《中国地方志集成》山东府县志辑第 77 册，第 338 页。

③ 左宜似等：光绪《东平州志》卷 15《忠烈》，《中国地方志集成》山东府县志辑第 70 册，第 302 页。

计之。机务则商于团长，军资则贷于铺商，联以情，激以义，声色下动，而措置裕如。于是，袁树德、李毓泰、王秉淦、邢日益、任世安等，或备薪粮，或输银钞，胥竭力不吝，同心固守，凡城围十有八日，日环攻数次，皆不为动。城中落礮，丸大于院民，间拾取还击之，众益奋励，乘间出剿者三，毙贼约以百数，击死濠堑间者倍之。①

东平由士绅组织的团练武装，在早期受挫后，经过调整训练，后来已经具备一定的战力。咸丰十一年（1861）五月，北乡团长孙炳燮、城团宫德胜等联合僧格林沁所派援军主动出击，围剿境内捻军。援军撤出后，团练武装千余人与土匪战于城西，杀敌千余，斩获颇丰。东平团练起于咸丰三年（1853），终于同治七年（1868），“御贼更不下数十次，阵亡绅民团勇，确凿可据者八百余人，伤亡被裹者，不计其数”②。

太平军北上期间，朝城并未组织团练。咸丰十一年（1861），捻军袭扰鲁西，在督办大臣杜翻督催下，朝城知县董堃发动县境士绅组织团练。贡生秦河松等人组织大规模的团练武装，多次与捻军、宋景诗等地方农民军作战。他们修筑坚固圩寨。团练武装内部奸细引捻军来攻打圩寨，“十余里圩得无恙”③。朝城团练武装未能持续下去。团总秦河松，“至寇氛稍靖，四方事缓，先生即杜门不出，家居授经以治团，叙得六品军功候选训导，卒八十三”④。

作为区域核心城市的聊城（东昌府首县）缺少团练的相关记载。咸丰十年（1860）八月，咸丰帝下旨命聊城籍人氏前江西巡抚傅绳勋于原籍办团练。次年六月，咸丰帝对傅绳勋办团效果表示满意，并赏四品顶

① 左宜似等：光绪《东平州志》卷23《大事纪》，《中国地方志集成》山东府县志辑第70册，第573页。

② 左宜似等：光绪《东平州志》卷23《大事纪》，《中国地方志集成》山东府县志辑第70册，第574页。

③ 刘文禧等：民国《朝城县志》卷2《艺文》收余朝梅《冀桢梅先生碑文》，《中国方志丛书》，第210页。

④ 刘文禧等：民国《朝城县志》卷二《艺文》收余朝梅《冀桢梅先生碑文》，《中国方志丛书》，第211页。

带。[①] 堂邑农民军宋景诗、捻军等数次围困府城，府城均安然无恙。想必这支由傅绳勋组织的团练武装在其中发挥一定作用。[②]

东昌府属县也相继办理了团练。以清平为例。清平团练有贞勇、刚勇等团，设团长，公举“绅士之廉明公正者”担任。在咸、同战乱时期，徭役繁兴，练勇粮饷，任难费巨。团长德高望重，“足以服人”，并不扰民。县有大政，知县多召集团长会议后，妥善行之。后来，清平县团练组织运作发生异化。团长“贤愚错出，品类不齐”，趁机侵渔中饱，假公济私。有的团长仗势凌人，勒索百姓，逢迎官长，结交胥役，百姓敢怒不敢言。清末，曾任兰州知府的清平人傅秉鉴建议将团练等“一扫而空”，将城乡划为数区，区设总董、副董，由各区绅士公举产生，三年为一任期，期满后或留任或去职，“悉听公议”[③]。

三　军事防御设施：圩寨建设

所谓圩寨，是指利用地形地势等自然条件，采取筑墙、树栅以及修壕等措施，建成攻守一体的地方防御设施。宁阳县致仕官员黄恩彤认为，这种防御性设施由来已久，早在春秋时期称作垒，秦汉时期为壁，东汉时期为坞，三国时期为围，后世为堡。[④] 晚清时期，各地涌现的圩寨防御设施，与嘉庆年间推行坚壁清野政策而修筑的各类圩寨关系密切。[⑤]

咸、同年间，用于地方防御的圩寨已经引起学界的广泛关注。[⑥] 关于圩寨出现的时间，日本学者并木赖寿认为，不能追溯到捻军起义之前，

---

① 《清文宗实录》卷255，咸丰十一年六月庚辰。

② 向植等：光绪《聊城县乡土志》不分卷《政绩录》，中国国家图书馆藏光绪三十四年抄本，8b。

③ 陈钜前等：宣统《清平县志》卷8《武备》，中国国家图书馆藏宣统三年刻本，2a。

④ 高升荣等：光绪《宁阳县志》卷5《村堡》，《中国地方志集成》山东府县志辑第69册，第78页。

⑤ ［美］孔飞力：《中华帝国晚期的叛乱及其敌人（1796—1864）》第二章“1796至1850年间清代民兵政策的发展”，第42—52页。

⑥ 代表成果有［美］裴宜理：《华北的叛乱者与革命者：1845—1945》，池子华、刘平译，商务印书馆2017年版；［日］并木赖寿：《捻军起义与圩寨》，《太平天国史译丛》第2辑，中华书局1983年版，第350—380页；牛贯杰：《十九世纪中期皖北的圩寨》，《清史研究》2001年第4期；马俊亚：《近代淮北地主的领主化——以徐淮海圩寨为中心的考察》，《历史研究》2010年第1期，等。

而应在兴起后的咸丰后期。[①] 学界普遍认为，捻军重要起源地的淮北地区普遍存在着圩寨。据统计，淮北丰县等8县在民国前期共有1003个圩寨，大多始建于咸丰至光绪时代。[②] 据晚清时期的一位外国旅行者游记指出，淮北与华北的最大差别，就是“这里的村庄建在高于地面上的小岛上，总是围着土墙和壕沟”[③]。

山东运河区域的圩寨建设以济宁的历史最悠久，建筑形制最完备。济宁州城外郭圩寨，又名土圩，是济宁百姓于天启二年（1622）为防御徐鸿儒起事而修筑的。当时，济宁四关居民挑挖深壕，修筑外墙，环绕内城，立寨堡20处。入清，这些土圩倾圮无存，基址不知所在。咸丰九年（1859），为防御太平军及捻军等势力入境袭扰，知州卢朝安动员官民募捐得钱48000余串。州城绅衿阶层是捐款的主要人员，事后获赏的绅衿就达20余人。[④]

济宁州城外圩寨的建设充分利用运河、马场湖、府河、洸河等地利条件。外围防御圈长5762丈，周围32里余，分5段，设门18处。外围土圩设有严密防御措施。土圩分8段，圩墙高8尺，宽1丈6尺至2丈5尺，顶宽6尺至1丈不等。寨门顶宽不过1丈，安设炮台，并设垛口、炮墩4000余处。[⑤] 土圩外围地区缺少河道等地利条件，士绅孙毓溎出资挑挖支河二道。咸丰八年（1858），知州卢朝安率西南乡团练长阎克显、史成元等疏浚牛头河河道83里余。[⑥]

济宁圩寨设有稳定数目的修缮经费——以团练余费4万贯为圩工经费，并发当商存储生息，月息8厘。光绪十八年（1892），改为月息7

---

① ［日］并木赖寿：《捻军起义与圩寨》，《太平天国史译丛》第2辑，第350—380页。

② 马俊亚：《近代淮北地主的领主化——以淮徐海圩寨为中心的考察》，《历史研究》2010年第1期。

③ 马俊亚《近代淮北地主的领主化——以淮徐海圩寨为中心的考察》，《历史研究》2010年第1期。

④ 潘守廉等：民国《济宁直隶州续志》卷5《建置志》，《中国地方志集成》山东府县志辑第77册，第313页。

⑤ 潘守廉等：民国《济宁直隶州续志》卷5《建置志》，《中国地方志集成》山东府县志辑第77册，第313页。

⑥ 潘守廉等：民国《济宁直隶州续志》卷6《团练》，《中国地方志集成》山东府县志辑第77册，第338页。

厘。这项经费专款专用，不准移作他用。在士绅阶层直接经理下，圩工生息银能较好维持下来，一度保持盈利态势。光绪十七年（1891），圩工本银已由最初的4万贯增至7万贯有余。有这笔稳定经费的支撑，州城外土圩多次得到巩固重修。如光绪十九年（1893），知州彭虞孙动用圩工息钱3053贯有余修土圩缺口及各个寨门。光绪二十一年（1895），动用圩工息钱10125贯有余，加高培厚土圩，并修寨门、卡房，由保甲局绅董承办。至民国年间，土圩的女墙、炮台、炮墩均已损毁，土垣虽存，但仅高丈余，圩外城壕亦多淤废。①

济宁州城外围土圩的有着严格的防御制度。通过保甲组织抽雇壮丁600名，以25人为一队，择镇静有胆之人为队长，执黑旗以令众，旗上写某街某团第几队队长姓名。平时协同练勇看守寨门，稽查出入。闻警分两班，轮替守圩，以300人守寨门，每垛口守以一人，持枪外向；以300名为游兵，作机动力量，随时支援紧急，其余人员均在圩寨内维持秩序。至咸丰十一年（1861），各街皆举街长，规制更为严密。未经允许入城之人，各家不得容留。守圩壮丁，每十丁领以旗头，旗头隶于街长。壮丁腰牌填写街长姓名，并由街长烙印。圩上垛口，以灰笔逐一编号，写防守旗头姓名，团长、街长、旗头各执旗为约。会团长用大方，街长用中尖旗，旗头用小尖旗，旗上各写本人及所管街长、旗头、壮丁姓名及所守土圩垛口号数。团长旗写街长姓名，街长旗写旗头若干名，旗头旗写壮丁姓名，乡民入城者，一律出丁。每月量力捐资助费，与城中百姓捐资之例相同。②

山东运河区域其他地区的圩寨设施，是与咸、同年间团练的兴办同时而起的。这些区域的圩寨起初并非地方力量自发性的修筑设施，而是在官府大力推动下开始营建的。咸、同年间，太平军、捻军等外来军事势力相继袭扰山东。为挽救统治危机，清廷饬令团练大臣督率各州县实行坚壁清野之计，鼓励地方修建圩寨。然而，修圩筑寨是一项花费浩繁

---

① 潘守廉等：民国《济宁直隶州续志》卷6《团练》，《中国地方志集成》山东府县志辑第77册，第338页。

② 潘守廉等：民国《济宁直隶州续志》卷6《团练》，《中国地方志集成》山东府县志辑第77册，第339页。

的巨大工程，故在山东运河区域北部各县大多持消极应对的态度。美国学者周锡瑞研究鲁西地区社会结构时指出，19 世纪的鲁西北有几个关键特征：贫穷，商业化程度低，对自然灾害反应敏感，士绅阶层弱小，习武之风盛行；鲁西南社会存在一个牢固的乡村地主阶层，村社内部凝聚力强。[①] 山东运河区域北部地方精英力量相对弱小，导致圩寨建设活动相对滞后。《夏津县志》介绍沿运各州县圩寨建筑情况："大府檄各县，令各村庄修筑土圩以资保守，卒因费繁工巨，无应者。"[②] 起初，在地方官多次檄令民间筑圩寨自守，实行坚壁清野之计。但是，清平"无应者"[③]。咸丰初年，阳谷监生孙镛出资动员百姓修圩寨，"人皆笑其无用"，应者寥寥。[④]

与之形成鲜明对照的是，山东运河区域南部各县却较早出现防御性圩寨。鲁南地方豪强很早就有武装自卫的传统。明清鼎革的战乱时期，鲁西南地主就有很强的自卫能力，住在有家兵和沟垒防护的"家庄"中。[⑤] 咸同年间，除运河区域南部核心城市济宁外，下属各州县较早营建圩寨设施。宁阳籍致仕家居的前广东巡抚黄恩彤针对入境骚扰的捻军等武装的优劣之处做了细致分析。他认为，客兵优势在于速战速决，主兵优势在持续防守，以逸待劳。这些入境客兵，"但持一械，怒马狂奔，一日百里，因屋于我，因刍豆于我，又因马于我，因人于我"。应修筑寨堡，坚壁清野，切断入境武装与村庄百姓的联系。以逸待劳的乡兵组织严密防守。入境武装昼则无可劫掠，夜则无处歇息，加上官兵追剿，势必疲敝败走。宁阳县的寨堡建设，起自黄恩彤致仕居住的添福庄村，之后各村效仿，"或一村自为一堡，或数村共为一堡，渐至雉堞林立，声势

---

① ［美］周锡瑞：《义和团运动的起源》中文版前言，张俊义、王栋译，第 7 页。

② 谢锡文等：民国《夏津县志续编》卷 2《建置志》，中国国家图书馆藏民国二十三年刻本，21a。

③ 陈钜前等：宣统《清平县志》卷 8《武备》，中国国家图书馆藏宣统三年刻本，2b。

④ 孔广海等：光绪《阳谷县志》卷 6《人物》，《中国地方志集成》山东府县志辑第 93 册，第 242 页。

⑤ 福格尔：《顺治年间的山东》，转引自［美］魏斐德《洪业：清朝开国史》第六章"清朝统治的建立"，第 275 页。

联络”[①]。这种依托圩寨坚固防御工事以逸待劳的战略守御思想，在沿运各县基本上达成共识。泗水县志修志人员评价本县的圩寨建设思路：“据险守圩，积粮掘井，共保身家，始卒勿出战。”[②]

在遭受太平军、捻军以及地方土匪等军事势力多次袭扰后，整个鲁西运河区域各州县普遍意识到修筑圩寨自守的重要性，各类圩寨开始普遍出现。光绪年间，东平人认为：“围之名，起皖、豫、东、直各省，地方辽阔，村落窎远，尤于地势之宜，左右声援，纵横犄角。”[③] 可见，东平人认为本地围堡，与淮北地区的圩寨均为利用地利，相互声援的兵农合一的防御设施。据统计，宁阳设寨堡 96 处，东平 86 处。[④] 肥城县，“寨不胜录”，著名的有 22 个。据所占地形地势，可分为以山为寨者，及以平地为寨者。以山为寨者，多以山为屏障，周遭筑石头，有些山寨有充足泉水。以平地为寨者，或借河之险，或引水环绕圩寨。[⑤]

除防御外来的太平军、捻军以及地方盗匪等军事势力外，防御清军骚扰也是沿运各州县修筑圩寨的动机。晚清时期，当地百姓曾告诉一位途经山东运河的旅行者：“朝廷军队给他们带来的苦难，与起义军带来的一样多，有时甚至更厉害。”[⑥] 为防御机动性强的捻军，大量清军驻扎清平县境，于运河西岸修筑城堞，“由运河三孔桥起，北接马颊河，循乐陵抵海”。驻兵军纪败坏，不断骚扰县境，“乡民患兵甚于患贼”。清平乡间有“宁遇贼勿遭兵”之语。为防止清军骚扰，清平乡村逐渐普遍修筑起

① 高升荣等：光绪《宁阳县志》卷5《村堡》，《中国地方志集成》山东府县志辑第69册，第78页。

② 赵英祚等：光绪《泗水县志》卷11《人物志》，中国国家图书馆藏光绪十八年刻本，21a。

③ 左宜似等：光绪《东平州志》卷6《建置考·围堡》，《中国地方志集成》山东府县志辑第70册，第112页。

④ 高升荣等：光绪《宁阳县志》卷5《村堡》，《中国地方志集成》山东府县志辑第69册，第78—80页；左宜似等：光绪《东平州志》卷6《建置考·围堡》，《中国地方志集成》山东府县志辑第70册，第111—112页。

⑤ 邵承照等：光绪《肥城县志》卷3《建置》，《中国地方志集成》山东府县志辑第65册，第63页。

⑥ 马安：《山东省游记：从芝罘到孟子家乡邹县》，转引自［美］周锡瑞《义和团运动的起源》第一章“山东——义和团的故乡”，第16页。

圩寨。①

山东运河区域圩寨（堡）依地利修筑完备的防御设施。清平："此间围寨，多筑土为之，置四门，或两门，四角并设碉楼以资瞭望而便攻守，壁垒亦殊森严。一闻匪警，附近居民恒聚处其中，恃为屏障焉。"该县圩寨建筑规模以周围600—800丈不等，以新集寨为最大，周围3400丈。清平圩寨守卫森严，其中刘公庄寨设内外两层，尤为坚固。圩寨内还配备枪支等武器装备。②

宁阳县致仕官员黄恩彤对其于故乡主持修建的添福庄堡的防御工事有极为详尽的描述：

> 我添福庄堡，经始于辛酉（注：即咸丰十一年）初，第掘土筑墙，因以为壕，高深各以八尺计，规模粗具而已。既乃创置东西两门楼，砌以砖，上安大炮。又于墙上增设女墙，加高三之一，环列抬炮。又于门内预置抬枪手铳，门扇凿开枪眼，门外则搭活板桥，以备临事拽起。此外，一切守御器物略具。寻因寇氛孔炽，形势尚嫌单露。于是，壕外加挑二壕、三壕，壕上扦栽刺梅棘榛，得雨即活，一望茂密，贼若跃马来窥，必阻于三壕外，距墙尚远，所携马上器械，断不能及我守墙之人。而我于墙上开放抬炮，力达四百步，足以及彼，制其命而有余，贼必惧而遁矣。犹恐其怒马驰骤，环绕呼噪，乱我众心也。爰于堡外四隅，各挖壕一道，长里许，宽深以八尺为率，仍相度形势，附堡加筑炮台。贼马遇壕即止，不能横驰。我揣炮力所及，于台上开大炮纵击之，药性猛烈，即不能恰中着体，而人马为之辟易，贼必惊而奔矣。又恐其以大队合力攻我两门也，除西门外，多有阬堑地险足恃外，爰于东门外路旁加筑两短墙，高可五尺，连墙各挖一壕，长与隅壕等，宽深亦如之。壕间当路间，断挖品字阬，以陷贼马。贼若帅众来犯，地隘且险，众不能容，气必立折。倘冒死前进，至五六百步，则门楼上开大炮迎击之，再进

① 陈钜前等：宣统《清平县志》卷8《武备》，中国国家图书馆藏宣统三年刻本，2b。

② 梁钟亭等：民国《清平县志》第四册《防卫·圩寨》，中国国家图书馆藏民国二十五年铅印本，13a－16b。

至百步，内外则门，左右女墙上，开抬炮夹击之。再进至数十步，则门内取抬枪对准，枪眼开放，狠击之。贼欲进，则桥已拽起，动必落壕；欲退，则铅子雨飞折旋，不便不死，必伤矣。

黄恩彤主持修筑的堡垒，筑高墙长400丈，挖深壕7道，长数千丈，设炮台、更房等，防御措施严密。自圩堡筑成后的六七年间，捻军等军事势力往来经过，“不止数十次”，却无一人一骑敢接近圩堡。[①] 为修筑坚固的寨堡，宁阳地主曹思珍卖掉家中腴田，用三合土筑堡，“屹然可恃”。他特意从村堡西北疏浚泉源引水入村，解决寨堡用水问题。[②] 这种军事防御性极强的围堡，很容易联想到明清鼎革之际鲁南地方豪强的防御堡垒。美国学者魏斐德描述了明清鼎革之际的鲁南地方豪强生活的堡垒：有深沟和围墙环绕，砖房上有四层高的两个方形塔楼。除居所和武库外，围墙之内还有花园和楼台亭阁。这位豪右可能拥有多达6000亩的土地，成百的邻居每天能从他那儿得到一点施舍。[③]

防御设施完备的圩寨成为战乱年代下层百姓逃难的处所。一个圩寨通常可以容纳的人数庞大。捻军入清平县境骚扰时，周边百姓纷纷逃入岁贡生傅建垲倡捐修筑的圩寨，“以万计”。这处圩寨多次经受捻军袭扰，均安然无恙。[④] 同治年间，清平附贡生金华清，“家素丰”，带头捐资修圩寨。战事紧急，周遭百姓扶老携幼而来，“以千万计，自春徂秋，民赖以保全”[⑤]。

由于容纳的逃难人数庞大，圩寨一旦被外来军事力量攻破，往往会造成严重伤亡。咸丰十一年（1861）二月，土匪程顺书等进犯朝城，攻破县城东南舍利寺圩寨，杀害寨中逃难男女数千人。[⑥] 同治二年（1863），

---

① 高升荣等：光绪《宁阳县志》卷21《艺文》收黄恩彤《筑堡御寇碑记》，《中国地方志集成》山东府县志辑第69册，第441页。

② 高升荣等：光绪《宁阳县志》卷14《笃行传》，《中国地方志集成》山东府县志辑第69册，第282页。

③ ［美］魏斐德：《洪业：清朝开国史》第六章“清朝统治的建立”，第275页。

④ 陈钜前等：宣统《清平县志》卷12《耆旧传》，中国国家图书馆藏宣统三年刻本，47a。

⑤ 陈钜前等：宣统《清平县志》卷12《耆旧传》，中国国家图书馆藏宣统三年刻本47a。

⑥ 佚名：光绪《朝城乡土志》不分卷《兵事录》，中国国家图书馆藏光绪三十三年抄本，无页码。

舍利寺圩寨又被土匪张遇获等攻陷，“男女遇害不计其数，死者六七十人”[①]。同治二年，白莲教教徒围攻泗水故按圩，攻破圩寨后发生激烈巷战，寨中逃难百姓死伤三百余人。[②] 同治六年（1867）九月，捻军张总愚自陕西经河南后，途经朝城，攻破山家堂圩，杀害廪生吴芹英、王献典等数百人。[③]

按修筑主体划分，圩寨（堡）大致可分为三种类型。第一种类型，以单个或多个村庄为单位的修筑的圩寨。这是山东运河区域圩寨的常见类型。以鱼台县为例。此县以数十村庄，或十余村庄联为一体，共同修筑土圩。至光绪年间，鱼台县有罗家屯、程家庄等以村镇命名的圩寨15处。[④]

第二种类型，由地方精英出资营建的圩寨。这种圩寨以出资精英为首领，吸纳周边村落百姓而结成防御严密的军事组织。在饱受兵燹摧残后，阳谷“家素饶”的孙镛出巨资，动员周遭百姓挖掘深沟，修筑圩寨，“邻之老幼丁壮，乃争奔赴焉”。除深沟高墙外，孙镛出资修筑的圩寨还配备了通过官府购置的各种火器。[⑤] 咸丰年间，观城邑庠生王家范召集地方豪强谋建圩寨，“经费难筹”。王家范开自家粮仓发粮给修寨人员，百姓欢呼踊跃，最终圩寨顺利落成。[⑥] 朝城贡生秦河松出资于主簿营修圩寨，并抵挡住捻军的围攻。[⑦] 咸丰年间，宁阳县致仕家居的前广东巡抚黄恩彤奉旨办理团练。黄恩彤致仕乡居近30年，经多年经营，黄氏家族已

---

① 刘文禧等：民国《朝城县志》卷1《殉难》，《中国方志丛书》，第127页。

② 赵英祚等：光绪《泗水县志》卷14《灾祥志》，中国国家图书馆藏光绪十八年刻本，10a。

③ 佚名：光绪《朝城乡土志》不分卷《兵事录》，中国国家图书馆藏光绪三十三年抄本，无页码。

④ 赵英祚等：光绪《鱼台县志》卷末《志余》，《中国地方志集成》山东府县志辑第79册，第202页。

⑤ 孔广海等：光绪《阳谷县志》卷14《艺文》收傅绳勋《孙镛筑寨保邻碑记》，《中国地方志集成》山东府县志辑第93册，第317页。

⑥ 王培钦等：光绪《观城乡土志》不分卷《兵事录》，莘县地方志编纂委员会藏光绪三十三年抄本，无页码。

⑦ 刘文禧等：民国《朝城县志》卷2《艺文》收余朝梅《冀桢梅先生碑文》，《中国方志丛书》，第210页。

成为当地豪强地主，拥有占地 100 余亩的院落以及修饰豪华的祠堂。[①] 黄氏家族购置土地达 4000 多亩，地跨宁阳、汶上两县，故土添福庄村周围 18 个村均为黄氏家族佃户村。[②] 在办理团练的同时，黄恩彤出资于添福庄修筑了防御工事严密的堡寨。[③]

由于地方精英捐资修筑的圩寨，抵御了外来军事组织的袭扰，保护了地方百姓生命财产。因此，这些出资修筑寨堡的精英在地方社会享有崇高的人望。咸同年间，清平庠生李青云办理团练有功，被授六品军功。他出资修筑圩寨，保卫乡民。李青云的八十岁寿辰，"四乡悉为公寿"[④]。

第三种类型，某一宗族营建的圩寨。清平县尹庄圩寨，"尹姓自建，并非公寨"[⑤]。这种以血缘关系为纽带而建立的圩寨类型在山东运河区域较为少见。

捻军平定之后，山东运河区域的圩寨一度消失。宁阳圩堡，"迩来重睹升平，村堡十圮八九矣"[⑥]。肥城的圩寨，"多废堕矣"[⑦]。然而，晚清至民国山东运河区域的土匪横行，社会动荡，各州县只能重建圩寨以自卫乡梓。清平县地处平原，无险可守，一遭变乱，村镇往往成为废墟。清平人延续咸同年间的圩寨建设，蔚然成风，"一时筑寨自卫之风，纷起相效，于是境内之寨，愈增愈多，所在皆是矣"。至民国年间，清平县境圩寨多达 52 处，其中始建于咸、同年间的就有 13 处。[⑧] 东平的圩寨设施在捻军平定后并未就此消失，而是继续保留。至光绪初年，"东原境内大

① 泰安市地方史志编纂委员会编：《泰安历史文化遗迹志》第三章"历史名人遗迹"，方志出版社 2011 年版，第 182 页。

② 宁阳县地方史志编纂委员会编：《宁阳县志》第十二编"农业"，中国书籍出版社 1994 年版，第 321 页。

③ 高升荣等：光绪《宁阳县志》卷 21《艺文》收黄恩彤《筑堡御寇碑记》，《中国地方志集成》山东府县志辑第 69 册，第 441 页。

④ 陈钜前等：宣统《清平县志》卷 12《耆旧传》，中国国家图书馆藏宣统三年刻本，45a。

⑤ 梁钟亭等：民国《清平县志》第四册《防卫·圩寨》，中国国家图书馆藏民国二十五年铅印本，14a。

⑥ 高升荣等：光绪《宁阳县志》卷 5《村堡》，《中国地方志集成》山东府县志辑第 69 册，第 78 页。

⑦ 邵承照等：光绪《肥城县志》卷 3《建置》，《中国地方志集成》山东府县志辑第 65 册，第 63 页。

⑧ 梁钟亭等：民国《清平县志》第四册《防卫·圩寨》，中国国家图书馆藏民国二十五年铅印本，13a。

小百数十围”[1]。

马俊亚教授研究淮北地区的圩寨时指出，圩寨使得普通民众更加依赖大地主这类天然首长的保护，减少了社会流动和社会联系，使农民的生活日益孤立，无法成为一个集体，更不可能成为一个阶级。在相对封闭、壁垒森严的圩寨中，因为缺乏程式化的监督和制约，大地主的权力极度膨胀，合法或非法地牟取了大量的私利，成为事实上的领主或准领主。[2] 我们通过阳谷孙镛等主持修筑的圩寨运转实态来看，避难圩寨的百姓对寨主孙镛具有很强的人身依附性：“近堡多村，悉老幼聚族于斯，饥移公（孙镛）之粟，爨倚公之薪。”[3] 通过这种圩寨运转实态来看，避难百姓对豪强寨主具有很强的人身依附性，并出现寨主领主化的倾向。

发展至后来，这些拥有军事势力且具备一定社会动员能力的地方精英，利用圩寨完备的防御设施发动了各种反抗官府的事件。有学者指出，各地士绅通过办团使得“绅权扩张”，绅士开始行使原本由官府掌握的征税、司法等“正式权力”，逐渐引发团练与官府的激烈冲突，加剧了地方社会动荡。[4] 光绪年间，《东平州志》撰修者指出：

> 围堡非古，而未始不有合于古矣。若夫作奸犯科，恣行不法，抗粮聚众，局赌窝娼，甚或桀惊不驯，为逋逃薮，及一切梗化负固之谋，方今盛时，万万不至有此，即或偶有不率教者，按籍而稽，惩以连坐之法，制于未发，弭于未形，亦赖良有司之善为抚驭焉。[5]

这些地势险要的圩寨，可为百姓避乱之所。然而，一旦被人占据，甚至成为发动叛乱的据点。同治六年（1867），江苏仪征人张积中入肥

---

① 左宜似等：光绪《东平州志》卷6《建置考·围堡》，《中国地方志集成》山东府县志辑第70册，第112页。

② 马俊亚：《近代淮北地主的领主化——以淮徐海圩寨为中心的考察》，《历史研究》2020年第1期。

③ 孔广海等：光绪《阳谷县志》卷14《艺文》收傅绳勋《孙镛筑寨保邻碑记》，《中国地方志集成》山东府县志辑第93册，第317页。

④ 崔岷：《“靖乱所以致乱”：咸同之际的山东团练之乱》，《近代史研究》2011年第3期。

⑤ 左宜似等：光绪《东平州志》卷6《建置考·围堡》，《中国地方志集成》山东府县志辑第70册，第112页。

城，占据旧日百姓避乱的黄崖山寨后，发动叛乱。官兵围捕十余日，方才平定。[①]

以上我们分别对明清鼎革之际、咸同年间的山东运河区域出现的各类地方武装做了研究。在这两个社会动荡的特殊时期，外来军事力量打破了山东运河区域原本稳定的社会秩序。为护卫桑梓，保护自身人身财产免受外力威胁，以士绅为主的地方精英组织各类具有一定防御能力的军事武装。细究之下，两个不同时段出现各类护卫桑梓的地方武装存在着一些差异。

第一，创立地方武装的动机不同。明清鼎革之际，群雄逐鹿，中央皇权最终落入谁手尚未可知，最高权力一度处于真空状态。山东运河区域涌现出的各种地方武装，大多以护卫桑梓为目的，尤其是保护地方精英的人身及财产权免于外来势力之威胁。鼎革之际，各类地方精英组建地方武装的动机是内发性的，地方精英参与的主动性更强。而咸同时期，山东运河区域的各种地方武装的出现最初是在中央皇权督促下出现的。咸丰帝下旨明令该区域的士绅精英回乡办团练，出现以杜翻为首的山东督办团练大臣。地方精英组织的团练武装更多源自中央皇权的外力刺激，最初的目的更多是抵抗威胁皇权统治的太平军等外来军事势力，出发点更多的是维护清廷统治。后来，地方精英护卫桑梓的情绪在外入军事势力的不断袭扰下萌生，进而创建了更多以团练为主要形态的大大小小的各类军事集团。

第二，地方武装倡立者的身份复杂程度不同。明清鼎革之际，倡立地方武装的主持者身份较为复杂。在济宁、德州等区域核心城市以及少数腹地州县（如金乡），有着力量较为强大的士绅力量，由士绅阶层主导了地方武装的创设及运作各环节。腹地州县士绅阶层力量普遍比较薄弱，多由拥有雄厚财力和社会威望的豪强主导了地方武装。这些豪强多没有科考背景。而在咸同年间，由上至皇帝下至地方官的国家力量指令甚至逼迫以致仕家居的赋闲官员为代表的士绅阶层来参与创立团练武装。这一时期的地方武装主导者多为拥有科考背景的士绅阶层。

---

① 邵承照等：光绪《肥城县志》卷3《建置》，《中国地方志集成》山东府县志辑第65册，第63页。

第三，国家权力的参与程度不同。明清鼎革之际，山东运河区域涌现的各类地方武装是在国家权力缺失的情况下，以护卫桑梓为主要目的而出现的，国家权力参与的程度较低，以士绅、豪强为代表的地方精英主导了军事武装。而在咸、同时期，山东运河区域出现的团练武装，是由各级国家权力推动、引导下建立并主导了武装的最终命运。

在明清鼎革之际、咸同年间的特殊时段，山东运河区域社会秩序受到外来军事集团的威胁，涌现出各种由地方精英组织的军事武装。各州县不同的社会结构，使得军事武装的建立、组织及运作呈现出不同的形态。总体来看，济宁、聊城、德州等区域核心城市有着力量较为强大的士绅精英，出现了由士绅组织的各类武装。作为运河上的一座发达城市，临清的经济繁荣为外地客商所带动，本土士绅精英未能在社会动荡的危急时刻建立组织性强的武装。这使得这座城市在明清时期不断遭受各类战乱的侵扰，加速了临清城市的衰落。晚清时期，运河梗阻，漕运废弃后，由于缺少势力强大的本土精英进行积极自救，加速了临清走向衰落的命运。广大的腹地州县由于缺少势力强大的士绅集团，当危机来临，那些没有科考背景但拥有社会财富和社会威望的地方豪强成为保卫地方秩序的关键人物。在一些连地方豪强都缺少的州县，由于缺少力量组织起有效的防御，只能沦落为被各种外来军事集团掠夺袭扰的对象。

小　结

明清漕运畅通时期的山东运河区域各州县科举兴盛，所出举人数目占山东全省数目的一半左右，尤其是在漕运管理完备的明代中后期，竟占到全省举人数目的近70%。入清，山东运河区域举人比例开始下降至40%左右。晚清黄河改道后，山东运河区域的举人降至40%以下。区域核心城市济宁、聊城、德州在进士、举人等上层绅士的人数远远高于附属各县，尤以济宁最为突出。腹地各州县商业落后，百姓生计艰难，教育落后，科甲衰落，科举精英力量薄弱。相较于江南地区士绅精英飞扬跋扈的性格，山东运河区域的士绅精英普遍保守内敛。

明代，全国各地实行了以里甲制度为基础，养济院为核心的救济体制。入清，这种国家主导的救济模式已走向没落。雍正年间，在河东总督王士俊等地方要员倡导下，山东运河区域各州县的地方精英主导了以普济堂为代表的善会善堂建设运动。山东运河区域南部和北部地区不同的社会结构，直接影响了普济堂建设活动的形态。运河区域南部，尤其在济宁一带，有势力强大的商人、士绅以及资产雄厚的乡村地主，善堂所获捐助更为雄厚，民间力量参与善堂运作的热情高涨。运河区域北部地方精英力量相对较弱，对公共事务参与热情较低，善堂资金来源更多仰赖地方官带动下的外籍人士的捐助。乾嘉时期，作为运河沿线核心城市，临清、聊城、济宁在商业发展均取得长足进步。然而，在慈善救济领域，临清仅有知州杨芊创办的育婴堂、聊城只有民间绅士捐田的容保堂，远远不及济宁的慈善救济机构种类齐全，运作规范。济宁拥有势力强大的城市精英，与官僚系统有更好交流对话，社会力量参与社区福利的积极性高涨。聊城、临清的繁荣更多仰赖外资带动，"晋省人为最多"，本土地方精英势力弱小，势力强大的外商对地方公共事务热情并不高涨，晚清漕运中断，外商纷纷撤资，"本地人之谋生为倍艰矣。"①

明前期，山东运河区域尚未形成一个比较成熟的士绅集团。明中期以后，山东运河区域逐渐形成一个独立社会阶层——士绅。地方士绅阶层在镇压天启二年（1622）徐鸿儒领导的白莲教教徒起事过程中发挥了关键性作用。在此期间，济宁士绅专门训练了一支组织严密，训练有素的乡兵。在明清交替天崩地坼的时刻，山东运河区域涌现出各类精英集团组织的自卫武装，其中士绅发挥了关键作用。在山东运河区域腹地州县，由于具有功名、学籍的士绅阶层力量薄弱，那些拥有财富，享有较高个人威望的地方官员或豪强，在特殊年代里往往成为维护地方秩序的关键人物。

入清，清政府采取各种措施清剿山东运河区域的地方势力，并剥夺士绅精英的各种特权。最终，各类地方武装发挥的作用被局限于一般性的社会治安职能，丧失了与组织性强的武装集团对抗相持的能力。乾隆三十九年（1774），王伦起事爆发，组织分散的绿营军难以有效应对突然发生的叛乱。乾隆帝下旨号召地方精英率众镇压起事军队。然而，除几

---

① 陈庆蕃等：宣统《聊城县志》卷1，《中国地方志集成》山东府县志辑第82册，第29页。

个下层绅士（以生员为主）个人英雄主义式的零散抵抗外，很少见到地方精英组织的具有较强相持能力的军事武装。平定王伦起事后，清廷逐渐意识到士绅阶层在稳定地方秩序中发挥的关键作用，对其参与地方公共事务开始持鼓励态度。自此，士绅阶层开始参与地方各类防御事务。咸、同年间，山东运河区域不断受到太平军、捻军以及土匪的骚扰，本土驻扎的绿营军及地方州县军力根本无法招架。在太平军势力迅速扩张时期，咸丰帝下旨勉励绅民办理团练。在最高统治者下旨鼓励下，全国各地相继形成以“在籍绅士”协助地方官员办团的模式。在山东沿运州县组织的各类团练中，尤以济宁士绅举办的团练武装规模最大，组织性最强。地方精英力量薄弱的州县，因无法组织起有效防御而饱受外来军事力量袭扰。

第五章

明清时期山东运河区域的下层百姓

明清时期，在大运河贯通的历史大背景下，山东运河区域广大的下层百姓（以农民为主）在总人口中所占比例如何？他们是何种生存状态？生活水准维持在何种水平？山东运河区域各州县的民风民性又呈现出何种特征？本章将围绕以上几个问题，对下层百姓的生活时态、民风民性等内容展开研究。

第一节　下层百姓生活时态

一　饥饿的大多数

以从事的职业划分，山东运河区域各州县人口中农民的数量占绝大多数的比例。康熙《兖州府志》对兖州府下辖10县（包括滋阳、曲阜、宁阳、邹县、泗水、滕县、阳谷、寿张、峄县、汶上）人口结构作了整体上的统计："四民之业，农居六七，贾居一二。"[①] 宁阳，"民多椎鲁质朴，力田者十九"[②]。光绪年间，宁阳，"士2000有奇，农逾十万，工商

① 张鹏翮等：康熙《兖州府志》卷5《风土志》，中国国家图书馆藏康熙二十五年刻本，9a。

② 李梦雷等：乾隆《宁阳县志》卷1《方域·风俗》，中国国家图书馆藏乾隆八年刻本，1a。

皆不足千”[①]。泗水，“农居十之八，士、商、工十中之二，而工尤居尠数”[②]。晚清时期，朝城县全部人口151000余人，“除士、工、商外，人尽农业”[③]。滕县，“西湖一带多事渔业，东山一带多事樵猎，幅员三百里，务农者实居多数，士及工商不及什之一”[④]。清平，“阖境之人，无非农者，士准农之十一，工商则百之一二”[⑤]。士人、工商阶层也未脱离土地成为一个独立的自食阶层。如泗水，“泗民业农桑者居多，喜树植，事畜牧，士及工贾，皆不废农事”[⑥]。

作为晚清至民国年间各地编修的小学乡土教材[⑦]，乡土志这类史料开始有县境各类职业人口数字的准确调查数据。我们依照这些可靠数据可以清晰计算出农民人口在总人口中所占的比例。东平，“本境居民操农者，十常八九，士与商十不获一”。晚清时期，该县士人1534人，农民179039人，工人2533人，商人3205人。[⑧] 按这个数据计算，东平县农民人口占到全县总人口的96%以上。光绪年间，恩县“士近千，农近十万，工近八百，商近二千”[⑨]。恩县农民人口同样占到全县总人口的96%以上。观城士人540口，农民28652口，工人365口，商人849口。[⑩] 观城县农民人口占到全县总人口的94%以上。晚清时期的聊城，“居民业农者十常四五”。聊城县“士九千八百余人，农六万四千余人，工七千七百余

---

① 曹倜等：光绪《宁阳县乡土志》不分卷《实业》，中国国家图书馆藏光绪三十三年石印本，24a。

② 佚名：光绪《泗水乡土志》不分卷《实业》，南京大学图书馆藏光绪二十八年石印本，27a。

③ 佚名：光绪《朝城乡土志》不分卷《实业》，中国国家图书馆藏光绪三十三年抄本，无页码。

④ 生克中等：宣统《滕县续志稿》卷2《风土略第四》，《中国地方志集成》山东府县志辑第75册，第447页。

⑤ 陈钜前等：宣统《清平县志》卷5《食货》，中国国家图书馆藏宣统三年刻本，16a。

⑥ 赵英祚等：光绪《泗水县志》卷9《风俗志》，中国国家图书馆藏光绪十八年刻本，1b。

⑦ 关于这个问题的探讨可参见陈碧如《乡土志探源》，《中国地方志》2006年第4期；王兴亮《清末江苏乡土志的编纂与乡土史地教育》，《历史教学》2003年第9期。

⑧ 王鸿瑞等：光绪《东平州乡土志》，中国国家图书馆藏光绪三十三年抄本，49b。

⑨ 汪鸿孙等：光绪《恩县乡土志》不分卷《实业》，《中国方志丛书》，第51页。

⑩ 王培钦等：光绪《观城乡土志》不分卷《人口》，莘县地方志编纂委员会藏光绪三十三年抄本，无页码。

人，商八千五百余人"[①]。由以上州县的数据可以看出，各州县农民人口普遍占总人口的90%以上。聊城县作为运河重镇东昌府的首县，工商、教育事业发达，从事工商等行业人口数目庞大，其农民占总人口比例也在70%以上。

李金铮研究民国年间华北乡村农民生活水准时直言："农民的衣食住行已到了惨不忍睹的地步。"[②] 明清时期，山东运河区域下层农民同样维持着极为低下的生活水准。万历时期，东昌府首县聊城竞尚奢华，普通百姓却"多呰窳，寡积聚"[③]。东昌府属县茌平，"邑当南北午冲，民无盖藏，恶衣食"[④]。宁阳，"饮食多粗粝……屋宇多茅茨。衣裳多绢布"[⑤]。东阿，"土壤瘠薄，山水峻急，鲜有千金之室……田野男妇粗衣粝食"[⑥]。朝城，"至农家者流，其苦尤甚，男子力田，妇女馌食，竭终岁之勤动，恒至于衣食不足者。盖俗急公畏法，以数亩之资，而赋税出焉，婚丧出焉，里书之诛求，牌甲之追呼亦从出焉，地方几何而谓得以自赡耶？"[⑦] 武城，"服以布素为常，帛衣、皮裘，民间罕有；食以鱼、稻为贵，米麦、蜀黍乃其恒需"[⑧]。

普通百姓日常主食主要以粗粝的高粱为主。金乡，"高粱，田家食用

① 向植等：光绪《聊城县乡土志》不分卷《实业》，中国国家图书馆藏光绪三十四年抄本，无页码。

② 李金铮：《近代华北农民生活的贫困及其相关因素》，收入氏著《近代中国乡村社会经济探微》，人民出版社2004年版，第230页。

③ 王命爵等：万历《东昌府志》卷1《风俗》，《北京师范大学图书馆藏稀见方志丛刊续编》第5册，第241页。

④ 王命爵等：万历《东昌府志》卷1《风俗》，《北京师范大学图书馆藏稀见方志丛刊续编》第5册，第241页。

⑤ 李梦雷等：乾隆《宁阳县志》卷1《方域·风俗》，中国国家图书馆藏乾隆八年刻本，1b。

⑥ 李贤书等：道光《东阿县志》卷2《方域》，《中国地方志集成》山东府县志辑第92册，第36页。

⑦ 祖植桐等：康熙《朝城县志》卷6《风俗·习尚》，中国国家图书馆藏康熙十二年刻本，8b。

⑧ 厉秀芳等：道光《武城县志》卷7《风俗》，《中国地方志集成》山东府县志辑第18册，第283页。

最多”①。滕县，“惟田夫野老为最苦，除年节外，未尝食一美饭者，著一新衣，常食以粱、粟为主，菜蔬以白菜、萝葡、辣椒、大葱、韭荣、黄瓜、茄子、豆角、豆腐、豆芽为大宗。鸡鸭鱼豕牛羊，肥美适口，然富者常食，贫者则偶一食焉”②。至民国年间，清平县：“至于食品，以麦为尚，惟富民食之。中产以下所食惟玉米、高粱等，而间以蜀芋。若鱼肉、饼饵多销于年节，平时除城市外，乡区鲜有购者。”③ 出生于清平县（今属临清）的季羡林对童年时期粗粝的饮食有着深刻回忆：

> 按照当时的标准，吃“白的”（指麦子面）最高，其次是吃“黄的”（小米面或棒子面饼子），最次是吃红高粱饼子，颜色是红的，像猪肝一样。“白的”与我们家无缘。“黄的”（小米面或棒子面饼子颜色都是黄的）与我们缘分也不大。终日为伍者只有“红的”。这“红的”又苦又涩，真是难以下咽。但不吃又害饿，我真有点儿谈“红”色变了。

据季羡林回忆，在他幼时生活的大官庄，其祖父的堂兄是一名前清举人，他的夫人是庄里仅有能够吃“白的”（麦子面）的几个人之一。为了能吃到白面馍馍，幼时的季羡林每天早晨一睁眼就跳下炕跑去讨好这位近亲奶奶，以换取奶奶从口袋里掏出的一小块馍馍，“这是我一天最幸福的时刻”④。

这种情况在山东运河区域各州县极为普遍。民国初年的东平县城，“居民自立夏后，日每三餐。立冬后，则两餐。夏季多食麦麺，春秋冬三季日常所食多红粮（即高粱）、谷子、稷、菽、玉蜀黍各色杂粮，能终岁食面粉者，不过少数”。可见就是生活水平稍高的城市居民也无法做到以

① 李垒：咸丰《金乡县志》卷3《食货志》，《中国地方志集成》山东府县志辑第79册，第401页。

② 生克中等：宣统《滕县续志稿》卷2《风土略第四》，《中国地方志集成》山东府县志辑第75册，第447页。

③ 梁钟亭等：民国《清平县志》第四册《礼仪志》，中国国家图书馆藏民国二十五年铅印本，27b。

④ 季羡林：《赋得永久的悔》，人民日报出版社2007年版，第57页。

麦面为主食，农民的消费水平则维持在更低水平：“多数农民终岁勤动，不足供事畜之资，或取树叶、野菜及胡萝葡、地瓜补充食料，而号寒啼饥之侣，仍复数见不鲜，民食维艰，于斯可见。”①

即便是以难以下咽的高粱等粗粝食物为主食，各州县下层百姓依旧无法摆脱饥饿，甚至每日饥肠辘辘已成为生活常态。德州，“德土旷原，惟宜稼穑，固无他方物可表，然服食器用，民生攸资，国本攸重，仅足以赡其需而已”②。滕县，“滕俗秫、豆为重，麦次之，今岁麦收仅半收，秫、豆不实，虽有秋荞，不足补其万一，故自收藏至今两月阅耳，艰食者已十人而九”③。遇有战乱或灾荒年份，广大下层百姓能够苟全性命已属万幸。康熙《博平县志》对鼎革之际的百姓生活状态有形象描述：“当鼎革之后，复遭黄寇之虐，村落邱墟，田畴草莱，诸产概纸上桑矣。顺治八年，寇渐平，民渐复业，益以国家二十余年之休养地利，今云出矣。然亦惟五谷之属，又民贫，粪田力乏，入不偿出，乃终岁勤苦，而叹一饱之维艰者矣。”④ 东昌府下辖的聊城、茌平及周边地区，“多泄卤”，优质的耕地匮乏，下层农民不得不煮盐糊口，“有司厉禁，不出境，故其贱售而民贫”⑤。因此，东昌府下辖的各县下层百姓生活水平低下，“中户以下皆苦不给，况其余乎？”⑥

美国学者裴宜理研究淮北农民生活标准时指出，淮北地区农民生活标准很少能超过最低温饱线，“那些遭灾歉收、饥寒不保的人家为了生存，便会把目光投向富人的粮仓”⑦。在山东运河区域盛行一种所谓“拾荒”的风俗。这种风俗是指下层百姓会进入他人已收获农作物产品的土

---

① 刘靖宇等：民国《东平县志》卷5《风土》，《中国地方志集成》山东府县志辑第66册，第49页。

② 金祖彭等：康熙《德州志》卷10《土产》，中国国家图书馆藏康熙十二年刻本，12a。

③ 王政等：道光《滕县志》卷12《艺文志中》收孔广珪《上邑侯彭少韩书》，《中国地方志集成》山东府县志辑第75册，第367页。

④ 祖植桐等：康熙《朝城县志》卷5《物产》，中国国家图书馆藏康熙十二年刻本，25b。

⑤ 胡德琳等：乾隆《东昌府志》卷5《地域二》，中国国家图书馆藏乾隆四十二年刻本，10b。

⑥ 胡德琳等：乾隆《东昌府志》卷5《地域二》，中国国家图书馆藏乾隆四十二年刻本，9a。

⑦ ［美］裴宜理：《华北的叛乱者与革命者：1845—1945》第二章“反抗序幕：淮北的环境”，池子华、刘平译，第43页。

地进行搜集捡漏式的整理，以获取土地主人遗漏的农作物。这种风俗在棉花等作物种植上体现得最为突出。嘉庆《清平县志》言："（棉花）本家三拾之后，听旁人自行拾取，不顾而问。故土人望木棉成熟过于黍稷。盖有力之种者固可得利，即无力种者，亦可沾余惠也。"[①] 这个习俗延至民国年间仍旧保留。《山东农林报告》中指出："（鲁西各县）向有习惯早霜之后，贫家人民及妇女辈相聚多人，至棉田中拾取未开之花桃，俗名哄花。"由于土产棉花在早霜前已经接近全开，因此受到"哄花"之害较轻。而新引种的美洲棉花成熟期晚于早霜，棉株上尚多棉桃，霜后才能开放。受此俗影响，种植美洲棉的农民往往损失严重，直接影响美洲棉在鲁西地区的推广种植。[②] 王建革对清代华北普遍的"拾荒"传统研究时指出，当乡村社会的贫困越来越普遍，有产者就无法通过有限的剩余资源来满足无产者的需求，导致村落内部的冲突趋于紧张，乡村社会的内聚性衰减。[③]

乾隆五十八年（1793），马戛尔尼使团极其敏锐地观察到运河沿线农民的贫困生活："从百姓总的情况看，可以得出论说，尽管勤奋，他们仅勉强能够糊口。"[④] 使团成员对运河沿线农民的贫困生活有着极其细致的描绘，在多处强调中国农民生活的艰辛困苦。他们对包括运河沿线各省农民的生活状况、住宅、服装、饮食和生计做了一个总结性的概述：

> 他们（农民）的房屋都是四面泥墙，屋顶铺芦苇、稻草和高粱秆；房屋外一般都是土墙围绕，或者是结实的高粱秆篱笆。屋内用草席分成两间，每间墙上开一小孔通风和进光线。但通常进出只有一道门，门板往往用硬席。百姓大多穿蓝棉衣、棉裤，戴草帽，穿草鞋。他们的寝具是芦苇席或竹席，枕头是圆木头，铺的是皮革，或者是用大尾羊毛制成的毡毯，但不是纺织而成，而是像制帽子一样打压出来，有时用填塞毛发或稻草的床垫。主要用具是两三个罐

---

① 万承绍等：嘉庆《清平县志》不分卷《户书》，中国国家图书馆藏嘉庆三年刻本，16a。

② 山东省政府实业厅编：《山东农林报告》，《民国史料丛刊》第505册，第309页。

③ 王建革：《近代华北乡村的社会内聚及其发展障碍》，《中国农史》1999年第4期。

④ ［英］乔治·马戛尔尼、约翰·巴罗：《马戛尔尼使团使华观感》第九章，何高济译，第428页。

> 子、几个最粗糙的土盆、一口大铁锅、一口煎锅、一个可挪动的炉子。桌椅是不需要的，男女都席地而坐。他们就这样围着大铁锅，吃饭时每人手拿一个盆。面黄肌瘦足以说明缺乏营养。食物主要是米饭、粟，油是各种植物榨出来的。……在这部分地区，各类鱼都缺少，北直隶的河里很少捕到鱼。除了在天津和首都外，我们在全省没有看到鱼，首都的市场像伦敦的一样，肯定得到四方供应的好东西。咸鱼和干鱼是南方来的商品，但穷农夫一般都买不起。他们仅有时用谷物或菜蔬交换一些。穷人吃得起的不过是猪肉和米饭。他们没有牛奶，没有黄油、干酪，没有面包；欧洲农民把这些，加上土豆，作为主要营养食物。①

马戛尔尼使团成员观察到中国因严重的贫富差距而导致饮食上的悬殊差异。当时的中国有钱人尽情享受人参、鹿茸、鱼翅、燕窝、紫菜等价比黄金的山珍海味；中国老百姓，“难得发现有人能够与英国喝啤酒的公民或表情快乐的农夫相比的”。据使团观察，“他们（中国下层百姓）生来瘦弱，病兮兮的样子，面颊没有健康的红润”②。使团在途经山东运河区域南部时，对此地湖泊众多以及泥炭沼等地理特征作了描绘，特别留意那些常年漂流在船上且以打鱼为生的渔民生活状态：“可怜的渔民却明显露出贫穷相，他们苍白消瘦的面容是长年吃鱼的结果，据认为他们因此养成不良的习惯。他们应当尽量改变有害身体的单调饮食，特别他们还大量用葱蒜，甚至在水上栽种。他们在岸上无房屋，无固定住所，只好在辽阔的船上漂荡，不愿耕种土地，放弃原有的行业改从另一行，因此他们宁可在竹筏上种植葱蒜。竹筏用芦苇和野草结扎而成，上面铺泥土，船只拉着这些水上花园前进。”③

周锡瑞研究鲁西地区社会结构时指出，鲁西地区天气变幻莫测，作

① ［英］乔治·马戛尔尼、约翰·巴罗：《马戛尔尼使团使华观感》第九章，何高济译，第437页。

② ［英］乔治·马戛尔尼、约翰·巴罗：《马戛尔尼使团使华观感》第九章，何高济译，第441页。

③ ［英］乔治·马戛尔尼、约翰·巴罗：《马戛尔尼使团使华观感》第九章，何高济译，第443页。

物收成大受影响，土地投资无法保证，进而造成该地区农民的普遍贫困。他还转引一份形象描述了鲁西平原农民贫穷生活的一份报道，内容如下：

> 鲁西一带的农户大都居住在阳光不足、潮湿狭隘的茅草屋里，窗户很少。屋内的装饰非常简单。更为贫穷者，一间茅屋则具多种用途。炉灶锅碗均挤在茅屋一隅，煮饭时黑烟蒙蒙，恰如浓雾弥漫，甚至人的面孔也难以辨别。乡村使用的燃料，大体为树叶、高粱秆、麦秸、豆茎之类……其食物亦非常简单，每年只有极少机会吃肉，以粗茶淡饭为主。只有新麦打下之后，才吃几顿面条和菜蔬。园内所产菜蔬，并不全部食用，还担去城镇去换些粮食以维持生活。城里平时食用的油盐酱醋等调味品，在乡间视为贵重品。若吃香油时，则用小棍穿过制钱孔从罐中取油，滴到菜里调味。平常饭时，水里煮些大蒜、辣椒、大葱，就是一顿。除了喜庆丧葬或新年外，很少见到荤腥。老人也不例外。平时饮料即是将竹叶或槐叶放入滚水中，加些颜色。到农忙时，只是饮些生水而已，顾不上卫生了……衣服都是自家手织土布，多黑、蓝颜色。①

周锡瑞强调指出，以上情况还是正常年景的普通农民的生活境况。可以设想，一旦发生旱灾、水灾和其他自然灾害，并缺乏一个富裕地主阶层的救济，结果只能会是当灾难袭击鲁西地区时，数目庞大的灾民逃离家园，甚至发生全村男女老少沿路乞讨的场景。②

在马戛尔尼使团成员对中国（尤其是运河沿线）普通百姓生活水准的观察基础上，张宏杰考察了同时期乾隆时代欧洲农民的生活水准：

> 18世纪工业革命前期，英国汉普郡农场的一个普通雇工，一日

---

① ［美］周锡瑞：《义和团运动的起源》第一章“山东——义和团的故乡”，张俊义、王栋译，第25页。

② ［美］周锡瑞：《义和团运动的起源》第一章“山东——义和团的故乡”，张俊义、王栋译，第26页。

> 三餐的食谱如下：早餐是牛奶、面包和前一天剩下的咸猪肉；午饭是面包、奶酪、少量的啤酒、腌猪肉、马铃薯、白菜或萝卜；晚饭是面包和奶酪。星期天，可以吃上鲜猪肉。工业革命后，英国人的生活更是蒸蒸日上。1808 年，英国普通农民家庭的消费清单上还要加上 2.3 加仑脱脂牛奶、1 磅奶酪、17 品脱淡啤酒、黄油和糖各半磅，还有 1 英两茶。①

通过对 18 世纪中西方下层百姓的生活水平对比，张宏杰对所谓的乾隆盛世产生质疑。他指出："横向对比 18 世纪文明的发展，乾隆时代是一个只有生存权没有发展权的盛世。……乾隆盛世是一个饥饿的盛世、恐怖的盛世、僵化的盛世，是基于少数统治者利益最大化而设计出来的盛世。"②

二 繁重的国家劳役

山东运河区域下层百姓不但生活水平低下，长期处于饥饿状态，而且毫无人权，随时可能被皇权国家征派各种劳役。康熙《馆陶县志》说："山左赋轻而役重，而馆邑以滨河尤甚，若柳束，若麻斤，若纤夫、募夫、车辆诸大役。"③ 东阿，"两京孔道，征发甚剧，弗堪也"④。滋阳，"当南北孔道，赋役繁重，民鲜巨资，亦匮邑也"⑤。邹县，"值南北冲途，赋役繁重，岁歉则称贷为累，故殷富者少"⑥。滕县，"地当南北冲

---

① 张宏杰：《饥饿的盛世：乾隆时代的得与失》序言，湖南人民出版社 2012 年版，第 2 页。

② 张宏杰：《饥饿的盛世：乾隆时代的得与失》序言，第 6 页。

③ 郑先民等：康熙《馆陶县志》卷 6《田赋》收郎国桢《均牌记》，中国国家图书馆藏康熙十四年刻本，17a。

④ 李贤书等：道光《东阿县志》卷 2《方域》，《中国地方志集成》山东府县志辑第 92 册，第 35 页。

⑤ 张鹏翮等：康熙《兖州府志》卷 5《风土志》，中国国家图书馆藏康熙二十五年刻本，10b。

⑥ 张鹏翮等：康熙《兖州府志》卷 5《风土志》，中国国家图书馆藏康熙二十五年刻本，10b。

途，赋役烦重”[①]。汶上，“陆当孔道，水迫漕挽，赋役烦重，号为冲剧县矣”[②]。

山东运河闸坝运作及维修、河道挑浚等工程均需要大量人力的投入，是一项极为扰民的沉重劳役。沿运各地方志中关于河役沉重的记载比比皆是。明末，滕县人张盛美言：“邑（滕县）西南濒河，设有人夫，从来已久，自前岁加派，今岁又加，使此众夫果输力河干，即死亦何恨？然奸徒巧因之以为利，虚名实害，又将阶厉无穷。”[③] 顺治年间的武城，“邑界直隶、山东，运河所经，粮艘官舫衔尾至，皆索民挑挽”[④]。距离运河较远的州县，各类杂役负担就相对较轻。如平阴，“僻不当道，赋役亦简”[⑤]。

笔者曾对山东运河区域各州县百姓被迫从事的各种运河劳役作了详尽介绍，此处不再详述。[⑥] 除应付运河河工的各种差役外，沿运州县百姓甚至被强制参与外地规模更为浩大的黄河河工。乾隆四十六年（1781），山东沿运各州县要求出夫一万名赴河南参与仪封大工，引起各县百姓的不满。阳谷县在武生亓冠军等人率领下围攻督催百姓赴工的阳谷县典史、北乡庄头、粮书等基层官员，成为轰动朝野的一桩大案。[⑦]

除被强制参与运河劳役外，皇权国家还将沿运州县百姓视为可以随时摆弄的工具。乾隆五十八年（1793）八月下旬，马戛尔尼使团受到乾隆帝接见后，经京杭大运河离开北京。在途经御河（卫河）时，使团人员形象记载了官府强迫百姓拉纤的情景：

---

① 张鹏翮等：康熙《兖州府志》卷5《风土志》，中国国家图书馆藏康熙二十五年刻本，10b。

② 张鹏翮等：康熙《兖州府志》卷5《风土志》，中国国家图书馆藏康熙二十五年刻本，12a。

③ 王政等：道光《滕县志》12《艺文中》收张盛美《滕民苦累疏》，《中国地方志集成》山东府县志辑第75册，第365页。

④ 骆大俊等：乾隆《武城县志》卷10《人物》，《中国地方志集成》山东府县志辑第18册，第311页。

⑤ 张鹏翮等：康熙《兖州府志》卷5《风土志》，中国国家图书馆藏康熙二十五年刻本，13a。

⑥ 王玉朋：《清代山东运河河工经费研究》第三章“河夫征调”，中国社会科学出版社2021年版，第164—212页。

⑦ 《清高宗实录》卷1142，乾隆四十六年冬十月庚辰。

> 船只在御河航行需用人拉纤，而这些人是从河畔村庄强征来干这苦力活的。通常的做法是在船到达前派遣士兵或官员的随从，趁天黑突然把这些可怜的家伙从床上叫起来。但满月的日子，一般休息的时间推迟，大家有了警觉，所以，当官员派遣的役吏到达，可能被拉差的人都躲藏起来，因此除震耳的锣声、号角声和爆竹声外，我们还时时听到那些不愿拉纤的人挨杖或受鞭打的惨叫声。早晨拉纤的人齐集，我们不能不对他们产生怜悯。他们大多是老弱病残，有的瘦里巴干、面带病容、衣着褴褛，一群人看来应上医院就医，而不应去干苦活。我们的同伴解释说，租种河流或运河畔公家土地的农民，在租种期间都需要时刻出人力给政府的船只拉纤。但目前情况特殊，所以决定施行所谓的开恩，给他们一天不到七便士的钱，不再给津贴就打发他们回家。这点钱还不够一天的饭钱，甚至是否真正付给他们还有疑问。①

由此可见，皇权国家为逼迫运河区域的下层百姓从事严重消耗体力的拉纤活动，甚至刻意在半夜酣睡时抓那些老弱病残应役。强迫百姓从事拉纤无疑是一项极为繁重的劳役。

山东沿运各州县既为运河交通要冲，也是驿递交通要冲，往来官船、车马频繁，各种官差接待成为沿运百姓的一项沉重负担。武城，“水路由临清抵德州，陆路由临清抵故城，俱为必经之地，甲马营驿驿递虽为所属，而两地策应未尝少减。上官陆行者，夫马仆从，动以百数，里甲雇觅，费用不赀，邑疲而地复冲，亦难乎其为民矣”②。恩县，“岁困驿使，里井萧骚”③。明后期的阳谷，“岁派驿马十五匹，因差烦，又以十五匹副之，其每匹额给官价十六两者，止正马十五匹耳，计民间赔费每匹不下四十五两”。崇祯七年（1634），阳谷人钟光胤对阳谷地方官佥派百姓应

---

① ［英］乔治·马戛尔尼、约翰·巴罗：《马戛尔尼使团使华观感》第九章，何高济译，第413页。

② 尤麟等：嘉靖《武城县志》卷3《户赋志》，《天一阁藏明代方志选刊》第63册，13a。

③ 王命爵等：万历《东昌府志》卷1《风俗》，《北京师范大学图书馆藏稀见方志丛刊续编》第5册，第243页。

驿递杂差之弊有形象描述："谷邑地僻，原无置邮之设，先年走递马原额几经裁革，偶遇差烦，供应部充，当事者不获已，始佥派于街民，不堪其苦，继佥派于乡民，即得起当，不免倾中人之产。矧一经佥派，里书指为营利之媒，那移迁转，弊窦不可穷诘。当猾漏网，贫愚罹苦，一不当而卖儿鬻女，流离他乡。"[①] 东平州，"地广民稀，田不尽垦，驿传疲累，人力匮绌，称凋耗矣"[②]。

高唐百姓的各类杂役纷繁，"州困邮传，赋役烦重，物力彫耗，百姓攻苦力穑，无声色狗马之好"[③]。官设车马不足调用，往往向民间借调，"经书任意去留，差役择弱而欺"。乾隆二十五年（1760），高唐知州郑景改革此弊，于驿号多蓄骡马。他规定，高唐百姓赴魏湾完纳米豆漕粮时，官方准备牛车载运。最后，他限定运送银鞘，押递人犯所需民间牛车数目，"统计不过七八十辆"[④]。郑景的改革只是节制官府向民间私派车马的规模，并未从根本上废除向民间征派车马的做法。至道光年间，该州遇有饷鞘、贡品等项差役，依旧向民间派雇。然而，在雇募中，"巧黠者设计隐藏，强悍者藉端违抗"。道光六年（1826），知州崔坱带头捐款购置车辆，进一步减轻百姓负担。[⑤]

地处水陆要冲的济宁州，"地硗而洼，当南北之冲，差使络绎，赋役繁兴，兼以水患频仍，境以内屡告敝"。济宁州各种杂役沉重，"黠者避役，多挂名河院书吏，贫民偏受其累"。乾隆二十七年（1762），知州史锦推行均徭改革，下层百姓的负担得到一些缓解。[⑥] 济宁是河道总督衙署所在地。河道总督每年至少两次大规模赴河南督查河工，需要车辆百数

① 孔广海等：光绪《阳谷县志》卷12《艺文》收阎汝梅《阳谷均徭甦民记》，《中国地方志集成》山东府县志辑第93册，第297页。

② 张鹏翮等：康熙《兖州府志》卷5《风土志》，中国国家图书馆藏康熙二十五年刻本，13a。

③ 嵩山等：嘉庆《东昌府志》卷3《风俗》，《中国地方志集成》山东府县志辑第88册，第84页。

④ 周家齐等：光绪《高唐州志》卷3《税课》刘其楄《知州郑景均役碑记》，《中国地方志集成》山东府县志辑第88册，第331页。

⑤ 周家齐等：光绪《高唐州志》卷3《税课》刘其楄《知州郑景均役碑记》，《中国地方志集成》山东府县志辑第88册，第331页。

⑥ 徐宗幹等：道光《济宁直隶州志》卷6《职官》，《中国地方志集成》山东府县志辑第76册，第452页。

十辆不等，往往经车行经手雇用民间车辆。此外，“运送饷鞘，递解人犯及河宪衙门差务，不得不需车辆”。这些车辆以农家的牛车载重量大，“载运粮食、柴薪，非客商外来驴马车辆可比”。负责经手雇车的车行，“有借差为名，妄拿乡间牛车，绪端勒索，殊堪痛恨”。车行雇民间牛车后，“车行中饱，或坐扣房饭钱文，用一扣十，甚至卖放虚报，无弊不作，于是商旅视为畏途，而并及乡民之装载粮食者，其害不可胜言”①。

除繁杂的劳役外，治河物料的科派同样是沿运州县百姓的一项沉重负担。乾隆年间，济宁人孙扩图说：“吾州自绅士至于庶民，均有切骨之累，曰派纳运河秸料一事。”由于治理运河需要大量秸料。每年冬季，由官员派办秸料。发展到后来，济宁州各衙门所需薪料也开始向百姓派办。派办秸料成为济宁州百姓的一项沉重负担。孙扩图说：“始而，力田之农与有田五亩以上之绅士，派每亩斤。既而，采派并行，则肆工市贾，皆在派中，兼之胥役奉行不善，交纳本色，则十倍秤收，折纳钱文，则一母十子。夫胥役坐制小民之命固已，即绅若士或贫彻骨，万难措办，不得已而出于告诉之途者，亦必目之为刁为劣，卒之一无得免。”致仕返乡后，孙扩图三次向上级申诉，均无功而返，“私派不休”。乾隆四十八年(1783)，兰第锡上任河道总督后才最终下令严行禁止这些无端科派。②

三　燃料危机

山东运河区域在新石器时代中晚期曾有森林和草原等植被的大量分布。作为中国最早开发的地区之一，包括山东运河区域在内的黄淮海平原地区天然植被很早就遭到人为破坏。春秋战国时期，本区域的华北暖温带阔叶林遭受历史时期的第一次大规模破坏。西汉时期，本区域林木资源已面临枯竭。东汉末年至南北朝时期，中国遭受长期的战乱，以及旱蝗等严峻自然灾害，农田荒芜，草地和灌木丛等次生植被得到较快恢复。五代至宋元时期，伴随农业开发以及中原城市建设的大规模推进，

---

① 潘守廉等：民国《济宁直隶州续志》卷4《风土志》收徐宗幹《禁拿牛车示》，《中国地方志集成》山东府县志辑第77册，第310页。

② 徐宗幹等：道光《济宁直隶州志》卷9《艺文》收孙扩图《兰河院禁派秸料记》，《中国地方志集成》山东府县志辑第77册，第96—97页。

黄淮海平原地区的森林植被破坏极为严重。明代前期，黄淮海平原周边山地森林还有分布。明代中叶以后，由于农业的大规模垦荒，次生林已很少见。明末战火甚至使太行山森林遭到严重摧残。入清，黄淮海平原周边山地的森林资源已非常少见，只有在冀北山地、太行山区、豫西山区和陇东等山区还保留部分温带阔叶林，其他平原和丘陵区均已被开辟为农田。[①] 中古时期（公元3—9世纪）的华北森林覆盖率高，拥有广袤的山林草地，有不少大型食肉猛兽以及包括鹿类在内的各种野生食草动物栖息活动。[②]

明清时期，山东运河区域南部的山地植被破坏极为严重。滕县东北多山，林木资源本来比较丰富，“贫者常以农隙入山樵采作炭”[③]。至清中叶，“滕地半山皆童童然，非如他山有材木、竹箭、奇石之饶也”[④]。峄县，“环峄皆山，山俱童，无重峦洞壑可以游者”[⑤]。东平，“东北多山，西南积水，山多童”[⑥]。嘉祥，“嘉祥，弹丸区耳，而山半之，崔巍盘礴，民不知有树植，几于不毛矣”[⑦]。高元杰对明清时期山东运河区域各州县以鹿、狼等野生动物的分布做了研究。康熙、乾隆之际是鹿等野生动物消失最快的时期。康熙以后，平原地区基本不再有鹿类活动的记载。到民国以后，整个运河区域已无鹿活动的迹象。[⑧] 这从另外一个侧面说明明清时期山东运河区域各州县森林植被遭受极为严重的破坏，已经不适合鹿、狼等野生动物的生存。

---

① 邹逸麟主编：《黄淮海平原历史地理》第二章“黄淮海平原植被和土壤的历史变迁”，第48—51页。

② 王利华：《中古华北的鹿类动物与生态环境》，《中国社会科学》2002年第3期。

③ 张鹏翮等：康熙《兖州府志》卷5《风土志》，中国国家图书馆藏康熙二十五年刻本，10b。

④ 王政等：道光《滕县志》卷3《山川》，《中国地方志集成》山东府县志辑第75册，第72页。

⑤ 赵亚伟等整理：乾隆《峄县志》卷10《艺文志》收仲宏道《桃花山记》，第248页。

⑥ 刘靖宇等：民国《东平县志》卷4《物产志》，《中国地方志集成》山东府县志辑第66册，第33页。

⑦ 章文华等：光绪《嘉祥县志》卷1《方舆》，《中国地方志集成》山东府县志辑第73册，第225页。

⑧ 高元杰：《明清时期山东运河区域植被破坏及其影响初探》，载李泉主编《“运河与区域社会”国际学术研讨会论文集》，中国社会科学出版社2015年版，第225—226页。

山东运河区域北部各州县地势平衍，“无深山大川”，林木资源极其匮乏。堂邑县，“筑场纳稼以后，即平原荡然，了无所赖，贫家但爬罗草根木叶给爨而已，穷阴积雪则皑皑弥望，益复无冀”[①]。北部各州县严重缺乏天然林资源，人造林同样严重匮乏。清初的博平县：“至果木之利，在昔盛时，亦可佐民用十分之一。经乱经荒，杂木悉尽，今民间构一椽，须取材于邻封，而况桑枣之类，益复疏有。”博平县林木资源极其匮乏，修志者大声呼吁：“十年之计树木，亦当今民事之不可缓者哉！”[②] 北部各州县由于缺少山地，有限的林木资源只能存在于“村庄附近、河流沿岸”。一旦保护不周，这些有限的林木极易被人盗伐。[③]

山东运河区域各州县毗邻黄、运二河，河工频兴，治河物料的需求量极为庞大。明代规定，每年入秋后，沿黄、运二河的各州县、卫所管河官就要将沿河各湖以及运河堤岸等处生长的芦苇、蒿蓼、水红等草悉数收割，“每夫一日采取二十束，每束晒干二十斤，以草尽为止”。要求管河官将采割的草料堆积河岸以备河工埽料之用，“采不足、捏报及偷盗者问罪”[④]。康熙二十三年（1684），江南黄河岁修需柳枝100万束，河道总督靳辅要求除本地采集外，“令河南开封府协柳二十万束，归德府协柳十万束，山东东昌府属协柳十万束，兖州府属协柳十五万束，济南府属之德、陵、平、禹等近河州县共协柳五万束，直隶天津以南河间、广平、大名三府属近河各州县协柳十二万束”[⑤]。

河工物料的大量使用对各州县植被造成严重破坏。康熙《峄县志》言：“至于境内大挑、岁修需用诸物料，固峄民之不能辞其责。乃以黄河口决，檄取柳束，亦与无河道之州县一例派征，何无劳逸差等耶？况柳生卑湿地，峄处万山中，原非产柳之乡。昔騶分司曾合东、兖二郡之河卒大采山中，名为采柳，而所伐皆槐、榆、桃、杏、梨、枣、桑、柘之属，实非柳也。迩者瓠子工兴，每岁征解，不惟山谷濯濯，即民间园林

① 卢承琰等：康熙《堂邑县志》卷7《物产》，中国国家图书馆藏康熙四十九年刻本，11a。

② 堵嶷等：康熙《博平县志》卷5《物产》，中国国家图书馆藏康熙三年刻本，26a。

③ 山东省政府实业厅编：《山东农林报告》，第40页。

④ 谢肇淛：《北河纪》卷6《河政纪》，《中国水利史典·运河卷一》，第327页。

⑤ 靳辅：《靳文襄奏疏》卷5《购办柳束疏》，《近代中国史料丛刊》，第585页。

果木翦伐一空，四野萧条，求蔽芾之甘棠，敬恭之桑梓，而亦不可得矣。彼未亲历其地者，动辄谓峄多柳，是犹索柴胡桔梗于沮泽，欲其劫车而载也，岂不谬哉！”[①] 由于林木资源匮乏，山东运河区域各州县建房等民生所需木料多通过运河从江南等地输入。康熙《兖州府志》言：“（兖州府）木多槐、柳、桑、柘、柏、松、榆、檀之类，而无杉、梓、楩可以为材，江南之材从河入漕，山西之材从沁东下，由济濮故渠入漕，郡人鬻而用焉。……总之，服食器用，鬻自江南者十之六七矣，此皆诸邑所同。”[②]

乾隆五十八年（1793），马戛尔尼使团途经京杭运河时发现沿运地区存在着严峻的燃料危机。他们描绘道：“北方诸省的气候不利于可怜的农民。夏季热到他们差不多裸体，而冬天的寒冷令他们难以为生，缺乏燃料、衣服，甚至无庇护所，据说成千上万的人被冻死饿死。在这种情况下，亲情有时让位于自我生存，父母亲为免于饥饿而出卖儿童，幼儿成为贫穷的牺牲品。”[③] 同治八年（1869），德国地理学家李希霍芬在山东游历期间对山东植被的严重破坏印象深刻：“山都是光秃秃的，树木和草坪早就被砍伐殆尽，甚至连树根和野草也被用来当作柴火烧掉了，连田地和道路两边也不例外。”李希霍芬对中国百姓未来的生活表现出隐忧：“当一个民族把上帝给的恩赐都消耗完了，那么可能会遭受严重的报复。”[④]

乾隆年间，博平知县朱坤对山东运河区域北部平原地区的下层百姓缺乏燃料的困境有形象描述：“何方林麓可樵苏，竟日提筐入得无。风雨昏黄举火晚，一般儿女泣寒芜。”[⑤] 临清人陈恩普同样作诗写道：“毁屋愁，粮尽柴绝将何求？上年草梗不获收，伐木扫叶供灶头。今炊无谷伐

① 田显吉等：康熙《峄县志》卷5《漕渠志》，中国国家图书馆藏康熙十二年刻本，25a。

② 张鹏翮等：康熙《兖州府志》卷5《风土志》，中国国家图书馆藏康熙二十五年刻本，5b。

③ ［英］乔治·马戛尔尼、约翰·巴罗：《马戛尔尼使团使华观感》第九章，何高济译，第439页。

④ ［德］费迪南德·冯·李希霍芬：《李希霍芬中国旅行日记》上册，李岩、王彦会译，第159页。

⑤ 嵩山等：嘉庆《东昌府志》卷48《艺文志·诗》收朱坤《咏博平风土诗》，《中国地方志集成》山东府县志辑第78册，第214页。

无木，家家束手空仰屋。屋材换钱草作薪，到处遍是拆屋人。撤椽拆瓦恨无声，一声一泪难为情。呜呼！毁屋愁，愁欲绝！灶下烟是心头血。"①

山东运河区域北部平原地区由于缺乏山地，林木资源极其匮乏，只能以田间地头所产的莨、地丁、胡枝子、马梢等灌木枯草为主要燃料。② 在研究包括鲁西运河区域在内的黄运地区的燃料问题时，美国学者彭慕兰着重指出："即使是对20世纪30年代鲁西南地区所有存疑数据最大胆的估计，这个地区的总人均燃料供应（包括麦秸、野草等），也仅占当今研究者们所认为的最低'生存'限度所需燃料的27%，这里所述的'生存'，包括做饭、烧水和备作饲料的柴草，但不包括取暖（除非作为做饭的副产品）或照明。占最低生存限度27%的供应，比同时代孟加拉国特别贫穷的地区所能获得的燃料供应（36%）要略低。"③ 为节省燃料，下层民众在缺少燃料的冬季，将地瓜于土井内储藏，供冬、春两季数月口粮，"以其充饥可口，且可节省燃料也"④。

第二节 民风的地域差异

民风是透视特定时空背景下社会生态变迁的一个窗口。通常意义上讲，民风主要指一定时期内特定空间范围内人们在日常生活中形成的思想言行方面带有普遍性的倾向。⑤ 将风俗变迁的研究置于特定空间是学界开展这项研究的一个重要特征。20世纪80年代以来，学界对明清风俗变

---

① 张自清等：民国《临清县志》卷16《艺文·诗词》收陈恩普《毁屋愁》，《中国地方志集成》山东府县志辑第95册，第419页。

② 山东农业调查会编：《山东之农业概况》，第130页。

③ ［英］彭慕兰：《腹地的构建：华北内地的国家、社会和经济（1853—1937）》第三章"生态危机和'自强'逻辑"，马俊亚译，第190页。

④ 刘靖宇等：民国《东平县志》卷4《物产志》，《中国地方志集成》山东府县志辑第66册，第34页。

⑤ 关于"风俗"概念的界定，严昌洪将"社会风俗"这一概念分为风俗习惯和社会风气两类。请参阅氏著《中国近代社会风俗》前言，浙江人民出版社1992年版，第6页。

迁的研究成果层出不穷，形成一个热潮。①

一　崇商抑或务本

济宁地处漕运要冲，商业发达，百姓从商竞利的风气浓厚。康熙《济宁直隶州志》言："济当河漕要害之冲，江淮百货走集，多贾贩，民竞刀锥，趋末者众。"② 康熙《兖州府志》对济宁州与周边各县截然不同的从商氛围有形象描述："济宁在南北之冲，江淮、吴楚之货毕集，其中一名都也，河道军门屯重兵其上，兵使部郎佐之，五方之会，骛于纷华，与邹鲁间稍殊矣。"③ 又言："在运河北岸，南控徐沛，北接汶泗，为漕渠要害，江淮货币百货聚集，其民务为生殖，仰机利而食，不事耕桑。"④ 康熙初年，济宁知州廖有恒对济宁城内浓厚的崇商氛围有形象描述："济宁当水陆要冲，四方舟车所辏，奇技淫巧所集。其小人游手逐末，非一日矣。"⑤ 为营造良好经商环境，康熙中期，知州吴柽严禁土著铺行欺压客商的行为，并警告"将来商贾裹足不前，则此地之生计因而削落矣"⑥。

济宁州城商业繁华，崇商的风气浓厚，但其附属各县却是以农为本的保守风气。金乡，"地僻而狭，不通商贾，士习礼让，民务耕织，朴直敦厚"；嘉祥，"在运河西岸，居万山之中，民务稼穑"⑦。明前中期，运河行经西线徐州段运河时，鱼台是运河流经的重要地区。县境谷亭镇因运河流经商业繁华，"明时贾人陈椽其中，鬻曲蘖，岁以千万"。运河改

---

① 关于明清风俗的研究，主要研究综述有林丽月《世变与秩序：明代社会风尚相关研究评述》，《明代研究通讯》2001年第4期；钞晓鸿《近二十年来有关明清"奢靡"之风研究述评》，《中国史研究动态》2001年第10期；常建华《旧领域与新视野：从风俗论看明清社会是研究》，《中国社会历史评论》第12卷，后收入氏作《观念、史料与视野：中国社会史研究再探》，北京大学出版社2013年版，第178—221页。

② 廖有恒等：康熙《济宁州志》卷2《风俗》，中国国家图书馆藏康熙十一年刻本，17a。

③ 张鹏翮等：康熙《兖州府志》卷5《风土志》，中国国家图书馆藏康熙二十五年刻本，6a。

④ 张鹏翮等：康熙《兖州府志》卷5《风土志》，中国国家图书馆藏康熙二十五年刻本，9a。

⑤ 廖有恒等：康熙《济宁州志》卷2《风俗》，中国国家图书馆藏康熙十一年刻本，18b。

⑥ 胡德琳等：乾隆《济宁州志》卷2《风俗》，哈佛大学汉和图书馆藏乾隆五十年刻本，50b。

⑦ 胡德琳等：乾隆《济宁直隶州志》卷2《风俗》，哈佛大学汉和图书馆藏乾隆五十年刻本，54a。

道前，鱼台商业繁华，“俗稍华侈，士好文采，民逐末利”①。明后期，随着南阳新河、泇河的相继开通，运道移至微山湖东，湖西的鱼台等县经济发展备受影响，不少湖西的城镇陷入萧条。② 随着发展商业的条件恶化，鱼台县的社会风俗也发生变化，回到“尚礼让，务耕读，犹有古风”③。

兖州府首县滋阳以及周边的曲阜、宁阳、汶上、邹县等县均保持以农为主的经济结构。康熙《兖州府志》言：“滋阳为郡治所，而曲阜、宁阳、邹、汶上诸邑环之，故鲁之四郊也，其俗温厚驯雅，华而不窕，有先圣贤之风，民好稼穑，不工生殖，法亦易行焉。”④ 宁阳，“幅员狭隘，不通商贾，惟务稼穑”⑤。光绪《宁阳县志》言该县，“以偏隅瘠壤，既乏商贾之利，亦亡林泽之饶，所赖以养生者，惟力田耳。”⑥ 邹县，“民多力本务农，不工贸易”。泗水，“不通商贾，以稼穑自给，畜牧为利”⑦。兖州府以南的峄县、滕县、泗水等县经济结构同样以农为主，“自府以东南，沂、费、峄、郯、滕、泗，在青徐之交，山水环结，风土深厚，民性朴质，以田畜自饶，颇有山泽之利”⑧。峄县，“民以耕桑自给”⑨。泗水，“民尚耕织，事畜牧，工不作淫技，贾不出乡”⑩。兖州府西北的东

---

① 鱼台县地方志编纂委员会整理：康熙《鱼台县志》卷9《风土》，第240页。

② 关于这个问题的讨论，可参考李德楠：《国家运道与地方城镇：明代泇河的开凿及其影响》，《东岳论丛》2009年第12期。

③ 觉罗普尔泰等：乾隆《兖州府志》卷5《风土志》，《中国地方志集成》山东府县志辑第71册，第121页。

④ 张鹏翮等：康熙《兖州府志》卷5《风土志》，中国国家图书馆藏康熙二十五年刻本，6a。

⑤ 张鹏翮等：康熙《兖州府志》卷5《风土志》，中国国家图书馆藏康熙二十五年刻本，10a。

⑥ 高升荣等：光绪《宁阳县志》卷6《风俗》，《中国地方志集成》山东府县志辑第69册，第94页。

⑦ 张鹏翮等：康熙《兖州府志》卷5《风土志》，中国国家图书馆藏康熙二十五年刻本，10b。

⑧ 张鹏翮等：康熙《兖州府志》卷5《风土志》，中国国家图书馆藏康熙二十五年刻本，6a。

⑨ 张鹏翮等：康熙《兖州府志》卷5《风土志》，中国国家图书馆藏康熙二十五年刻本，10b。

⑩ 刘桓等：顺治《泗水县志》卷1《风俗》，中国国家图书馆藏康熙元年刻本，11b。

平、东阿、阳谷、寿张诸县，“其俗淳雅和易，文质得宜，土壤瘠薄，民务稼穑，不通商贾”[①]。

明代后期，东昌府首县聊城县境地处运河沿线的城镇经商风气浓厚。万历《东昌府志》载：“由东关遡河而上，李海务、周家店居人陈椽其中，逐时营殖。”[②] 该府下属各县务农保守的风气浓厚。明后期的堂邑，“百姓勤身服鏄，不业非分”[③]。茌平，“务农桑，尚诗礼，凡婚丧之类，互相资助”[④]。清平，“邑旧割博平县之灵明寨，居民才数百家，土垣茅屋，四郊平沙曼衍，俗近朴约，城以西多士族，人磊落，阔达足智”[⑤]。莘县，“士风淳笃，男女勤于耕纴”。冠县，“土薄俗俭，大类莘。士风倜傥，耻尚龌龊。贾镇、清水，旧称名区，列隧征僨，其俗纤巧，逐末多衣冠之族”[⑥]。高唐，“州困邮传，赋役烦重，物力彫耗，百姓攻苦力穑，无声色狗马之好”[⑦]。入清，高唐“民务农桑，俗尚节俭”[⑧]。丘县，“百姓务稼穑，有垂白不涉公庭者”[⑨]。

在运河尚未通畅的时代，临清保持着以农为本的经济形态：“农桑务本，户口殷富。”[⑩] 明清以降，借助汶卫交汇的交通之利，临清迎来经济发展，商业繁荣的时期，经商崇利的风气极其浓厚。万历《东昌府志》

---

① 张鹏翮等：康熙《兖州府志》卷5《风土志》，中国国家图书馆藏康熙二十五年刻本，6a。

② 王命爵等：万历《东昌府志》卷1《风俗》，《北京师范大学图书馆藏稀见方志丛刊续编》第5册，第241页。

③ 王命爵等：万历《东昌府志》卷1《风俗》，《北京师范大学图书馆藏稀见方志丛刊续编》第5册，第241页。

④ 胡德琳等：乾隆《东昌府志》卷5《地域二》，中国国家图书馆藏乾隆四十二年刻本，6b。

⑤ 王命爵等：万历《东昌府志》卷1《风俗》，《北京师范大学图书馆藏稀见方志丛刊续编》第5册，第241页。

⑥ 王命爵等：万历《东昌府志》卷1《风俗》，《北京师范大学图书馆藏稀见方志丛刊续编》第5册，第242页。

⑦ 王命爵等：万历《东昌府志》卷1《风俗》，《北京师范大学图书馆藏稀见方志丛刊续编》第5册，第243页。

⑧ 刘佑等：康熙《高唐县志》卷1《风俗》，中国国家图书馆藏康熙十二年刻本，25b。

⑨ 王命爵等：万历《东昌府志》卷1《风俗》，《北京师范大学图书馆藏稀见方志丛刊续编》第5册，第242页。明初，丘县隶属东昌府。弘治二年，改属临清州。至清乾隆四十一年，临清州升为直隶州，直辖原东昌府丘县、夏津、武城三县。

⑩ 于睿明等：康熙《临清州志》卷1《风俗》，中国国家图书馆藏康熙十二年刻本，11a。

言："州绾汶卫之交，而城齐赵间一都会也。五方商贾，鸣榔转毂，聚货物，坐列贩卖其中，号为冠带，衣履天下，人仰机利而食。暇则置酒征歌，连日夜不休。……士人文藻翩翩，犹愈他郡。"[①] 明清鼎革，临清很快从战乱中恢复旧日商业繁荣的景象，经商营商的风气极为浓厚。康熙初年，知州贺王昌作诗四首形象描述了当时临清繁荣的商业场景：

（一）

名区东郡首清源，水陆交冲市井喧。翠羽明珠多大贾，奇花怪石有名园。

啣杯北海方盈坐，挟刺曹丘又到门。吐握敢言能下士，谩夸十日醉平原。

（二）

舟车辐辏说新城，古号繁华压两京。名士清尊白玉尘，佳人红袖紫鸾笙。

雨晴画舫烟中浅，花发香车陌上行。悬声荒郊多向隅，尚烦长吏省春耕。

（三）

千帆寒影落平沙，烟火沿堤几万家。市肆朝光耀锦绣，河桥晚渡列鱼虾。

富商喜向红楼醉，豪客惊看白日斜。却笑蓬蒿张仲蔚，披书案朽点霜华。

（四）

晨光万井已喧嚣，无限舟车似涌潮。屠狗卖浆亦意气，新妆袨服自逍遥。

谁家市上黄金勒，何处楼头碧玉箫。惟有衙斋清似水，佛香梵筴忆参寥。[②]

---

① 王命爵等：万历《东昌府志》卷1《风俗》，《北京师范大学图书馆藏稀见方志丛刊续编》第5册，第242页。

② 于睿明等：康熙《临清州志》卷4《艺文三》收贺王昌《题清源诗》，中国国家图书馆藏康熙十二年刻本，43b。

与临清毗邻的馆陶受其经商风气影响，崇商拜利的风气渐趋浓厚。乾隆《东昌府志》言：“（馆陶）密迩临清，服室侈踰，自部使监兑境上，居民馆中州，富户而利其奇赢，俗争弃农而矜贾。”①

广大的腹地州县的百姓主要采取以农为主的营生模式，从商的人数极少。阳谷，“力本者多，营末者寡，其民间勤俭，男耕女织，各守本业”②。朝城，“百姓勤俭力本者多，营末者少，男耕女织，各守本业，诸所征发，罔弗应”③。武城，“小民以蚕绩耕作为业，奉法远罪，俗在刚柔之间”④。宁阳，“邑境狭隘，不通商贾”⑤。

腹地各县经商的风气极其薄弱，本土商人的力量并不强大。如朝城，“朝境不通水陆南北大道，故无巨商巨贾，其为商者，多不多数十金，少则数金之资，以为贸易耳”。腹地各州县并未充分利用运河提供的交通便利条件。朝城，“为工者，虽或攻木、攻金、攻皮，与夫设色、刮摩、抟埴之不同，要止以本邑之人供本邑之用”⑥。

二　拜奢抑或尚俭

自明中叶以降，社会上流行的奢靡之风愈演愈烈。这种风气尤其是在商业繁荣、消费人口集中的江南和沿海城市表现最为显著。⑦ 与之同步，华北部分经济富庶的地区社会风气逐渐从俭朴走向奢靡。⑧ 作为沟通南北的交通大动脉，大运河贯通鲁西地区，直接带来人流、物流的汇集，

---

① 胡德琳等：乾隆《东昌府志》卷5《地域二》，中国国家图书馆藏乾隆四十二年刻本，9a。

② 王时来等：康熙《阳谷县志》卷1《风俗》，《中国地方志集成》山东府县志辑第93册，第27页。

③ 祖植桐等：康熙《朝城县志》卷6《风俗》，中国国家图书馆藏康熙十二年刻本，1a。

④ 王命爵等：万历《东昌府志》卷1《风俗》，《北京师范大学图书馆藏稀见方志丛刊续编》第5册，第243页。

⑤ 李梦雷等：乾隆《宁阳县志》卷1《方舆·风俗》，中国国家图书馆藏乾隆八年刻本，1a。

⑥ 祖植桐等：康熙《朝城县志》卷6《风俗·习尚》，中国国家图书馆藏康熙十二年刻本，8a。

⑦ 钞晓鸿：《近二十年来有关明清“奢靡”之风研究述评》，《中国史研究动态》2001年第10期。

⑧ 徐泓：《明代后期北方五省商品经济的发展与社会风气的变迁》，载氏著《明清社会史论集》，北京大学出版社2020年版，第93页。

出现商业繁华的重要城镇，社会风气发生着剧烈变化。济宁城内百姓从商拜商的氛围浓厚，奢靡的社会风俗亦盛。康熙初年，知州廖有恒言："高者务奢靡，沿流仿效，顽者争锱铢，欺伪丛生，几失变鲁至道之旧。"① 康熙《济宁州志》对济宁州百姓宴会、丧葬等仪式的奢靡之风有形象描绘：

> 至若富显召宾，颇以饮馔相尚，水陆之珍，常至方丈。中人慕效，一会之费，几耗数月之食。丧葬之家，置酒留宾。若有嘉客，輀车纠结，华盖拟像宫室，锦绣金碧，雕缋陆离，贵者百金以上，贫者亦不减三五十金。民间丧柩，有十余年濡滞不举者。吊丧无问疏戚，遍贻麻巾，枭带盛陈，葬仪炫耀，衢路走马拍杆，杂要优剧，以致观者妇女儿童接队骈阗，尘昏障日，以观葬之多寡，详丧礼之厚薄。②

济宁城市百姓的丧葬仪式极尽奢靡。仪式所用誊录祭文的载体原本是用纸轴，入清已普遍使用绫缎，"祭毕则焚之"，徒增浪费。死者所用棺罩，最初用布或绢，入清穷极奢华，"今则穷工巧，富者费数百金，贫者亦不下数十金，生而檐瓦舍，死而龙阁凤楼"③。

济宁人往往停棺数载，待丧葬所用的高档材料备齐后才正式下葬。崇祯十六年（1633）济宁东城一场大火焚烧待葬的灵柩达 160 余具。崇祯十七年（1644），风传即将入城的大顺农民军有"暴柩之罚"，济宁百姓踉跄掩埋的棺材不可胜数。活跃于明清之际的济宁士绅郑与侨对济宁地区盛行的厚葬之风深恶痛绝："吾济丧礼近则侈甚，诸需不备，丧不敢举，有一柩停数载者，无论殡葬违期，礼法所禁，即水火盗贼，更属可虞。"④ 康熙二十一年（1682），郑与侨临终前立下遗嘱反对风行

---

① 廖有恒等：康熙《济宁州志》卷 3《风俗》，中国国家图书馆藏康熙十一年刻本，18b。

② 廖有恒等：康熙《济宁州志》卷 3《风俗》，中国国家图书馆藏康熙十一年刻本，19b。

③ 胡德琳等：乾隆《济宁直隶州志》卷 2《风俗》，哈佛大学汉和图书馆藏乾隆五十年刻本，46b。

④ 胡德琳等：乾隆《济宁直隶州志》卷 2《风俗》收郑与侨《俭戚说》，哈佛大学汉和图书馆藏乾隆五十年刻本，44b。

的厚葬之风。其遗嘱言："棺价不得过十五两，既足以蔽体，又使之速坏。吾济厚制棺罩，多者费至百金，少亦不下数十金，片刻即付之火，与死何益?"①

康熙中期，知州吴柽认为，济宁"婚丧吉凶之礼，交际来往之仪，与服装食起居，都无节制，争华斗靡，彼此竞争……但图目前体面，不计日后艰难"。他直言："济宁人烟如此繁庶，幅员如此广阔，又系水陆都会之地，百货纷来，贸易有利，而闾阎不能殷实者，良由奢侈无度之所致耳"。吴柽对州城百姓的丧葬仪式烦琐以及奢靡之风做了细致批判：

> 一、出丧浮费。丧礼以哀为主，丧事厚死者，谓衣衾棺椁，朝夕哭奠，上食之事也。若徒饰外观，炫人耳目，不惟靡费无益，实失哀痛诚心。故圣人曰：与易也宁戚。况礼当称家之有无，非分过费。虽曰厚于所亲，实非礼之本意，乃济俗出丧，即一棺罩，有用锦缎花草人物，备极工巧，费数十金，及数百金，百余金不等。至纸札故事，摆里许，搭台演剧，及娼妓走索，卖解簇，偪角觗戏，博人欢笑，自谓夸耀乡里，其实靡费无益。日令孝子忘哀作乐，陷于十恶之条，尤大不可也。在富贵之家，已为奢不中礼。乃平等者，亦欲作此体统，囊无余赀，弃产借债，往往温饱之家，出一丧事，便至艰难，日就穷落，至有不可问者。无论非礼非分，就其所为，已死之祖父荣耀有限，而子孙因此困苦。至于不堪独非玷辱乎?
>
> 一、有新丧者，必有家祭，又谓之堂祭。先择日发柬，遍招亲友陪祭，更请通赞、鸣赞、读祝礼生。凡酧爵上香，进馔猷帛，备食送神。焚香陪祭，亲友皆变服随主祭者，行跪拜之礼，仪文繁缛，竟日达夜。礼始毕，乃演剧饮客，计一祭所费不赀。丧之家以此为累，而陪祭人益厌苦之。然格于俗例，必不能免。夫人子自祭，其亲陪祭者，惟亲族之卑幼，趋跄执事耳，岂可遍及疏远之亲族朋友

① 郑与侨：《郑确庵遗稿八种：卧抬偶记》，北京大学图书馆藏民国二十七年抄本，转引自郑善庆《明清之际北方遗民的经历与抉择——以山东士人郑与侨为个案的分析》，《沧桑》2020年第6期。

乎？况繁文非礼，观剧忘哀，尤不可训也。①

道光二十一年（1841），知州徐宗幹指出，“吾济数十年来，凋敝日甚，固出生齿日繁，物力昂贵，实因人心浇漓，风俗侈靡”。他对贺礼送绫对、酒席过于丰盛、丧礼过于虚糜、衣服过于华丽以及滥食鸦片等奢靡陋习均应予以制止。他专下劝文号召济宁百姓，“凡事务为节俭，不尚浮华，量入为出，何难渐臻饶裕?”徐宗幹发动的劝谕百姓节俭弃奢的活动，得到济宁士民响应，其中东乡士民专门制定了乡约条规27条，就包括丧葬节俭、戒毒等内容。②

济宁州城市内外风气却呈现出两种截然不同的画面。城内百姓从商逐利的风气浓厚，城郊依旧是务农保守的社会风气。康熙《济宁州志》言：“郊野之氓务耕种，愿朴畏法。士美秀，有文彬彬，儒雅科名称盛。里中庆吊往来，有亲睦之风，人多善良，无暴戾恣睢之习，急公赋，怯争讼。”③ 济宁州附属各县同样是敦厚朴直的保守风气，“虽嗜好礼节，稍有不同，而其务稼穑，敦俭朴，则同也”④。金乡，“朴直敦厚，有古遗风”⑤。鱼台，“其俗谨厚畏法，词讼甚简，嫁娶省约，不计财贿”⑥。嘉祥，“俗亦朴陋，不事浮靡，婚丧相助，犹存古风”⑦。鱼台，“其俗谨厚畏法，词讼甚简，嫁娶省约，不计财贿，尚礼让，务耕读，犹有古风”⑧。

在元明鼎革之际，东昌府人口大量损失。明立国后，朱元璋下诏自

---

① 胡德琳等：乾隆《济宁直隶州志》卷2《风俗》，哈佛大学汉和图书馆藏乾隆五十年刻本，50a－51b。

② 徐宗幹等：道光《济宁直隶州志》卷3《风土》，《中国地方志集成》山东府县志辑第76册，第160页。

③ 廖有恒等：康熙《济宁州志》卷3《风俗》，中国国家图书馆藏康熙十一年刻本，17a。

④ 胡德琳等：乾隆《济宁直隶州志》卷2《风俗》，哈佛大学汉和图书馆藏乾隆五十年刻本，54b。

⑤ 王天秀等：乾隆《金乡县志》卷7《风俗》，哈佛大学汉和图书馆藏乾隆三十三年刻本，2a。

⑥ 觉罗普尔泰等：乾隆《兖州府志》卷5《风土志》，《中国地方志集成》山东府县志辑第71册，第121页。

⑦ 胡德琳等：乾隆《济宁直隶州志》卷2《风俗》，哈佛大学汉和图书馆藏乾隆五十年刻本，54b。

⑧ 胡德琳等：乾隆《济宁直隶州志》卷2《风俗》，哈佛大学汉和图书馆藏乾隆五十年刻本，54b。

山西洪洞等县以及济南、兖州等五府填实东昌府。[①] 明初，东昌府百姓以耕织为业，“不喜为吏，有司召之，试辄跳去”。至成化年间，诗书之业兴起，民风朴素，“仕宦归里，不张车盖”。嘉靖年间，随着社会经济发展，“生齿滋蕃，盖藏露积”，教育事业得到发展，“庠序之间，断断如也”。然而，传统的伦常秩序开始瓦解，“里党宴会，少长不均，茵席而坐”。隆庆年间以降，“风恣侈靡，庶民转相仿效，器服诡不中度，游闲公子舆马相矜，盛饰蜉蝣之习，意气扬扬，娉鄙闾里，濒河诸城尤甚”[②]。明代后期的东昌府首县聊城，“服室器用，竞崇鲜华”[③]。

明清鼎革，东昌府各州县的社会习俗转向尚儒敦厚的风气，“人性多敦厚，务在农桑，尚儒学”[④]。首县聊城风俗以敦厚出众。乾隆《东昌府志》描述清初聊城风俗：“民有恒产，皆慕诗书礼乐，男务农，女勤织纴。闾阎细民亦愿遣子入学，五伦之道，蔼然而复淳风，视昔尤美。”[⑤] 宣统《聊城县志》言：“其人朴愿而茂，有秉心塞渊之旧焉，虽循习故事，惮于兴改，然无桀黠渔食，持长吏长短者，租赋不待督，辄先期报竣，最称易治。”[⑥]

东昌府下属各州县多保持俭朴保守的风俗。明后期，堂邑县“昏丧动循古仪，虽华弗佻”[⑦]。入清，该县依旧是敦厚保守的社会风气：“其俗朴愿而茂，有秉心塞渊之风焉，顾颇循习故事，惘于兴改。”[⑧] 高唐州，

---

① 王命爵等：万历《东昌府志》卷12《户役志》，《北京师范大学图书馆藏稀见方志丛刊续编》第6册，第2页。

② 王命爵等：万历《东昌府志》卷1《风俗》，《北京师范大学图书馆藏稀见方志丛刊续编》第5册，第238—239页。

③ 王命爵等：万历《东昌府志》卷1《风俗》，《北京师范大学图书馆藏稀见方志丛刊续编》第5册，第241页。

④ 嵩山等：嘉庆《东昌府志》卷3《风俗》，《中国地方志集成》山东府县志辑第88册，第84页。

⑤ 胡德琳等：乾隆《东昌府志》卷5《地域二》，中国国家图书馆藏乾隆四十二年刻本，6a。

⑥ 陈庆蕃等：宣统《聊城县志》卷1《风俗》，《中国地方志集成》山东府县志辑第82册，第29页。

⑦ 王命爵等：万历《东昌府志》卷1《风俗》，《北京师范大学图书馆藏稀见方志丛刊续编》第5册，第241页。

⑧ 胡德琳等：乾隆《东昌府志》卷5《地域二》，中国国家图书馆藏乾隆四十二年刻本，6a。

“民务农桑，俗尚节俭，其士大夫则笃行谊，耻浮薄，机械之巧不足，而忠信有足尚焉”。婚丧嫁娶保持俭约的风气，“嫁娶不论财帛，丧葬不尚僧道，诉告虽有而无健讼者”①。邱县，“治士谨愿朴野，百姓务稼穑”②。

运河畅通的时代，临清州商业繁荣，奢靡风俗盛行。康熙《临清州志》言：“俗近奢华而有礼。”乾隆《临清州志》亦言：“冠昏丧祭，近奢靡。”③ 临清百姓婚丧嫁娶以及饮食聚会崇尚奢靡，“宁为过，勿为不及”④。临清州的奢华习俗在节庆时节表现尤为显著。乾隆《临清直隶州志》言：“元宵灯火颇盛，永清门、大宁寺、天桥三处为最，士女游观，输钱竞买，熙熙然，太平景物，然亦侈矣。”⑤ 商业繁华的临清民间社会还盛行斗鸡、斗鹌鹑以及培育优质观赏性金鱼等奢靡性消费。⑥

张秋镇一座典型的商业繁华的运河城镇，突出呈现出崇商奢靡的社会风气。乾隆十九年（1754）十一月，署山东巡抚郭一裕形象描绘张秋镇之繁华景象：“东省有张秋镇地方，环运河而为城，漕艘经由，延袤数里，烟户数千家，系兖州府之阳谷、寿张，泰安府之东阿三县所辖，百货云集，商贾辐辏，实为南北往来要津，因分隶三县管辖，地既犬牙相错，人亦奸良莫辨，五方杂处，匪类易于潜踪，其间酗酒打降，私宰赌博及拖欠客账等事，无日不有。”⑦ 康熙《阳谷县志》修撰者在详述本县俭朴社会风俗时，特别留意到张秋镇奢靡的风俗：“惟居张秋者稍侈靡

① 嵩山等：嘉庆《东昌府志》卷3《风俗》，《中国地方志集成》山东府县志辑第88册，第86页。

② 胡德琳等：乾隆《东昌府志》卷5《地域二》，中国国家图书馆藏乾隆四十二年刻本，9a。

③ 王俊等：乾隆《临清州志》卷11《风俗》，山东省地图出版社2001年影印本，第485页。在临清当地有“先有娘娘庙，后有临清城”的说法。参见周嘉《地方神庙、信仰空间与社会文化变迁——以临清碧霞元君庙宇碑刻为中心》，《民俗研究》2019年第6期。

④ 于睿明等：康熙《临清州志》卷1《风俗》，中国国家图书馆藏康熙十二年刻本，11a。

⑤ 张度等：乾隆《临清直隶州志》卷1《风俗》，《中国地方志集成》山东府县志辑第94册，第321页。

⑥ 王俊等：乾隆《临清州志》卷11《风俗》，山东省地图出版社2001年影印本，第484—485页。

⑦ 台北“故宫博物院”编辑委员会编：《宫中档乾隆朝奏折》第10辑，台北“故宫博物院”1982年影印本，第172页。

焉。”[①] 东阿县的修志者也认为张秋镇有着与县境俭朴风俗截然不同的社会风俗：“张秋在河上，五方杂厝，风俗不纯，大抵仰机利而不纯，与邑人绝异，若越境然。”[②] 张秋镇丧葬仪式奢靡，“尤崇浮屠，张乐宴宾，容侈为禺车禺马相夸示”[③]。

整体而言，山东运河腹地各县均保持农业为主的经济结构，风俗以俭约敦厚为尚。观城，“俗尚俭约，矜名节，务农桑，贫民妇女皆以麦莛制辫为业，不事纺绩”[④]。寿张，“居民多淳庞，俗尚质朴”[⑤]。至光绪年间，寿张县依旧是勤俭质朴的风俗：“先王有礼教之遗，故民多敦庞，俗尚质朴，士安于庠，农耕于野，工乐艺，贾勤于市，甘淡泊，鲜奔竞，尚气节。”[⑥] 阳谷维持俭朴的社会风气：“岁时伏腊，不事嬉游。凡赌赛欢呼流连，宴乐之事，一切不作。车舆、室庐、衣服、嫁娶、丧祭之费，不尚淫奢。”该县士风内敛，“士夫尤为近古，耻讪上，好恬修，公事之外，谢绝嘱托”[⑦]。乾隆《兖州府志》亦言阳谷：“士民勤俭，无所纷华。”[⑧] 明代后期，朝城，“风土淳厚，俗习简朴”。万历《东昌府志》言：“士风和平，小民畏法，虽罹横政，不敢侧目长吏。”[⑨] 入清，朝城县百姓仍保持俭朴，不尚奢华的社会风气。康熙《朝城县志》对该县淳朴保守的社会风气有形象描述：

---

① 王时来等：康熙《阳谷县志》卷1《风俗》，《中国地方志集成》山东府县志辑第93册，第27页。

② 刘沛先等：康熙《东阿县志》卷1《风俗》，中国国家图书馆藏康熙四年刻本，29a。

③ 林芃等：康熙《张秋镇志》卷1《方舆志·风俗》，《中国地方志集成》乡镇志辑第29册，第30页。

④ 孙观等：道光《观城县志》卷2《舆地志》，《中国地方志集成》山东府县志辑第91册，第431页。

⑤ 滕永桢等：康熙《寿张县志》卷1《方舆·风俗》，中国国家图书馆藏康熙五十六年，10a。

⑥ 王守谦等：光绪《寿张县志》卷1《方舆》，《中国地方志集成》山东府县志辑第93册，第368页。

⑦ 王时来等：康熙《阳谷县志》卷1《风俗》，《中国地方志集成》山东府县志辑第93册，第27页。

⑧ 觉罗普尔泰等：乾隆《兖州府志》卷5《风土志》，《中国地方志集成》山东府县志辑第71册，第122页。

⑨ 王命爵等：万历《东昌府志》卷1《风俗》，《北京师范大学图书馆藏稀见方志丛刊续编》第5册，第244页。

> 闾阎细民，皆知谨法度。每夏秋征租，官示以期，即辇赴于仓，络绎不绝，至日辄告盈，不烦督责。其为士者，重伦理，长幼有序，其事亲多孝节。其妇女多烈行，或未婚夫死，终身不嫁，或少年孀居，垂老不更其守。士多有文，其少而有资禀者，率从名儒先生授受，相与移书净坊间馆结业，寒暑不易。其最翘异者，博综经籍，学为古文辞，工笔画，不为时俗习尚。……为士者，攻苦读书，尚廉隅，志气节，不交非类。有行及非义者，众共耻之，间有败类，不敢与正人忤。至诸荐绅尤有典则，服官清正，居乡谦和，不讪上，不凌下，恬修是好，乐奖后进。与邑大夫交，谨慎不阿，公事之外，谢绝嘱托。①

兖州府下辖各县民风普遍保守俭朴。明代后期的东阿一度流行崇尚奢华，及时享乐的风俗。康熙《东阿县志》对晚明时期的县境社会风气作了描述："人民佻巧，矜才技。市井胥徒，修饰自喜，服食鲜华，家无担石，出辄衣帛蹑文履。田多硗瘠，人性澶漫少虑，不工生殖，虚浮鲜盖藏，易困乏也。一二负贩，转鬻食货，给邑人之用，四方珍奇，大都略备。总之，士朴而民侈矣。"② 然而，入清后，东阿县转向保守俭朴的风俗。东阿，"土壤瘠薄，山水峻急，鲜有千金之室，其俗俭朴深沉，崇尚文雅，以风节相高，耻为奔竞，冠服居室，不慕鲜华，而礼文有不足焉，守礼畏法，租税无逋……田野男妇粗衣粝食，无浮华艳冶之态；工多椎鲁，不尚奇技淫巧；商所货皆布帛菽粟，绝无纤靡绮丽之观，是俭朴有余也"③。东阿县境的苫山村是距离运河仅10余里的名村，在明代中后期涌现出刘约、刘田、李仁等五位进士。顺治初年，该村庠生李濠作《苫羊村志》言该村风俗："化承邹鲁，士人崇礼让，小民业耕桑，卿大

① 祖植桐等：康熙《朝城县志》卷6《风俗》，中国国家图书馆藏康熙十二年刻本，1a－3a。

② 刘沛先等：康熙《东阿县志》卷1《风俗》，中国国家图书馆藏康熙四年刻本，28b。

③ 李贤书等：道光《东阿县志》卷2《方域》，《中国地方志集成》山东府县志辑第92册，第35页。

夫率敦行，积学精练亢爽，有大邦之遗风。”①

与兖州府下辖各县不同，清代的运河区域南部的滕县奢靡之风盛行，甚至出现严重的靡费现象。明初，滕县风俗俭朴保守，“市井游敖嬉戏如小儿状，诸生少者事长如严师，缙绅务为恭谨，过里门自下车，出不张盖，不起室治第，俗淳厖，质朴无文”。自成化年间以降，风俗渐趋奢靡，“淳朴渐漓，好游子弟飞鹰走狗，六博蹋鞠，携媚妓，弹鸣筝。东门外街巷，清夜管弦之声如沸。而富者豪于财，侠者豪于气，役财骄溢，武断乡曲”②。此后，虽经明清鼎革的剧烈社会动荡，滕县却一直保持着奢靡的社会风俗。康熙《兖州府志》言：“其俗竞侈靡，房屋车骑争为华巧，而无盖藏。”③ 该县西部地区毗邻运河，土壤肥沃，经济发达，奢靡之风尤为盛行：“其人竞相尚以靡侈，婚丧家用妓乐，纳采奁具、殡葬之物，以多为美。富家挽河汴之材，起高楼，广堂室，饬车骑镂，一鞍至费百金。然无蓄藏，一二岁不登，则楼室、鞍骑易主矣。”④ 这种不知节俭的风气导致该县在粮食作物正常收获的年份也容易出现饥荒问题。道光年间，滕县人孔广珪对县境奢靡风俗有形象描述：

> 滕俗浮侈，又多游惰，不习商贾。比岁狃于屡丰，罔知积贮，竭蹶而入，挥霍而出。而囤户酒酤，又从而鱼肉之。故一邑之中，能余粟者十不一二也，能逮新者十不四五也。下则贷而食，甚则乞而食焉者也。夫以游惰之民，处瘠薄之地，而又乘之以奢敝之俗，民贫则邪侈易生，地大则奸宄易匿。虽无凶岁，其势已岌岌不可终日矣。⑤

---

① 李濠著，刘季宪校注：《苦羊山志》不分卷《风俗》，内部资料，2007年，第17页。

② 王政等：道光《滕县志》卷3《风俗志》，《中国地方志集成》山东府县志辑第75册，第77页。

③ 张鹏翮等：康熙《兖州府志》卷5《风土志》，中国国家图书馆藏康熙二十五年刻本，10b。

④ 王政等：道光《滕县志》卷3《风俗志》，《中国地方志集成》山东府县志辑第75册，第77页。

⑤ 王政等：道光《滕县志》卷12《艺文志中》收孔广珪《上邑侯彭少韩书》，《中国地方志集成》山东府县志辑第75册，第367页。

兖州府腹地各县多为俭朴保守的社会风气。宁阳，“乡民椎鲁质朴，含粗粝，服劳苦，至供赋税徭役，则急公恐后，盖其天性然也”。邹县，“风俗淳朴，崇尚信义”①。泗水，“风俗多淳庞厚朴”②。距运河较远的曹州府风俗，“士廉而朴，不习进趋，民质而惰，不善盖藏”。该府百姓生活俭朴保守，“婚姻称家，往返略取相当，即贵阀大族成礼而止不过费也，蒸尝宴会，奢俭得中，亦无钟鼎之华，丧葬从宜”③。

卫河流域各县的风俗普遍敦厚保守。明代后期的恩县：“其俗敦重，无狙犷之民。”④ 入清，恩县风俗：“俗近敦庞，家知礼让，其教者习儒业，而朴者务农桑，乖戾之行大抵皆出于末流”⑤。夏津在明代中期保持敦厚保守的社会风气，“民务耕织，士习诗书，节俭之风，自古而存，浮华之俗，逮今而革”⑥。入清，夏津依旧维持这种风俗：“邑小而僻，百姓椎鲁，勤治生，经岁不见官府，士夫以醇谨称。”⑦ 武城，“民风朴厚，俗尚礼节孝友，不事浮屠，力稼务蚕织，文士斌斌有古风”⑧。明清之际的德州民风淳朴。德州籍人士田雯描述：“余得之髫年矣，窃见里闬之间，崇礼让，明信义，节物风流，人情和美，宫室完好。工商坌集，士之习诗书者，雍容都雅，盘辟有仪，以及庞眉宽褐之叟，酿秫种菊。”⑨

与保守俭朴的生活习惯紧密相关的，腹地各县百姓普遍维持着吃苦耐劳的坚毅品性。民国《东平县志》言：“全境民众，业农者十居七八，夏秋之季服田力穑，岁晚务闲则经营粪土，劳劳碌碌，无时休息。工商

---

① 张鹏翮等：康熙《兖州府志》卷5《风土志》，中国国家图书馆藏康熙二十五年刻本，10b。

② 刘桓等：顺治《泗水县志》卷1《风俗》，中国国家图书馆藏康熙元年刻本，11b。

③ 周尚质等：乾隆《曹州府志》卷7《风土》，中国国家图书馆藏乾隆二十年刻本，58b。

④ 王命爵等：万历《东昌府志》卷1《风俗》，《北京师范大学图书馆藏稀见方志丛刊续编》第5册，第243页。

⑤ 汪鸿孙等：宣统《恩县志》卷4《舆地志・风俗》，中国国家图书馆藏宣统元年刻本，11b。

⑥ 易时中等：嘉靖《夏津县志》卷1《风俗》，《天一阁藏明代方志选刊》第57册，5b。

⑦ 胡德琳等：乾隆《东昌府志》卷5《地域二》，中国国家图书馆藏乾隆四十二年刻本，9a。

⑧ 胡德琳等：乾隆《东昌府志》卷5《地域二》，中国国家图书馆藏乾隆四十二年刻本，9a。

⑨ 田雯：《古欢堂集》卷46《长河志籍考》，《景印文渊阁四库全书》史部第1324册，第511页。

十居一二，值麦收秋获，亦多工作田间，俗谓争秋夺麦。盖以树艺五谷为生活之本，故务稼穑，耐劳有如此者。”① 金乡百姓，“其勤苦耐劳，尤为特性，惟地少出产，贫民居多”②。

三　正统抑或邪僻

孙竞昊等研究明清至民国时期山东运河南部城市济宁的宗教文化时指出，大运河推动的城市商业化、城市化塑造了济宁开放、包容、高端的城市环境和社会风气，既促进了济宁当地的精神文化和正规宗教的繁荣，也排拒了极端或偏狭的异端教门和秘密会社。③ 然而，我们将视线从济宁这座商业发达、士绅精英力量强大的区域核心城市转到更广阔的山东运河区域腹地州县时，将会发现完全不同的另外一幅画面。

山东运河区域各州县笃信各类民间信仰的风气浓厚。据万历《东昌府志》言：“（百姓）时裹赢粮，走泰山、武当，渡海谒普陀，祈请无虚岁。……自城市以至村落，争奉无为等教，持斋讽呗，阖境响应，识者以为乱萌。”④ 莘县，“俗严事城隍，岁时祷赛牢具，香楮相望，人有冤苦，抱牒叩庙”⑤。博平，“有愚顽辈持斋诵经，图修来世，靡财秽行，迷而不返，以自抵于不法”⑥。高唐州，“其俗崇巫信鬼，任侠使气”⑦。

兖州府属各县民间信仰风习亦盛。康熙《兖州府志》言：“愚民为左道所惑，习白莲、无为诸教，男女相聚，持斋诵佛，乱萌盗始，于此兆

---

① 刘靖宇等：民国《东平县志》卷5《风土》，《中国地方志集成》山东府县志辑第66册，第52页。

② 潘守廉等：民国《济宁直隶州续志》卷4《风土志》收徐宗幹《禁拿牛车示》，《中国地方志集成》山东府县志辑第77册，第309页。

③ 孙竞昊、汤声涛：《明清至民国时期济宁宗教文化探析》，《史林》2021年第3期。

④ 王命爵等：万历《东昌府志》卷1《风俗》，《北京师范大学图书馆藏稀见方志丛刊续编》第5册，第240—241页。

⑤ 王命爵等：万历《东昌府志》卷1《风俗》，《北京师范大学图书馆藏稀见方志丛刊续编》第5册，第242页。

⑥ 堵嶷等：康熙《博平县志》卷4《民风》，中国国家图书馆藏康熙三年刻本，6a。

⑦ 王命爵等：万历《东昌府志》卷1《风俗》，《北京师范大学图书馆藏稀见方志丛刊续编》第5册，第241页。

焉。此皆诸邑所同，间有出入，大校不相甚远，故可括而称也。”[①] 泗水百姓遇有灾荒，或者身体疾病，“先谒各寺观祝祷祈免，如验，即具牲醴祭之，或演剧以报赛。间有信士出资，为香社者，春间以其息，具香楮，赴泰山焚烧”[②]。万历年间，汶上县志的编纂人员对县境百姓热衷于集聚性的拜神集会活动心生忧虑：“其愚民为左道所惑，持斋诵偈，男女相聚，渐酿乱萌。”[③]

临清州百姓崇信佛道及各类民间信仰，“尚鬼佞佛”[④]。康熙《临清州志》言：“三月念八日东岳，拜诞；四月八日，菩提浴佛。”[⑤] 乾隆《临清州志》对州境泰山进香及崇信碧霞元君信仰的情况作了描述：“俗尚泰山进香，自二月初起至四月中。回香之日，亲友具酒出迎，自东水关沿河十里游船，车马不绝，于道日接顶。四月十八日，碧霞元君会，倾城士女出供，香火自十五日至十八日，上庙者水陆不绝。明末西北之民结社来观，如东岳故事，其灵爽讫于千里，每岁会资造金银五色纸宫殿为驾前仪仗，为鼓吹，为扮演杂居。两城周游，市民设祭以珠翠珍宝，聘巧工扎饰玩具，备极华丽。五日内，哄填街市。”[⑥]

曹州府百姓迷信鬼神，“好下里伪物，禺车禺马秉烈火，以是相胜，而服制不能如礼”[⑦]。该府下辖的曹县，“尚鬼信巫，疾不迎医，好讼善斗，与鲁殊风焉，岁时赛祷神庙，男女醵酒作会”[⑧]。

值得说明的是，笃信各类信仰的下层信众在开展信仰活动时往往会

---

① 张鹏翮等：康熙《兖州府志》卷5《风土志》，中国国家图书馆藏康熙二十五年刻本，9b。

② 赵英祚等：光绪《泗水县志》卷9《风俗志》，中国国家图书馆藏光绪十八年刻本，3a。

③ 栗可仕等：万历《汶上县志》卷4《政纪》，中国国家图书馆藏万历三十六年刻本，29a。

④ 王俊等：乾隆《临清州志》卷11《风俗》，山东省地图出版社2001年影印本，第485页。在临清当地有“先有娘娘庙，后有临清城”的说法。参见周嘉《地方神庙、信仰空间与社会文化变迁——以临清碧霞元君庙宇碑刻为中心》，《民俗研究》2019年第6期。

⑤ 于睿明等：康熙《临清州志》卷1《风俗》，中国国家图书馆藏康熙十二年刻本，12a。

⑥ 王俊等：乾隆《临清州志》卷11《风俗志》，山东省地图出版社2001年影印本，第483页。

⑦ 周尚质等：乾隆《曹州府志》卷7《风土》，中国国家图书馆藏乾隆二十年刻本，58b。

⑧ 张鹏翮等：康熙《兖州府志》卷5《风土志》，中国国家图书馆藏康熙二十五年刻本，10a。

采取各类互帮资助的措施，并结成具有一定组织性的团体。运河区域各县下层百姓以互帮互助为形式，结成各类社团组织。如有专门帮穷困信众购置棺材的丧葬义社，联众祭拜神灵的香社等。康熙《兖州府志》对该府下辖各县出现的各类下层百姓社团有介绍：“市里小民群聚为会，东祠泰山，南祠武当，岁晚务闲，百十为群，结队而往，谓之香社。又常以月朔为饮食聚会，醵金钱生息，遇有死丧，计其所入赙之。虽至贫窭，应时而葬，无暴露者，谓之义社。又有醵金生息以供租税，出一岁之息钱用之，率不后期而完，谓之粮社。亦有群其宗族，月朔为会，生息钱谷，以供烝尝，谓之祭社。亦有父老罢吏，时相聚会，如香山洛社故事，谓之酒社。此其常俗也。”①

道光十五年（1835），山东巡抚钟祥对具有宗教性质的组织及运作形式做了描述：“狡黠之徒起意煽动，更必托言劫数，惑诱愚人共聚也，名为吃会，多至百人，数十人不等。同教中有屋宇稍宽者，密行会期，日暮方至，闭门列坐，焚香磕头。教首传授经咒，黎明而散。传徒愈众，则聚处亦多。各处轮流，每月数次，并有外来之人，携资出入。”② 有学者对清中期中国北方拳会分布做了研究，认为山东运河区域是这些拳会的重要分布地，直隶、山东交界的运河沿线出现了一个统属于离卦的武术集团，而运河区域南部的金乡、鱼台、单县等州县则各种教门林立，教门和拳会之间的关系错综复杂，没有形成统一的领导中心。③

在明清时期，民间宗教和秘密结社活动盛行，许多大规模的农民运动都利用宗教和结社，如白莲教起义、天地会起义、太平天国运动、义和团运动等都是如此。发生在山东运河区域的秘密会社起事，就包括天启年间的徐鸿儒起事、乾隆年间的王伦起事以及嘉庆年间的天理教起事等。有学者指出，宗教和结社是斗争的产物，群众斗争的尖锐化，使得以拜佛行善与结盟互助为宗旨的民间秘密组织走向革命化，成为人民群

---

① 张鹏翮等：康熙《兖州府志》卷5《风土志》，中国国家图书馆藏康熙二十五年刻本，9b。

② 厉秀芳等：道光《武城县志》卷2《疆域》收钟祥《颁发稽查东省邪教章程》，《中国地方志集成》山东府县志辑第18册，第412页。

③ 程歗：《文化、社会网络与集体行动》第四编“乾嘉义和拳浅记”，巴蜀书社2010年版，第293页。

众发动起义的工具。[①] 还有学者肯定这种民间的秘密会党组织的进步性，认为这种下层群众的互助性组织，平时在成员之间施行互济互助和自卫抗暴，在阶级矛盾激化时，则领导会众起来举行反抗斗争，甚至提出反对贪官污吏或“反清复明”等口号，客观上反映了下层群众的愿望和要求，具有一定的积极意义。[②]

有学者指出，在以恢复三代宗法为职志的儒士看来，兴起于民间的各种神灵信仰，即所谓“淫祀”，严重干扰朝廷权威，扰乱民众思维，必须严加控制，以定国家信仰于一尊。[③] 这种带有宗教性质的民间结社行为引起地方官府及朝廷的关注。顺治年间，泗水县志纂修者对这种带有宗教性质的义社持警惕性态度：“义社之起，最为近古，遂有奸民夤缘指称助婚、助学、赙丧、温居等项，醵众人钱，名之曰设席打纲。……此风不禁，害将何极?”[④] 清代对这些带有宗教性质的互助组织一直持警惕态度。随着这些组织开始从隐秘的地下公开活动，直接威胁清廷统治。清廷不断加大对这些秘密组织的镇压力度。自康熙年间起，清廷曾多次查办。道光十五年（1835），山东巡抚钟祥强调通过保甲组织的高效性，调动乡村绅士耆民参与控制民间的秘密宗教的结社活动。[⑤]

社会风俗的变迁与区域商品经济的发展息息相关。有学者在研究明清山东运河区域社会变迁的历史趋势及特点时敏锐指出，山东运河区域社会变迁呈现出严重的不均衡性，凡是运河直接流经的城镇、码头，由于受外力冲击大，社会变迁的程度就强烈；凡是远离运河干道的乡村，较少接触新事物，受外力影响小，社会变迁的程度就低。[⑥] 换言之，明清山东运河区域社会变迁是严重受外力驱动发展的典型。运河直接流经的济宁、聊城、临清以及张秋、台儿庄等城镇，外来的客商、货物云集，

① 戴逸主编：《简明清史》第二册，人民出版社1980年版，第48页。

② 秦宝琦、孟超：《秘密会社与清代社会》第一章“概论”，天津古籍出版社2008年版，第4页。

③ 周郢：《碧霞信仰与泰山文化》上篇“碧霞信仰考论”，山东人民出版社2017年版，第56页。

④ 刘桓等：顺治《泗水县志》卷1《风俗》，中国国家图书馆藏康熙元年刻本，14a。

⑤ 厉秀芳等：道光《武城县志》卷2《疆域》收钟祥《颁发稽查东省邪教章程》，《中国地方志集成》山东府县志辑第18册，第412页。

⑥ 王云：《明清山东运河区域社会变迁的历史趋势及特点》，《东岳论丛》2008年第3期。

商业繁荣，崇商拜商的风气浓厚，经济富庶。这些地区百姓的消费水平高，导致社会消费的奢靡风气浓厚。

常建华在回顾学界关于奢靡问题的研究时指出，“一般来说，消费者具备一定的消费能力也是基础，这自然要靠经济的发展特别是商品经济的活跃为支撑”[①]。山东运河区域各州县风俗呈现两元性的差异，也让我们重新认识大运河在地域社会的经济辐射范围——大运河带来的物流便利带动那些直接行经的城镇商业繁荣，呈现出崇商拜奢的包容风气（以济宁、临清、张秋等城镇为代表）；而距离运河河道较远的州县，虽然承担了各类运河河工劳役，却未能享受到运河的交通便利，商品经济发展迟滞，未能全面卷入以大运河带动商贸圈中去，呈现出以农为本，封闭保守的社会风气。同时，腹地各州县由于经济发展迟滞，士绅精英力量薄弱，正统的权威影响力弱小，为异端思想传播创造条件。美国学者韩书瑞直言：王伦起义爆发地寿张县，“比起日常生活的普通权威，王伦更愿意皈依异端传统”；“这些宗教活动都不存在具有强大精英阶层领导的迹象”。[②]

概言之，大运河在鲁西地区的经济辐射范围仅局限在直接行经的城镇，并且这些商业城镇呈现出点带状分布的特征，未能更有效地将周边州县全面吸纳入大运河经济辐射圈内。

小　结

明清时期，山东运河区域各州县中下层的农民阶层普遍占全部人口的90%以上。占绝大多数比例的农民维持着低下的生活水准，日常主食以难以下咽的高粱等粗粝食物为主。各州县下层百姓不但生活水准低下，长期处于饥饿状态，而且毫无人权，随时被皇权国家征派去从事各种强加的劳役。运河闸坝运作及维修、河道疏浚、船只拉纤、驿差接待等劳

---

① 常建华：《旧领域与新视野：从风俗论看明清社会史研究》，载氏著《观念、史料与视野：中国社会史研究再探》，北京大学出版社2013年版，第194页。

② ［美］韩书瑞：《山东叛乱：1774年王伦起义》第一部分“准备”，刘平、唐雁超译，第45页。

役名目繁多。

伴随农业开发的不断深入，明清时期山东运河区域植被破坏极为严重。山东运河区域南部山区林木资源已被砍伐一空。运河区域北部各州县地势平衍，无山林川泽，林木资源极为匮乏。再加上黄、运二河河工频兴，治河物料的需求量极为庞大，加剧了本区域林木资源的匮乏。由于林木等取暖材料的稀缺，山东运河区域各州县普遍面临着严峻的燃料危机，广大下层百姓不得不想尽各种办法以熬过寒冷的冬季。整体而言，明清时期山东运河区域下层百姓过着毫无保障的生活，遇有灾荒，只能流落他乡以求谋生。康熙《堂邑县志》直言：该县下层百姓“一遇水旱而流亡载道，不可支矣”[1]。乾隆年间，博平知县朱坤形象描述百姓因灾荒被迫流浪的凄惨生活：“连年禾稼不登场，撇去亲朋走异乡。遮莫人情能恝置，无家可恋最伤心。”[2] 这些被迫散落他乡的无家流民往往成为一个威胁社会稳定的潜在因素。道光年间，济宁知州徐宗幹就专门发告示驱逐城内流民。[3]

社会风俗的变迁与区域商品经济的发展息息相关。明清山东运河区域社会变迁是严重受外力驱动发展的典型。大运河带来的巨大人流、物流直接促进沿运州县商业发展。明景泰五年（1454）九月，黄河沙湾决口冲阻运道，军民粮船搁浅临清闸附近运道不下万余艘。[4] 入清，每年春夏之交四五月份，山东天旱少雨，漕船往往被迫搁置张秋、临清等重要城镇待运道蓄水充裕后方才行进。[5] 可以想见，仅这些数目庞大的漕军水手就是拉动运河城镇经济发展的消费潜力。运河直接流经的济宁、聊城、

---

① 卢承琰等：康熙《堂邑县志》卷7《物产》，中国国家图书馆藏康熙四十九年刻本，11a。

② 嵩山等：嘉庆《东昌府志》卷48《艺文·诗》，《中国地方志集成》山东府县志辑第88册，第214页。

③ 潘守廉等：民国《济宁直隶州续志》卷4《风土志》，《中国地方志集成》山东府县志辑第77册，第310页。

④ 《明英宗实录》卷245，景泰五年九月庚午。有关漕军带动沿运经济发展的讨论，可参见张金奎《试析明代涉漕军士在运河经济中的作用》，载中国社会科学院历史研究所等编《漕运文化研究》，学苑出版社2007年版，第100—108页。

⑤ 黎世序等：《续行水金鉴》卷81《运河水》，《四库未收书辑刊》七辑第7册，第423页。

临清以及张秋、台儿庄等城镇，外来的客商、货物云集，商业繁荣，崇商拜商的风气浓厚，经济富庶。这些地区百姓的消费水平高，导致社会消费的奢靡风气浓厚。大运河带来的物流便利带动那些紧邻运河的城镇商业繁荣，呈现出崇商拜奢的包容风气。

距离运河河道较远的州县，虽然承担了各类运河河工劳役，却未能享受到运河的交通便利，商品经济发展迟滞，未能全面卷入以大运河带动商贸圈中去，呈现出以农为本，封闭保守的社会风气。腹地各州县由于经济发展迟滞，士绅精英力量薄弱，正统的权威影响力弱小，为异端思想传播创造条件。大运河在鲁西地区的经济辐射范围主要局限在直接行经的城镇，且这些商业城镇呈现出点带状分布的特征，未能更全面地将周边州县吸纳入大运河经济辐射圈内。

结　论

明清时期，大运河贯通的鲁西地区是一个国家权力严重渗透的典型。学者赵世瑜提醒学界开展华北区域社会史的研究，“要特别注意国家的在场”[①]。为确保运河的水源补给，国家权力将原本正常入海或入淮的汶水、泗水以及附属支流人为改造后入运或入湖蓄水济运。这些原本有着较为畅达泄水归宿的自然河道被改造为以运河为归宿的支流。在汛期，运河无法容纳巨量水源导致了水患频发。为更好蓄水济运，明清两朝将沿运湖泊辟为水柜或水壑，甚至明确规定了蓄水尺寸。这些湖泊蓄积的巨量水源给沿湖地区带来灾难，导致会通河南段地区出现了面积庞大的沉粮地、缓征地。奉行漕运至上的治水政策加剧了山东运河区域水文形势的复杂，导致了水患问题愈益突出。

美国学者周锡瑞在研究鲁西社会变迁时直言：“除对几个大城市外，大运河的影响恐怕一直是消极的。”[②] 大运河流经的鲁西地区水资源相对不足。为确保运河畅通，明清政府采取了各种取水限水措施，甚至垄断了以泉源为核心的水资源分配。沿运州县开掘疏浚数目可观的泉源，汇入汶、泗诸河以济运。为确保泉源济运，帝制国家采取了各种严厉措施禁止百姓引水灌溉，与民生改善发生冲突。例如，采取严禁莱芜矿山开矿的措施。帝制国家对以泉源为核心的水资源的垄断势必与沿运地区百姓民田用水产生尖锐矛盾。国家垄断水源的做法加剧了地方水利条件的

① 赵世瑜：《作为方法论的区域社会史——兼及12世纪以来的华北社会史研究》，《史学月刊》2004年第8期。

② ［美］周锡瑞：《义和团运动的起源》第一章“山东——义和团的故乡”，张俊义、王栋译，第31页。

恶化，极大妨碍农业正常发展，导致地方上民怨沸腾。例如，滕县在元代以前水利条件优越，水稻种植普遍。明清时期，国家对泉水的严密垄断导致肥沃稻田的消失。

为更好引水济运，沿运各州县修建了各类闸坝，人为地改变了河流的水文地理形势，加剧了水患的频率，危及农业的正常生产。漕运畅通与农业灌溉的矛盾愈益尖锐。运河西部的各条河道被运河阻隔，无法畅流入海。加上地方挑河积极性不高，放任河道淤塞，导致农田被淹，影响农业正常生产。与此同时，大运河横亘南北，阻塞了鲁西平原的下泄水道，加剧了运河沿线严重的土壤盐渍化现象。农业生产抵御自然灾害的能力大为降低，生态环境更加脆弱，遇有朝廷赋税的严厉催征，百姓不得不逃亡他乡。

当然，大运河对农业生产也有辐射带动作用，最突出的就是加速了鲁西地区经济作物种植的普及与推广。山东运河区域各州县利用运河交通的便利条件，普遍种植花生、棉花、烟草，以及枣、梨等水果作物。为便于运输，还大力发展熏枣、草编、苇编等作物深加工产业，商品经济得到一定程度发展。然而，我们将运河沿线的济宁、聊城、临清、张秋等重要城镇与广大腹地州县的经济发展水平稍加对比就会发现：明清山东运河区域社会变迁是严重受外力驱动发展的典型。运河直接流经的济宁、聊城、临清以及张秋、台儿庄等城镇，外来的客商、货物云集，商业繁荣，崇商拜商的风气浓厚，经济富庶。因此，孙竞昊将明清时期的济宁及其他北方运河城市视作外在“植入型”的城市化城市。①

山东运河城镇的繁荣很大程度上是由外部刺激所致。一旦运道淤塞，漕运不通，沿运城镇繁荣发展的外部条件不复存在，经济发展很快陷入颓势。鲁西平原在漕运淤废后最终成为山东最贫困的地区之一，足以说明大运河对沿线城镇发展的辐射带动作用。在晚清运河道淤废后，临清、张秋、聊城等往日繁华的城镇陷入经济衰败。光绪年间，大运河被黄河淤塞后，清廷绕开张秋镇，另于阳谷陶城铺开新河，直接导致张秋镇的衰落。光绪《阳谷县志》言：“数年来，张秋之上游淤塞，不能行舟，从

① 孙竞昊：《明清北方运河地区城市化途径与城市形态探析：以济宁为个案的研究》，《中国史研究》2016 年第 3 期。

张秋南新开运河于桃城铺之东。旧河遂成干河，凡十六里。张秋一带颇寂然，而谷境中锦缆牙樯，凫飞鹢驶，依然全盛时也。”① 民国初年，日本东亚同文书院在调查聊城经济发展时也认为，大运河淤废导致了聊城败落，“（聊城）因有大运河贯通南北而成为四通八达的要冲，但到大运河水运断绝之后，就大不如往昔了”②。

学者许倬云曾言：“一个体系，其最终的网络，将是细密而坚实的结构。然而在发展过程中，纲目之间，必有体系所不及的空隙。这些空隙事实上是内在的边陲。在道路体系中，这些不及的空间有斜径小道，超越大路支线，连接各处的空隙。在经济体系中，这是正规交换行为之外的交易。在社会体系中，这是摈于社会结构之外的游离社群。在政治体系中，这是政治权力所不及的‘化外’，在思想体系中，这是正统之外的‘异端’。”③ 在许先生观点启发下，鲁西奇提出了“内地的边缘”这一概念。“内地的边缘”的区域特征之一就是文化的多元性，特别是异于正统意识形态的原始巫术、异端信仰与民间秘密宗教在边缘区域有相当影响。④ 大运河未直接流经的腹地州县颇有“内地的边缘”的意味。这些腹地州县距运河并不远，甚至运河也流经辖境（如阳谷、武城、金乡等）。这些州县虽在农业种植上大力发展烟草、棉花等经济作物，但总体上商品经济发展迟滞，未能全面卷入大运河带动商贸圈中去，呈现出以农为本，封闭保守的社会风气。这些腹地州县普遍缺乏一个势力强大士绅精英阶层，正统权威的影响力弱小，为异端思想（如白莲教）传播创造了条件，成为本区域社会秩序的不稳定因素。

山东运河区域地处京津、燕赵、中原、齐鲁文化的交界地带，内部的地域文化、民风民情差异显著，社会经济发展不均衡，精英力量的分布同样存在较大的地域差异。明清时期，进士、举人等上层绅士主要分布于济宁、聊城、德州等区域核心城市，广大腹地州县士绅精英的力量

① 孔广海等：光绪《阳谷县志》卷1《山川》，《中国地方志集成》山东府县志辑第93册，第185页。

② 冯天瑜、刘柏林、李少军等编：《东亚同文书院中国调查资料选译》下册，第1458页。

③ 许倬云：《许倬云自选集》，上海教育出版社2002年版，第32页。

④ 鲁西奇：《中国历史的空间结构》卷2《核心与边缘》，广西师范大学出版社2014年版，第231—257页。

比较弱小。相较于江南地区士绅精英敢为张扬的风气，山东运河区域的士绅精英整体表现出内敛保守的性格。在山东运河区域内部，地方精英性格也存在一些空间差异。以大清河为界分，山东运河区域南部，尤其是在济宁一带有着势力强大的商人、士绅以及资产雄厚的乡村地主。这些民间力量参与社区慈善事业的积极性高涨。而在山东运河区域北部，地方精英力量相对薄弱，势力强大的外地客商参与地方慈善事业的热情并不高。在动荡年代里，拥有强大士绅精英阶层的济宁、聊城、德州等区域核心城市组织了训练精良的自卫武装有效地抵御了外部军事集团的入侵。而在东平、夏津等州县却有势力雄厚的地方豪强。这些豪强虽没有科考背景，但可利用个人威望及社会动员能力，组织了强大的武装，在地方权力空缺，秩序混乱的特殊时代，成为维护地方秩序的关键人物。

据马俊亚的研究，淮北地区的社会结构只有上层地主和下层贫民，富农和富裕中农等中产阶级严重缺失，呈哑铃形社会结构。[1] 就社会结构的组成而言，除少数经济发达的运河城镇外（如济宁、聊城），明清山东运河区域广大州县普遍缺乏一个势力强大的士绅阶层，农民阶层[2]占了绝大多数的比例，士人、工商阶层也未能真正脱离土地成为一个独立的自食阶层。这些以下层农民为主组成的底层阶级普遍维持着极为低下的生活水准。人多地少的矛盾，国家劳役的沉重，再加上灾荒的频仍，直接导致了下层农民生活的贫困化。饥肠辘辘是下层百姓每日生活的常态。一旦发生灾荒，山东运河区域普遍缺少一个富裕的地主阶层开展各类救济活动。当灾难降临，数目庞大的灾民被迫逃离家园，甚至发生全村男女沿路乞讨的场景。山东运河区域下层百姓不但生活水准低下，而且长期承担皇权国家强派的各种劳役。黄、运河工劳役，强派拉纤，治河物料科派等各种杂役是压在山东运河区域下层百姓头上的沉重负担。与此

---

① 马俊亚：《被牺牲的“局部”：淮北社会生态变迁研究（1680—1949）》第四章“淮北社会的畸态与社会结构的异化”，第399页。

② 至于地主、富农、贫农所占比例，我们还需作进一步的研究。不过，山东运河区域南部州县明显存在着势力强大的乡村地主，北部州县则缺少这支势力。我们在研究乾嘉时期山东运河区域善堂捐助来源时，就发现鲁南地区乡村地主捐给善堂的土地数量庞大。滕县地主杨浩捐给普济堂田产1200亩，王佐捐田产150亩；金乡县张元善捐给普济堂庄田400亩，宅二区；峄县地主杨溥捐普济堂地12顷，郁维鈊捐地10顷。运河区域北部州县则严重缺少土地捐助，说明该趋于缺少势力雄厚的乡村地主。参见本书第四章第二节的相关论述。

同时，由于农业垦殖以及河工物料的大量使用，导致山东运河区域各州县植被破坏极为严重。下层百姓在冬季的生活普遍面临燃料短缺的现实问题。

归根结底，明清时期的京杭大运河最基本属性是政治性的漕运职能，经济性、文化性的功能属于次生的。冀朝鼎在分析大运河以及漕运在中国历史上发挥的重要作用时直言："整个中国半封建时期中，政府总是把谷物运输的利益放在灌溉与防洪利益之上。……灌溉与防洪，尽管也是生死攸关的事，但那是一个更直接关系到农民生活的问题，对统治者来说，同私用目的与政权的维护相比，就不那么重要了。"[①] 历史地理学者李孝聪在分析大运河在中国历史上扮演的角色时指出，"运河的出现是华夏文化南北一统的象征，是促进统一的因素。所以，运河的作用更多地表现在政治方面"[②]。我们在全面审视大运河在山东运河区域社会变迁中发挥的作用后，不难发现：大运河扮演了一个利弊结合的复合体角色，持全面肯定抑或全面否定的态度都是失之偏颇的。

① 冀朝鼎：《中国历史上的基本经济区与水利事业的发展》，朱诗鳌译，中国社会科学出版社1981年版，第114页。

② 李孝聪：《中国区域历史地理》第三章"中原地区：陕、晋、冀、鲁、豫"，北京大学出版社2004年版，第196页。

参考文献

一　古籍史料

包世臣:《安吴四种》,《近代中国史料丛刊》,台北文海出版社 1966 年影印本。

包世臣著,李星点校:《安吴四种·齐民四术》,黄山书社 2014 年版。

毕炳炎等:光绪《郓城县志》,《中国地方志集成》山东府县志辑第 85 册,凤凰出版社 2004 年影印本。

曹倜等:光绪《宁阳县乡土志》,中国国家图书馆藏光绪三十三年石印本。

曹振镛等:嘉庆《钦定工部则例》,《故宫珍本丛刊》第 294 册,海南出版社 2000 年影印本。

陈法:《定斋河工书牍》,《丛书集成续编》第 62 册,上海书店出版社 1994 年版。

陈法:《犹存集》,《黔南丛书》,贵州人民出版社 2009 年版。

陈钜前等:宣统《清平县志》,中国国家图书馆藏宣统三年刻本。

陈庆蕃等:宣统《聊城县志》,《中国地方志集成》山东府县志辑第 82 册,凤凰出版社 2004 年影印本。

陈世元:《金薯传习录》,《中国农学珍本丛刊》,农业出版社 1982 年影印本。

陈树平主编:《明清农业史资料》,社会科学文献出版社 2013 年版。

陈学孔等:康熙《遂安县志》,康熙二十二年刻本。

戴笠:《怀陵流寇始终录》,《续修四库全书》史部第 441 册,上海古籍出版社 2002 年影印本。

邓钹等：嘉靖《濮州志》，《天一阁藏明代方志选刊续编》第61册，上海书店1990年影印本。
丁昭编注：《明清宁阳县志汇释》，山东省地图出版社2003年版。
董恂：《江北运程》，《四库未收书辑刊》五辑第7—8册，北京出版社1997年影印本。
堵嶷等：康熙《博平县志》，中国国家图书馆藏康熙三年刻本。
方观承：《方恪敏公奏议》，《近代中国史料丛刊》第104册，台湾文海出版社1966年影印本。
方学成等：乾隆《夏津县志》，哈佛大学汉和图书馆藏乾隆六年刻本。
［德］费迪南德·冯·李希霍芬：《李希霍芬中国旅行日记》，李岩、王彦会译，商务印书馆2016年版。
冯麟溎等：民国《定陶县志》，《中国地方志集成》山东府县志辑第85册，凤凰出版社2004年影印本。
冯天瑜、刘柏林、李少军等编：《东亚同文书院中国调查资料选译》，社会科学文献出版社2012年版。
冯振鸿等：乾隆《鱼台县志》，哈佛大学汉和图书馆藏乾隆二十九年刻本。
付庆芬整理：《潘季驯集》，浙江古籍出版社2018年版。
傅泽洪等：《行水金鉴》，《景印文渊阁四库全书》史部第580—582册，台湾商务印书馆1986年影印本。
高升荣等：光绪《宁阳县志》，《中国地方志集成》山东府县志辑第69册，凤凰出版社2004年影印本。
高熙哲等：光绪《滕县乡土志》，中国国家图书馆藏光绪年间抄本。
葛士浚：《皇朝经世文续编》，《近代中国史料丛刊》，台北文海出版社1966年影印本。
顾炎武著，华忱之点校：《顾亭林诗文集》，中华书局1983年版。
顾祖禹：《读史方舆纪要》，中华书局2005年影印本。
韩光鼎等：光绪《冠县志》，中国国家图书馆藏光绪六年抄本。
和珅等：《大清一统志》，《景印文渊阁四库全书本》史部第476册，台湾商务印书馆1986年影印本。
侯光陆等：民国《冠县志》，《中国地方志集成》山东府县志辑第91册，凤凰出版社 2004 年影印本。
胡德琳等：乾隆《东昌府志》，中国国家图书馆藏乾隆四十二年刻本。
胡德琳等：乾隆《济宁直隶州志》，哈佛大学汉和图书馆藏乾隆五十年刻本。
胡瓒：《泉河史》，《四库全书存目丛书》史部第 222 册，齐鲁书社 1996 年影印本。
黄浚等：康熙《滕县志》，中国国家图书馆藏康熙五十六年刻本。
黄维翰等：道光《巨野县志》，《中国地方志集成》山东府县志辑第 83 册，凤凰出版社 2004 年影印本。
黄训编：《名臣经济录》，《景印文渊阁四库全书》史部第 444 册，台湾商务印书馆 1986 年影印本。
济宁市政协文史资料委员会：《济宁运河诗文集粹》，济宁市新闻出版局 2001 年版。
蒋作锦：《东原考古录·安山湖考》，《梁山文史资料》第 4 辑，1988 年。
金祖彭等：康熙《德州志》，中国国家图书馆藏康熙十二年刻本。
靳辅：《靳文襄奏疏》，《景印文渊阁四库全书》史部第 430 册，台湾商务印书馆 1986 年影印本。
靳辅：《治河奏绩书》，《景印文渊阁四库全书》史部第 579 册，台湾商务印书馆 1986 年影印本。
觉罗普尔泰等：乾隆《兖州府志》，《中国地方志集成》山东府县志辑第 71 册，凤凰出版社 2004 年影印本。
康基田：《河渠纪闻》，《四库未收书辑刊》一辑第 28—29 册，北京出版社 1997 年影印本。
孔广海等：光绪《阳谷县志》，《中国地方志集成》山东府县志辑第 93 册，凤凰出版社 2004 年影印本。
孔令仁等编：《孔府档案史料选》，山东友谊书社 1988 年版。
《孔子博物馆藏孔府档案汇编》编纂委员会编：《孔子博物馆藏孔府档案汇编·明代卷》，国家图书馆出版社 2018 年影印本。
昆冈等：光绪《大清会典事例》，《续修四库全书》史部第 810—811 册，上海古籍出版社 1995 年影印本。
兰陵笑笑生著，梅节校订：《金瓶梅词话》，台北里仁书局 2014 年版。

黎世序等：《续行水金鉴》，《四库未收书辑刊》第 7 辑，北京出版社 1997 年影印本。
李绂：《穆堂别稿》，《清代诗文集汇编》233 册，上海古籍出版社 2010 年影印本。
李濠著，刘季宪校注：《苦羊山志》不分卷《风俗》，内部资料，2007 年。
李祖陶：《迈堂文略》，《清代诗文集汇编》第 519 册，上海古籍出版社 2010 年影印本。
李垒等：咸丰《金乡县志》，《中国地方志集成》山东府县志辑第 79 册，凤凰出版社 2004 年影印本。
李梦雷等：乾隆《宁阳县志》，中国国家图书馆藏乾隆八年刻本。
李清纂，何槐昌点校：《南渡录》，浙江古籍出版社 1988 年版。
李树德等：民国《德县志》，《中国地方志集成》山东府县志辑第 12 册，凤凰出版社 2004 年影印本。
李文治主编：《中国近代农业史资料：1840—1911》（第一辑），生活·读书·新知三联书店 1957 年版。
李贤书等：道光《东阿县志》，《中国地方志集成》山东府县志辑第 92 册，凤凰出版社 2004 年影印本。
李星沅著，袁英光等整理：《李星沅日记》，中华书局 1987 年版。
李印元主编：《王伦起义史料》，齐鲁书社 1995 年版。
李兆霖等：光绪《滋阳县志》，《中国地方志集成》山东府县志辑第 72 册，凤凰出版社 2004 年影印本。
李兆霖等：康熙《滋阳县志》，中国国家图书馆藏康熙十一年刻本。
厉秀芳等：道光《武城县志》，《中国地方志集成》山东府县志辑第 18 册，凤凰出版社 2004 年影印本。
栗可仕等：万历《汶上县志》，中国国家图书馆藏万历三十六年刻本。
梁永康等：道光《冠县志》，中国国家图书馆藏民国二十三年石印本。
梁钟亭等：民国《清平县志》，中国国家图书馆藏民国二十五年铅印本。
廖有恒等：康熙《济宁州志》，中国国家图书馆藏康熙十一年刻本。
林芃等：康熙《张秋志》，《中国地方志集成》乡镇志辑第 29 册，江苏古籍出版社 1992 年影印本。

刘桓等：顺治《泗水县志》，中国国家图书馆藏康熙元年刻本。
刘锦藻：《清朝续文献通考》，《续修四库全书》史部第 815 册，上海古籍出版社 2002 年影印本。
刘靖宇等：民国《东平县志》，《中国地方志集成》山东府县志辑第 66 册，凤凰出版社 2004 年影印本。
刘沛先等：康熙《东阿县志》，中国国家图书馆藏康熙四年刻本。
刘天和著，卢勇校注：《问水集》，南京大学出版社 2016 年版。
刘文禧等：民国《朝城县志》，《中国方志丛书》，台湾成文出版社 1968 年影印本。
刘兴汉等：康熙《宁阳县志》，中国国家图书馆藏康熙十一年刻本。
刘佑等：康熙《高唐州志》，中国国家图书馆藏康熙十二年刻本。
卢朝安等：咸丰《济宁直隶州续志》，《中国地方志集成》第 77 册，凤凰出版社 2004 年影印本。
卢承琰等：康熙《堂邑县志》，中国国家图书馆藏康熙四十九年刻本。
陆耀：《山东运河备览》，《中华山水志丛刊》水志第 25 册，线装书局 2004 年影印本。
陆釴等：嘉靖《山东通志》，《天一阁藏明代方志选刊续编》第 51 册，上海书店 1990 年影印本。
吕坤：《实政录》，《续修四库全书》史部第 753 册，上海古籍出版社 2002 年影印本。
骆承烈等编：《曲阜孔府档案史料选编》，齐鲁书社 1983 年版。
骆大俊等：乾隆《武城县志》，《中国地方志集成》山东府县志辑第 18 册，凤凰出版社 2004 年影印本。
马得祯等：康熙《鱼台县志》，中国国家图书馆藏康熙三十年刻本。
马翥等：光绪《德州乡土志》，中国国家图书馆藏光绪年间抄本。
（民国）中央研究院历史语言研究所编：《明清史料》甲编，民国十九年（1930）。
《明实录》，台北“中央研究院”历史语言研究所 1966 年影印本。
宁阳县地方史志编纂委员会编：《宁阳县志》，中国书籍出版社 1994 年版。
潘守廉等：民国《济宁直隶州续志》，《中国地方志集成》山东府县志辑第 77 册，凤凰出版社 2004 年影印本。

钱应显等：光绪《陵县乡土志》，中国国家图书馆藏光绪三十三年抄本。

乾隆帝敕修：乾隆《钦定大清会典则例》，《景印文渊阁四库全书》史部第 624 册，台湾商务印书馆 1986 年影印本。

[英] 乔治·马戛尔尼、约翰·巴罗：《马戛尔尼使团使华观感》，何高济译，商务印书馆 2013 年版。

《钦定南巡盛典》，《景印文渊阁四库全书》史部第 658 册，台北商务印书馆 1986 年影印本。

《清实录》，中华书局 1985 年影印本。

萨承钰等：光绪《武城县乡土志》，中国国家图书馆藏光绪年间手抄本。

山东农业调查会编：《山东之农业概况》，《民国史料丛刊》第 504 册，大象出版社 2009 年影印本。

山东省实业厅编：《山东农林报告》，《民国史料丛刊》第 506 册，大象出版社 2009 年影印本。

沈廷芳：《隐拙斋集》，《清代诗文集汇编》第 298 册，上海古籍出版社 2010 年影印本。

沈维基等：乾隆《东平州志》，哈佛大学汉和图书馆藏乾隆三十六年刻本。

沈渊等：康熙《金乡县志》，中国国家图书馆藏康熙五十一年刻本。

生克中等：宣统《滕县续志》，《中国地方志集成》山东府县志辑第 75 册，凤凰出版社 2004 年影印本。

盛百二：《柚堂笔谈》，《续修四库全书》子部第 1154 册，上海古籍出版社 1995 年影印本。

盛百二：《增订教稼书》，载王毓瑚编《区种十种》，财政经济出版社 1955 年版。

《世宗宪皇帝朱批谕旨》，《景印文渊阁四库全书》史部第 417 册，台湾商务印书馆 1986 年影印本。

水利水电科学研究院等编：《清代黄河流域洪涝档案史料》，中华书局 1993 年版。

水利水电科学研究院等编：《清代淮河流域洪涝档案史料》，中华书局 1988 年版。

水利水电科学研究室编：《清代海河滦河洪涝档案史料》，中华书局 1981 年版。
嵩山等：嘉庆《东昌府志》，《中国地方志集成》山东府县志辑第 87—88 册，凤凰出版社 2004 年影印本。
孙观等：道光《观城县志》，《中国地方志集成》山东府县志辑第 91 册，凤凰出版社 2004 年影印本。
台北“故宫博物院”编辑委员会编：《宫中档乾隆朝奏折》，台北“故宫博物院”1982 年影印本。
泰安市地方史志编纂委员会编：《泰安历史文化遗迹志》，方志出版社 2011 年版。
唐晟等：嘉庆《范县志》，中国国家图书馆藏光绪三十三年石印本。
田雯：《古欢堂集》，《景印文渊阁四库全书》史部第 1324 册，台湾商务印书馆 1986 年影印本。
佟企圣等：康熙《曹州志》，中国国家图书馆藏康熙十三年刻本。
万承绍等：嘉庆《清平县志》，中国国家图书馆藏嘉庆三年刻本。
汪鸿孙等：光绪《恩县乡土志》，《中国方志丛书》，台北成文出版社 1968 年影印本。
汪鸿孙等：宣统《恩县志》，中国国家图书馆藏宣统元年刻本。
王宠：《东泉志》，《天津图书馆孤本秘籍丛刊》第 7 册，全国图书馆文献缩微复制中心 1999 年影印本。
王道亨等：乾隆《德州志》，《中国地方志集成》山东府县志辑第 10 册，凤凰出版社 2004 年影印本。
王鸿瑞等：光绪《东平州乡土志》，中国国家图书馆藏光绪三十三年抄本。
王华安等：民国《馆陶县志》，《中国地方志集成》河北府县志辑第 62 册，上海书店 2006 年影印本。
王静一等：民国《高唐县志稿》，高唐县人民政府方志办公室藏民国二十五年稿本。
王俊等：乾隆《临清州志》，山东省地图出版社影印乾隆十四年刻本。
王命爵等：万历《东昌府志》，《北京师范大学图书馆藏稀见方志丛刊》第 5 册，北京图书馆出版社 2007 年影印本。

王培钦等：光绪《观城乡土志》，莘县地方志编纂委员会藏光绪三十三年抄本。
王培荀著，蒲泽校点：《乡园忆旧录》，齐鲁书社 1993 年版。
王琼：《漕河图志》，《中国水利史典·运河卷一》，中国水利水电出版社 2015 年版。
王时来等：康熙《阳谷县志》，《中国地方志集成》山东府县志辑第 93 册，凤凰出版社 2004 年影印本。
王守谦等：光绪《寿张县志》，《中国地方志集成》山东府县志辑第 93 册，凤凰出版社 2004 年影印本。
王天秀等：乾隆《金乡县志》，哈佛大学汉和图书馆藏乾隆三十三年刻本。
王懿荣著，吕伟达主编：《王懿荣集》齐鲁书社 1999 年版。
王元启：《祇平居士集》，《清代诗文集汇编》第 335 册，上海古籍出版社 2010 年影印本。
王政等：道光《滕县志》，《中国地方志集成》山东府县志辑第 75 册，凤凰出版社 2004 年版。
王佐等：康熙《清平县志》，中国国家图书馆藏康熙五十六年刻本。
魏源全集编辑委员会编：《魏源全集·皇朝经世文编》，岳麓书社 2011 年版。
文煜等：光绪《钦定工部则例》，《故宫珍本丛刊》第 297 册，海南出版社 2000 年影印本。
闻元炅等：康熙《汶上县志》，《中国地方志集成》山东府县志辑第 78 册，凤凰出版社 2004 年影印本。
倭什布等：乾隆《嘉祥县志》，哈佛大学汉和图书馆藏乾隆四十三年刻本。
向植等：光绪《聊城县乡土志》，中国国家图书馆藏光绪三十四年抄本。
项葆桢等：民国《单县志》，《中国地方志集成》山东府县志辑第 81 册，凤凰出版社 2004 年影印本。
萧惟豫：《但吟草》，《四库未收书辑刊》五辑第 29 册，北京出版社 1997 年影印本。
谢锡文等：民国《夏津县志续编》，中国国家图书馆藏民国二十三年刻本。
谢肇淛：《北河纪》，《中国水利史典·运河卷一》，中国水利水电出版社 2015 年版。
徐光启著，石声汉校注：《农政全书》，上海古籍出版社 1979 年版。
徐宗幹编：《济州金石志》，道光二十五年刻本。
徐宗幹等：道光《高唐州志》，中国国家图书馆藏道光十六年刻本。
徐宗幹等：道光《济宁直隶州志》，《中国地方志集成》山东府县志辑第 76—77 册，凤凰出版社 2004 年影印本。
徐宗幹：《斯未信斋文编·二》，《清代诗文集汇编》第 593 册，上海古籍出版社 2010 年影印本。
阎廷谟：《北河续纪》，《中国水利史典·运河卷一》，中国水利水电出版社 2015 年版。
颜希深等：乾隆《泰安府志》，《中国地方志集成》山东府县志辑第 63 册，凤凰出版社 2004 年影印本。
杨朝明主编：《曲阜儒家碑刻文献辑录》第 2 辑，齐鲁书社 2015 年版。
杨宏、谢纯：《漕运通志》，《中国水利史典·运河卷二》，中国水利水电出版社 2015 年版。
杨士聪著，谢伏琛点校：《甲申核真略》，浙江古籍出版社 1985 年版。
杨士聪著，于德源校注：《玉堂荟记》，北京燕山出版社 2013 年版。
杨祖宪等：道光《博平县志》，《中国地方志集成》山东府县志辑第 84 册，凤凰出版社 2004 年影印本。
叶方恒：《山东全河备考》，《四库全书存目丛书》史部第 224 册，齐鲁书社 1996 年影印本。
佚名：光绪《朝城乡土志》，中国国家图书馆藏光绪三十三年抄本。
佚名：光绪《朝城志略》，中国国家图书馆藏光绪年间抄本。
佚名：光绪《泗水乡土志》，南京大学图书馆藏光绪二十八年石印本。
佚名：民国《德州乡土志》，中国国家图书馆藏民国年间抄本。
佚名：《山东政俗视察记》，《民国史料丛刊》第 756 册，大象出版社 2009 年影印本。
易时中等：嘉靖《夏津县志》，《天一阁藏明代方志选刊》第 57 册，上海书店 1976 年影印本。

尤麟等：嘉靖《武城县志》，《天一阁藏明代方志选刊》第 63 册，上海书店 1963 年影印本。

于睿明等：康熙《临清州志》，中国国家图书馆藏康熙十二年刻本。

于书云等：民国《沛县志》，《中国地方志集成》江苏府县志辑第 63 册，凤凰出版社 1991 年影印本。

鱼台县地方志编纂委员会整理：康熙《鱼台县志》，山东人民出版社 1997 年版。

袁绍昂等：民国《济宁县志》，《中华方志丛书》，台北成文出版社 1968 年影印本。

袁章华等：道光《城武县志》，《中国地方志集成》山东府县志辑第 82 册，凤凰出版社 2004 年影印本。

岳濬等：雍正《山东通志》，《景印文渊阁四库全书》史部第 540—541 册，台湾商务印书馆 1986 年影印本。

曾国藩：《曾国藩全集》，岳麓书社 2011 年版。

张伯行：《居济一得》，《中国水利史典·运河卷二》，中国水利水电出版社 2015 年版。

张朝玮等：光绪《莘县志》，《中国地方志集成》山东府县志辑第 95 册，凤凰出版社 2004 年影印本。

张承赐等：康熙《东平州志》，中国国家图书馆藏康熙十九年刻本。

张度等：乾隆《临清直隶州志》，《中国地方志集成》山东府县志辑第 94 册，凤凰出版社 2004 年影印本。

张凤仪等：康熙《山东通志》，中国国家图书馆藏康熙十七年刻本。

张国维：《忠敏公集》，《四库未收书辑刊》六辑第 29 册，北京出版社 1997 年影印本。

张鹏翮等：康熙《兖州府志》，中国国家图书馆藏康熙二十五年刻本。

张鹏翮：《治河全书》，《续修四库全书》史部第 847 册，上海古籍出版社 2002 年影印本。

张绍南整理：《孙渊如先生年谱》，《北京图书馆藏珍本年谱丛刊》，北京图书馆出版社 2010 年影印本。

张盛铭等：康熙《郓城县志》，中国国家图书馆藏康熙五十五年刻本。

张实斗等：康熙《濮州志》，中国国家图书馆藏康熙十一年刻本。

张曜等：宣统《山东通志》，中国国家图书馆藏宣统三年刻本。

张之洞：《张文襄公全集》，《近代中国史料丛刊》453 册，台北文海出版社 1966 年影印本。

张自清等：民国《临清县志》，《中国地方志集成》山东府县志辑第 95 册，凤凰出版社 2004 年影印本。

章文华等：光绪《嘉祥县志》，《中国地方志集成》山东府县志辑第 73 册，凤凰出版社 2004 年影印本。

赵尔巽等：《清史稿》，中华书局 1977 年版。

赵烈文著，廖承良整理：《能静居日记》，岳麓书社 2013 年版。

赵亚伟等整理：光绪《峄县志》，线装书局 2007 年版。

赵亚伟等整理：乾隆《峄县志》，长城出版社 2014 年版。

赵英祚等：光绪《泗水县志》，中国国家图书馆藏光绪十八年刻本。

赵英祚等：光绪《鱼台县志》，《中国地方志集成》山东府县志辑第 79 册，凤凰出版社 2004 年影印本。

赵知希等：雍正《馆陶县志》，中国国家图书馆藏光绪十九年刊本。

赵宗耀等：同治《彭泽县志》，同治十二年刻本。

郑端：《政学录》，《丛书集成初编》第 889 册，上海商务印书馆 1936 年版。

郑先民等：康熙《馆陶县志》，中国国家图书馆藏康熙十四年刻本。

郑晓：《郑端简公奏议》，《续修四库全书》史部第 476 册，上海古籍出版社 1996 年影印本。

郅价等：康熙《濮州续志》，中国国家图书馆藏康熙五十一年刻本。

中国第一历史档案馆编：《清政府镇压太平天国档案史料》，社会科学文献出版社 1993 年版。

中国第一历史档案馆编：《雍正朝汉文朱批奏折汇编》，江苏古籍出版社 1991 年影印本。

中国第一历史档案馆所藏档案。

中国社科院近代史研究所编：《孔府档案选编》，中华书局 1982 年版。

周秉彝等：光绪《临漳县志》，中国国家图书馆藏光绪三十一年刻本。

周家齐等：光绪《高唐州志》，《中国地方志集成》山东府县志辑第 88 册，凤凰出版社 2004 年影印本。

周尚质等：乾隆《曹州府志》，中国国家图书馆藏乾隆二十年刻本。
周云凤等：道光《东平州志》，中国国家图书馆藏道光五年刻本。
周竹生等：民国《东阿县志》，中国国家图书馆藏民国二十三年刻本。
朱泰等：万历《兖州府志》，《天一阁藏明代方志选续编》第54册，上海书店1990年影印本。
朱忻等：同治《徐州府志》，《中国地方志集成》江苏府县志辑第61册，江苏古籍出版社1991年影印本。
朱中梁等编：《朱之锡文集·河防疏略》，中国文史出版社2001年版。
祖植桐等：康熙《朝城县志》，中国国家图书馆藏康熙十二年刻本。
左宜似等：光绪《东平州志》，《中国地方志集成》山东府县志辑第70册，凤凰出版社2004年影印本。

二 近人著作

蔡泰彬：《明代漕河之整治与管理》，台湾商务印书馆1992年版。
常建华：《观念、史料与视野：中国社会史研究再探》，北京大学出版社2013年版。
陈宝良：《明代儒学生员与地方社会》，中国社会科学出版社2005年版。
陈宝良：《中国的社与会》，浙江人民出版社1996年版。
成淑君：《明代山东农业开发研究》，齐鲁书社2006年版。
程方：《清代山东农业发展与民生研究》，天津人民出版社2012年版。
程歗：《文化、社会网络与集体行动》，巴蜀书社2010年版。
池子华：《近代中国流民》，浙江人民出版社1996年版。
从翰香：《从翰香集》，社会科学文献出版社2021年版。
崔岷：《山东“团匪”：咸同年间的团练之乱与地方主义》，中央民族大学出版社2018年版。
戴逸主编：《简明清史》，人民出版社1980年版。
邓云特（邓拓）：《中国救荒史》，商务印书馆1937年版。
［德］狄德满：《华北的暴力和恐慌：义和团运动前夕基督教传播和社会冲突》，崔华杰译，江苏人民出版社2011年版。
丁延峰：《清代聊城杨氏藏书世家研究》，中华书局2013年版。
樊如森：《天津与北方经济现代化（1860—1937）》，东方出版中心2007

年版。
费孝通、吴晗等：《皇权与绅权》，天津人民出版社 1988 年版。
［日］夫马进：《中国善会善堂史研究》，伍跃等译，商务印书馆 2005 年版。
傅崇兰：《中国运河城市发展史》，四川人民出版社 1985 年版。
傅林祥、林涓、王卫平：《中国行政区划通史·清代卷》，复旦大学出版社 2017 年版。
［美］富路特、房兆楹主编，李小林、冯金朋等译：《明代名人传》，北京时代华文书局 2015 年版。
顾诚：《明末农民战争史》，光明日报出版社 2012 年版。
郭学信：《中古乐安孙氏家族研究——以唐代为中心》，中国社会科学出版社 2020 年版。
韩茂莉：《中国历史农业地理》，北京大学出版社 2012 年版。
［美］韩书瑞：《千年末世之乱：1813 年八卦教起义》，陈仲丹译，江苏人民出版社 2010 年版。
［美］韩书瑞：《山东叛乱：1774 年王伦起义》，刘平、唐雁超译，江苏人民出版社 2009 年版。
汉语大字典编辑委员会编纂：《汉语大字典》，四川辞书出版社 2010 年版。
［美］何炳棣：《明清社会史论》，徐泓译，台湾联经出版事业股份公司 2013 年版。
何龄修、刘重日等：《封建贵族大地主的典型——孔府研究》，中国社会科学出版社 1981 年版。
黄河水利委员会黄河志总编辑室编：《黄河大事记》，黄河水利出版社 2001 年版。
黄鸿山：《中国近代慈善事业研究：以晚清江南为中心》，天津古籍出版社 2011 年版。
季羡林：《赋得永久的悔》，人民日报出版社 2007 年版。
冀朝鼎：《中国历史上的基本经济区与水利事业的发展》，朱诗鳌译，中国社会科学出版社 1981 年版。
江地：《清史与近代史论稿》，重庆出版社 1988 年版。

孔飞力：《中华帝国晚期的叛乱及其敌人（1796—1864）》，谢亮生、杨品泉等译，中国社会科学出版社 1990 年版。
赖慧敏：《清代的皇权与世家》，北京大学出版社 2010 年版。
李德楠：《明清黄运地区的河工建设与生态环境变迁研究》，中国社会科学出版社 2018 年版。
李金铮：《近代中国乡村社会经济探微》，人民出版社 2004 年版。
李令福：《明清山东农业地理》，五南图书出版公司 2000 年版。
［美］李明珠：《华北的饥荒：国家、市场与环境退化（1690—1949）》，石涛、李军等译，人民出版社 2016 年版。
李孝聪：《中国区域历史地理》，北京大学出版社 2004 年版。
梁方仲编著：《中国历代户口、田地、田赋统计》，中华书局 2008 年版。
梁其姿：《施善与教化：明清的慈善组织》，河北教育出版社 2001 年版。
鲁西奇：《中国历史的空间结构》，广西师范大学出版社 2014 年版。
罗仑、景甦：《清代山东经营地主经济研究》，齐鲁书社 1985 年版。
马俊亚：《被牺牲的“局部”：淮北社会生态变迁研究（1680—1949）》，北京大学出版社 2011 年版。
［美］马若孟：《中国农民经济：河北和山东的农民发展，1890—1949》，史建云译，江苏人民出版社 2013 年版。
［美］裴宜理：《华北的叛乱者与革命者：1845—1945》，池子华、刘平译，商务印书馆 2018 年版。
［美］彭慕兰：《腹地的构建：华北内地的国家、社会和经济（1853—1937）》，马俊亚译，上海人民出版社 2017 年版。
彭信威：《中国货币史》，上海人民出版社 2015 年版。
齐武：《孔府地主庄园》，中国社会科学出版社 1982 年版。
秦宝琦、孟超：《秘密会社与清代社会》，天津古籍出版社 2008 年版。
施坚雅：《中国封建社会晚期城市研究》，王旭等译，吉林教育出版社 1991 年版。
谭徐明、王英华等：《中国大运河遗产构成与价值评估》，中国水利水电出版社 2012 年版。
万国鼎：《五谷史话》，中华书局 1961 年版。
王利华：《徘徊在人与自然之间：中国生态环境史探索》，天津古籍出版社 2012 年版。
王卫平：《中国古代传统社会保障与慈善事业：以明清时期为重点的考察》，群言出版社 2005 年版。
王玉朋：《清代山东运河河工经费研究》，中国社会科学出版社 2021 年版。
王云：《明清山东运河区域社会变迁》，人民出版社 2006 年版。
[美] 魏斐德：《洪业：清朝开国史》，陈苏镇、薄小莹等译，江苏人民出版社 2010 年版。
[韩] 吴金成：《国法与社会惯行：明清时代社会经济史研究》，崔荣根译，浙江大学出版社 2020 年版。
夏征农主编：《辞海·农业分册》，上海辞书出版社 1988 年版。
夏征农主编：《辞海·生物分册》，上海辞书出版社 1987 年版。
熊毅、席承藩等：《华北平原土壤》，科学出版社 1965 年版。
徐泓：《明清社会史论集》，北京大学出版社 2020 年版。
许檀：《明清时期山东商品经济的发展》，中国社会科学出版社 1998 年版。
许倬云：《许倬云自选集》，上海教育出版社 2002 年版。
严昌洪：《中国近代社会风俗》，浙江人民出版社 1992 年版。
严中平：《中国棉纺织史稿》，商务印书馆 2011 年版。
[日] 岩井茂树：《中国近世财政史研究》，付勇译，江苏人民出版社 2020 年版。
阎崇年：《明亡清兴六十年》（下），中华书局 2007 年版。
杨念群：《中层理论：东西方思想会通下的中国史研究》，江西教育出版社 2001 年版。
姚汉源：《京杭运河史》，中国水利水电出版社 1998 年版。
叶显恩主编：《清代社会区域经济研究》，中华书局 1992 年版。
游修龄：《农史研究文集》，中国农业出版社 1999 年版。
游子安：《善与人同——明清以来的慈善与教化》，中华书局 2005 年版。
[美] 曾小萍：《州县官的银两：18 世纪中国的合理化财政改革》，董建中译，中国人民大学出版社 2020 年版。
张宏杰：《饥饿的盛世：乾隆时代的得与失》，湖南人民出版社 2012

年版。

张礼恒、吴欣、李德楠：《鲁商与运河商业文化》，山东人民出版社 2010 年版。

张仲礼：《中国绅士的收入——〈中国绅士〉续编》，上海社会科学院出版社 2001 年版。

张仲礼：《中国绅士——关于其在 19 世纪中国社会中作用的研究》，上海社会科学出版社 1991 年版。

张仲礼：《中国绅士研究》，上海人民出版社 2008 年版。

郑克晟：《明清史探实》，中国社会科学出版社 2001 年版。

周广骞：《山东方志运河文献研究》，中国社会科学出版社 2021 年版。

周荣德：《中国社会的阶层与流动——一个社区中士绅身份的研究》，学林出版社 2000 年版。

［美］周锡瑞：《义和团运动的起源》，张俊义等译，江苏人民出版社 2010 年版。

周郢：《碧霞信仰与泰山文化》，山东人民出版社 2017 年版。

邹逸麟：《椿庐史地论稿续编》，上海人民出版社 2014 年版。

邹逸麟：《千古黄河》，上海远东出版社 2012 年版。

邹逸麟主编：《黄淮海平原历史地理》，安徽教育出版社 1997 年版。

Rankin Mary Backus, *Elite Activism and Political Transformation in China: Zhejiang Province*, 1865 - 1911, Stanford University Press, 1986.

Rowe William T. *Hankow: Conflict and Community in a Chinese City*, 1796 - 1895, Stanford University Press, 1986.

Sun JingHao, *City, State, and the Grand Canal: Jining's Identity and Transformation*, 1289 - 1937, University of Toronto, 2007.

三 研究论文

［日］并木赖寿：《捻军起义与圩寨》，《太平天国史译丛》第 2 辑，中华书局 1983 年版，第 350—380 页。

曹树基：《玉米和番薯传入中国路线新探》，《中国社会经济史研究》1988 年第 4 期。

钞晓鸿：《近二十年来有关明清“奢靡”之风研究述评》，《中国史研究动态》2001 年第 10 期。
陈碧如：《乡土志探源》，《中国地方志》2006 年第 4 期。
陈冬生：《明清山东运河地区经济作物种植发展述论》，《东岳论丛》1998 年第 1 期。
陈凤良、李令福：《清代花生在山东省的引种与发展》，《中国农史》1994 年第 2 期。
陈树平：《明清时期的井灌》，《中国社会经济史研究》1983 年第 4 期。
陈树平：《玉米和番薯在中国传播情况研究》，《中国社会科学》1980 年第 3 期。
程歗：《社区精英的联合和行动——对梨园屯一段口述史料的解说》，《历史研究》2001 年第 1 期。
崔岷：《“靖乱所以致乱”：咸同之际的山东团练之乱》，《近代史研究》2011 年第 3 期。
崔新明：《枣庄段运河的发展变迁及其历史定位》，《枣庄学院学报》2008 年第 3 期。
范金民：《鼎革与变迁：明清之际江南士人行为方式的转向》，《清华大学学报》2010 年第 2 期。
费孝通：《论绅士》，载《皇权与绅权》，生活 · 读书 · 新知三联书店 2013 年版。
高荣盛：《元初运河琐议》，《元史及北方民族史研究辑刊》1984 年第 8 期。
高元杰：《明清时期山东运河区域植被破坏及其影响初探》，载李泉主编《“运河与区域社会”国际学术研讨会论文集》，中国社会科学出版社 2015 年版。
高元杰、郑民德：《清代会通河北段运西地区排涝暨水事纠纷问题探析——以会通河护堤保运为中心》，《中国农史》2015 年第 6 期。
官美蝶：《明清时期的张秋镇》，《山东大学学报》（哲学社会科学版）1996 年第 2 期。
郭松义：《玉米、番薯在中国传播中的一些问题》，《清史论丛》第七辑，中华书局 1986 年版。
韩昭庆：《南四湖演变过程及其背景分析》，《地理科学》2000 年第 2 期。

何炳棣:《美洲作物的引进、传播及其对中国粮食生产的影响》,《世界农业》1979 年第 4—6 期。

何龄修:《请看“圣人家的道德”——清代曲阜“衍圣公府”的高利贷剥削》,《光明日报》1964 年 9 月 11—13 日。

黑广菊:《明清时期临清钞关及其功能》,《清史研究》2006 年第 3 期。

侯仰军、张勃:《微山湖西岸移民述略》,《齐鲁学刊》1997 年第 2 期。

胡锡文:《甘薯来源和我国劳动祖先的栽培技术》,载《农业遗产研究集刊》第二册,中华书局 1958 年版。

黄健:《凌駉甲、乙之际事迹考辨》,《清史论丛》(2013 年号),中国广播电视出版社 2013 年版。

季桂起:《运河及运河文化开发与德州城市发展》,《德州学院学报》2008 年第 1 期。

李德楠:《国家运道与地方城镇:明代泇河的开凿及其影响》,《东岳论丛》2009 年第 12 期。

李德楠、胡克诚:《从良田到泽薮:南四湖“沉粮地”的历史考察》,《中国历史地理论丛》2014 年第 4 期。

李德楠:《明清京杭运河引水工程及其对农业的影响》,《农业考古》2013 年第 4 期。

李德楠:《水环境变化与张秋镇行政建置的关系》,《历史地理》第二十八辑,上海人民出版社 2013 年版。

李根蟠:《稷粟同物,确凿无疑——千年悬案“稷穄之辨”述论》,《古今农业》2000 年第 2 期。

李令福:《明清山东粮食作物结构的时空特征》,《中国历史地理论丛》1994 年第 1 期。

李令福:《明清山东棉花种植业的发展与主要产区的变化》,《中国历史地理论丛》1998 年第 1 期。

李令福:《明清山东盐碱土的分布及其改良利用》,《中国历史地理论丛》1994 年第 4 期。

李令福:《烟草、罂粟在清代山东的扩种及影响》,《中国历史地理论丛》1997 年第 3 期。

林丽月:《世变与秩序:明代社会风尚相关研究评述》,《明代研究通讯》

2001 年第 4 期。
林永匡：《曲阜贵族地主孔氏地主的反动寄生性消费》，《文史哲》1978 年第 1 期。
凌滟：《从湖泊到水柜：南旺湖的变迁历程》，《史林》2018 年第 6 期。
刘永：《京杭大运河与聊城的兴衰》，《南通大学学报》（社会科学版）2008 年第 1 期。
罗尔纲：《玉蜀黍传入中国》，《历史研究》1956 年第 3 期。
骆承烈：《孔府档案的历史价值》，《历史档案》1983 年第 1 期。
马俊亚：《从沃土到瘠壤：淮北经济史几个基本问题的再审视》，《清华大学学报》2011 年第 1 期。
马俊亚：《国家服务调配与地区性社会生态的演变》，《历史研究》2005 年第 3 期。
马俊亚：《近代淮北地主的领主化——以淮徐海圩寨为中心的考察》，《历史研究》2010 年第 1 期。
毛佩奇：《明代临清钩沉》，《北京大学学报》（哲学社会科学版）1988 年第 5 期。
梅雪芹：《从环境的历史到环境史——关于环境史研究的一种认识》，《学术研究》2006 年第 9 期。
牛贯杰：《十九世纪中期皖北的圩寨》，《清史研究》2001 年第 4 期。
潘明涛：《环境的“复魅”：近四十年来美国汉学界的华北研究》，《史学月刊》2021 年第 9 期。
庞朴：《孔府地租剥削的内幕》，《文史哲》1974 年第 1 期。
普红：《恶霸地主庄园——曲阜“孔府”》，《考古》1974 年第 4 期。
秦晖：《甲申前后北方平民地主阶层的政治动向》，《陕西师范大学学报》1986 年第 3 期。
史学通、周谦：《元代的植棉与纺织及其历史地位》，《文史哲》1983 年第 1 期。
孙洪升：《京杭运河：影响明清山东区域社会变迁的重要因素——评〈明清山东运河区域社会变迁〉》，《古今农业》2010 年第 3 期。
孙竞昊：《经营地方：明清之际的济宁士绅社会》，《历史研究》2011 年第 3 期。

孙竞昊：《明朝前期济宁崛起的历史背景和区域环境述略》，《明史研究论丛》（第十辑），故宫出版社 2011 年版。
孙竞昊：《明清北方运河地区城市化途径与城市形态探析：以济宁为个案的研究》，《中国史研究》2016 年第 3 期。
孙竞昊：《清末济宁阻滞边缘化的现代转型》，《清华大学学报》（哲学社会科学版）2010 年第 1 期。
孙竞昊、汤声涛：《明清至民国时期济宁宗教文化探析》，《史林》2021 年第 3 期。
王建革：《近代华北乡村的社会内聚及其发展障碍》，《中国农史》1999 年第 4 期。
王利华：《中古华北的鹿类动物与生态环境》，《中国社会科学》2002 年第 3 期。
王瑞成：《运河和中国古代城市的发展》，《西南交通大学学报》（社会科学版）2003 年第 1 期。
王先明：《“区域化”取向与近代史研究》，《学术月刊》2006 年第 3 期。
王兴亮：《清末江苏乡土志的编纂与乡土史地教育》，《历史教学》2003 年第 9 期。
王玉朋：《清代前期山东运河湖田开发的讨论与实践》，《聊城大学学报》（社会科学版）2021 年第 2 期。
王云：《明清山东运河区域的书院和科举》，《聊城大学学报》2009 年第 3 期。
王云：《明清山东运河区域社会变迁的历史趋势及特点》，《东岳论丛》2008 年第 3 期。
王云：《明清时期活跃于京杭运河区域的商人商帮》，《光明日报》2009 年 2 月 3 日。
王云：《明清时期山东的山陕商人》，《东岳论丛》2003 年第 2 期。
王云：《明清时期山东运河区域的徽商》，《安徽史学》2004 年第 3 期。
王云：《明清以来山东运河区域的嗜酒与尚武之风》，《东岳论丛》2009 年第 3 期。
吴琦、杨露春：《保水济运与民田灌溉——利益冲突下的清代山东漕河水利之争》，《东岳论丛》2009 年第 2 期。

吴欣：《运河学研究的理论、方法与知识体系》，《人文杂志》2019 年第 6 期。
夏鼐：《略谈番薯和薯蓣》，《文物》1961 年第 8 期。
向安强：《中国玉米的早期栽培与引种》，《自然科学史研究》1995 年第 3 期。
谢俊贵：《中国绅士研究述评》，《史学月刊》2002 年第 7 期。
邢淑芳：《古代运河与临清经济》，《聊城师范学院学报》（哲学社会科学版）1994 年第 2 期。
徐国利：《关于区域史研究中的理论问题——区域史的界定及其区域的界定和选择》，《学术月刊》2007 年第 3 期。
许檀：《明清时期的临清商业》，《中国经济史研究》1986 年第 2 期。
许檀：《清代中叶聊城商业规模的估算——以山陕会馆碑刻资料为中心的考察》，《清华大学学报》2015 年第 2 期。
闫敏：《明清时期烟草的传入和传播问题研究综述》，《古今农业》2008 年第 4 期。
杨传珍：《泇运河的通航与台儿庄的繁盛》，《枣庄学院学报》2013 年第 1 期。
杨国桢：《明清孔府佃户的认退与顶推》，《厦门大学学报》（社会科学版）1986 年第 3 期。
杨向奎：《明清两代曲阜孔家——贵族地主研究小结》，《光明日报》1962 年 9 月 5 日。
杨轶男：《明清时期山东运河城镇的服务业——以临清为中心的考察》，《齐鲁学刊》2010 年第 4 期。
姚金笛：《衍圣公的婚姻及夫人之表现》，载杜泽逊主编《国学茶座》第 4 辑，山东人民出版社 2014 年版。
尤育号：《近代士绅研究的回顾与展望》，《史学理论研究》2011 年第 4 期。
袁长极：《山东南北运河开发对鲁西北平原旱涝碱状况的影响》，《中国农史》1987 年第 4 期。
张程娟：《明代运河沿线的水次仓与城镇的发展——以山东张秋镇为例》，《中山大学研究生学刊》（社会科学版）2014 年第 1 期。

张芳：《夏商至唐代北方的农田水利和水稻种植》，《中国农史》1991 年第 3 期。

张福运：《意识共同体与土客冲突——晚清湖团案再诠释》，《中国农史》2007 年第 2 期。

张金奎：《弘光政权对清政策与山东的丧失》，《明史研究论丛》第 9 辑，紫禁城出版社 2011 年版。

张金奎：《试析明代涉漕军士在运河经济中的作用》，载中国社会科学院历史研究所等编《漕运文化研究》，学苑出版社 2007 年版。

张强：《京杭大运河中心城市的形成与辐射》，《淮阴师范学院学报》2008 年第 1 期。

张熙惟：《运河开发与山东区域经济的发展》，《山东水利史汇刊》1986 年第 9 期。

赵世瑜：《作为方法论的区域社会史——兼及 12 世纪以来的华北社会史研究》，《史学月刊》2004 年第 8 期。

郑民德、李永乐：《明清山东运河城镇的历史变迁——以阿城、七级为视角的历史考察》，《中国名城》2013 年第 9 期。

郑民德：《明清德州商品经济的发展及其历史变迁》，《聊城大学学报》（社会科学版）2011 年第 5 期。

郑民德：《明清京杭运河城镇的历史变迁——基于张秋镇为视角的历史考察》，《中国名城》2012 年第 3 期。

郑民德：《明清小说中运河城市临清与淮安的比较研究》，《明清小说研究》2021 年第 2 期。

郑善庆：《明清之际北方遗民的经历与抉择——以山东士人郑与侨为个案的分析》，《沧桑》2020 年第 6 期。

郑善庆：《1644 年的济宁城动乱》，《清史研究》2010 年第 4 期。

邹逸麟：《历史时期华北大平原湖沼变迁述略》，载《历史地理》第 5 辑，上海人民出版社 1987 年版。

邹逸麟：《历史时期黄河流域水稻生产的地域分布和环境制约》，《复旦学报》（社会科学版）1985 年第 3 期。

后　记

自2008年考入暨南大学读研至今，我懵懵懂懂地进入学术研究领域已10余年。从一个普通的乡下孩子走到今天，需要感谢的师友实在太多太多！

首先，感谢我在南京大学读博期间的两位恩师夏维中教授、范金民教授。夏维中教授是我的论文指导导师。夏老师思维敏锐，风趣幽默。在科研上，夏老师对学生高度负责，逐字逐句地审阅我上交的论文，经常凌晨一两点还在回复邮件。我看到被夏老师批满红色标注的论文，内心既感动又惭愧。读博期间，我有幸参与夏老师主持的《南京通史·清代卷》的编写工作，既提高了科研能力，还获得了丰厚的科研补助。

范老师、夏老师同出明清史学家洪焕椿先生门下。读博期间，两位老师指导学生不分彼此，有“范、夏不分家”之说。2011年9月，我由蒙元史转入明清史领域，基础薄弱。博一期间，我选修范老师的《明清史文献学》《明清史籍选读》等课程，多次受到范老师耳提面命的指点，帮我克服了转方向后面临的各种困难。参加工作后，我代表所在单位邀请范老师主持《运河学研究》辑刊的“城市与运河”专栏，获范老师大力支持。在论文开题、答辩过程中，我还得到胡阿祥教授、张学锋教授、罗晓翔教授等老师的悉心指导。

其次，感谢我在暨南大学读研期间遇到的各位老师。我的硕导屈文军教授性格随和，与我亦师亦友，帮我尽快入门科研，并鼓励我进一步读博深造。古籍所邱树森教授、张其凡教授、范立舟教授、勾利军教授、陈广恩教授等老师对我的学习、生活关照有加。读研期间，我担任邱树森教授科研秘书将近半年。在邱老师帮助下，我赴山东、山西、陕西、甘肃等省查找邱氏家族史料，增长了见识。

再次，感谢南京大学马俊亚教授、南开大学李治安教授、浙江大学孙竞昊教授等学者。他们在我求学、工作的关键阶段给我非常大的帮助。尤其要感谢马俊亚老师的信任，将其主持的国家社科重大项目子课题交由我来完成。马老师科研功力深厚，理论视野开阔，为人真诚随和。每次联系，马老师都给我热情细致的解答，无私分享治学心得。

此外，感谢聊城大学的各位师友。2014 年 7 月，怀着期待与憧憬，我回到了阔别六年的母校聊城大学。感谢运河学研究院李泉教授、王云教授、吴欣教授、丁延峰教授、罗衍军教授、郑民德副教授、胡克诚副教授等师长对我的关照。历史文化与旅游学院是我大学四年接受系统历史学训练的母院。感谢历史文化与旅游学院陈德正教授、李增洪教授、郭学信教授、杨朝亮教授、江心力教授、贾中福教授、李桂民教授、赵少峰教授、丛振教授、官士刚副教授、胡其柱副教授等老师对我的关照。

最后，感谢我亲爱的家人。妻子延玥是我的博士同班同学，相识 10 余年，她一直对我充满信任。妻子陪我携手走过了学习、工作的各个阶段，共同抚养了两个可爱的孩子。感谢母亲和岳母的无私帮助，她们牺牲自己的闲暇时间，让我有足够的时间进行学术科研。

本书能顺利付梓出版，要感谢中国社会科学出版社责任编辑安芳女士的辛苦付出！

王玉朋谨识

2022 年 2 月 16 日于聊城